高等学校计算机教材

Java EE 实用教程

（第3版）

（含视频教学）

郑阿奇　主编

電子工業出版社
Publishing House of Electronics Industry
北京 · BEIJING

内容简介

本书包含实用教程、实验指导和综合应用实习三部分。实用教程部分包括 Java EE 平台及开发入门、Struts 2 基础、Struts 2 标签库、Struts 2 类型转换及输入校验、Struts 2 应用进阶、Struts 2 综合应用案例、Hibernate 基础、Hibernate 映射机制、Hibernate 对持久化对象的操作、Hibernate 高级特性、Hibernate 与 Struts 2 整合应用案例、MyBatis 基础、Spring 基础、Spring MVC 基础、Spring 的其他功能、用 Spring 整合各种 Java EE 框架等。在每一章后配套相应的习题。与实用教程配套的实验有 13 个，先引导操作完成任务，然后是思考与练习。最后配套综合应用实习，介绍学生成绩管理系统的开发。

本书系统配套教学微视频 69 个，贯穿全书主要内容，扫描二维码即可播放，大大方便了 Java EE 的教学和初学者自学与应用开发。免费提供教学课件、可运行的程序源代码、综合应用实习所有源文件和没有冲突的 Jar 包。需要者可在电子工业出版社华信教育资源网（www.hxedu.com.cn）免费注册下载。

本书可作为大学本科、高职高专相关课程的教材和教学参考书，也可供从事 Java EE 应用系统开发的用户学习和参考。

图书在版编目（CIP）数据

Java EE 实用教程：含视频教学 / 郑阿奇主编. —3 版. —北京：电子工业出版社，2018.6
ISBN 978-7-121-34159-5

Ⅰ. ①J… Ⅱ. ①郑… Ⅲ. ①JAVA 语言－程序设计－高等学校－教材 Ⅳ. ①TP312.8

中国版本图书馆 CIP 数据核字（2018）第 088235 号

策划编辑：程超群
责任编辑：徐　萍
印　　刷：三河市华成印务有限公司
装　　订：三河市华成印务有限公司
出版发行：电子工业出版社
　　　　　北京市海淀区万寿路 173 信箱　邮编　100036
开　　本：787×1092　1/16　印张：28.75　字数：810 千字
版　　次：2009 年 11 月第 1 版
　　　　　2018 年 6 月第 3 版
印　　次：2020 年 1 月第 4 次印刷
定　　价：69.00 元

凡所购买电子工业出版社图书有缺损问题，请向购买书店调换。若书店售缺，请与本社发行部联系，联系及邮购电话：（010）88254888，88258888。

质量投诉请发邮件至 zlts@phei.com.cn，盗版侵权举报请发邮件至 dbqq@phei.com.cn。

本书咨询联系方式：（010）88254577，ccq@phei.com.cn。

前　言

经过这些年的发展，Java EE 技术功能不断完善，已经在 Web 开发中占据主导地位。2009 年，我们编写了《Java EE 实用教程》，这是国内最早编写该内容的教材之一，受到市场广泛好评，多次重印。2014 年，我们推出《Java EE 实用教程（第 2 版）》，在升级版本的同时，在第 1 版的基础上进行了优化、整合，实例更加系统，更加方便教学和应用开发参考，继续得到了广大读者的拥抱和推崇，又多次重印。

《Java EE 实用教程（第 3 版）（含视频教学）》包含实用教程、实验指导和综合应用实习三部分，以目前市场上最新的版本为平台，在继承第 2 版的基础上大幅度地进行更新、完善、系统化，同时增加了近年出现的 MyBatis、Spring MVC 等技术及其整合的内容。

实用教程部分包括 Java EE 平台及开发入门、Struts 2 基础、Struts 2 标签库、Struts 2 类型转换及输入校验、Struts 2 应用进阶、Struts 2 综合应用案例、Hibernate 基础、Hibernate 映射机制、Hibernate 对持久化对象的操作、Hibernate 高级特性、Hibernate 与 Struts 2 整合应用案例、MyBatis 基础、Spring 基础、Spring MVC 基础、Spring 的其他功能、用 Spring 整合各种 Java EE 框架等，在每一章后配套相应的习题。

与实用教程配套的实验包括 Struts 2 基础应用、Struts 2 综合应用、Hibernate 基础应用、Hibernate 与 Struts 2 整合应用、MyBatis 基础应用、Spring 基础应用、Spring MVC 基础应用、Spring AOP 应用、Spring 与 Struts 2 整合应用、Spring 与 Hibernate 整合应用、Spring 与 MyBatis 整合应用、SSH2 架构应用、SSM 架构应用等，先引导操作完成任务，然后是思考与练习。

在实验之后配套综合应用实习，介绍学生成绩管理系统的开发，包括数据库准备、Java EE 系统分层架构、搭建项目总体框架、持久层开发、业务层开发、表示层开发等。

本书系统配套教学微视频 69 个，贯穿全书主要内容，扫描二维码即可播放，大大方便了 Java EE 的教学和初学者自学与应用开发。

本书免费提供教学课件、程序源代码、可运行的程序源代码、综合应用实习所有源文件和没有冲突的 Jar 包，需要者可在电子工业出版社华信教育资源网（www.hxedu.com.cn）免费注册下载。

本书可作为大学本科、高职高专相关课程的教材和教学参考书，也可供从事 Java EE 应用系统开发的用户学习和参考。

本书由南京师范大学郑阿奇主编，参加本书编写的还有丁有和、曹弋、徐文胜、周何骏、孙德荣、樊晓青、郑进、刘建、刘忠、郑博琳等。

由于我们的水平有限，疏漏和错误在所难免，敬请广大师生、读者批评指正，意见和建议可反馈至作者电子邮箱 easybooks@163.com。

编　者

本书视频目录

序号	视频所在章节及内容	时长	序号	视频所在章节及内容	时长
1	1.1 Java EE 开发方式	03:30	36	7.4 HibernateSessionFactory 类	13:46
2	1.2.1 安装 JDK 8	08:35	37	8.1 主键映射	12:50
3	1.2.1 安装 Tomcat 9	06:11	38	8.3.1 继承关系映射	11:51
4	1.2.1 安装 MyEclipse 2017	08:59	39	8.3.2 关联关系映射 1	11:22
5	1.2.2 配置 MyEclipse 2017 所用的 JRE	04:50	40	8.3.2 关联关系映射 2	09:05
6	1.2.2 集成 MyEclipse 2017 与 Tomcat 9	08:34	41	9.1 操作持久化对象的方法	06:05
7	1.3.2 简单的 Java EE 程序 1	08:43	42	9.2 HQL 查询	09:14
8	1.3.2 简单的 Java EE 程序 2	15:26	43	9.3 批量操作	07:21
9	1.3.3 调试 Java EE 程序	05:37	44	9.4 对象的生命周期	04:40
10	1.3.4 管理 Java EE 项目	08:27	45	10.1 事务管理	07:10
11	2.1.1 MVC 思想及实现方式	05:00	46	10.3 Hibernate 拦截器	09:14
12	2.1.3 简单 Struts 2 开发 1	05:01	47	11.1 Hibernate-Struts 2 整合原理	04:23
13	2.1.3 简单 Struts 2 开发 2	08:54	48	11.2 Hibernate-Struts 2 应用案例	09:46
14	2.2 Struts 2 原理及工作流程	08:46	49	12.2 第一个 MyBatis 程序 1	06:38
15	2.3 Struts 2 的控制器 Action 类	08:39	50	12.2 第一个 MyBatis 程序 2	13:41
16	3.1 OGNL 表达式	08:38	51	12.3 MyBatis 原理及工作流程	05:40
17	3.2.1 数据标签	12:13	52	12.5.1 MyBatis-Struts 2 整合原理	05:50
18	3.2.2 控制标签	10:34	53	12.5.2 MyBatis-Struts 2 应用案例	09:56
19	3.2.3 表单标签 1	08:41	54	13.1.1 Spring 概述	04:02
20	3.2.3 表单标签 2	13:02	55	13.1.2 Spring 简单应用	07:58
21	4.1 内置类型转换器	07:28	56	13.2 依赖注入	08:17
22	4.2 自定义类型转换器	11:47	57	13.3 Spring 容器中的 Bean	07:47
23	4.3 数组和集合类型转换	08:09	58	14.1 Spring MVC 概述	03:05
24	4.4.3 Struts 校验框架 1	07:06	59	14.2 第一个 Spring MVC 程序	10:36
25	4.4.3 Struts 校验框架 2	09:12	60	14.4 基于注解的程序	07:47
26	5.1.1 拦截器概述	10:43	61	14.5.1 Spring MVC-MyBatis 整合	06:41
27	5.1.4 拦截器应用	06:20	62	14.5.2 Spring MVC-Hibernate 整合	09:15
28	5.2.1 文件上传	08:15	63	15.2.1 AOP 基础	10:04
29	5.3.1 国际化原理	06:44	64	15.2.3 Spring 的 AOP 支持	09:16
30	5.3.3 国际化应用	10:09	65	16.1 Spring-Struts 2 整合	05:22
31	6.1 图书管理系统主界面设计	10:11	66	16.2 Spring-Hibernate 整合	08:56
32	6.3 借书功能分析	10:14	67	16.3 Spring-MyBatis 整合	09:51
33	6.4 图书管理功能分析	10:13	68	16.4 SSH2 全整合	07:32
34	7.2 第一个 Hibernate 程序 1	09:31	69	16.5 SSM 整合	07:05
35	7.2 第一个 Hibernate 程序 2	11:59			

目　录

第1部分　实用教程

第2部分 实 验 指 导

第 3 部分 综合应用实习

第1部分　实 用 教 程

第 1 章　Java EE 平台及开发入门

Java 是原 Sun 公司（现已被 Oracle 收购）于 1995 年 5 月推出的一种纯面向对象的编程语言。根据应用领域的不同，Java 语言又可划分为 3 个版本：

- Java Platform Micro Edition，简称 Java ME，即 Java 平台微型版。主要用于开发掌上电脑、智能手机等移动设备使用的嵌入式 OS。
- Java Platform Standard Edition，简称 Java SE，即 Java 平台标准版。主要用于开发一般桌面应用程序。
- Java Platform Enterprise Edition，简称 Java EE，即 Java 平台企业版。主要用于快速设计、开发、部署和管理企业级的大型软件系统。

本书将系统地介绍 Java EE 平台及其实际应用开发的基本知识。

1.1　Java EE 的开发方式

经过多年的技术积淀，Java EE 已成长为目前开发 Web 应用最主流的平台之一。用 Java EE 开发应用程序有两种主要方式——Java Web 开发和 Java 框架开发。

1. Java Web 开发

这是传统的方式，其核心技术是 JSP、Servlet 与 JavaBean。

2. Java 框架开发

在开发中使用现成的框架。根据实际应用需要，框架开发又分为轻量级和经典企业级 Java EE。

（1）轻量级 Java EE

目前，轻量级 Java EE 开发又分为两种方式。

① SSH2：即用 Struts/Struts 2、Spring、Hibernate 框架为核心的组合方式，多见于传统企业项目的开发。

② SSM：使用 Spring MVC、Spring、MyBatis 框架为核心的组合方式，广泛应用于对并发性能要求很高的互联网项目。

轻量级 Java EE 开发出的应用通常运行在普通 Web 服务器（如 Tomcat）上。

（2）经典企业级 Java EE

以 EJB 3＋JPA 为核心，系统需要运行于专业的 Java EE 服务器（如 WebLogic、WebSphere）之上，通常只有开发商用的大型企业项目才会用到。

对于一般的 Java EE 学习来说，最好选择轻量级框架（可视具体项目的需求选用 SSH2 或 SSM 组合之一），它在保留经典企业级 Java EE 基本应用架构、高度可扩展性、易维护性的基础上，安装配置相对简单，较容易入门。

本书介绍的是轻量级 Java EE 平台，它是以 JDK 8 为底层运行时环境（JRE）、Tomcat 9 为服务器、SQL Server 2014 为后台数据库的开发平台，使用最新的 MyEclipse 2017 作为可视化集成开发环境（IDE）。同时，开发时需要配置相应版本的.jar 包，形成.jsp、.java、.xml 等文件。开发完成后，再一起发布到 Web 服务器上，它们的关系如图 1.1 所示。

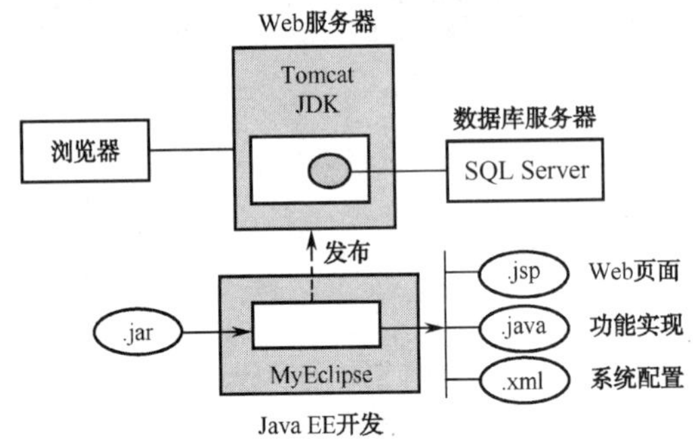

图 1.1　轻量级 Java EE 开发平台

这种轻量级的系统，无须专业的 Java EE 服务器，大大降低了 Java EE 应用的开发部署成本，即使在实际的商用领域，也是大多数中小型企业应用的首选！读者在学习 Java EE 开发时，所有软件可安装在同一台计算机上，以便进行系统调试。开发完成后，再发布到真正的 Web 服务器上。

1.2 Java EE 平台构建

1.2.1 软件的安装

1. 安装 JDK 8

Java EE 程序必须安装在 Java 运行环境中，这个环境最基础的部分是 JDK，它是 Java SE Development Kit（Java 标准开发工具包）的简称。一个完整的 JDK 包括了 JRE（Java 运行环境），是辅助开发 Java EE 软件的所有相关文档、范例和工具的集成。

Oracle 公司定期在其官网发布最新版的 JDK，并提供免费下载。JDK 下载、安装及配置的整个过程，步骤如下。

（1）访问 Oracle 官网 Java 主题页

Oracle 官方的 Java 页网址为 http://www.oracle.com/technetwork/java/javase/downloads/index.html，如图 1.2 所示。

单击“Java SE Downloads”下的图标，即可进入 JDK 的下载页面。

（2）选择合适的 JDK 版本下载

下载页面的中央有选择链接区，列出了适用于各种不同操作系统平台的 JDK 下载链接，单击选中

"Accept License Agreement"，即可根据需要下载合适的 JDK 版本。笔者所用计算机的操作系统是 64 位 Windows 7 旗舰版，故选适用于 Windows x64 体系的 JDK，单击"jdk-8u152-windows-x64.exe"链接开始下载，如图 1.3 所示。

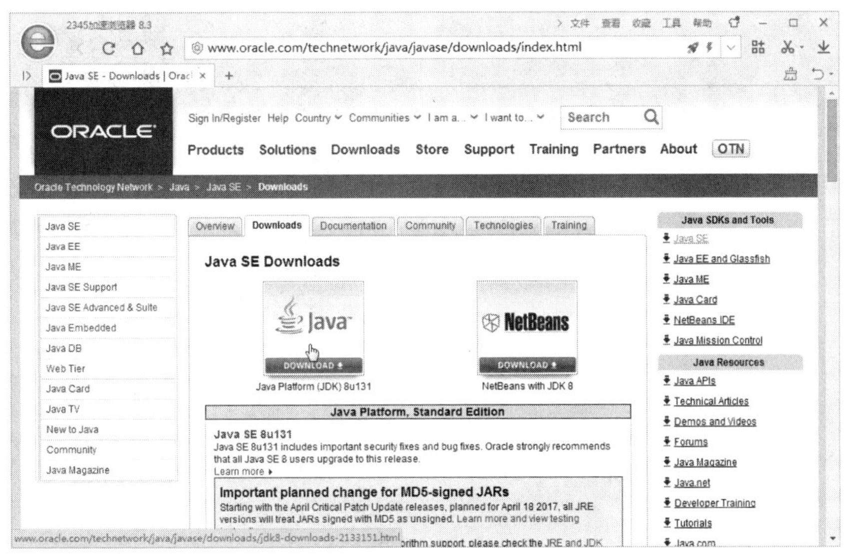

图 1.2　Oracle 官方的 Java 页

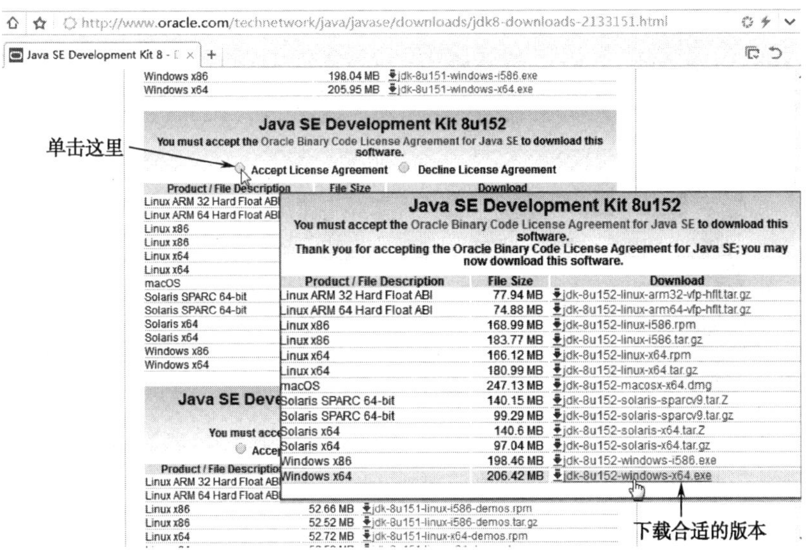

图 1.3　选择要下载的 JDK 版本

下载得到的安装可执行文件名为 jdk-8u152-windows-x64.exe，该文件大小约为 206MB，由于 Oracle 官方对页面访问流量的控制，为提高下载速度，建议读者使用迅雷等第三方工具。

（3）安装 JDK 和 JRE

双击下载得到的可执行文件，启动安装向导，如图 1.4 所示。

单击【下一步】按钮，跟着向导的指引操作，安装过程非常简单（这里不展开），本书将 JDK 安装在默认目录"C:\Program Files\Java\jdk1.8.0_152"下。

安装完 JDK 后，向导会自动弹出【Java 安装】对话框，接着安装其配套的 JRE，如图 1.5 所示。系统显示 JRE 会被安装到“C:\Program Files\Java\jre1.8.0_152”，保持这个默认的路径，单击【下一步】按钮开始安装，直到完成。

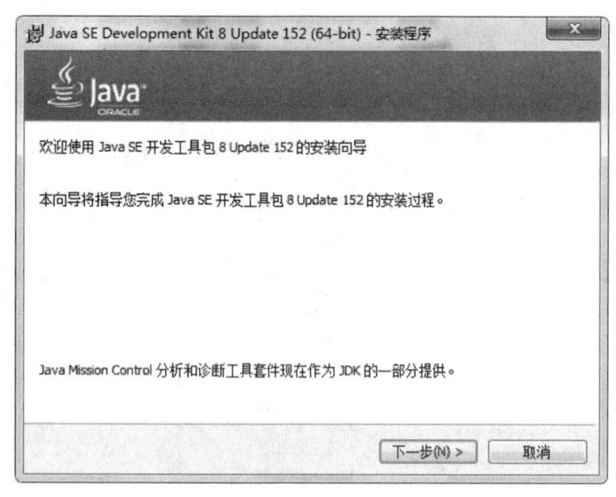

图 1.4　安装 JDK

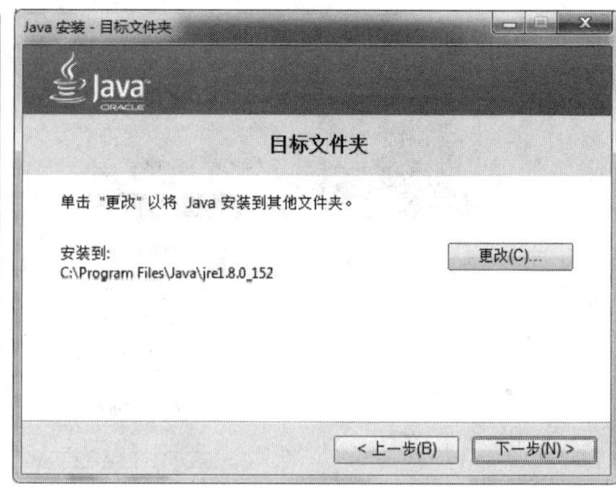

图 1.5　安装 JRE

（4）设置环境变量

完成后还要通过设置系统环境变量，告诉 Windows 操作系统 JDK 的安装位置。下面介绍具体设置方法。

① 打开【环境变量】对话框。

右击桌面上的“计算机”图标，选择【属性】，在弹出的控制面板主页中单击“高级系统设置”链接项，在弹出的【系统属性】对话框中单击【环境变量】按钮，打开【环境变量】对话框，操作过程如图 1.6 所示。

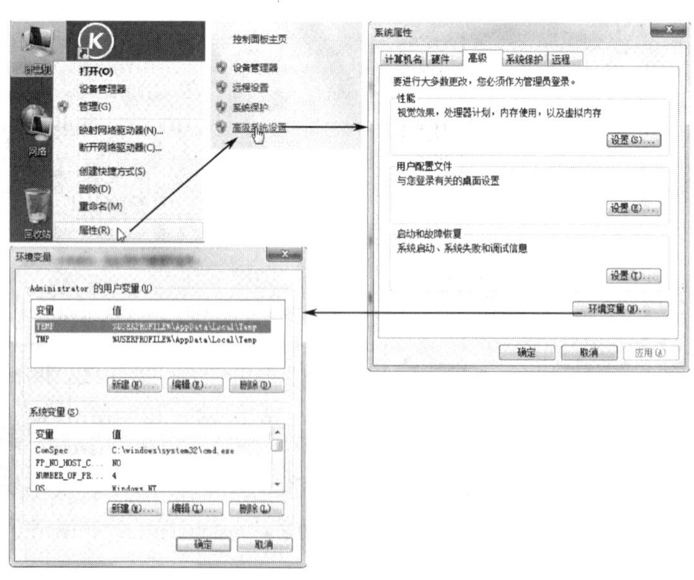

图 1.6　打开【环境变量】对话框

② 新建系统变量 JAVA_HOME。

在“系统变量”列表下单击【新建】按钮，弹出【新建系统变量】对话框。在“变量名”栏中输入“JAVA_HOME”，在“变量值”栏中输入 JDK 安装路径“C:\Program Files\Java\jdk1.8.0_152”，如图 1.7 所示，单击【确定】按钮。

③ 设置系统变量 Path。

在“系统变量”列表中找到名为“Path”的变量，单击【编辑】按钮打开【编辑系统变量】对话框，在“变量值”字符串中加入路径“%JAVA_HOME%\bin;”，如图 1.8 所示，单击【确定】按钮。

图 1.7 新建 JAVA_HOME 变量

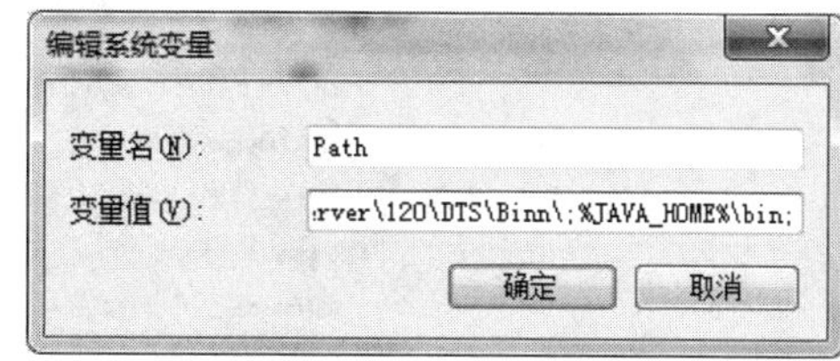

图 1.8 编辑 Path 变量

单击【环境变量】对话框的【确定】按钮，回到【系统属性】对话框，再次单击【确定】按钮，完成 JDK 环境变量的设置。

（5）测试安装

读者可以自己测试 JDK 安装是否成功。选择任务栏【开始】→【运行】，输入“cmd”并回车，进入命令行界面，输入“java -version”，如果配置成功就会出现 Java 的版本信息，如图 1.9 所示。

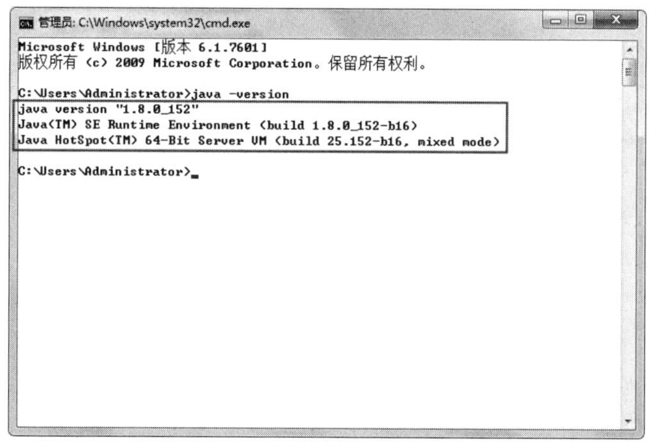

图 1.9 JDK 8 安装成功

至此，JDK 的安装与配置就完成了。

2. 安装 Tomcat 9

Tomcat 是著名的 Apache 软件基金会资助 Jakarta 的一个核心子项目，本质上是一个 Java Servlet 容器。它技术先进、性能稳定，而且免费开源，因而深受广大 Java 爱好者的喜爱并得到部分软件开发商的认可，成为目前最为流行的 Web 服务器之一。作为一种小型、轻量级应用服务器，Tomcat 在中小型系统和并发访问用户不是很多的场合下被普遍采用，是开发和调试 Java EE 程序的首选。

Tomcat 的运行离不开 JDK 的支持，所以要先安装 JDK，然后才能正确安装 Tomcat。本书采用最新的 Tomcat 9 作为承载 Java EE 应用的 Web 服务器，Tomcat 下载、安装的步骤如下。

（1）访问 Tomcat 官网

Tomcat 官方的下载网址为 http://tomcat.apache.org/download-90.cgi，如图 1.10 所示。

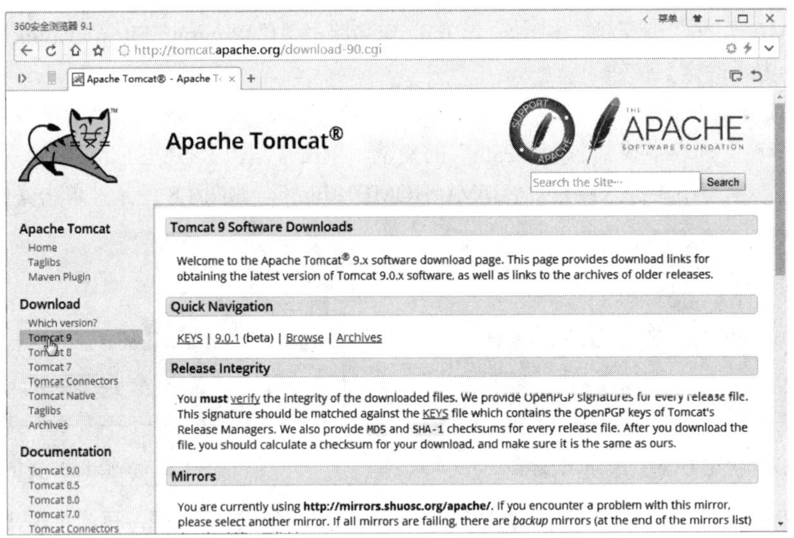

图 1.10　Tomcat 官方下载页

点页面左侧“Download”下的“Tomcat 9”链接，进入 Tomcat 9 的软件发布页。

（2）选择下载所需的软件发布包

Tomcat 的每个版本都会以多种不同的形式打包发布，以满足不同层次用户的需求，如图 1.11 所示为 Tomcat 9 的发布页。

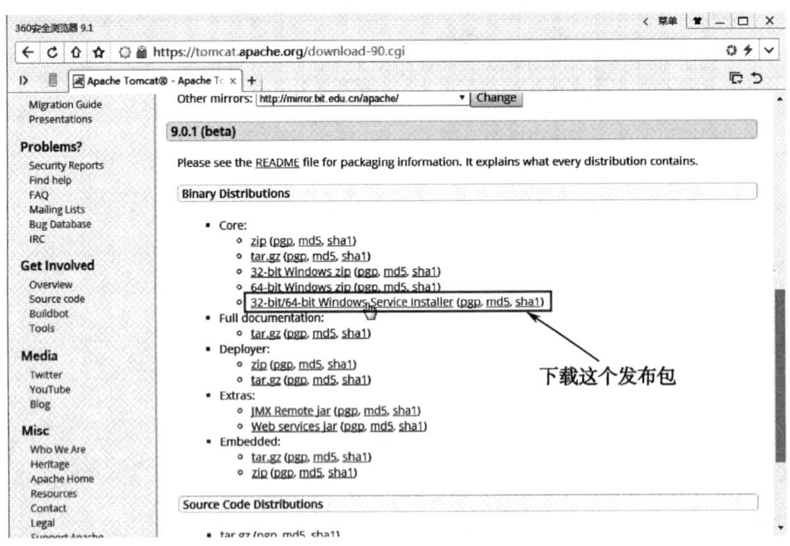

图 1.11　Tomcat 9 发布页

其中，Core 下的“zip”项目是 Tomcat 的绿色版，解压即可使用（用 bin\startup.bat 启动），而“32-bit/64-bit Windows Service Installer”（图中框出）则是一个安装版软件。建议 Java 初学者使用安装版，下载获得的安装包文件名为 apache-tomcat-9.0.1.exe。

（3）安装 Tomcat

双击安装包文件，启动安装向导，单击【Next】按钮，在向导“License Agreement”页单击【I Agree】同意许可协议条款，如图 1.12 所示。

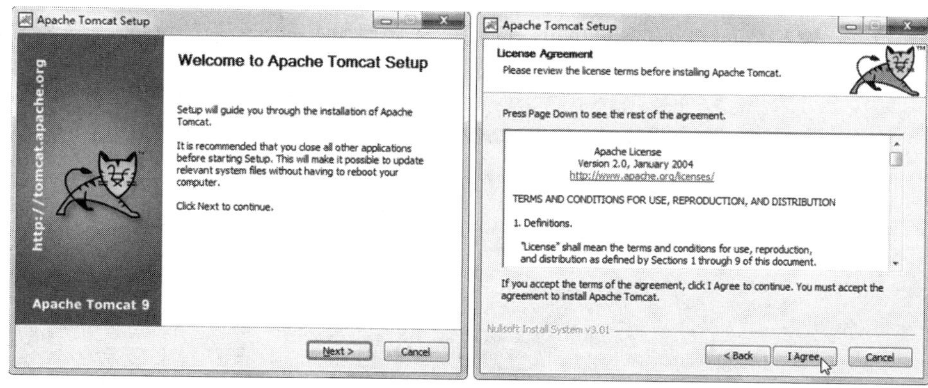

图 1.12　Tomcat 9 安装向导

跟着向导的指引操作，接下来两个页面都取默认设置，连续两次单击【Next】按钮。

在“Java Virtual Machine”页，请读者留意一下路径栏里填写的要是自己计算机 JRE 的安装目录“C:\Program Files\Java\jre1.8.0_152”，如图 1.13 所示。确认无误后再单击【Next】按钮继续，直到完成。

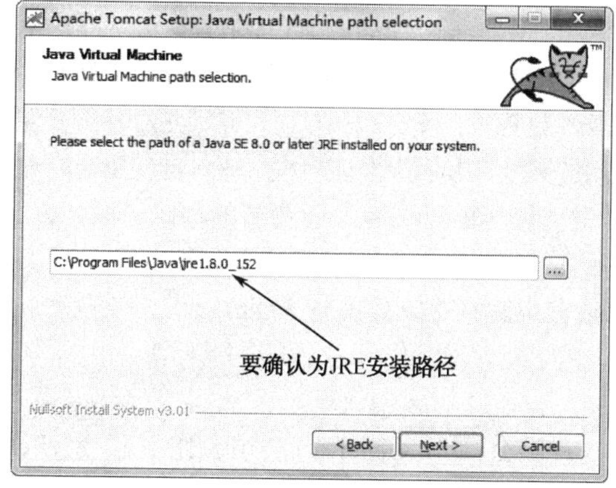

图 1.13　选择 Tomcat 所用 JRE 的路径

（4）测试安装

在安装完毕后，于向导的“Completing Apache Tomcat Setup”页勾选“Run Apache Tomcat”项，以保证 Tomcat 能自行启动，单击【Finish】按钮，在计算机桌面右下方任务栏上出现 Tomcat 的图标，图标中央三角形为绿色表示启动成功，如图 1.14 所示。

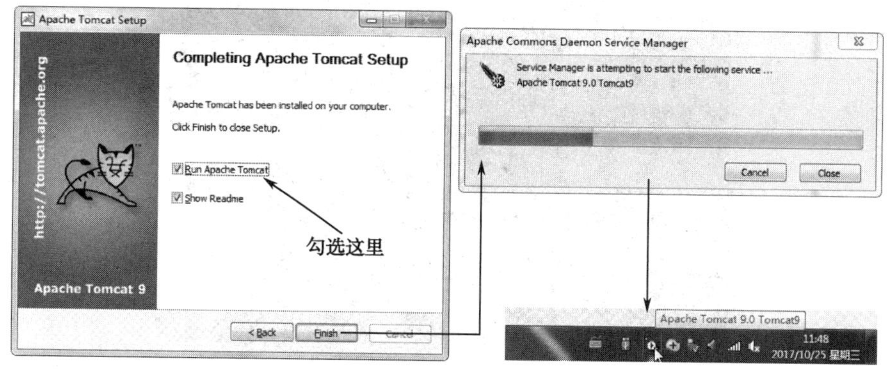

图 1.14　安装完初次启动 Tomcat

打开浏览器，输入“http://localhost:8080”并回车，若呈现如图 1.15 所示的页面，则表明安装成功。

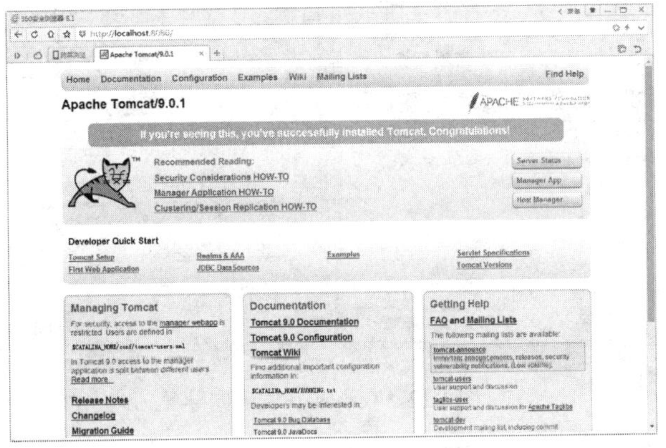

图 1.15　Tomcat 9 安装成功

3. 安装 MyEclipse 2017

MyEclipse 企业级工作平台（MyEclipse Enterprise Workbench，简称 MyEclipse）是对原Eclipse IDE（一种早期基于 Java 的可扩展开源编程工具）的扩展和集成产品，作为一个极其优秀的用于开发 Java 应用的 Eclipse插件集合，其功能非常强大，支持也很广泛，尤其是对各种开源产品的支持非常好。利用它可以在数据库和 Java EE 应用的开发、发布以及应用程序服务器的整合方面极大地提高工作效率。它是功能丰富的 Java EE集成开发环境（IDE），包括了完备的编码、调试、测试和发布功能，完整支持 html/xhtml、JSP、JSF、CSS、Javascript、SQL、Hibernate、Spring 等各种 Java 相关的技术标准和框架。

本书使用的是 MyEclipse 官方发布的最新版 MyEclipse 2017 CI 系列，其下载、安装和初始配置的步骤如下。

（1）下载安装包

目前，由北京慧都科技有限公司与 Genuitec 公司合作运营 MyEclipse 中国官网，其网址为 http://www.myeclipsecn.com/，专为国内用户提供 MyEclipse 软件的下载和技术支持服务，本书下载使用的是离线版安装包，文件名为 myeclipse-2017-ci-8-offline-installer-windows.exe，文件大小为 1.56GB。

（2）安装 MyEclipse

双击执行离线安装程序，启动安装向导，单击【Next】按钮，如图 1.16 所示。

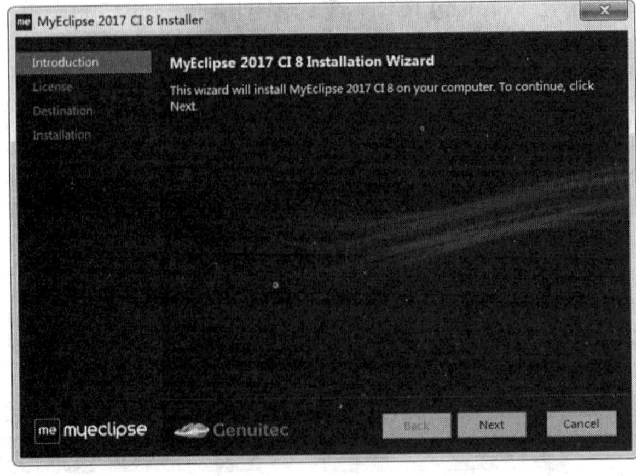

图 1.16　MyEclipse 2017 安装向导

在向导“License”页勾选“I accept the terms of the license agreement”同意许可协议条款，单击【Next】按钮继续；在“Options”页选择 MyEclipse 所运行的 Java 环境，为 64 位平台。其他步骤都采用默认设置（不再展开），如图 1.17 所示。

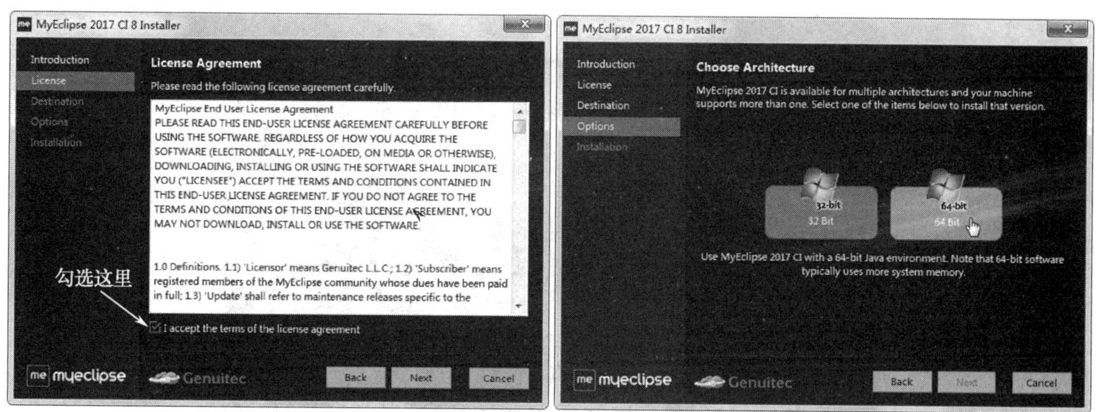

图 1.17　安装向导的几个关键选项

（3）初始启动

最后，在“Installation”页确保已勾选了“Launch MyEclipse 2017 CI”，单击【Finish】按钮结束安装过程。安装一完成，MyEclipse 2017 就会启动，初启时会弹出【Eclipse Launcher】对话框要求用户选择一个工作区（Workspace），也就是用于存放用户项目（所开发程序）的地方。这里取默认值即可，默认的工作区所在目录路径为“C:\Users\Administrator\Workspaces\MyEclipse 2017 CI”。为避免每次启动都要选择工作区的麻烦，可勾选下方的“Use this as the default and do not ask again”，单击【OK】按钮开始启动，出现启动画面，如图 1.18 所示。

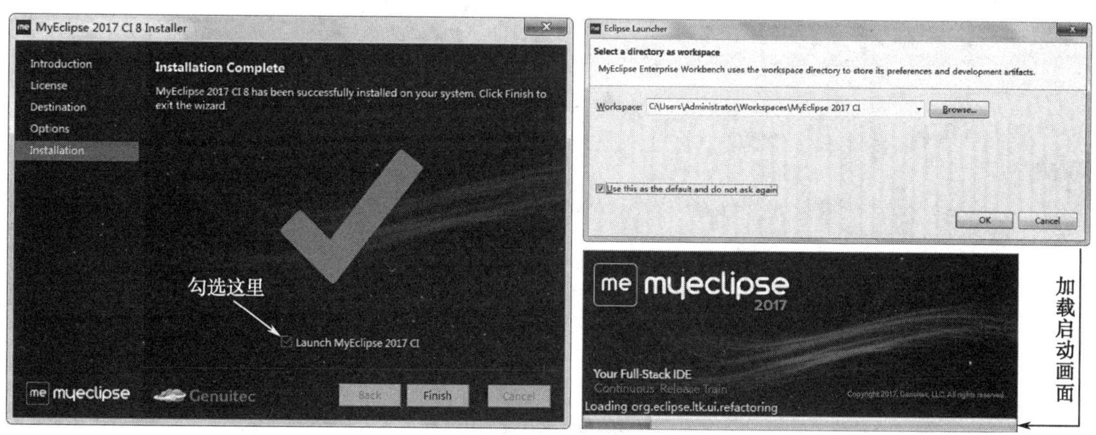

图 1.18　初次启动 MyEclipse 2017

启动后出现 MyEclipse 2017 的开发环境初始界面，如图 1.19 所示。其默认显示的是 MyEclipse Dashboard 的“Welcome”（欢迎）页，读者也可切换查看其他分页的内容。

4. 安装 SQL Server 2014

SQL Server 2014 是微软的大型数据库（DBMS）产品，在广大 Windows 用户中被普遍使用，本书也选用它作为 Java EE 应用的后台数据库。下面介绍其安装过程（限于篇幅，这里只给出向导中需要用户参与配置的页，而其余页皆取默认，直接单击【下一步】按钮即可），步骤如下。

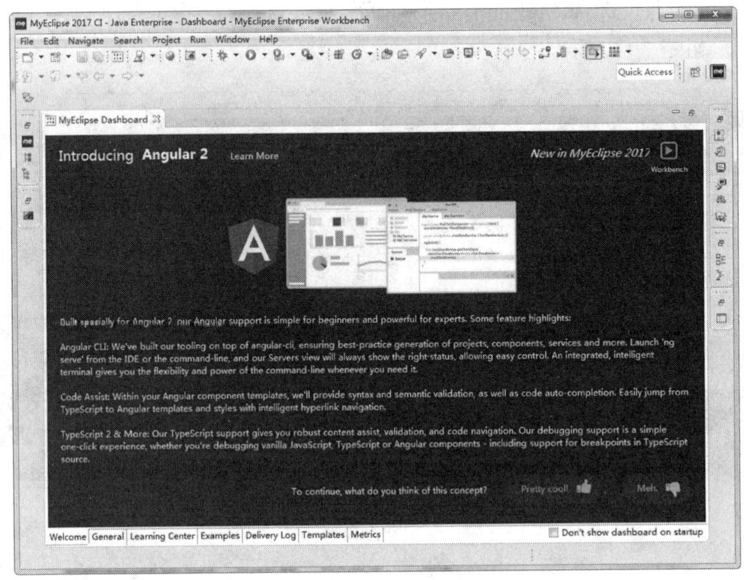

图 1.19　MyEclipse 2017 的开发环境初始界面

（1）启动安装

从网上下载 SQL Server 2014 安装包，解压，双击目录中的 setup 启动安装向导，出现【SQL Server 安装中心】窗口，在左侧选择“安装”类，然后点击“全新 SQL Server 独立安装或向现有安装添加功能”链接，如图 1.20 所示。

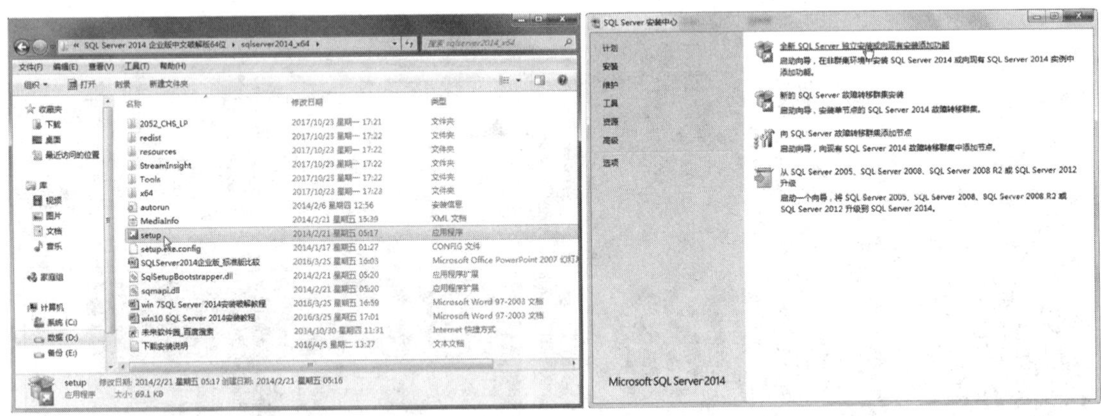

图 1.20　启动 SQL Server 2014 安装向导

（2）密钥许可

在“产品密钥”页，选中“输入产品密钥”选项，在下方文本框中输入产品密钥，单击【下一步】按钮；在“许可条款”页，勾选“我接受许可条款”复选框，单击【下一步】按钮，如图 1.21 所示。

（3）选择要安装的功能

在“设置角色”页，选中“SQL Server 功能安装”选项，单击【下一步】按钮；在接下来的“功能选择”页，于“功能”区域中勾选要安装的功能组件，这里单击下方的【全选】按钮选中全部组件（即安装所有功能），单击【下一步】按钮，如图 1.22 所示。

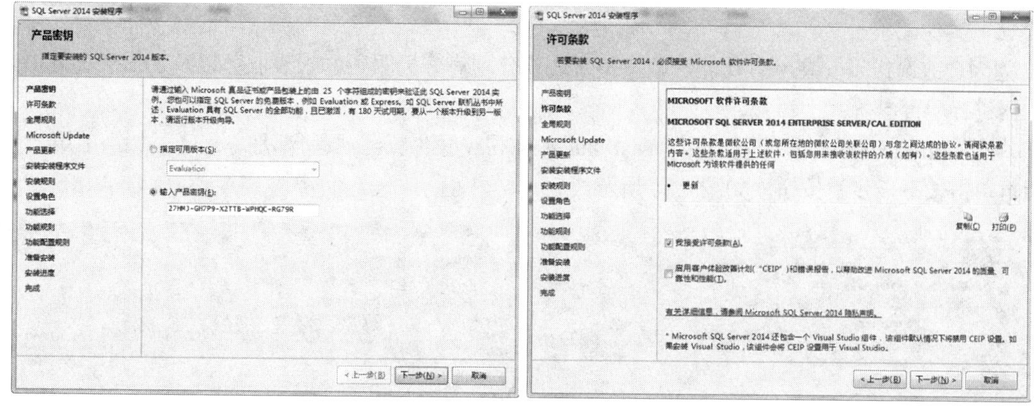

图 1.21　获取密钥许可证

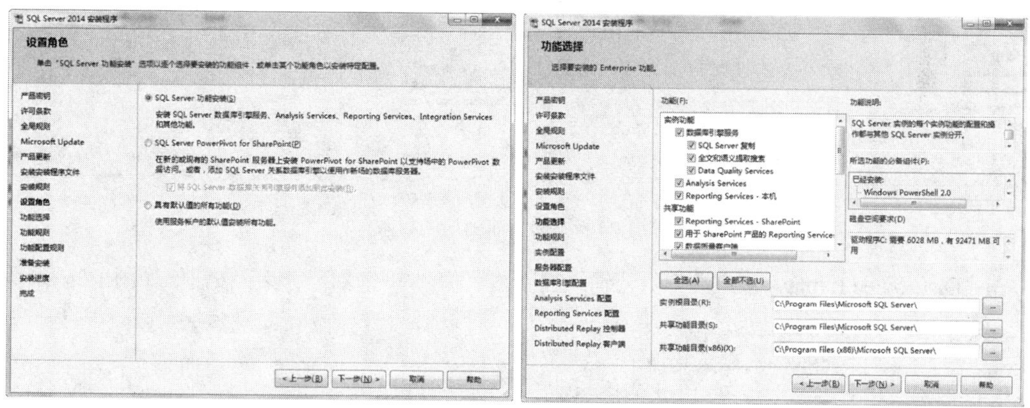

图 1.22　安装功能选择

（4）设置数据库用户密码

当安装向导进入到“数据库引擎配置”页后，选择身份验证模式为“混合模式”，本书设置系统管理员账户 sa 的密码为 njnu123456，读者必须记住这里所设的密码，后面在开发程序连接数据库时要用！输完密码并确认后，单击【添加当前用户】按钮，单击【下一步】按钮，如图 1.23 所示。

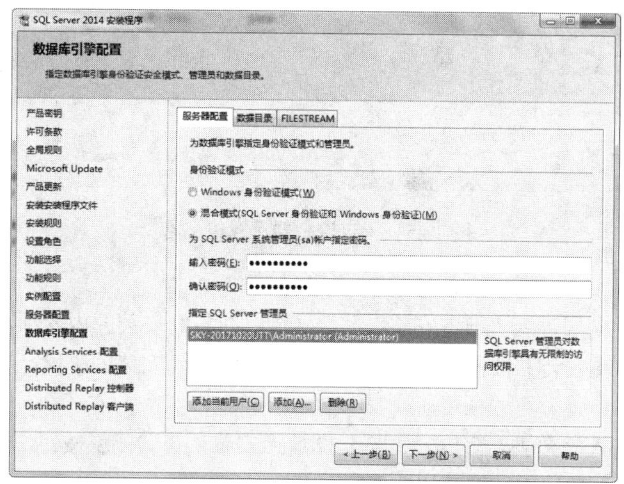

图 1.23　设置数据库密码

（5）其他配置

因为之前选择了安装所有功能，故接下来还要分别对分析服务、报表服务以及 Distributed Replay 控制器进行配置。

在“Analysis Services 配置”和“Distributed Replay 控制器”页，都是单击【添加当前用户】按钮后再单击【下一步】按钮，如图 1.24 所示。

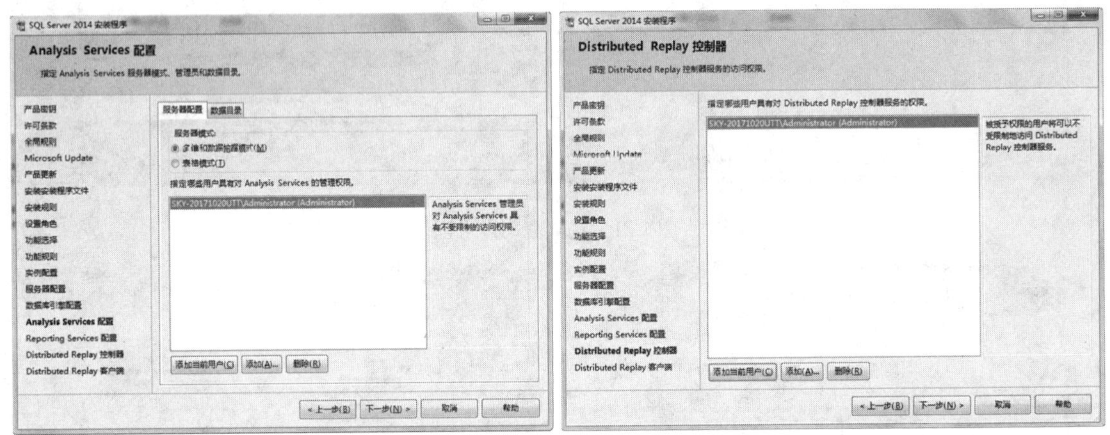

图 1.24 添加当前用户的权限

在“Distributed Replay 客户端”页，输入控制器名称，单击【下一步】按钮，如图 1.25 所示。

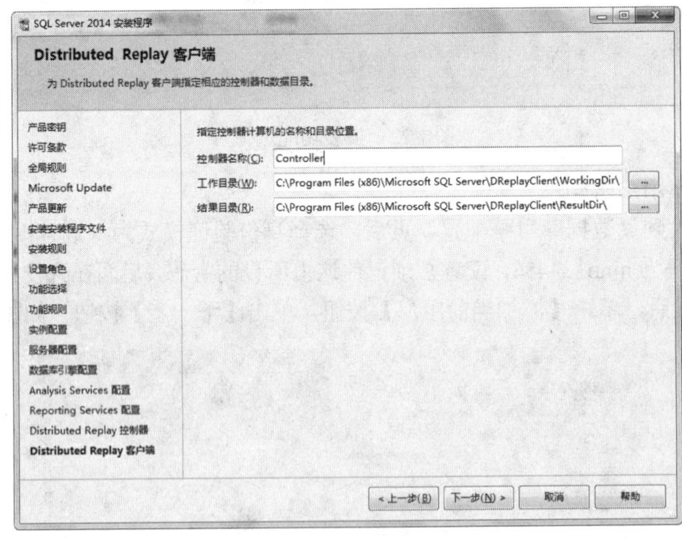

图 1.25 指定控制器计算机名称

（6）开始安装

全部配置完成后，向导进入“准备安装”页，显示已准备好安装的内容项，如图 1.26 所示，用户在确认无误后就可单击【安装】按钮进入安装过程，进度条显示安装的进度。

（7）安装完成

稍候片刻，向导进入“完成”窗口，如图 1.27 所示，单击【关闭】按钮，系统会弹出消息框提示用户重启，单击【确定】按钮重新启动计算机。

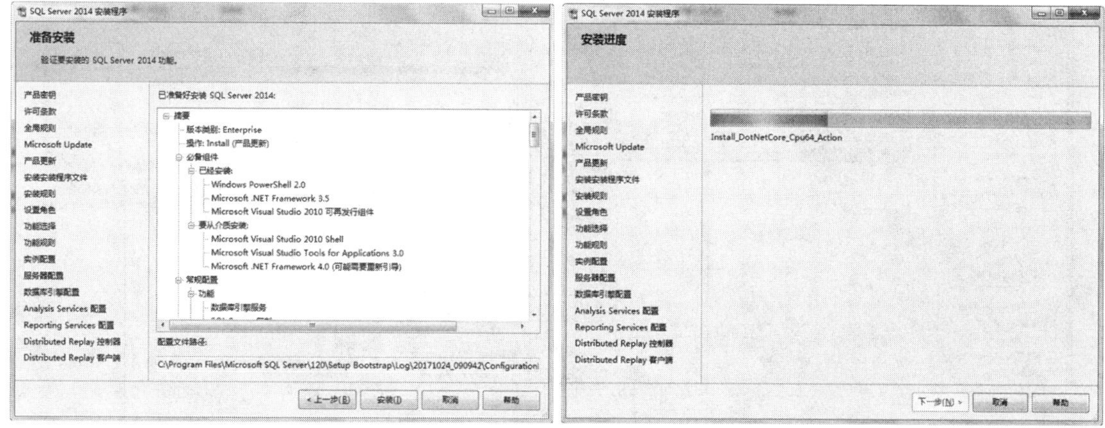

图 1.26　进入安装过程

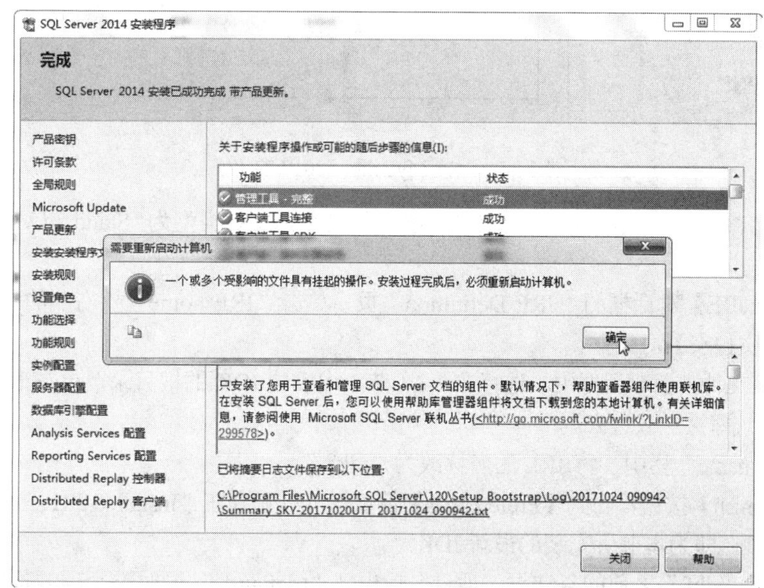

图 1.27　完成后重启计算机

1.2.2　整合开发环境

1. 配置 MyEclipse 2017 所用的 JRE

在 MyEclipse 2017 中内嵌了 Java 编译器，但为了使用我们安装的最新 JDK，需要手动配置，具体操作步骤见图 1.28 中的①～⑩标注。

说明如下：

① 启动 MyEclipse 2017，选择主菜单【Window】→【Preferences】，弹出【Preferences】窗口。

② 展开窗口左侧的树状视图，选中“Java”→“Installed JREs”项，右区出现“Installed JREs”配置页。

③ 单击右侧的【Add...】按钮，弹出【Add JRE】对话框。

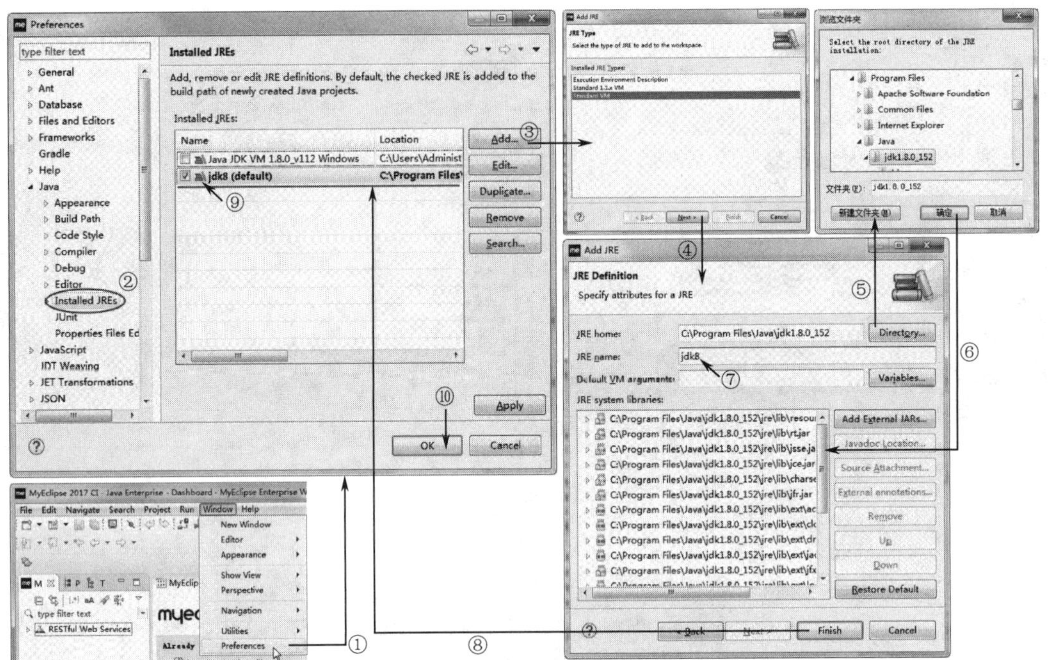

图 1.28 配置 MyEclipse 2017 的 JRE

④ 在【Add JRE】对话框的“JRE Type”页，选择要配置的 JRE 类型为“Standard VM”，单击【Next】按钮。

⑤ 在【Add JRE】对话框的“JRE Definition”页，单击“JRE home”栏右侧的【Directory...】按钮，弹出【浏览文件夹】对话框。

⑥ 在【浏览文件夹】对话框中，选择在 1.2.1 节 1.中安装 JDK 的根目录，单击【确定】按钮，可以看到 JRE 的系统库被加载进来。

⑦ 在“JRE name”栏中，将 JRE 的名称改为“jdk8”。

⑧ 单击【Finish】按钮，回到【Preferences】窗口，可以看到在“Installed JREs”列表中多出了名为“jdk8”的一项，即为本书所安装的最新 JDK。

⑨ 勾选项目“jdk8”之前的复选框，项目名后出现“(default)”，同时整个项的条目加黑，表示已将在 1.2.1 节 1.中安装 JDK 的 JRE 设为 MyEclipse 2017 的默认 JRE 了。

⑩ 单击【Preferences】窗口底部的【OK】按钮，确认设置。

2. 集成 MyEclipse 2017 与 Tomcat 9

（1）新建服务运行时环境

MyEclipse 2017 自带“MyEclipse Tomcat v8.5”服务运行时环境（运行 Java EE 程序的 Web 服务器），但本书不用这个，而是使用我们安装的最新 Tomcat 9，需要将其整合到 MyEclipse 环境中，具体操作步骤见图 1.29 中的①～⑩标注。

说明如下：

① 在 MyEclipse 2017 开发环境中，选择主菜单【Window】→【Preferences】，弹出【Preferences】窗口。

② 展开窗口左侧的树状视图，选中“Servers”→“Runtime Environments”项，右区出现“Server Runtime Environments”配置页。

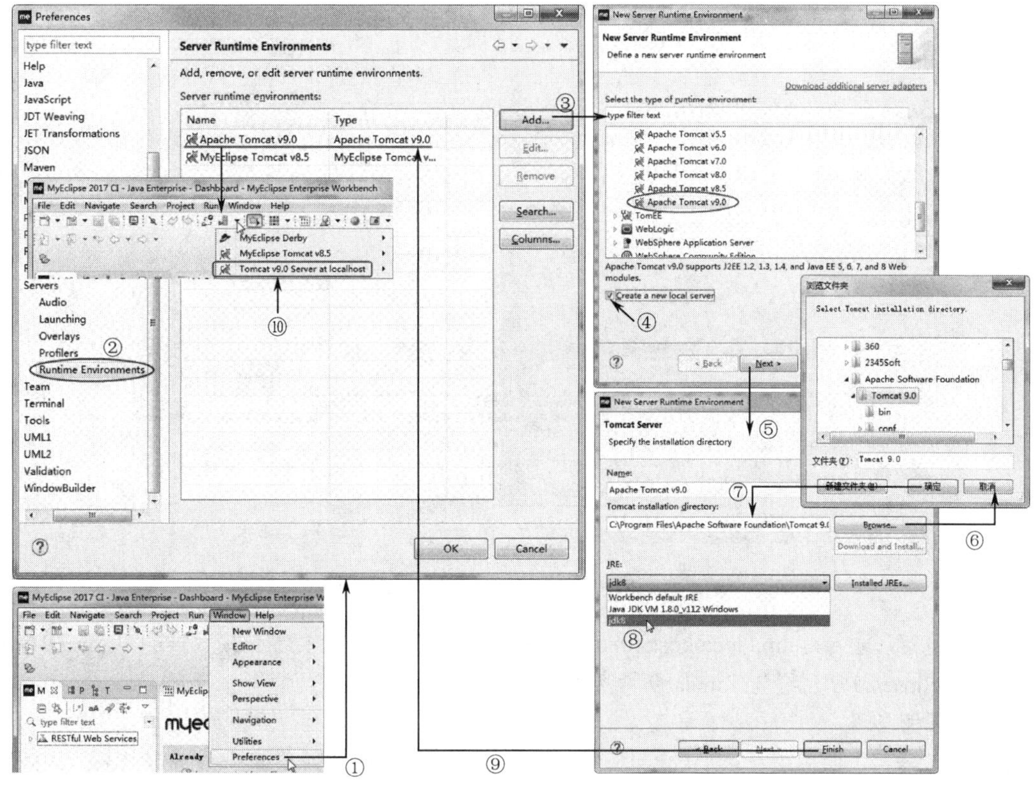

图 1.29　将 Tomcat 9 整合进 MyEclipse 2017

③ 单击右侧的【Add…】按钮，弹出【New Server Runtime Environment】对话框，在列表中选择“Tomcat”→“Apache Tomcat v9.0”项。

④ 勾选下方的“Create a new local server”复选框。

⑤ 单击【Next】按钮，进入“Tomcat Server”页，配置服务器路径及 JRE。

⑥ 单击“Tomcat installation directory”栏右侧的【Browse...】按钮，弹出【浏览文件夹】对话框。

⑦ 选择本书安装 Tomcat 9 的目录（笔者装在 C:\Program Files\Apache Software Foundation\Tomcat 9.0），单击【确定】按钮。

⑧ 设置 Tomcat 9 所使用的 JRE，直接从 JRE 下拉列表中选择在 1.2.1 节 1. 中配置的“jdk8”即可。

⑨ 单击【Finish】按钮，回到【Preferences】窗口，可以看到在“Server runtime environments”列表中多出了名为“Apache Tomcat v9.0”的一项，即在 1.2.1 节 1. 中安装的 Tomcat 9。单击【Preferences】窗口底部的【OK】按钮确认。

⑩ 回到 MyEclipse 2017 开发环境，此时若单击工具栏的复合按钮右边的下箭头，会发现在最下面多出了“Tomcat v9.0 Server at localhost”选项，这表示 Tomcat 9 已成功地整合到 MyEclipse 环境中了。

（2）MyEclipse 启动 Tomcat

整合以后就可以通过 MyEclipse 2017 环境来直接启动外部服务器 Tomcat 9 了，方法是：单击 MyEclipse 工具栏的复合按钮右边的下箭头，单击【Tomcat v9.0 Server at localhost】→【Start】，稍候片刻，在主界面下方的子窗口“Servers”页看到服务已开启，切换到“Console”页可查看 Tomcat 的启动信息，如图 1.30 所示。

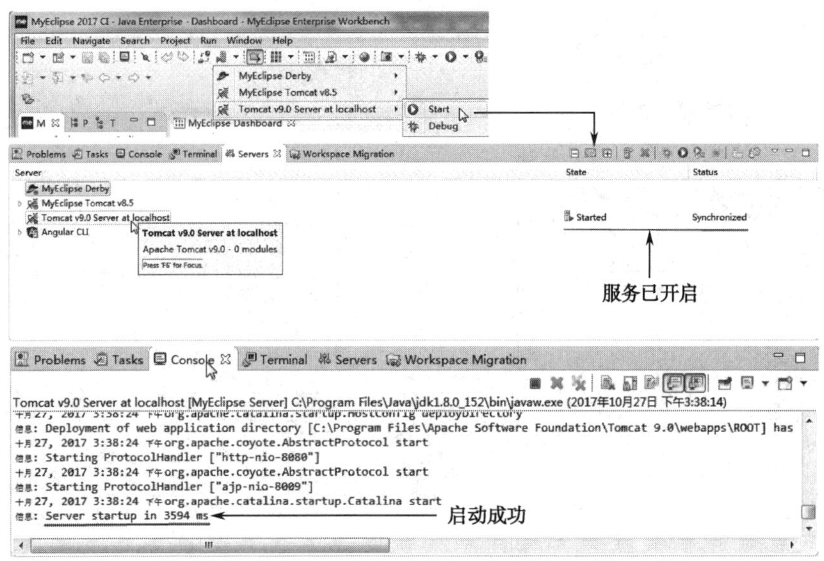

图 1.30 用 MyEclipse 2017 启动 Tomcat 9

打开浏览器，输入“http://localhost:8080”后回车，将出现与前图 1.15 一模一样的 Tomcat 9 首页，这说明 MyEclipse 2017 已经与 Tomcat 9 紧密集成了。

（3）关停服务器

启动服务器后，原先工具栏上的 复合按钮的外观将会改变，呈现一个带有 Tom 猫的图标 （今后会一直维持这种状态）。单击按钮右边的下箭头，单击【Tomcat v9.0 Server at localhost】→【Stop】，待下方子窗口“Console”页出现如图 1.31 所示的信息，就表示服务器已关停。

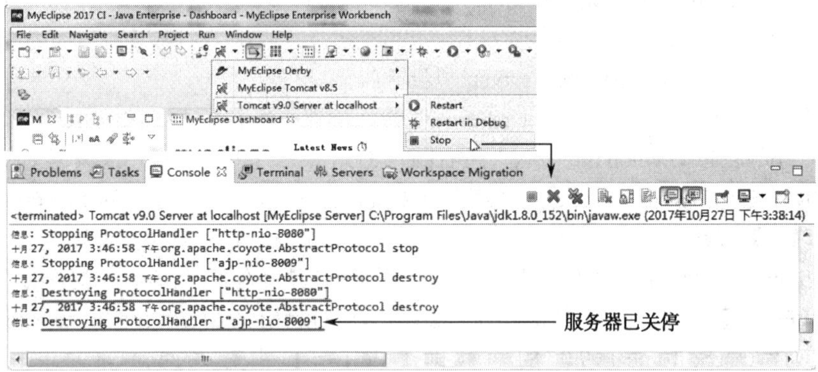

图 1.31 通过 MyEclipse 关停 Tomcat 服务器

1.3 Java EE 开发入门

1.3.1 MyEclipse 2017 集成开发环境

1. 启动 MyEclipse 2017

在 Windows 下选择【开始】菜单→【所有程序】→【MyEclipse】→【MyEclipse 2017】→【MyEclipse 2017 CI】，启动 MyEclipse 2017 环境，其集成开发工作界面如图 1.32 所示。

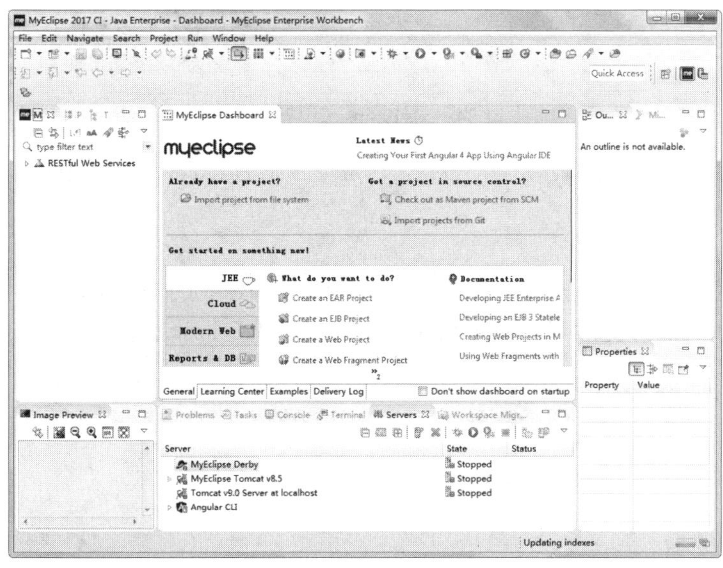

图 1.32　MyEclipse 2017 主界面

作为 Java EE 环境的核心，MyEclipse 2017 是一个功能十分强大的 IDE（Integrated Development Environment，集成开发环境）。与常见的 GUI 程序一样，MyEclipse 也支持标准的界面元素和一些自定义的概念。

2. 标准界面元素

（1）菜单栏

窗体顶部是菜单栏，它包含主菜单（如【File】）和其所属的菜单项（如【File】→【New】），菜单项下面还可以显示子菜单，如图 1.33 所示。

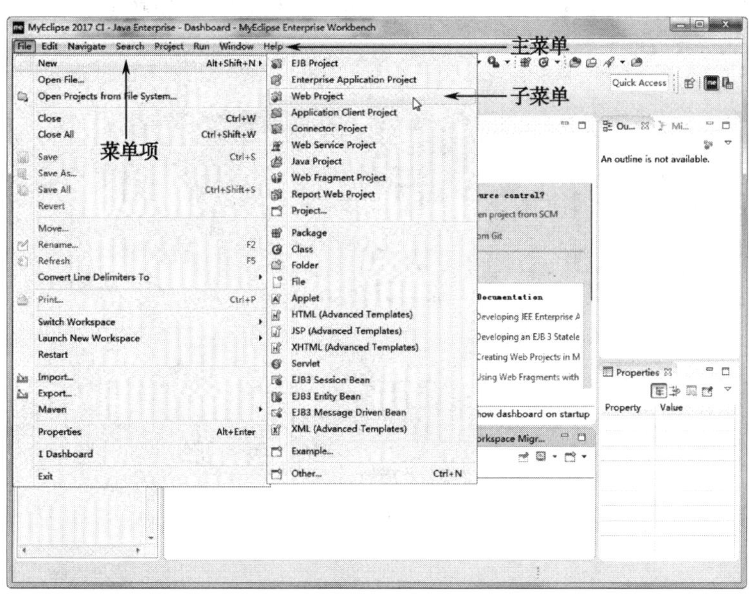

图 1.33　MyEclipse 2017 菜单栏

（2）工具栏

位于菜单栏下面的是工具栏，如图 1.34 所示，它包含了最常用的功能。

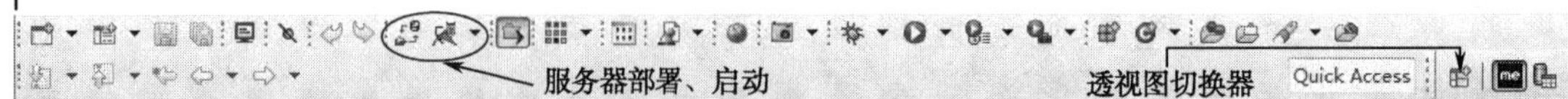

图 1.34 MyEclipse 2017 工具栏

上图特别标示出了服务器部署、启动按钮，这是今后开发时最常用的，使用该功能可将项目部署到指定的软件服务器上。

（3）状态栏

状态栏位于整个 MyEclipse 开发环境的底部，其上被分隔条划分成两个以上的区块，用于显示系统运行时来自不同方面的状态信息。如图 1.35 所示，这是 MyEclipse 加载一个 Java EE 项目时状态栏所呈现出来的典型外观。

图 1.35 MyEclipse 2017 状态栏

（4）透视图切换器

位于工具栏右侧的是 MyEclipse 特有的透视图切换器（见前图 1.34 标注），它可以显示多个透视图以供切换。

什么是透视图？当前的界面布局就是一个透视图，通过给不同的布局起名字，便于用户在多种常用的功能模式间切换工作。总体来说，一个透视图相当于一个自定义的界面，它保存了当前的菜单栏、工具栏按钮以及各视图（子窗口）的大小、位置、显示与否的所有状态，可以在下次切换回来时恢复原来的布局。

透视图切换器的一个最典型的应用场合，就是在 Java EE 开发模式与 DB Browser 之间切换。如图 1.36 所示，在 DB Browser 模式下单击（Open Perspective）按钮，弹出【Open Perspective】对话框，其中列出了系统预定义的各种标准功能模式的透视图，默认 Java EE 开发模式的透视图名称为“Java Enterprise(default)”，选中，单击【OK】按钮，切换回标准 Java EE 开发环境。

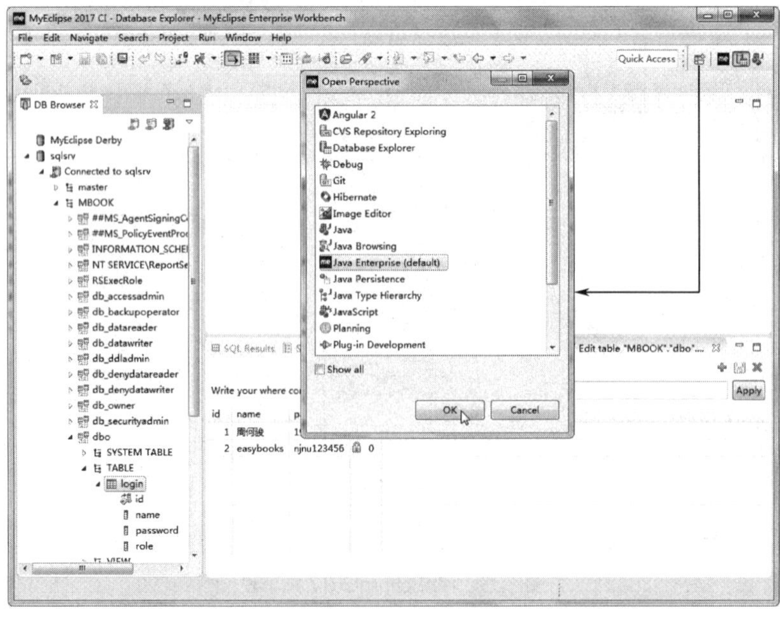

图 1.36 透视图切换器的应用

当然，还可以更简便地通过单击透视图切换器右边的（Java Enterprise）按钮和（Database Explorer）按钮进行两者之间的切换。

（5）视图

视图是显示在主界面中的子窗口，可以单独最大、最小化显示，调整显示大小、位置或关闭。除菜单栏、工具栏和状态栏外，MyEclipse 的界面就是由这样的一个个小窗口组合起来的，像拼图一样构成了 MyEclipse 界面的主体，如图 1.37 所示。

（6）编辑器

在界面的中央会显示文件编辑器（见图 1.37 标注）及其中的程序代码。这个编辑器与视图非常相似，也能最大化和最小化。若打开的是 JSP 源文件，还会在编辑器底部出现选项标签【Source】|【Design】|【Preview】，单击切换编辑模式，分别用于编辑源代码、设计 JSP 页面及预览效果。

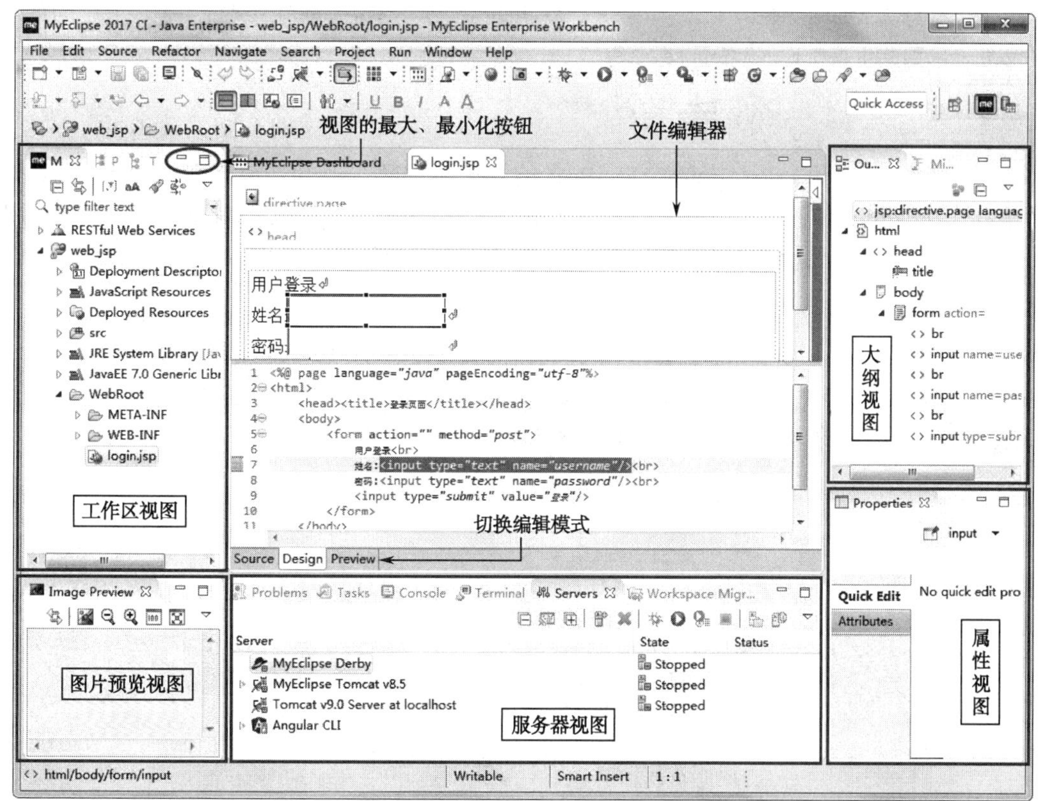

图 1.37　MyEclipse 2017 视图和编辑器

编辑器还具备完善的自动调试和排错功能，编程时，代码区最左侧的蓝色竖条上会显示行号、警告、错误、断点等信息，方便用户及时地纠正代码中的错误。

3. 组件化的功能

在结构上，MyEclipse 2017 的功能可分为 7 类：

① Java EE 模型；

② Web 开发工具；

③ EJB 开发工具；

④ 应用程序服务器的连接器；

⑤ Java EE 项目部署服务；

⑥ 数据库服务；

⑦ MyEclipse 整合帮助。

对于以上每种功能类别，在 MyEclipse 2017 中都有相应的部件，并通过一系列插件来实现它们。MyEclipse 2017 体系结构设计上的这种模块化，可以让用户在不影响其他模块的情况下，对任意一个模块进行单独的扩展和升级。

MyEclipse 2017 的这种功能**组件化**的集成定制特性，使得它可以很方便地导入和使用各种第三方开发好的现成框架，如 Struts、Struts 2、Hibernate、Spring 和 Ajax 等，用户可以根据自己的需要和应用场合不同，灵活地添加或去除功能组件，开发出适应性强、具备良好扩展性和高度可伸缩性的 Java EE 应用系统。

Genuitec 总裁 Maher Masri 曾说："今天，MyEclipse 已经提供了意料之外的价值。其中的每个功能在市场上单独的价格都比 MyEclipse 要高。"

1.3.2 一个简单的 Java EE 程序

作为入门实例，采用 JSP＋Servlet＋JavaBean 的传统方式开发一个比较简单的 Java EE 程序。考虑与后续章节内容的连贯、一致性和便于比较，本书以一个"图书管理系统"（bookManage）的应用案例贯穿始终，这里仅仅是用传统的方式（暂不使用框架）来实现它的"登录"功能，其界面也很简单。

1. 程序的结构

在网站规模不大、功能简单时，Java EE 用传统的 Java Web 方式开发：用 JSP 制作前端页面；编写 Servlet 实现程序业务逻辑处理和流程控制；JavaBean 将表封装成对象，提供对数据的面向对象访问；JDBC 直接操作后台数据库。程序结构如图 1.38 所示。

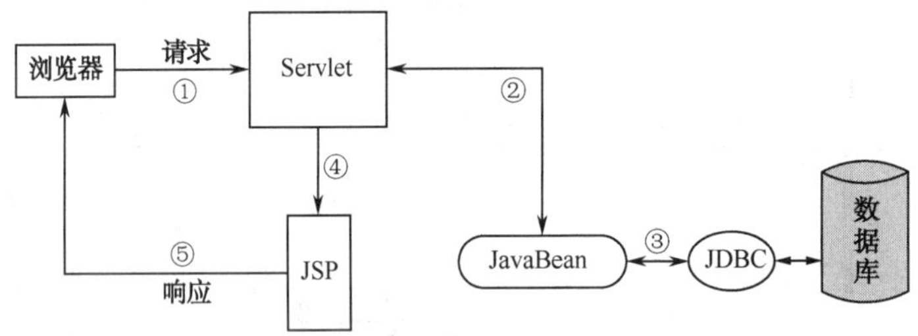

图 1.38 传统 Java EE 程序结构

整个系统的工作流程，按如下 5 个步骤进行：

① Servlet 接收浏览器发出的请求；

② Servlet 根据不同的请求调用相应的 JavaBean；

③ JavaBean 按自己的业务逻辑，通过 JDBC 操作数据库；

④ Servlet 将结果传递给 JSP；

⑤ JSP 将后台处理的结果呈现给浏览器。

2. 实例："图书管理系统"登录功能

【实例 1.1】 采用 JSP＋Servlet＋JavaBean＋JDBC 方式开发一个 Web 登录程序。

（1）建立数据库与表

在 SQL Server 2014 中创建图书管理数据库，命名为 MBOOK，其中建立一个登录信息表 login，表结构见附录 A.1。表建好后，向其中录入两条数据记录。最后建好的数据库、表及其中数据在 SQL Server 2014 的 SQL Server Management Studio 中显示的效果，如图 1.39 所示。

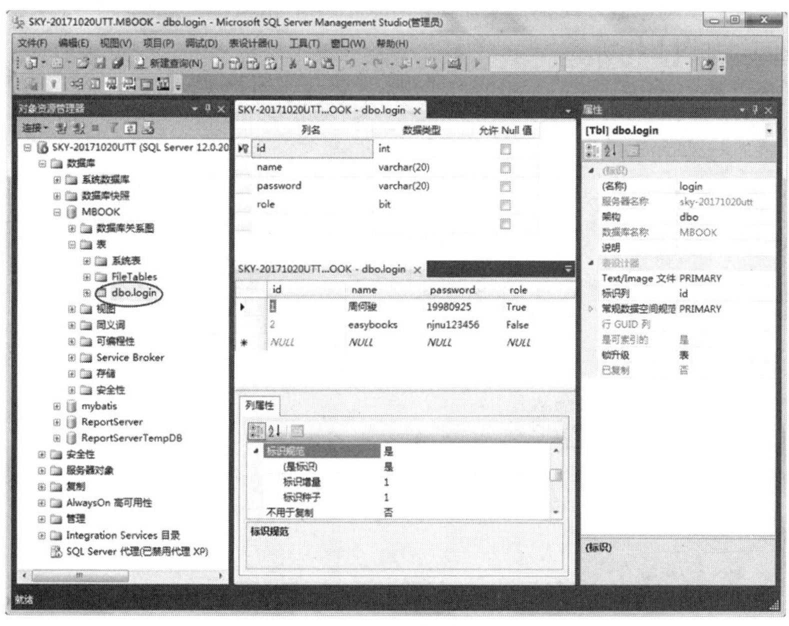

图 1.39　建好的数据库和表

有关创建数据库、表及录入数据的具体操作过程，请读者参考 SQL Server 2014 相关的书，这里不展开。

（2）创建数据库连接

Java EE 应用的底层代码都是通过 JDBC 接口访问数据库的，每种数据库针对这个标准接口都有着与其自身相适配的 JDBC 驱动程序。SQL Server 2014 的 JDBC 驱动程序包是 sqljdbc4.jar，读者可上网下载获得，将它保存在某个特定的目录下待用。笔者将它存盘在 MyEclipse 2017 默认的工作区“C:\Users\Administrator\Workspaces\MyEclipse 2017 CI”中，如图 1.40 所示。

图 1.40　SQL Server 2014 的 JDBC 驱动包

在使用这个驱动之前，要先建立与数据源的连接。在 MyEclipse 2017 开发环境中，选择主菜单【Window】→【Perspective】→【Open Perspective】→【Database Explorer】，即可切换至 MyEclipse 2017 的 DB Browser（数据库浏览器）模式，在左侧的子窗口中右击鼠标，选择菜单【New...】，打开对话框配置数据库驱动，如图 1.41 所示。

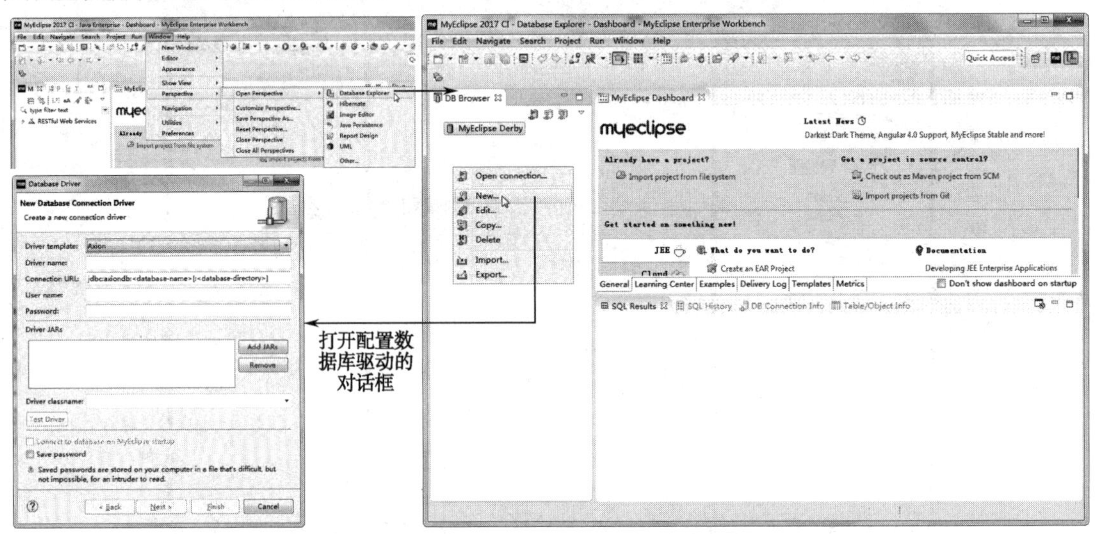

图 1.41　进入 DB Browser 模式

在打开【Database Driver】对话框的“New Database Connection Driver”页中，配置 SQL Server 2014 驱动，编辑连接驱动的各项参数，具体操作步骤见图 1.42 中的①～⑨标注。

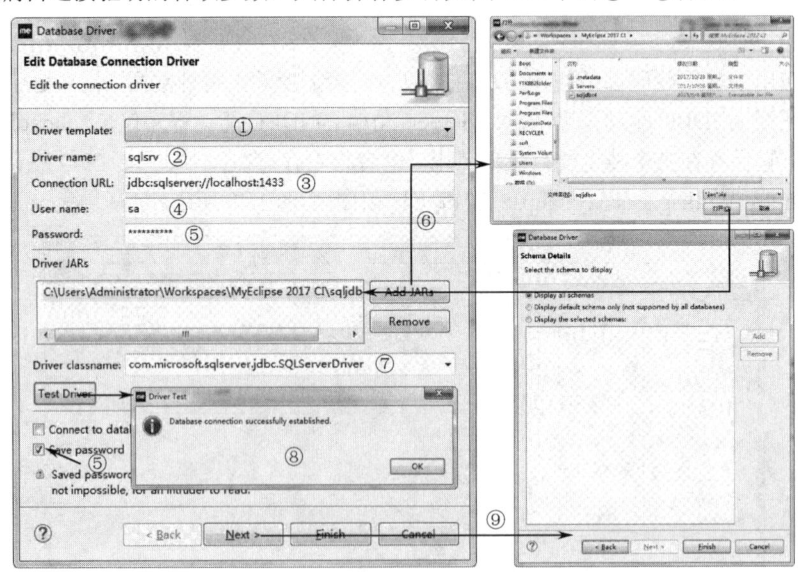

图 1.42　配置 SQL Server 驱动参数

说明如下：

① “Driver template”栏右边的下拉列表用于选择驱动模板类型，选好后可在下面“Connection URL”栏自动生成对应数据库驱动的连接字符串模板，当然也可以不选而到第③步直接编辑。

② 在“Driver name”栏填写要建立连接的名称，这里命名为 sqlsrv。

③ 在“Connection URL”栏中输入要连接数据库的 URL，为“jdbc:sqlserver://localhost:1433”。

④ 在“User name”栏输入 SQL Server 数据库的用户名，即 1.2.1 节 4.安装时默认的 sa。

⑤ 在“Password”栏输入连接数据库的密码 njnu123456（读者请输入前图 1.23 中自己设的密码）。建议读者同时勾选上“Save password”复选框（在对话框的左下方）保存密码，这样以后每次查看数据库就无须再反复地输密码验证，省去很多麻烦。

⑥ 单击“Driver JARs”栏右侧的【Add JARs】按钮，弹出【打开】对话框，找到事先已准备好的 SQL Server 2014 驱动 sqljdbc4.jar 包，选中打开，将其完整路径加载到该栏目的列表中。

⑦ 在“Driver classname”栏右边的下拉列表中，选择驱动类名为“com.microsoft.sqlserver.jdbc.SQLServerDriver”。

⑧ 单击【Test Driver】按钮测试连接，若弹出【Driver Test】消息框显示“Database connection successfully established.”，表示连接成功，单击【OK】按钮确认。

⑨ 单击对话框底部的【Next】按钮，在【Database Driver】对话框的“Schema Details ”页选中“Display all schemas”选项，单击【Finish】按钮完成配置。

配置了 SQL Server 驱动后，在 DB Browser 中可看到多出一个名为 sqlsrv 的节点，此即为我们创建的数据库连接，右击该节点，在弹出菜单中选择【Open connection...】，打开这个连接，操作如图 1.43 所示。

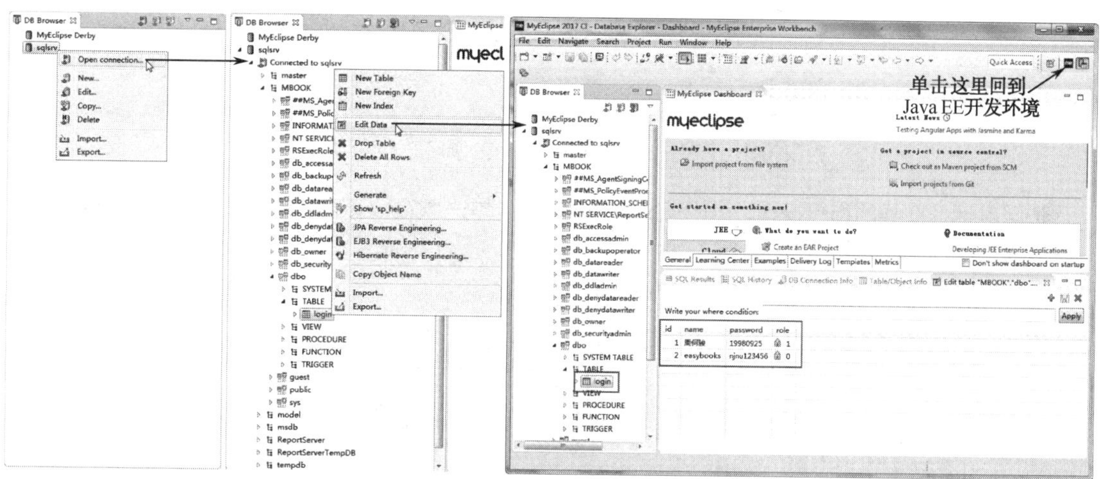

图 1.43　MyEclipse 2017 连接数据库

连接打开之后，从 sqlsrv 节点的树状视图中依次展开“Connected to sqlsrv”→“MBOOK”→“dbo”→“TABLE”，可看到前图 1.39 所创建的 login 表。右击 login 表节点，在弹出菜单中选择【Edit Data】打开该表，从界面右下部子窗口中可以看到 login 表中的数据，这就说明 MyEclipse 2017 已成功地与 SQL Server 2014 相连了。单击界面右上角的（Java Enterprise）按钮，退出 DB Browser 模式，切换回通常的 Java EE 开发环境。

（3）创建 Java EE 项目

启动 MyEclipse 2017，选择主菜单【File】→【New】→【Web Project】，出现【New Web Project】对话框，如图 1.44 所示。填写“Project name”栏（项目名）为“bookManage”，在“Java EE version”下拉列表中选择“JavaEE 7 - Web 3.1”，在“Java version”下拉列表中选择“1.8”，其余保持默认，单击【Next】按钮。

New Web Project
Create a JavaEE Web Project
Specify project name and other details
Project name: bookManage
Project location
Use default location
Location: C:\Users\Administrator\Workspaces\MyEclipse 2017 (Browse...
Project configuration
Java EE version: JavaEE 7 - Web 3.1
Java version: 1.8
JSTL Version: 1.2.2
Add Maven support Learn more about Maven in MyEclipse (m2e)...
Target runtime
MyEclipse Generic Runtime for JavaEE 7.0 Add New Runtime...
EAR membership
Add project to an EAR
EAR project name: EAR New Project...
Working sets
Add project to working sets New...
Working sets: Select...
< Back Next > Finish Cancel

图 1.44 创建 Java EE 项目

按照对话框向导的指引操作，在“Web Module”页中勾选“Generate web.xml deployment descriptor”（自动生成项目的 web.xml 配置文件）；在“Configure Project Libraries”页中勾选“JavaEE 7.0 Generic Library”，同时取消选择“JSTL 1.2.2 Library”，如图 1.45 所示。

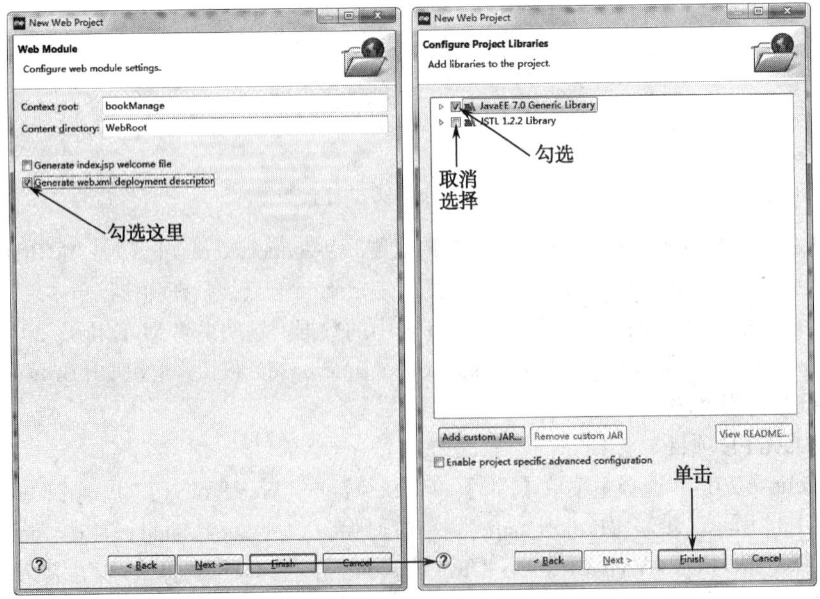

图 1.45 项目配置

配置完成后，单击【Finish】按钮，MyEclipse 会自动生成一个 Java EE 项目。

（4）创建 JDBC 类

由于登录时要对数据库进行查询，从图 1.38 可知，直接访问数据库的是 JDBC，故要创建 JDBC 类。创建之前先建一个包用于存放 JDBC 类，右击项目 src 文件夹，选择菜单【New】→【Package】，在【New Java Package】窗口输入包名“org.db”，如图 1.46 所示，单击【Finish】按钮。

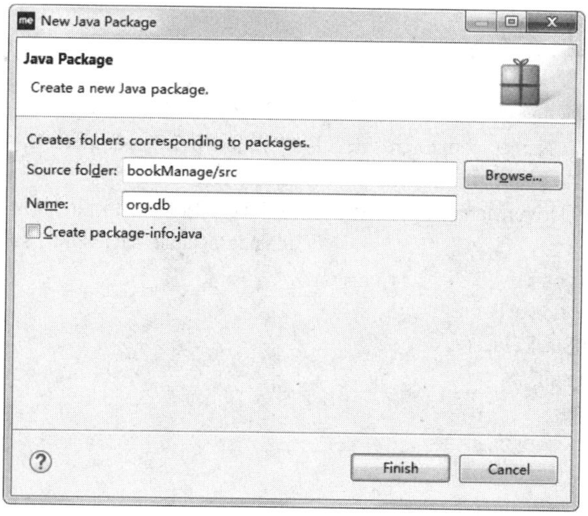

图 1.46　创建包

右击 src，选择菜单【New】→【Class】，出现如图 1.47 所示的【New Java Class】对话框。

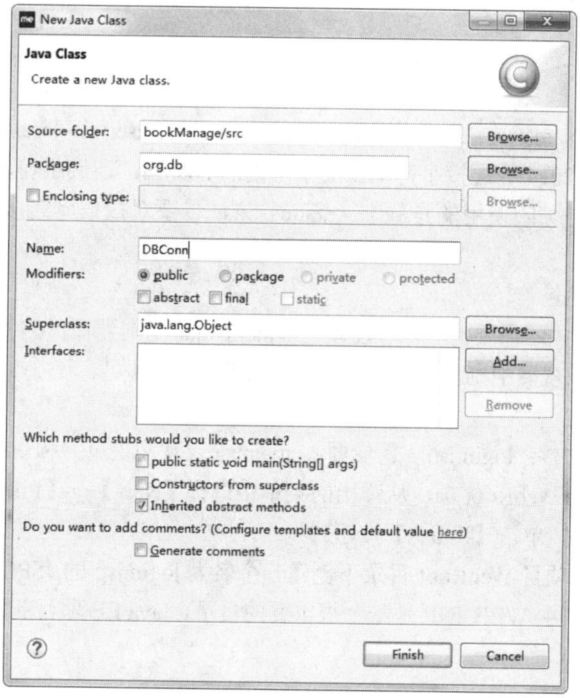

图 1.47　创建 JDBC 类

单击“Package”栏后的【Browse...】按钮，指定类存放的包为“org.db”，输入类名“DBConn”，

单击【Finish】按钮。

编写 DBConn.java，代码如下：

```
package org.db;
import java.sql.*;
public class DBConn{
    public static Connection conn;                //Connection 对象（连接）
    //获取数据库连接
    public static Connection getConn(){
        try {
            /**加载并注册 SQL Server 2014 的 JDBC 驱动*/
            Class.forName("com.microsoft.sqlserver.jdbc.SQLServerDriver");
            /**编写连接字符串，创建并获取连接*/
            conn = DriverManager.getConnection("jdbc:sqlserver://localhost:1433
                                ;databaseName=MBOOK","sa","njnu123456");
            return conn;
        }catch(Exception e){
            e.printStackTrace();
            return null;
        }
    }
    //关闭连接
    public static void CloseConn(){
        try{
            conn.close();                    //关闭连接
        }catch(Exception e){
            e.printStackTrace();
        }
    }
}
```

在程序中用 Class.forName()方法加载指定的驱动程序，"jdbc:sqlserver://localhost:1433; databaseName=MBOOK"是 SQL Server 2014 的连接字符串，对于不同的 DBMS，连接字符串是不一样的。另外，可以看出，数据库的连接与关闭使用的是静态（static）方法，要对数据库连接或关闭，只需用“类名.方法名”即可。

（5）添加 JDBC 驱动包

JDBC 类编写完成后，还需要将 JDBC 驱动包 sqljdbc4.jar 复制到项目的“\WebRoot\WEB-INF\lib”目录下，在项目工程目录视图中刷新（右键菜单→【Refresh】）即可。

（6）编写 JSP

本例要写 3 个 JSP 文件：login.jsp（登录页）、main.jsp（欢迎主页）和 error.jsp（出错处理页）。在项目工程目录树中，右击 WebRoot 项，从弹出的菜单中选择【New】→【File】，在如图 1.48 所示的窗口中输入文件名 login.jsp，单击【Finish】按钮。

MyEclipse 会自动在项目 WebRoot 目录下创建一个名为 login.jsp 的 JSP 文件，此时项目的工程目录视图如图 1.49 所示，其中 WEB-INF 是一个很重要的目录，Java EE 项目的配置文件 web.xml 以及导入库 lib 都在这个目录下。

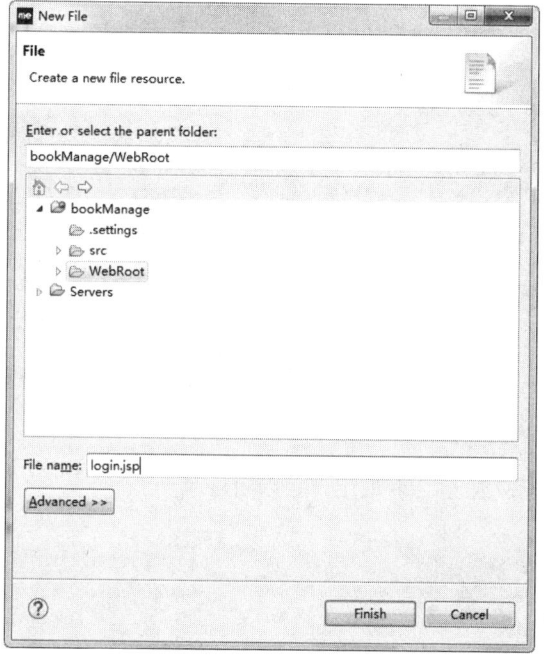

图 1.48　创建 JSP 文件

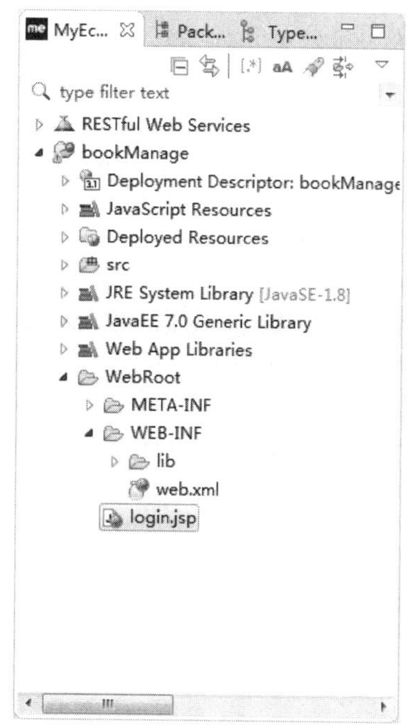

图 1.49　WebRoot 及 WEB-INF 目录

在代码编辑器中编写 login.jsp（登录页）文件，代码如下：

```
<%@ page language="java" pageEncoding="gb2312"%>
<html>
<head>
	<title>图书管理系统</title>
</head>
<body bgcolor="#71CABF">
<form action="loginServlet" method="post">
	<table>
		<caption>用户登录</caption>
		<tr>
			<td>登录名</td>
			<td><input name="name" type="text" size="20"/></td>
		</tr>
		<tr>
			<td>密码</td>
			<td><input name="password" type="password" size="21"/></td>
		</tr>
	</table>
	<input typc="submit" value="登录"/>
	<input type="reset" value="重置"/>
</form>
</body>
</html>
```

此页面用于显示登录首页，其中表单“action="loginServlet"”表示用户在单击“登录”按钮后，页面提交给一个名为 loginServlet 的 Servlet 作进一步处理。

接下来，用同样的方法在项目 WebRoot 目录下再创建两个 JSP 文件：main.jsp 和 error.jsp。

欢迎主页 main.jsp，代码如下：

```
<%@ page language="java" pageEncoding="gb2312" import="org.model.Login"%>
<html>
<head>
    <title>欢迎使用</title>
</head>
<body>
    <%
        Login login=(Login)session.getAttribute("login"); //从会话中取出 Login 对象
        String lgn=login.getName();                         //通过 JavaBean 对象获取用户名
    %>
    <%=lgn%>，您好！欢迎使用图书管理系统。
</body>
</html>
```

主页面上使用 JSP 内嵌的 Java 代码，从会话 session 中获取用户名以回显。

出错处理页 error.jsp，代码如下：

```
<%@ page language="java" pageEncoding="gb2312"%>
<html>
<head>
    <title>出错</title>
</head>
<body>
    登录失败！单击<a href="login.jsp">这里</a>返回
</body>
</html>
```

（7）编写 Servlet

在项目 src 下建立包 org.servlet，在包中创建名为 LoginServlet 的类（Servlet 类）。

编写 LoginServlet.java，代码如下：

```
package org.servlet;
import java.io.*;
import javax.servlet.*;
import javax.servlet.http.*;
import org.model.*;
import org.dao.*;
public class LoginServlet extends HttpServlet{
    public void doGet(HttpServletRequest request, HttpServletResponse response) throws ServletException, IOException{
        request.setCharacterEncoding("gb2312");              //设置请求编码
        //该类为项目与数据的接口（DAO 接口），用于处理数据与数据库表的一些操作
        LoginDao loginDao = new LoginDao();
        Login l = loginDao.checkLogin(request.getParameter("name"), request.getParameter("password"));
        if(l!=null){                                          //如果登录成功
            HttpSession session = request.getSession();       //获得会话，用来保存当前登录用户的信息
            session.setAttribute("login", l);                 //把获取的对象保存在 Session 中
            response.sendRedirect("main.jsp");                //验证成功跳转到欢迎主页 main.jsp
        }else{
            response.sendRedirect("error.jsp");               //验证失败跳转到错误处理页 error.jsp
        }
```

```
        }
        public void doPost(HttpServletRequest request, HttpServletResponse response) throws ServletException,
IOException{
                doGet(request,response);
        }
    }
```

在 Servlet 中使用了 LoginDao 类，该类负责登录信息与数据库的交互，为 DAO 实现类。DAO 即为数据访问对象，在一般的项目开发中都会有 DAO 的存在，这样便于维护，本例登录信息与数据库的交互由 LoginDao 来处理。LoginDao 这样的命名方式可以使程序员根据该名称就能够清楚它的功能，同时很方便地调用它的方法。

（8）配置 Servlet

Servlet 编写完成后，必须在项目 web.xml 中进行配置方可使用。

修改项目 web.xml，内容如下：

```
<?xml version="1.0" encoding="UTF-8"?>
<web-app xmlns:xsi="http://www.w3.org/2001/XMLSchema-instance" xmlns="http://xmlns.jcp.org/xml/ns/javaee
" xsi:schemaLocation="http://xmlns.jcp.org/xml/ns/javaee http://xmlns.jcp.org/xml/ns/javaee/web-app_3_1.xsd" id="We
bApp_ID" version="3.1">
    <servlet>
        <servlet-name>loginServlet</servlet-name>
        <servlet-class>org.servlet.LoginServlet</servlet-class>
    </servlet>
    <servlet-mapping>
        <servlet-name>loginServlet</servlet-name>
        <url-pattern>/loginServlet</url-pattern>
    </servlet-mapping>
    <display-name>bookManage</display-name>
    <welcome-file-list>
      <welcome-file>login.jsp</welcome-file>
    </welcome-file-list>
</web-app>
```

下面来介绍一下 web.xml 的配置信息。

第一行是对 xml 文件的声明，然后是 xml 根元素<web-app>，其属性中声明了版本等信息，这是固定的文件头，项目早已生成好了，读者无须改动。

接着的部分（上述代码中加黑部分）才是需要配置的内容。

<servlet>与</servlet>之间配置的是<servlet-name>和<servlet-class>。其中<servlet-name>的值 loginServlet 是程序员自己为 servlet 起的一个名字（要符合 Java 命名规则）；而<servlet-class>的值则是前面编写的 Servlet 类的类名（含包名的全称，但不带.java）。

<servlet-mapping>与</servlet-mapping>之间配置的是<servlet-name>与<url-pattcrn>。其中<servlet-name>的值就是上面刚刚配置的<servlet-name>值，而<url-pattern>的值可以随便起名，但前面必须加"/"，是该 Servlet 运行的路径名。

（9）构造 JavaBean

在项目 src 下建立包 org.model，其中创建名为 Login 的 Java 类，为数据库 login 表构造一个 JavaBean。

Login.java 代码如下：

```
package org.model;
public class Login {
```

```
    //属性
    private Integer id;              //用户 ID
    private String name;             //用户名
    private String password;         //密码
    private boolean role;            //角色
    //属性 id 的 get/set 方法
    public Integer getId(){
        return this.id;
    }
    public void setId(Integer id){
        this.id = id;
    }
    //属性 name 的 get/set 方法
    public String getName(){
        return this.name;
    }
    public void setName(String name){
        this.name = name;
    }
    //属性 password 的 get/set 方法
    public String getPassword(){
        return this.password;
    }
    public void setPassword(String password){
        this.password = password;
    }
    //属性 role 的 get/set 方法
    public boolean getRole(){
        return this.role;
    }
    public void setRole(boolean role){
        this.role = role;
    }
}
```

在 Java 开发中，一个 JavaBean 的构造遵循通行的结构、形式和要素，其类中包含相应数据库表各字段属性及其 get 和 set 方法，必须严格按照以上的格式编写。

（10）实现 DAO

前面 Servlet 开发中用到了 LoginDao，它主要用于处理底层数据与数据库表的操作。在 src 下建立 org.dao 包，在包中创建 LoginDao 类。

LoginDao.java 代码如下：

```
package org.dao;
import java.sql.*;
import org.model.*;
import org.db.*;
public class LoginDao {
    Connection conn;                                              //数据库连接对象
    public Login checkLogin(String name, String password){        //验证登录用户名和密码
        try{
            conn = DBConn.getConn();                              //获取连接对象
```

```
            PreparedStatement pstmt = conn.prepareStatement("
                            select * from [login] where name=? " + "and password=?");
            pstmt.setString(1, name);                       //设置 SQL 语句参数 1（用户名）
            pstmt.setString(2, password);                   //设置 SQL 语句参数 2（密码）
            ResultSet rs = pstmt.executeQuery();            //执行查询，返回结果集
            if(rs.next()){                                  //返回结果不为空，表示有此用户信息
                Login login = new Login();                  //通过 JavaBean 对象保存值
                login.setId(rs.getInt(1));
                login.setName(rs.getString(2));
                login.setPassword(rs.getString(3));
                login.setRole(rs.getBoolean(4));
                return login;                               //返回已经设值的 JavaBean 对象
            }
            return null;                                    //无此用户，验证失败，返回 null
        }catch(Exception e){
            e.printStackTrace();
            return null;
        }finally{
            DBConn.CloseConn();                             //关闭连接
        }
    }
}
```

该类中的 checkLogin()方法用来根据登录名和密码获取用户的对象，故在之前编写的 Servlet 类中调用了该方法，并通过 request 请求传入用户输入的登录名和密码的值，就可以从数据库中获取用户对象；如果数据库中不存在这样的用户，则返回 null。

（11）部署 Java EE 项目

单击工具栏上的（Manage Deployments…）按钮，弹出【Manage Deployments】对话框，如图 1.50 所示，在“Module”栏下拉列表中选择本项目名“bookManage”，此时右侧【Add...】按钮变为可用，单击该按钮。

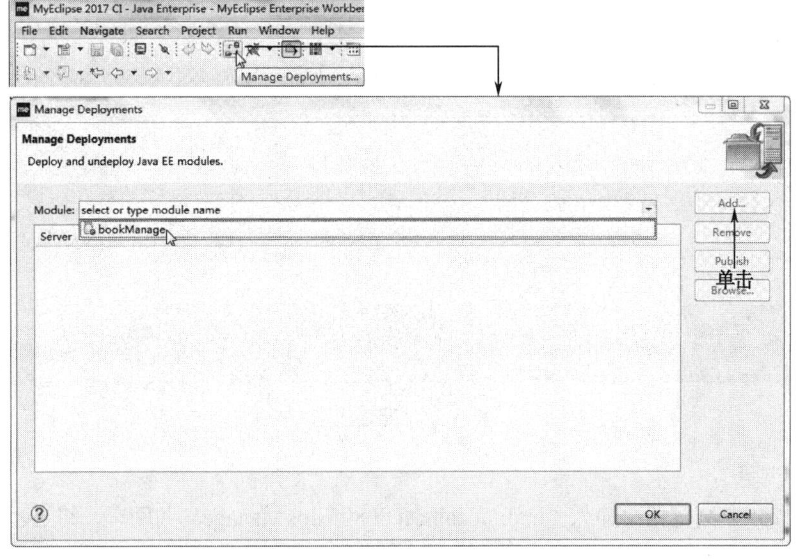

图 1.50　选择要部署的项目模块

单击【Add...】按钮后，弹出【Deploy modules.】对话框，如图 1.51 所示。在“Deploy modules.”页选择项目要部署到的目标服务器，选中上方的“Choose an existing server”选项，在列表里选择服务器“Tomcat v9.0 Server at localhost”（即 1.2.1 节 2.中安装的 Tomcat 9）；单击【Next】按钮进入“Add and Remove”页，于该页上添加/移除要配置到服务器的其他资源，由于本例仅一个单独的项目，并无额外的资源需要配置，故直接单击底部的【Finish】按钮即可。

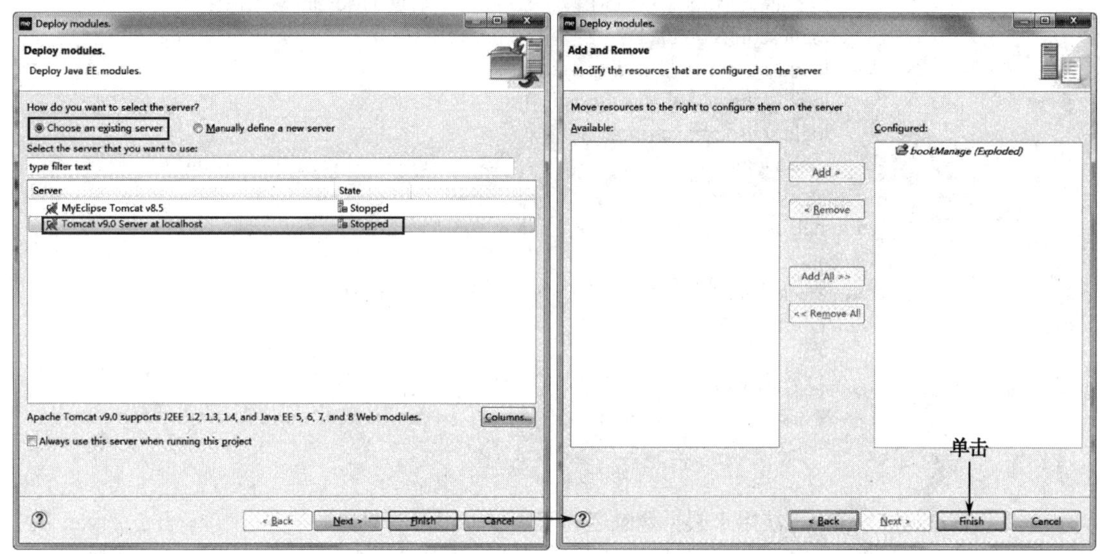

图 1.51　选择目标服务器

完成后回到【Manage Deployments】对话框，可以看到列表中多了“bookManage　Exploded”一项，表明项目已成功地部署到 Tomcat 9 服务器上，如图 1.52 所示，单击【OK】按钮确认。

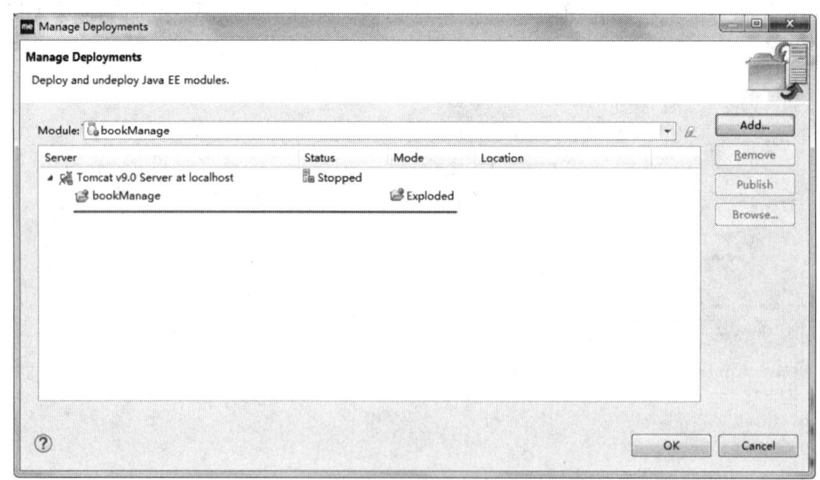

图 1.52　部署成功

（12）运行浏览

启动 Tomcat，在浏览器中输入“http://localhost:8080/bookManage”并回车，将显示如图 1.53 所示的登录页面。输入用户名、密码（必须是数据库 login 表中已有的）。

单击【登录】按钮提交表单，转到如图 1.54 所示的主页面并回显欢迎信息。

图 1.53　登录页面

当然，若是输入错误的密码，或者输入一个数据库 login 表中不存在的用户名和密码，则提交后会跳转到如图 1.55 所示的出错页。

图 1.54　成功登录到主页

图 1.55　出错页

单击“这里”链接返回登录页面重新登录。

1.3.3　Java EE 程序的简单调试

编写完成的 Java EE 程序难免会隐含各种错误，程序员必须学会调试程序，才能有效地查出并排除代码中的错误。这里以【实例 1.1】刚写好的程序为例，简单介绍一下如何利用 MyEclipse 集成调试器的强大功能调试 Java EE 程序。

1. 设置断点

在源代码语句左侧的隔条上双击鼠标左键，可以在当前行设置断点。这里将断点设在 LoginDao.java 源文件中，如图 1.56 所示。

```
LoginDao.java
package org.dao;
import java.sql.*;
public class LoginDao {
    Connection conn;
    public Login checkLogin(String name, String password){
        try{
            conn = DBConn.getConn();
            PreparedStatement pstmt = conn.prepareStatement("select * from [login] where name=? " + "and passwor
            pstmt.setString(1, name);
            pstmt.setString(2, password);
            ResultSet rs = pstmt.executeQuery();
            if(rs.next()){
                Login login = new Login();
                login.setId(rs.getInt(1));
                login.setName(rs.getString(2));
                login.setPassword(rs.getString(3));
                login.setRole(rs.getBoolean(4));
                return login;
            }
            return null;
        }catch(Exception e){
            e.printStackTrace();
            return null;
        }finally{
            DBConn.CloseConn();
        }
    }
}
```

图 1.56　设置断点

2. 进入调试透视图

部署项目，单击 MyEclipse 工具栏复合按钮右边的下箭头，选择【Tomcat v9.0 Server at localhost】→【Debug】，单击启动调试。在登录页输入用户名、密码后单击【登录】按钮提交表单，此时系统会自动切换到如图 1.57 所示的调试透视图界面。

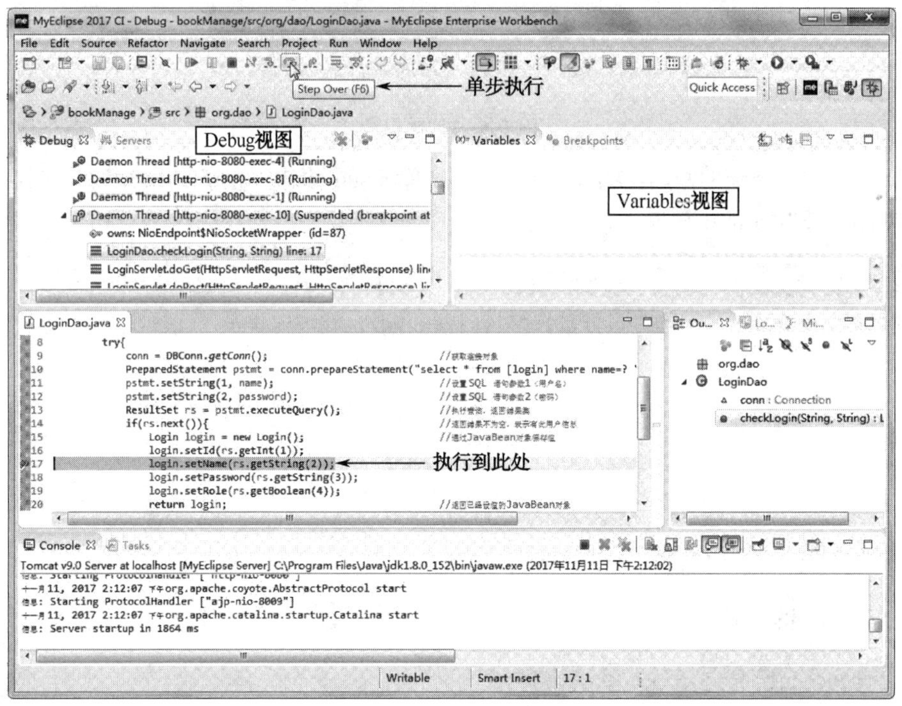

图 1.57 调试透视图界面

调试透视图由 Debug 视图、Variables 视图等多个子视图组成，在界面中间左部的编辑器中以绿色高亮条显示了当前执行代码所在的位置。

3. 变量查看和跟踪

单击 Debug 视图右上方工具栏中的【Step Over】按钮（图 1.57 顶部箭头所示），开始单步执行程序，首先执行绿色高亮条处的这句代码。执行后，右上部 Variables 视图中显示出此刻程序中各个变量的取值，如图 1.58 所示。

Name	Value
this	LoginDao (id=86)
name	"周何骏" (id=88)
password	"19980925" (id=93)
pstmt	SQLServerPreparedStatement (id=94)
rs	SQLServerResultSet (id=100)
login	Login (id=107)
id	Integer (id=109)
name	"周何骏" (id=112)
password	null
role	false

图 1.58 查看各变量的取值

单击展开 login 对象，发现其中的 name 属性已有值“周何骏”，这是因为刚刚执行了如下语句：

```
login.setName(rs.getString(2));
```

设置 login 对象的 name 属性值（为查询到结果集中的用户名），因此时尚未给 password 设值，故其值仍为 null。

接下来，从断点处往下逐步(单步)执行程序，同时跟踪各变量的动态变化。当再次单击【Step Over】按钮时，将执行以下代码：

```
login.setPassword(rs.getString(3));
```

将结果集中的密码赋值给 login 对象的 password 属性，如图 1.59 所示，在 Variables 视图中能够清楚地看到此时 password 变量也有了值。

Name	Value
this	LoginDao (id=86)
name	"周何骏" (id=88)
password	"19980925" (id=93)
pstmt	SQLServerPreparedStatement (id=94)
rs	SQLServerResultSet (id=100)
login	Login (id=107)
id	Integer (id=109)
name	"周何骏" (id=112)
password	"19980925" (id=116)
role	false

图 1.59　跟踪变量值的改变

继续单击【Step Over】按钮，每单击一次，程序就往下执行一步。读者可以依此单步执行下去，看看程序执行的每一步各变量都有哪些改变，是否如期望的那样去改变。若在某一步，变量并没有像预料的那样获得期望的值，则说明在这一步的程序代码出错了，如此就很方便地定位到了错误之处。

1.3.4　管理 Java EE 项目

MyEclipse 2017 以项目为单位来管理用户开发的程序，项目包含了一系列与 Java EE 应用相关的文件和设置，原则上所有可编译运行的资源都必须统一组织在项目中。从事 Java EE 开发的程序员，经常要将手头正在做的项目从 MyEclipse 工作区移走、存盘备份或部署到其他机器上，开发过程中也常常需要借鉴他人已做好的现成案例的源代码，这就需要学会项目的基本管理操作，包括项目的导出、移除、打开和导入等。

1. 导出项目

下面以 1.3.2 节开发的 Web 登录程序项目为例，介绍项目的导出操作。

在开发环境工作区视图中右击项目名 bookManage，选择菜单【Export】→【Export...】，在弹出的【Export】窗口中展开目录树，选择【General】→【File System】(表示导出的项目存盘在本地文件系统)，如图 1.60 所示，单击【Next】按钮继续。

在“File system”页中单击【Browse...】按钮选择存盘路径，如图 1.61 所示。

单击【Finish】按钮完成导出，用户可在这个路径下找到刚刚导出的项目。

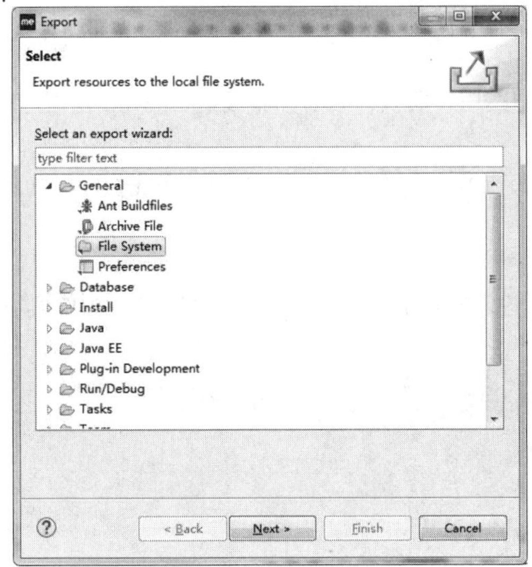

图 1.60 将项目存盘

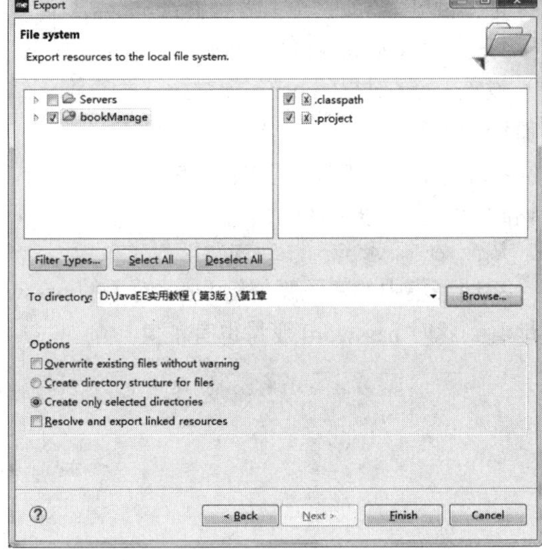

图 1.61 指定存盘路径

2. 移除项目

右击项目名 bookManage，选择菜单【Delete】，弹出【Delete Resources】窗口，如图 1.62 所示，单击【OK】按钮，操作之后会发现工作区视图中对应项目 bookManage 的整个目录树都不见了，说明已被移除。

移除之后的项目，其全部的资源文件仍然存在于工作区中，若想彻底删除，只需在图 1.62 中勾选“Delete project contents on disk (cannot be undone)”复选项，再单击【OK】按钮，MyEclipse 就会将工作区中该项目目录及其下的所有源文件和资源一并删除，不过在这样做之前，应先确认项目已另外存盘，否则删除后将无法恢复！

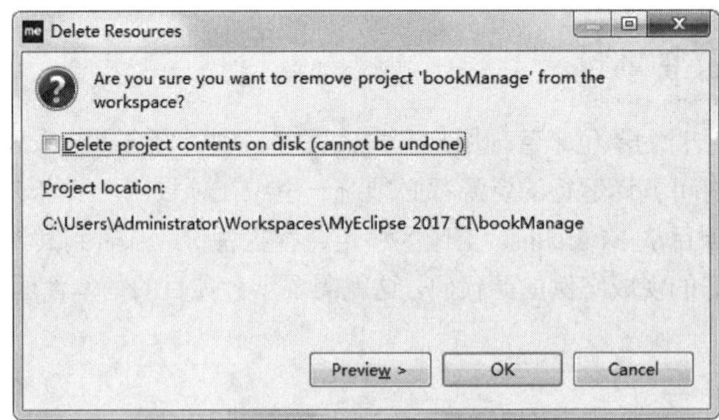

图 1.62 确认移除项目

3. 打开项目

在 MyEclipse 2017 环境下，选择主菜单【File】→【Open Projects from File System...】，出现【Import Projects from File System or Archive】对话框，如图 1.63 所示。

单击【Directory...】按钮选择要打开的项目（这里选择在 1.3.2 节开发好的 bookManage），单击【确定】按钮，项目名出现在列表中，单击【Finish】按钮打开项目，用户可在工作区视图中看到打开的项目。

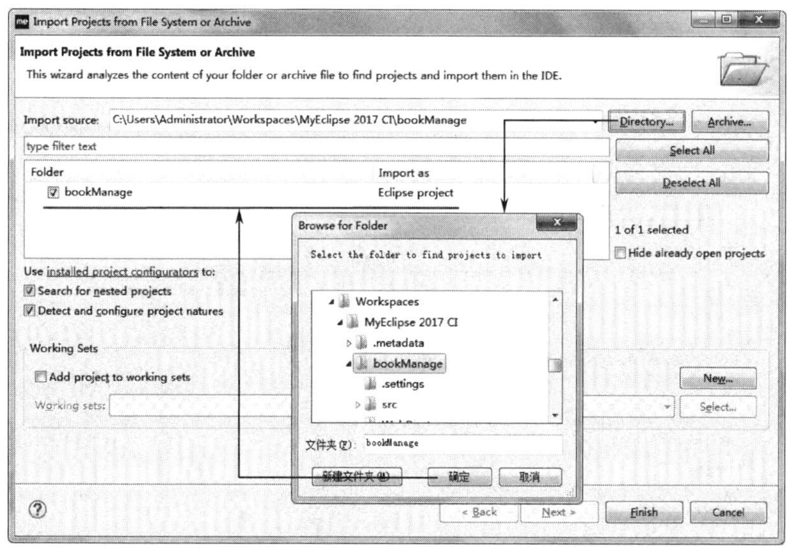

图 1.63　打开项目

4. 导入项目

先移除项目（彻底删除），由于已经对该项目进行了导出存盘，下面再将刚刚移除的项目 bookManage 重新导入工作区。

在 MyEclipse 主菜单中选择【File】→【Import...】，在弹出的【Import】窗口中展开目录树，选择【General】→【Existing Projects into Workspace】，如图 1.64 所示，单击【Next】按钮。

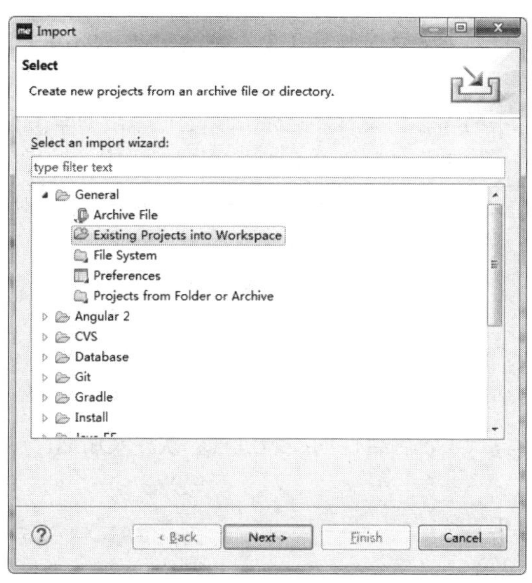

图 1.64　导入已存在的项目

在接下来的“Import Projects”页，单击【Browse...】按钮选择先前存盘的项目 bookManage，单击【确定】按钮将其加入“Projects”列表中，在导入前还可以勾选下方“Options”组框中的“Copy projects into workspace”（在导入时将项目一并复制到 MyEclipse 的工作区）。

最后单击【Finish】按钮完成导入，如图 1.65 所示。

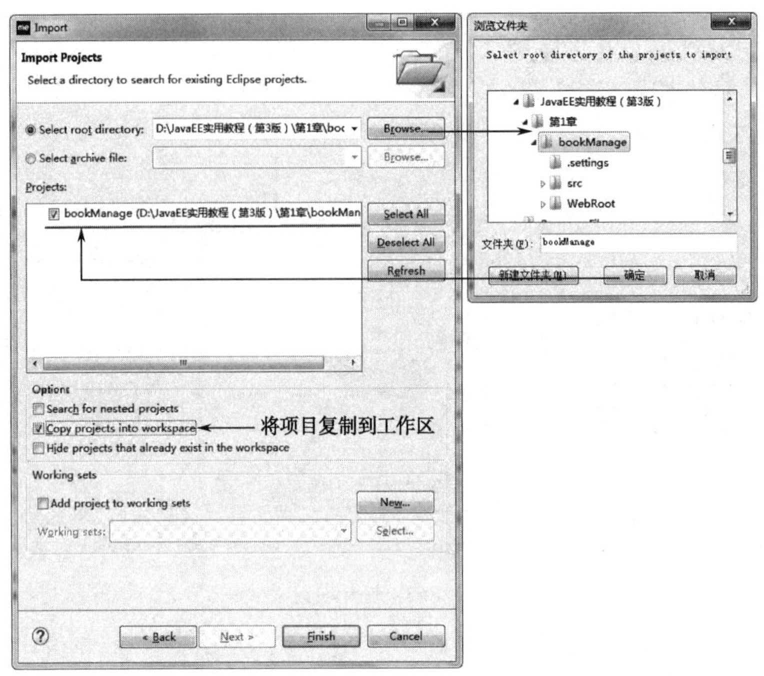

图 1.65　导入项目 bookManage

导入完成后，可从开发环境左边的工作区视图中再次看到项目 bookManage，并且它依旧是可以编辑代码和运行的，只不过在重新运行之前要用前面介绍的方法将它再次部署到 Tomcat 9 服务器上。

注意：

在本书后面的学习中，建议读者及时移除（不是删除！）暂时不运行的项目。由于 Tomcat 在每次启动时都会默认加载工作区中所有已部署项目的库，这可能导致某些大项目的类库与其他项目库相冲突，发生内存溢出等棘手的异常，使程序无法正常运行，故初学 Java EE 就应当养成对于所做的项目“导入一个，就运行这一个，运行完及时移除，需要时再次导入”的良好习惯。

项目的导出、移除、打开和导入是一类最基本的技能，请读者务必熟练掌握。

习　题　1

1．Java EE 应用的开发主要有哪两种方式？试简述其特点。

2．轻量级 Java EE 平台的构成组件有哪些？

3．熟悉 Java EE 开发环境，了解各组件的安装过程、次序及用途。

（1）下载并安装 JDK 8。

（2）下载并安装 Tomcat 9。

（3）安装 MyEclipse 2017。

（4）安装 SQL Server 2014 数据库。

（5）整合 Java EE 开发环境。

4．完成【实例 1.1】的登录程序，对照源代码理解传统 Java EE 程序的结构。

5．熟悉 MyEclipse 2017 集成开发环境，要求：能熟练地创建、导出、移除、打开和导入 Java EE 项目，并学会调试简单的 Java EE 程序。

第2章 Struts 2 基础

Struts 是 Apache 软件基金会赞助的一个开源项目，它最初是 Jakarta 项目中的一个子项目。Struts 2 是以 Webwork 设计思想为核心，吸收原 Struts 的优点而形成的，旨在帮助程序员更方便地运用 MVC 模式来开发 Java EE 应用。

2.1 Struts 2 框架开发入门

2.1.1 MVC 基本思想

MVC 是一种通用的 Web 软件设计模式，它强制性地把应用程序的数据处理、数据展示和流程控制分开。MVC 把应用程序分成 3 大基本模块：模型（Model，即 M）、视图（View，即 V）和控制器（Controller，即 C），它们（三者联合即 MVC）分别担当不同的任务。图 2.1 显示了这几个模块各自的职能及相互关系。

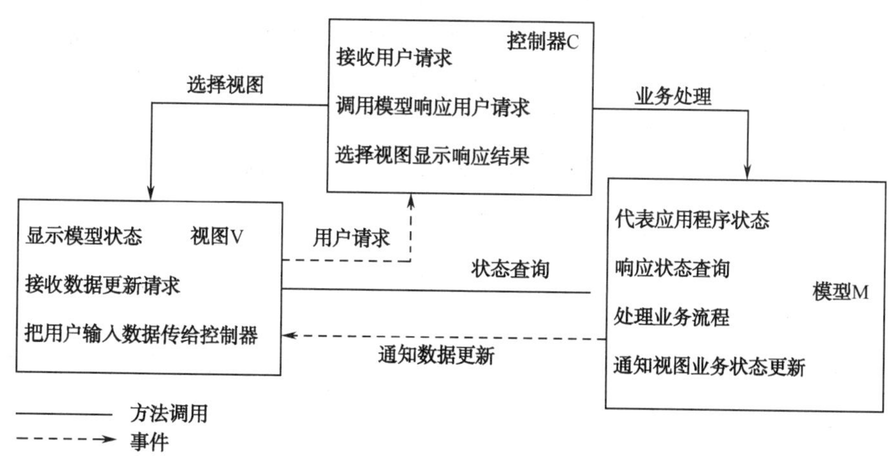

图 2.1　MVC 设计模式

- 模型：用于封装与应用程序业务逻辑相关的数据及对数据的处理方法。“模型”有对数据直接访问的权限，它不依赖“视图”和“控制器”，也就是说，模型并不关心它会被如何显示或是被如何操作。
- 视图：视图是用户看到并与之交互的界面。对老式 Web 应用程序来说，视图就是由 HTML 元素和 JSP 组成的网页；在新式 Web 应用中，HTML 和 JSP 依旧扮演着重要角色，但一些新的技术已层出不穷，包括 Macromedia Flash 以及像 HTML 5、XML/XSL、WML 等一些标识语言和 Web Services 等。
- 控制器：控制器起到不同层面间的组织作用，用于控制应用程序的流程。它处理事件并做出响应，“事件”包括用户的行为和数据模型上的改变。

MVC 的思想最早由 Trygve Reenskaug 于 1974 年提出，而作为一种软件设计模式，它是由 Xerox PARC 在 20 世纪 80 年代为 Smalltalk-80 语言发明的。采用 MVC 开发的软件模块化程度高，模块间具有低耦合、高重用性和高适用性的特点，系统易扩展、易维护，有利于软件工程化管理和缩短开发周期，所以很快就被推荐为 Java EE 的标准设计模式，受到越来越多 Java EE 开发者的欢迎，至今已被广泛使用。

2.1.2 MVC 实现方式

传统的 Java EE 开发采用 JSP+Servlet+JavaBean 的方式来实现 MVC（如【实例 1.1】），但它有一个缺陷：程序员在编写程序时必须继承 HttpServlet 类、覆盖 doGet()和 doPost()方法，严格遵守 Servlet 代码规范编写程序，形如：

```
    package x.xx.servlet;
    import java.io.*;
    import javax.servlet.*;
    import javax.servlet.http.*;
    public class XxxServlet extends HttpServlet{
        public void doGet(HttpServletRequest request, HttpServletResponse response) throws ServletException,
IOException{
            …
        }
        public void doPost(HttpServletRequest request, HttpServletResponse response) throws ServletException,
IOException{
            doGet(request,response);
        }
    }
```

以上这些烦琐的代码与程序本身要实现的功能无关，仅是 Java 语言 Servlet 编程接口（API）的一部分。在开发中一旦暴露 Servlet API 就会大大增加编程的难度，为了屏蔽这种不必要的复杂性，减少用 MVC 开发 Java EE 的工作量，人们发明了 Struts 2 框架。用 Struts 2 实现的 MVC 系统与传统的用 Servlet 编写的 MVC 系统相比，两者在结构上的区别如图 2.2 所示。

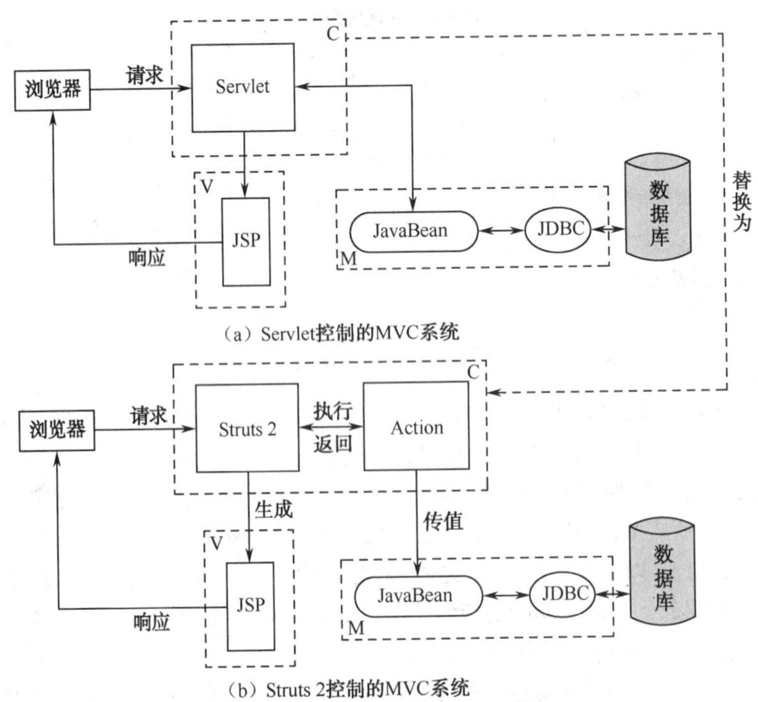

图 2.2　MVC 系统的两种实现方式

可见，Struts 2 的解决方案是：用 Struts 2 框架代替了原 Servlet 部分作为控制器，而具体的控制功能由用户自定义编写 Action 去实现，与 Struts 2 的控制核心相分离。这就进一步降低了系统中各部分组件的耦合度，也大大降低了编程难度。

目前，在 Java Web 开发领域，还有一种主流的 MVC 框架——Spring MVC，它是著名的 Spring 框架内的一个子框架，为 MVC 的应用提供了另一种优越的轻量级解决方案。有关 Spring MVC 的基础知识，本书会在讲完 Spring 之后再加以重点介绍（第 14 章）。

2.1.3　简单 Struts 2 开发

本节先通过一个简单实例让读者快速上手，学会 Struts 2 框架的使用。

【实例 2.1】将【实例 1.1】的程序改用 Struts 2 实现，即用 Struts 2 框架替换原程序中 Servlet 承担的程序流程控制职能，编写 Action 实现登录功能。

启动 MyEclipse 2017，打开已开发好的 bookManage 项目，删除 src 下 org.servlet 包及其中的 LoginServlet.java 文件（右键菜单→【Delete】），下面开始开发过程。

1. 加载 Struts 2 包

登录 http://struts.apache.org/，下载 Struts 2，本书使用的是 Struts 2.5.13，其官方下载页面如图 2.3 所示。

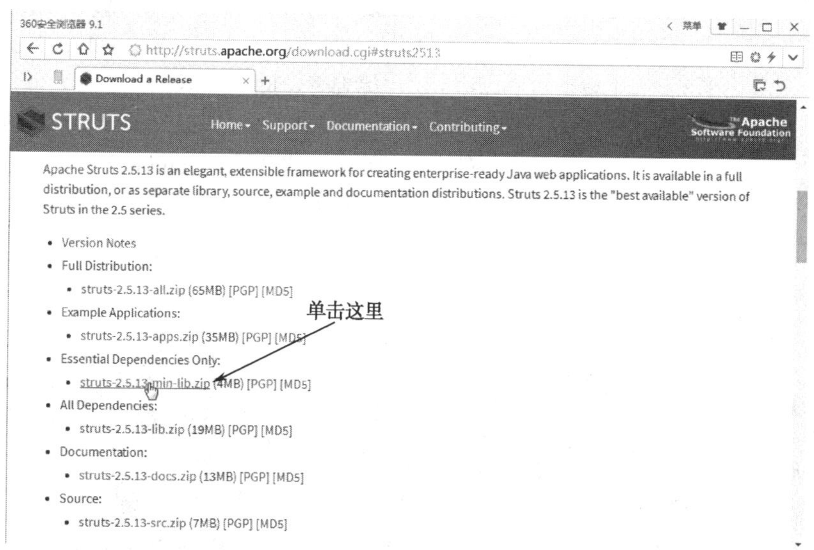

图 2.3　Struts 2 官方下载页面

在大多数情况下，使用 Struts 2 的 Web 应用并非需要用到 Struts 2 的全部特性，故这里只下载其最小核心依赖库（大小仅为 4.28 MB），单击页面中“Essential Dependencies Only”项下的“struts-2.5.13-min-lib.zip”链接即可。将下载获得的文件 struts-2.5.13-min-lib.zip 解压缩，在其目录 struts-2.5.13-min-lib\struts-2.5.13\lib 下看到有 8 个 jar 包，包括以下内容。

（1）Struts 2 的 4 个基本类库

struts2-core-2.5.13.jar

ognl-3.1.15.jar

log4j-api-2.8.2.jar

freemarker-2.3.23.jar

（2）附加的 4 个库

commons-io-2.5.jar

commons-lang3-3.6.jar

javassist-3.20.0-GA.jar

commons-fileupload-1.3.3.jar

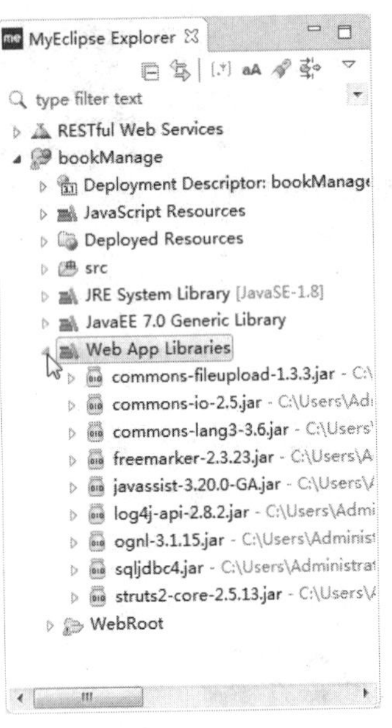

图 2.4 Struts 2 加载成功

将它们一起复制到项目的\WebRoot\WEB-INF\lib 路径下。在工作区视图中，右击项目名，从弹出菜单中选择【Refresh】刷新。打开项目树，展开“Web App Libraries”项可看到这 8 个 jar 包，如图 2.4 所示，表明 Struts 2 加载成功了。

其中，主要类描述如下。

struts2-core-2.5.13.jar：Struts 2.5 的主框架类库。

ognl-3.1.15.jar：OGNL 表达式语言。

log4j-api-2.8.2.jar：管理程序运行日志的 API 接口。

freemarker-2.3.23.jar：所有的 UI 标记模板。

Struts 2 从 2.3 升级到 2.5 版，有比较大的变化，主要体现在：

① 将原 xwork-core 库整合进核心 struts2-core 库。早期的 Struts 2 是基于 WebWork 框架发展起来的，后者对应于 xwork-core 库，但自 2.5 版起，Struts 2 不再提供独立的 xwork-core 库，相关的功能全部合并到主框架核心库中，这也标志着 Struts 与 WebWork 两大框架的真正融合。

② 以 log4j-api 取代原 commons-logging 库。log4j 提供了用户创建日志需要实现的适配器组件，比之原先 commons-logging 的通用日志处理功能更为强大，支持灵活的日志定制，并且版本越高，可选的显示信息的种类就越丰富。

2. 配置 web.xml

Struts 2 框架需要在项目 web.xml 文件中配置，代码如下：

```
<?xml version="1.0" encoding="UTF-8"?>
<web-app id="WebApp_9" version="2.4"
    xmlns="http://java.sun.com/xml/ns/j2ee"
    xmlns:xsi="http://www.w3.org/2001/XMLSchema-instance"
    xsi:schemaLocation="http://java.sun.com/xml/ns/j2ee http://java.sun.com/xml/ns/j2ee/web-app_2_4.xsd">
   <filter>
       <filter-name>struts-prepare</filter-name>
       <filter-class>org.apache.struts2.dispatcher.filter.StrutsPrepareFilter</filter-class>
   </filter>
   <filter>
       <filter-name>struts-execute</filter-name>
       <filter-class>org.apache.struts2.dispatcher.filter.StrutsExecuteFilter</filter-class>
   </filter>
   <filter-mapping>
       <filter-name>struts-prepare</filter-name>
       <url-pattern>/*</url-pattern>
   </filter-mapping>
   <filter-mapping>
       <filter-name>struts-execute</filter-name>
       <url-pattern>/*</url-pattern>
   </filter-mapping>
```

```
    <display-name>bookManage</display-name>
    <welcome-file-list>
        <welcome-file>login.jsp</welcome-file>
    </welcome-file-list>
</web-app>
```

请读者删掉 web.xml 中原来的配置代码，以上面的代码取而代之。这其实是在配置 Struts 2 的过滤器，有关内容会在后面讲解。

3. 实现控制器 Action

基于 Struts 2 框架的 Java EE 应用程序使用自定义的 Action（控制器）来处理深层控制逻辑，完成用户想要完成的功能。本例定义名为“login”的控制器，判断登录用户名和密码的正确性。在项目 src 下建立包 org.action，在包里创建 LoginAction 类。

LoginAction.java 代码如下：

```
package org.action;
import java.util.*;
import org.model.*;
import org.dao.*;
import com.opensymphony.xwork2.*;
public class LoginAction extends ActionSupport{
    private Login login;
    //处理用户请求的 execute 方法
    public String execute() throws Exception{
        //该类为项目与数据的接口（DAO 接口），用于处理数据与数据库表的一些操作
        LoginDao loginDao = new LoginDao();
        Login l = loginDao.checkLogin(login.getName(), login.getPassword());
        if(l!=null){                                    //如果登录成功
            //获得会话，用来保存当前登录用户的信息
            Map session = ActionContext.getContext().getSession();
            session.put("login", l);                    //把获取的对象保存在 Session 中
            return SUCCESS;        //验证成功返回字符串 SUCCESS（此时 Session 中已有用户对象）
        }else{
            return ERROR;                               //验证失败返回字符串 ERROR
        }
    }
    //属性 login 的 get/set 方法
    public Login getLogin() {
        return login;
    }
    public void setLogin(Login login) {
        this.login = login;
    }
}
```

加黑部分代码用到了 Action 模型传值，其机制将在后面介绍。

4. 配置 struts.xml

在编写好 Action（控制器）的代码之后，还需要进行配置才能让 Struts 2 识别 Action。在 src 下创建文件 struts.xml（注意文件位置和大小写），输入如下的配置代码：

```
<?xml version="1.0" encoding="UTF-8" ?>
<!DOCTYPE struts PUBLIC
```

```
        "-//Apache Software Foundation//DTD Struts Configuration 2.5//EN"
        "http://struts.apache.org/dtds/struts-2.5.dtd">
<!-- START SNIPPET: xworkSample -->
<struts>
    <package name="default" extends="struts-default">
    <!--用户登录-->
     <action name="login" class="org.action.LoginAction">
           <result name="success">main.jsp</result>
           <result name="error">error.jsp</result>
     </action>
    </package>
    <constant name="struts.i18n.encoding" value="gb2312"/>
</struts>
<!-- END SNIPPET: xworkSample -->
```

这表示凡是请求“name”为“login”的都要用“class”对应的类来处理。而“result”中表示如果类中返回“success”就跳转到“main.jsp”页面，返回“error”则跳转到“error.jsp”页面。

5. 编写 JSP

本例 login.jsp（登录页）、main.jsp（欢迎主页）这两个 JSP 文件均使用 Struts 2 的标签进行了重新改写。

登录页 login.jsp，代码如下：

```
<%@ page language="java" pageEncoding="gb2312"%>
<%@ taglib prefix="s" uri="/struts-tags"%>
<html>
<head>
     <title>图书管理系统</title>
</head>
<body bgcolor="#71CABF">
<s:form action="login" method="post" theme="simple">
     <table>
           <caption>用户登录</caption>
           <tr>
                <td>登录名<s:textfield name="login.name" size="20"/></td>
           </tr>
           <tr>
                <td>密  码<s:password name="login.password" size="21"/></td>
           </tr>
           <tr>
                <td>
                     <s:submit value="登录"/>
                     <s:reset value="重置"/>
                </td>
           </tr>
     </table>
</s:form>
</body>
</html>
```

其中加黑部分代码使用到了 Struts 2 的标签库，各标签的具体用法将在第 3 章详细介绍，这里暂不展开。该页面表单提交给的对象是“login”（Action 控制器名）。

欢迎主页 main.jsp，代码如下：

```
<%@ page language="java" pageEncoding="gb2312"%>
<%@ taglib prefix="s" uri="/struts-tags"%>
<html>
<head>
      <title>欢迎使用</title>
</head>
<body>
      <s:set var="login" value="#session['login']"/>
      <s:property value="#login.name"/>，您好！欢迎使用图书管理系统。
</body>
</html>
```

其中加黑部分代码用到了 Struts 2 的 OGNL 表达式，将在第 3 章介绍。

JSP 文件 error.jsp（出错处理页）代码不变，从略。

最后，部署运行程序，效果与【实例 1.1】完全一样，如图 1.53～图 1.55 所示。

对于上面这个实例，读者如果对其代码中有些语句不是很明白也没关系，后面会对所有的内容进行详细讲解，这里主要让读者能够明白 Struts 2 框架的用途和基本的使用方法。

2.2 Struts 2 原理及工作流程

2.2.1 Struts 2 工作原理

Struts 2 框架内部是基于一种称为“过滤器”的机制运作的，其工作原理图如图 2.5 所示，该图出自 Struts 2 官方发布的技术文档，清楚地概括了 Struts 2 的整个工作过程。

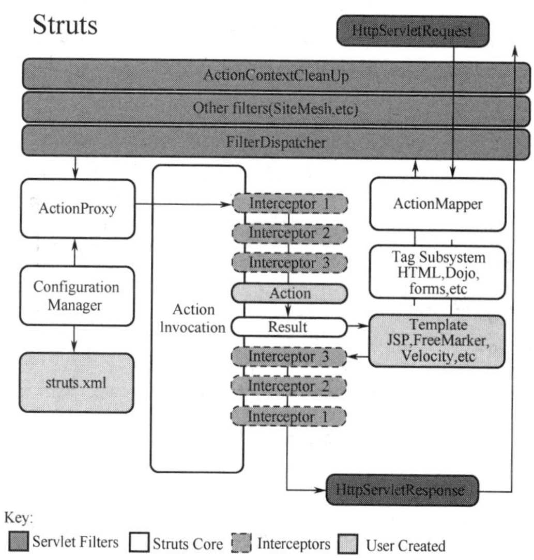

图 2.5 Struts 2 的工作原理图

一般来说，从客户端发出请求直至最终生成响应并返回给客户端一个页面的全部过程，大致可分为如下几个步骤。

① 客户端提交一个（HttpServletRequest）请求。

② 请求被提交到一系列（主要是 3 层）的过滤器（Filter），如（ActionContextCleanUp、其他过

滤器、FilterDispatcher）。注意，这里是有顺序的，先是 ActionContextCleanUp，再是其他过滤器（SiteMesh 等），最后才到 FilterDispatcher。

③ FilterDispatcher 接收到请求后，询问 ActionMapper 是否需要调用某个 Action 来处理这个（HttpServletRequest）请求，如果 ActionMapper 决定需要调用某个 Action，则 FilterDispatcher 把请求的处理交给 ActionProxy。

④ ActionProxy 通过 Configuration Manager（struts.xml）询问框架的配置文件，找到需要调用的 Action 类（该 Action 类一般是程序员自定义的处理请求的类）。

⑤ ActionProxy 创建一个 ActionInvocation 实例，同时 ActionInvocation 通过代理模式调用 Action。但在调用之前，ActionInvocation 会根据配置加载 Action 相关的所有 Interceptor（拦截器）。

⑥ 一旦 Action 执行完毕，ActionInvocation 负责根据 struts.xml 中的配置找到对应的返回结果 Result。然后根据结果返回对应的视图（JSP、FreeMarker 等）呈现给客户端。

在项目中，Struts 2 框架主要作为控制器使用，除此之外，它还内置有标签子系统（Tag Subsystem），为前端 JSP 应用提供一些标签。Struts 2 有效地把它们整合在一起，从而增强了规范性。

2.2.2 Struts 2 项目运行流程

了解了 Struts 2 的工作原理，再结合【实例 2.1】就可以总结出一个基于 Struts 2 开发的项目的运行流程了，如图 2.6 所示。

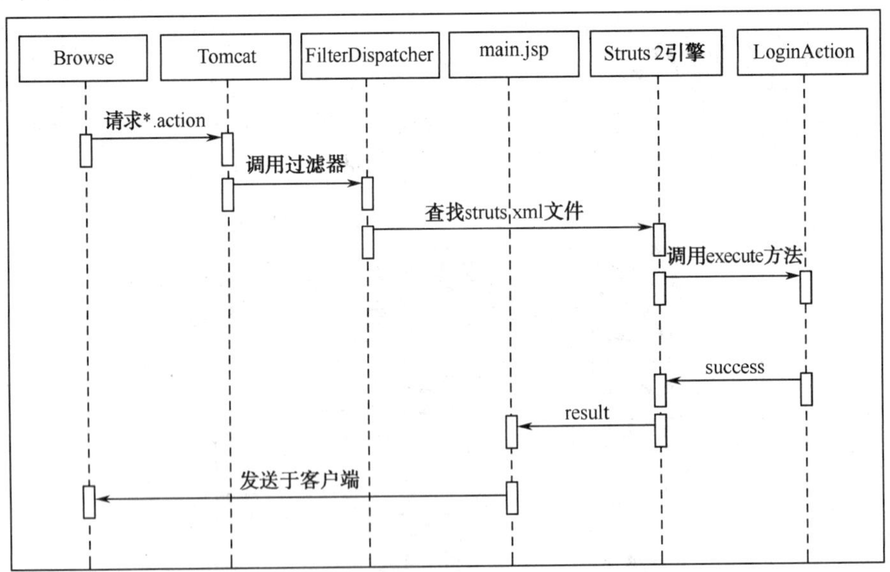

图 2.6 Struts 2 项目运行流程

其运行流程如下所述。

① 浏览器请求“http://localhost:8080/bookManage/login.jsp”，发送到 Web 应用服务器。

② 容器接收到了 Web 服务器对 JSP 页面中 login.action 的请求，根据 web.xml 中的配置，服务器将包含.action 后缀的请求转到“org.apache.struts2.dispatcher.FilterDispatcher”类进行处理，进入 Struts 2 的流程中。Struts 2.1.3 以上版本开始使用更先进的“org.apache.struts2.dispatcher.ng.filter.StrutsPrepareAndExecuteFilter”类；而在 Struts 升级到 2.5 版后，又将这个类的功能一分为二（分别置于“org.apache.struts2.dispatcher.filter.StrutsPrepareFilter”和“org.apache.struts2.dispatcher.filter.StrutsExecuteFilter”类中），故新版 Struts 2.5 的使用要求用户配置两个过滤器，名称分别为 struts-prepare 和 struts-execute。

③ 框架在 struts.xml 配置文件中查找名为“login”的 action 对应的类。框架初始化该 Action（对数据进行了封装，并把数据放入值栈中）并且执行该 Action 类的 execute 方法（如果配置文件中指定了特定方法则会执行对应的方法，默认执行 execute 方法），该方法可以进行一些数据处理等操作，然后返回（【实例 2.1】项目验证用户名成功返回“success”）。

④ 框架检查配置以查看当返回成功时对应的页面。框架告诉容器来获得请求返回的结果页面 main.jsp（欢迎主页），在该页面中用 OGNL 表达式输出存在值栈中的值（这里也可以用 Struts 2 提供的标签来输出）。

在 Struts 2 框架中，Action 类的调用是通过代理类 ActionProxy 来完成的，代理类再创建一个 ActionInvocation 对象，来调用程序员自定义的 Action 类，在调用之前会先根据配置加载 Action 相关的所有 Interceptor（拦截器）。Struts 2 就是通过一系列的拦截器来工作的，关于拦截器会在第 5 章详细介绍。

2.3　Struts 2 的控制器 Action 类

Struts 2 的控制器 Action 可以是一个简单的 POJO（Plain Ordinary Java Object）类，但在实际应用中一般自定义的 Action 类都会继承 Struts 2 框架提供的 ActionSupport 类，下面具体介绍该类。

2.3.1　使用 ActionSupport

继承 ActionSupport 类能够帮助程序员更好地完成一些工作，它实现了 5 个接口并包含了一组默认的实现。如果编程中想要用到该类提供的某些功能，只要重写它提供的方法就可以了，例如，要实现验证功能，只需在自定义 Action 类中重写 validate()方法即可。

ActionSupport 类的声明如下：

```
public class ActionSupport implements Action, Validateable, ValidationAware,
        TextProvider, LocaleProvider,Serializable{
}
```

可以看出它实现了 5 个接口，下面分别简要地介绍它们。

1. Action 接口

该接口提供了 5 个常量及一个 execute()方法。代码如下：

```
public interface Action {
        public static final String SUCCESS = "success";
        public static final String NONE = "none";
        public static final String ERROR = "error";
        public static final String INPUT = "input";
        public static final String LOGIN = "login";
        public String execute() throws Exception;
}
```

如果 Action 类继承了 ActionSupport 类，就可以直接应用这几个常量，比如在【实例 2.1】中的 Action 代码：

```
if(l!=null){
        Map session = ActionContext.getContext().getSession();
        session.put("login", l);
        return SUCCESS;                    //验证成功返回 SUCCESS，实际返回的是字符串"success"
}else{
        return ERROR;                      //验证失败返回 ERROR，实际返回的是字符串"error"
}
```

因为这几个字符串是在程序中经常用到的，所以 Struts 2 框架提供了它们对应的常量，如果有需要，完全可以自定义返回值，只要与 struts.xml 配置的“result”中对应就可以了。

2. Validateable 接口

该接口提供了一个 validate()方法用于校验表单数据，在实际应用中只要在 Action 类中重写该方法即可。【实例 2.1】的程序并没有对填入的数据进行任何判断，即使用户未输入任何内容，提交后也会查询数据库，在一般情况下是不会允许的。这时就可以在 Action 类中重写 validate()方法，然后在该方法中对取得的数据进行判断，如果为空或其他不允许的情况就可以保存错误信息。该方法是在执行 execute()方法之前执行的。

3. ValidationAware 接口

该接口定义了一些方法用来对 Action 执行过程中产生的信息进行处理。例如，该接口中提供了 addFieldError(String fieldname，String errorMessage)方法用来在验证出错时保存错误信息。

4. TextProvider 接口

该接口中提供了一系列 getText()方法，用于获得对应的国际化信息资源。在 Struts 2 中的国际化信息资源都是以 key-value 对出现的，通过使用该接口中的 getText()方法可以用 key 来获得相应的 value 值（国际化内容会在第 5 章讲解）。

5. LocaleProvider 接口

该接口提供了一个 getLocale()方法，用于国际化时获得语言/地区信息。

2.3.2 Action 传值

Action 可以通过其属性获取页面上表单文本框中用户输入的值，代码如下：

```
package org.action;
…
public class LoginAction extends ActionSupport {
        private String name;                    //登录名
        private String password;                //密码
        //处理用户请求的 execute 方法
        public String execute() throws Exception{
                …
        }
        //属性 name 的 get/set 方法
         public String getName() {
                return name;
         }
         public void setName(String name) {
                this.name = name;
         }
        //属性 password 的 get/set 方法
         public String getPassword() {
                return password;
         }
         public void setPassword(String password) {
                this.password = password;
         }
}
```

其中有两个属性“name”和“password”，并且生成了它们的 get 和 set 方法。在运行 login.jsp 的时候，Struts 2 框架会根据页面的文本框名在 Action 类中寻找其 set 方法来对其进行赋值。例如，页面的文本框名为“name”的字段就会直接在 Action 类中找相应的 setName(String name)方法为其赋值，而不是找其对应的在 Action 类中的属性“name”，所以在 Action 类中的属性名不一定要和页面中的文本框名相对应，但是在 Action 类中必须是页面的文本框名对应的 set 和 get 方法，而不是 Action 类中属性的 get 和 set 方法。也就是说，在 Action 类中，name 属性可以不叫 name，可以叫“username”或其他，但是里面必须有页面的文本框名“name”对应的 setName()方法，而不是 setUsername()方法。但一般情况下，程序员都会把它们统一起来，让 Action 类中的属性就对应页面中的输入文本框名，这样会方便很多。

前面这种传值方式称为字段传值方式，如果一个表单中字段比较多，而在 Action 中就要写很多属性，若在不同的 Action 中都要用到还要重复写，非常麻烦，也不利于维护，所以 Struts 2 框架还提供了另一种传值方式即模型传值方式。使用该传值方式首先要把字段封装成一个类，并生成其 get 和 set 方法，就是通常说的 JavaBean 了。因【实例 2.1】的项目中已编写好了 JavaBean 类 Login.java，故只需在 Action 中改变写法：

```
package org.action;
…
public class LoginAction extends ActionSupport{
	private Login login;
	//处理用户请求的 execute 方法
	public String execute() throws Exception{
		…
	}
	//属性 login 的 get/set 方法
	public Login getLogin() {
		return login;
	}
	public void setLogin(Login login) {
		this.login = login;
	}
}
```

可以发现，这样简单了很多。还要注意的是，传值页面（登录页 login.jsp）的“属性名”也要做小小的修改，要把以前的“属性名”改为“模型对象名.属性名”。例如，这里要把以前的“<input name="name" type="text" size="20"/>”中的“name”及“<input name="password" type="password" size="21"/>”中的 name 值“password”修改为“login.name”和“login.passoword”，而欢迎界面的取值也要相应地修改为“login.name”。这样修改后，再重新启动 Tomcat 服务器，运行项目会得到相同的结果。

在 Struts 2 中，Action 类的属性总是在调用 execute()方法之前被设置（通过 get/set 方法），这意味着在 execute()中可以直接使用，因为在 execute()执行之前，它们已经被赋予了正确的值。

注意：

当项目的“.java 文件”或者一些配置文件如“*.xml”经过修改后，一定要重新启动 Tomcat 服务器，而若仅修改了 JSP 页面则只需刷新页面即可。

2.3.3 Action 访问 Servlet API

Struts 2 中没有与任何的 Servlet API 关联，这样大大降低了程序的耦合性，但是有时候在写程序时需要用到 Servlet 的一些 API，如“request”、“response”、“application”、“session”等。为此，Struts 2 提供了两种方式来访问 Servlet API，介绍如下。

1. 通过 ActionContext

ActionContext 类提供了一个静态的 getContext()方法来获得 ActionContext 对象，然后根据其对象来获得一些 Servlet API 的对象。例如：

```
ActionContext ac=ActionContext.getContext();          //获得 ActionContext 对象
Map session=ac.getSession();                          //获得 session 对象
Map application=ac.getApplication();                  //获得 application 对象
Map request=ac.get();                                 //获得 request 对象
```

大家可能有些奇怪，这些方法得到的都是 Map 类型，而不是要求的“HttpSession”或“Application”，其实 Struts 2 把 Map 对象模拟成了“HttpSession”等对象，从而将 Servlet 从 Action 中分离出来。

由于“request”和“response”比较特殊，也是在开发中经常会用到的，所以 Struts 2 提供了专门的类来获取，即“ServletActionContext”。

```
HttpServletRequest request=ServletActionContext.getRequest();        //获得 HttpServletRequest 对象
HttpServletResponse response =ServletActionContext.getResponse();    //获得 HttpServletResponse 对象
HttpSession session=request.getSession();                            //获得 HttpSession 对象
```

除了这种方法外，还可以用如下方法得到：

```
ActionContext ac=ActionContext.getContext();
//获得 HttpServletRequest 对象
HttpServletRequest request=(HttpServletRequest) ac.get(ServletActionContext.HTTP_REQUEST);
//获得 HttpServletResponse 对象
HttpServletResponse response=(HttpServletResponse)ac.get(ServletActionContext.HTTP_RESPONSE);
//获得 HttpSession 对象
HttpSession session=request.getSession();
```

2. 通过实现*Aware 接口

Struts 2 中提供了一系列的*Aware 接口，如表 2.1 所示。

表 2.1 *Aware 接口及获得对象的方法

接 口 名 称	获得 Servlet 对象的方法
ApplicationAware	void setApplication(Map application)
CookiesAware	void setCookies (Map cookies)
RequestAware	void setRequest(Map request)
ServletRequestAware	void setServletRequest(HttpServletRequest request)
ServletResponseAware	void setServletResponse(HttpServletResponse response)
SessionAware	void setSession(Map session)

例如，要获得 Application 对象，Action 类就可以编写如下：

```
import java.util.Map;
import org.apache.struts2.interceptor.ApplicationAware;
public class TestApplication implements ApplicationAware{
        private Map application;
        public void setApplication(Map application) {
                this.application=application;
        }
        public String execute() throws Exception{
```

```
            //...其他内容，这里可以直接应用 application
        }
    }
```

2.3.4　Action 返回结果

在一个 Action 类中，有时会返回多个结果，如判断一件事情，如果为真就返回 SUCCESS，否则返回 ERROR（或"error"）。在【实例 2.1】中，对 DAO 接口执行 checkLogin()方法获取到 Login 对象 l 的值进行判断，然后返回不同结果。

```
Login l = loginDao.checkLogin(login.getName(), login.getPassword());
if(l!=null){
    …
    return SUCCESS;                //验证成功返回
}else{
    return ERROR;                  //验证失败返回
}
```

这里判断 l 对象不为空（数据库中有这个用户信息）就返回成功，然后根据配置文件的返回跳转到欢迎页面，如果 l 为空则返回出错页面，所以还要在 struts.xml 文件中配置两种不同的返回结果跳转到的页面，如下：

```
<!-- 用户登录 -->
<action name="login" class="org.action.LoginAction">
    <result name="success">main.jsp</result>
    <result name="error">error.jsp</result>
</action>
```

当然，在方法中还可以返回更多的值（可以为任意字符串），但不管返回什么值，都要在配置文件中进行对应，且不能返回两个或几个结果相同的值。对于继承了 ActionSupport 的 Action 类可以返回前面提到的 5 个常量。

2.3.5　在 Action 中定义多方法

大家可以想象这样一种情况：有一个用户登录，定义了一个 LoginAction 类，如果现在程序还需有一个注册功能，是否还要定义一个 RegistAction 类呢？当然是可以的，但这并不是最好的办法。如果程序中功能越来越多，那就要定义越来越多的 Action 类，所以一般不采取这样的方式，而是把相关的功能定义在同一个 Action 类中，用多个方法来实现不同的功能。

例如，在 LoginAction 类中定义两个方法：

```
package org.action;
…
public class LoginAction extends ActionSupport{
    private Login login;
    //处理用户请求的 execute 方法（实现登录验证功能）
    public String execute() throws Exception{
        …
    }
    // regist()方法（实现注册功能）
    public String regist() throws Exception{
        //注册新用户
        …
        return "regist";
```

```
    }
    //省略属性 login 的 get/set 方法
}
```

这里暂时列举在 Action 类中定义不同方法，并没有说明请求时如何映射到具体的方法，不同的请求怎么对应到相应的处理方法会在 2.5.1 节的 action 配置中讲解。

2.4 解密 Struts 2 程序文件

2.4.1 web.xml 文件

在前面开发例子的过程中，首先就配置了 web.xml，它是一个正规的 XML 文件，包括版本及编码信息，然后就是<web-app>标签。这里具体讲解在<web-app>里面配置的信息。

```
…
    <filter>
        <filter-name>struts-prepare</filter-name>
        <filter-class>org.apache.struts2.dispatcher.filter.StrutsPrepareFilter</filter-class>
    </filter>
    <filter>
        <filter-name>struts-execute</filter-name>
        <filter-class>org.apache.struts2.dispatcher.filter.StrutsExecuteFilter</filter-class>
    </filter>
    <filter-mapping>
        <filter-name>struts-prepare</filter-name>
        <url-pattern>/*</url-pattern>
    </filter-mapping>
    <filter-mapping>
        <filter-name>struts-execute</filter-name>
        <url-pattern>/*</url-pattern>
    </filter-mapping>
…
```

这里面配置了两个过滤器，那么就先来介绍过滤器的使用。

Filter 过滤器是 Java 项目开发中的一种常用技术。过滤器是用户请求和处理程序之间的一层处理程序。这层程序可以对用户请求和处理程序响应的内容进行处理。过滤器可以用于权限控制、编码转换等场合。

Servlet 过滤器是在 Java Servlet 规范中定义的，它能够对过滤器关联的 URL 请求和响应进行检查和修改。Servlet 过滤器能够在 Servlet 被调用之后检查 response 对象，修改 response Header 对象和 response 内容。Servlet 过滤器过滤的 URL 资源可以是 Servlet、JSP、HTML 文件，或是整个路径下的任何资源。多个过滤器还可构成一个过滤器链，当请求过滤器关联的 URL 的时候，过滤器就会逐个发生作用。

所有过滤器必须实现 java.Serlvet.Filter 接口，这个接口中含有 3 个过滤器类必须实现的方法。

● init(FilterConfig)：这是 Servlet 过滤器的初始化方法。Servlet 容器创建 Servlet 过滤器实例后将调用这个方法。

● doFilter(ServletRequest,ServletResponse,FilterChain)：这个方法完成实际的过滤操作。当用户请求与过滤器关联的 URL 时，Servlet 容器将先调用过滤器的 doFilter 方法，返回响应之前也会调用此方法。FilterChain 参数用于访问过滤器链上的下一个过滤器。

● destroy()：Servlet 容器在销毁过滤器实例前调用该方法。这个方法可以释放 Servlet 过滤器占用的资源。

过滤器类编写完成后，必须在 web.xml 中进行配置，格式如下：

```
<filter>
        <!-- 自定义的名称 -->
        <filter-name>过滤器名</filter-name>
        <!-- 自定义的过滤器类，注意，如果类放在指定包下，要加完整包名 -->
        <filter-class>过滤器对应类</filter-class>
           <init-param>
                <!-- 类中参数名称 -->
                <param-name>参数名称</param-name>
                <!-- 对应参数的值 -->
                <param-value>参数值</param-value>
           </init-param>
</filter>
```

过滤器必须和特定的 URL 关联才能发挥作用，过滤器的关联方式有 3 种：与一个 URL 关联、与一个 URL 目录下的所有资源关联、与一个 Servlet 关联。

与一个 URL 资源关联：

```
<filter-mapping>
           <!-- 这里与上面配置所起的名称要相同 -->
           <filter-name>过滤器名</filter-name>
           <!-- 与该 url 资源关联-->
           <url-pattern>xxx.jsp</url-pattern>
</filter-mapping>
```

与一个 URL 目录下的所有资源关联：

```
<filter-mapping>
           <filter-name>过滤器名</filter-name>
           <url-pattern>/*</url-pattern>
</filter-mapping>
```

与一个 Servlet 关联：

```
<filter-mapping>
           <filter-name>过滤器名</filter-name>
           <url-pattern>Servlet 名称</url-pattern>
</filter-mapping>
```

通过上面的讲解，相信大家对 web.xml 文件中配置的内容已经很清楚了。Struts 2 框架的 web.xml 文件中配置的就是过滤器，新版 Struts 2.5 的两个过滤器对应的类分别是框架中的“org.apache.struts2.dispatcher.filter.StrutsPrepareFilter”和“org.apache.struts2.dispatcher.filter.StrutsExecuteFilter”，“url-pattern”指定为“/*”，表示该 URL 目录下的所有请求都交由 Struts 2 处理，这就把 Web 应用与 Struts 2 框架关联起来了。

2.4.2　struts.xml 文件

Struts 2.5.13 版本下的 struts.xml 的大体格式如下：

```
<?xml version="1.0" encoding="UTF-8" ?>
<!DOCTYPE struts PUBLIC
        "-//Apache Software Foundation//DTD Struts Configuration 2.5//EN"
        "http://struts.apache.org/dtds/struts-2.5.dtd">
<!-- START SNIPPET: xworkSample -->
<struts>
```

```
        <package name="default" extends="struts-default">
        <!-- 配置一个个 Action -->
        ...
        </package>
        <constant name="struts.i18n.encoding" value="gb2312"/>
</struts>
<!-- END SNIPPET: xworkSample -->
```

在该版本下，这个格式是不变的，其前面是编码格式及一些头文件信息，接着是<struts>...</struts>，该文件中的其他配置都包含在其中。该标签下可以编写下面几个子标签。

- include：用于导入其他 xml 配置文件。
- constant：配置一些常量信息。
- bean：由容器创建并注入的组件。
- package：配置包信息。

这几个子标签可以并排编写在<struts>下，而其他一些配置大都写在<package>中。<package>将在稍后的 2.5.3 节详细讲解，而 bean 标签不常用，所以本节主要讲解其他两个标签。

1. <include>标签

在实际开发中，可能会把所有的配置信息都放在一个 struts.xml 文件中，但这仅限于一些小的项目。如果一个项目很大，需要配置的信息很多（可能有成千上万行的代码！），这么大一个配置文件，无论是管理还是维护都是相当不容易的，所以这时就要“分而治之”，把不同方面的信息分别编写配置文件。例如，在学生信息系统中，把学生信息的配置、课程信息的配置、成绩信息的配置分别放入各自的配置文件 xs.xml、kc.xml 和 cj.xml 中，然后再用 Struts 2 提供的<include>标签把它们导入到 struts.xml 中。

例如，xs.xml 为：

```
<?xml version="1.0" encoding="UTF-8" ?>
<!DOCTYPE struts PUBLIC
        "-//Apache Software Foundation//DTD Struts Configuration 2.5//EN"
        "http://struts.apache.org/dtds/struts-2.5.dtd">
<struts>
        <package name="xs" extends="struts-default">
                <action name="addXs" class="org.action.XsAction">
                        ...
                </action>
        </package>
</struts>
```

在 struts.xml 中导入应为：

```
<?xml version="1.0" encoding="UTF-8" ?>
<!DOCTYPE struts PUBLIC
        "-//Apache Software Foundation//DTD Struts Configuration 2.5//EN"
        "http://struts.apache.org/dtds/struts-2.5.dtd">
<!-- START SNIPPET: xworkSample -->
<struts>
        <include file="xs.xml"/>
        ...
</struts>
<!-- END SNIPPET: xworkSample -->
```

这样就成功导入了。

注意：

这里 xs.xml 也是放在 classes 文件夹下的，即在 MyEclipse 中直接放在 src 下即可，如果 xs.xml 放在其他包（如“org.xs”）中，那么 struts.xml 中引入的时候还要加上包名，如下：

```
<struts>
    <include file="/org/xs/xs.xml"/>
    ...
</struts>
```

2. <constant>标签

<constant>是用来在 struts.xml 中定义常量属性的，如设置编码形式、开发模式等。该标签里面有两个属性：name 和 value。例如，可以做下面的设置：

```
<struts>
    <!-- 设置开发模式 -->
    <constant name="struts.devMode" value="true"/>
    <!-- 设置编码格式 GB2312 -->
    <constant name="struts.i18n.encoding" value="gb2312"/>
    ...
</struts>
```

其中，name 的值均为 Struts 2 的常量信息，这些常量信息并不多，不仅可以在 struts.xml 中设置，也可以在 Struts 2 的另一个配置文件 struts.properties 中单独设置。下节将介绍该配置文件。

2.4.3　struts.properties 文件

struts.properties 文件是一个标准的 properties 文件，该文件中存放一系列的 key-value 对，每个 key 就是一个 Struts 2 属性，而其对应的 value 值就是一个 Struts 2 的属性值。struts.properties 文件和 struts.xml 一样，要放在项目的 classes 文件夹下，Struts 2 框架会自动加载该文件。

通常情况下，项目并不需要这个配置文件，因为 Struts 2 框架已经提供了一个默认的配置文件 default.properties，但是在开发中，有时为了方便可以更改默认信息，这时就要应用 struts.properties，把要修改的属性的 key-value 对放入其中，这样新的配置信息就会覆盖系统默认的值。struts.properties 文件中所包含的所有属性都可以在 web.xml 配置文件中使用“init-param”标签进行配置，或者在 struts.xml 文件中使用“constant”标签进行配置。

下面介绍 Struts 2 中常量配置信息。

- struts.action.extension：该属性指定需要 Struts 2 处理的请求后缀，该属性的默认值是 action，即所有匹配*.action 的请求都由 Struts 2 处理。如果用户需要指定多个请求后缀，则多个后缀之间以英文逗号（,）隔开。
- struts.configuration：该属性指定加载 Struts 2 配置文件的配置文件管理器。该属性的默认值是 org.apache.Struts2.config.DefaultConfiguration，这是 Struts 2 默认的配置文件管理器。如果需要实现自己的配置管理器，可以编写一个实现 Configuration 接口的类，该类可以自己加载 Struts 2 配置文件。
- struts.configuration.files：该属性指定 Struts 2 框架默认加载的配置文件，如果需要指定默认加载多个配置文件，则多个配置文件的文件名之间以英文逗号(,)隔开。该属性的默认值为 struts-default.xml，struts-plugin.xml，struts.xml。前面说过，Struts 2 会自动加载 struts.xml 文件，这里就是最好的解释。
- struts.configuration.xml.reload：该属性设置当 struts.xml 文件改变后，系统是否自动重新加载该文件。该属性的默认值是 false。

● struts.custom.i18n.resources：该属性指定 Struts 2 应用所需要的国际化资源文件，如果有多份国际化资源文件，则多个资源文件的文件名以英文逗号（,）隔开。

● struts.custom.properties：该属性指定 Struts 2 应用加载用户自定义的属性文件，该自定义属性文件指定的属性不会覆盖 struts.properties 文件中指定的属性。如果需要加载多个自定义属性文件，多个自定义属性文件的文件名以英文逗号（,）隔开。

● struts.devMode：该属性设置 Struts 2 应用是否使用开发模式。如果设置该属性为 true，则可以在应用出错时显示更多、更友好的出错提示。该属性只接受 true 和 flase 两个值，该属性的默认值是 false。通常，应用在开发阶段，将该属性设置为 true，当进入产品发布阶段后，则该属性设置为 false。

● struts.dispatcher.parametersWorkaround：对于某些 Java EE 服务器，不支持 HttpServlet Request 调用 getParameterMap()方法，此时可以设置该属性值为 true 来解决这一问题。该属性的默认值是 false。对于 WebLogic、Orion 和 OC4J 服务器，通常应该设置该属性为 true。

● struts.enable.DynamicMethodInvocation：该属性设置 Struts 2 是否支持动态方法调用，该属性的默认值是 true。如果需要关闭动态方法调用，则可设置该属性为 false。

● struts.enable.SlashesInActionNames：该属性设置 Struts 2 是否允许在 Action 名中使用斜线，该属性的默认值是 false。如果开发者希望允许在 Action 名中使用斜线，则可设置该属性为 true。

● struts.freemarker.manager.classname：该属性指定 Struts 2 使用的 FreeMarker 管理器。该属性的默认值是 org.apache.struts2.views.freemarker.FreemarkerManager，这是 Struts 2 内建的 FreeMarker 管理器。

● struts.freemarker.wrapper.altMap：该属性只支持 true 和 false 两个属性值，默认值是 true。通常无须修改该属性值。

● struts.i18n.encoding：该属性指定 Web 应用的默认编码集。一般当获取中文请求参数值时会将该属性值设置为 GBK 或者 GB 2312。该属性默认值为 UTF-8。

● struts.i18n.reload：该属性设置是否每次 HTTP 请求到达时，系统都重新加载资源文件（允许国际化文件重载）。该属性默认值是 false。在开发阶段将该属性设置为 true 会更有利于开发，但在产品发布阶段应将该属性设置为 false。开发阶段将该属性设置为 true，将可以在每次请求时都重新加载国际化资源文件，从而可以看到实时开发效果。产品发布阶段将该属性设置为 false，是为了提高响应性能，每次请求都重新加载资源文件会大大降低应用的性能。

● struts.locale：指定 Web 应用的默认 Locale。

● struts.multipart.parser：该属性指定处理 multipart/form-data 的 MIME 类型（文件上传）请求的框架，该属性支持 cos、pell 和 jakarta 等属性值，即分别对应使用 cos 的文件上传框架、pell 上传及 common-fileupload 文件上传框架。该属性的默认值为 jakarta。

> **注意：**
>
> 如果需要使用 cos 或者 pell 的文件上传方式，则应该将对应的 JAR 文件复制到 Web 应用中。例如，使用 cos 上传方式，则需要自己下载 cos 框架的 JAR 文件，并将该文件放在 WEB-INF\lib 路径下。

●struts.multipart.saveDir：该属性指定上传文件的临时保存路径，该属性的默认值是 javax.servlet.context.tempdir。

● struts.multipart.maxSize：该属性指定 Struts 2 文件上传中整个请求内容允许的最大字节数。

● struts.mapper.class：指定将 HTTP 请求映射到指定 Action 的映射器，Struts 2 提供了默认的映射器 org.apache.struts2.dispatcher.mapper.DefaultActionMapper。默认映射器根据请求的前缀与<action>配置

的 name 属性完成映射。

- struts.objectFactory：指定 Struts 2 默认的 ObjectFactoryBean，该属性默认值是 spring。
- struts.objectFactory.spring.autoWire：指定 Spring 框架的自动装配模式，该属性的默认值是 name，即默认根据 Bean 的 name 属性自动装配。
- struts.objectFactory.spring.useClassCache：该属性指定整合 Spring 框架时，是否缓存 Bean 实例，该属性只允许使用 true 和 false 两个属性值，它的默认值是 true。通常不建议修改该属性值。
- struts.objectTypeDeterminer：该属性指定 Struts 2 的类型检测机制，支持 tiger 和 notiger 两个属性值。
- struts.serve.static：该属性设置是否通过 JAR 文件提供静态内容服务，该属性只支持 true 和 false 属性值，其默认属性值是 true。
- struts.serve.static.browserCache：该属性设置浏览器是否缓存静态内容。当应用处于开发阶段时，如果希望每次请求都获得服务器的最新响应，则可设置该属性为 false。
- struts.tag.altSyntax：该属性指定是否允许在 Struts 2 标签中使用表达式语法，因为通常都需要在标签中使用表达式语法，故此属性应该设置为 true。该属性的默认值是 true。
- struts.url.http.port：该属性指定 Web 应用所在的监听端口。该属性通常没有太大的用户，只是当 Struts 2 需要生成 URL 时（如 Url 标签），该属性才提供 Web 应用的默认端口。
- struts.ui.theme：该属性指定视图标签默认的视图主题，该属性的默认值是 xhtml。
- struts.ui.templateDir：该属性指定视图主题所需要模板文件的位置，该属性的默认值是 template，即默认加载 template 路径下的模板文件。
- struts.url.https.port：该属性类似于 struts.url.http.port 属性的作用，区别是该属性指定的是 Web 应用的加密服务端口。
- struts.url.includeParams：该属性指定 Struts 2 生成 URL 时是否包含请求参数。该属性接受 none、get 和 all 三个属性值，分别对应于不包含、仅包含 GET 类型请求参数和包含全部请求参数。
- struts.ui.templateSuffix：该属性指定模板文件的后缀，该属性的默认属性值是 ftl。该属性允许使用 ftl、vm 或 jsp，分别对应 FreeMarker、Velocity 和 JSP 模板。
- struts.velocity.configfile：该属性指定 Velocity 框架所需的 velocity.properties 文件的位置。该属性的默认值为 velocity.properties。
- struts.velocity.contexts：该属性指定 Velocity 框架的 Context 位置，如果该框架有多个 Context，则多个 Context 之间以英文逗号（,）隔开。
- struts.velocity.toolboxlocation：该属性指定 Velocity 框架的 toolbox 的位置。
- struts.xslt.nocache：该属性指定 XSLT Result 是否使用样式表缓存。当应用处于开发阶段时，该属性通常被设置为 true；当应用处于产品使用阶段时，该属性通常被设置为 false。

2.5　Struts 2 配置详解

2.5.1　<action>配置详解

Struts 2 的核心功能是 Action。对于开发人员来说，使用 Struts 2 框架，主要的编码工作就是编写 Action 类。当开发好 Action 类后，就需要配置 Action 映射，以告诉 Struts 2 框架，针对某个 URL 的请求应该交由哪一个 Action 进行处理。这就是 struts.xml 中 action 配置要起的作用。在【实例 2.1】中：

```
<action name="login" class="org.action.LoginAction">
        <result name="success">main.jsp</result>
        <result name="error">error.jsp</result>
</action>
```

上例表示名为“login”的请求，交由“org.action.LoginAction”这个类来处理，返回结果为“success”时跳转到“main.jsp”页面，结果为“error”时则跳转到“error.jsp”页面。

1. <action>属性

<action>有以下属性。

name：该属性是必需的，对应请求的 Action 的名称。

class：该属性不是必需的，指明处理类的具体路径，如“org.action.LoginAction”。

method：该属性不是必需的，若 Action 类中有不同的方法，该属性指定请求对应应用哪个方法。

converter：该属性不是必需的，指定 Action 使用的类型转换器（类型转换内容会在第 4 章讲解）。

在一般情况下，都会为<action>设置 name 和 class 属性，如果没有设置 method 属性，系统会默认调用 Action 类中的 execute 方法。若在 Action 中存在多个方法，请求其某个方法的时候就要通过这里的 method 属性来指定所请求的方法名。例如，在 2.3.5 节的 Action 类中有 execute 和 regist 两个方法，如果要在请求中应用 regist 方法，就要在相应的 action 中配置 method 属性：

```
<action name="login" class="org.action.LoginAction" method="regist">
        ...
</action>
```

加黑部分代码就是要配置的指定的方法，表示应用 LoginAction 类中的 regist 方法。

2. 在<action>中应用通配符

前面讲过，可以在<action>中指定 method 属性来决定应用 Action 类中的哪个方法，但这样有些麻烦，应用两个不同的方法就要配置两个<action>，Struts 2 中提供了通配符的使用，可以应用通配符只配置一个 Action 就可以根据通配符来识别应用 Action 类中的哪个方法。

<action>配置要修改为：

```
<action name="*" class="org.action.LoginAction" method="{1}">
        ...
</action>
```

其中“{1}”就是取前面“*”的值。例如，如果要应用 Action 类中的 regist 方法，请求就为：

```
<form action="regist.action" method="post">
        ...
</form>
```

“regist”就会与“*”匹配，得出“*”为“regist”，则<action>中 method 属性的值就为“regist”，就会应用 Action 类中的 regist 方法。

不仅方法可以使用通配符这样匹配，返回的值也可以。例如，如果应用 regist 方法返回“error”时就跳转到“regist.jsp”界面，<action>配置修改为：

```
<action name="*" class="org.action.LoginAction" method="{1}">
        ...
        <result name="error">{1}.jsp</result>
</action>
```

使用通配符可以很大程度地减少 struts.xml 的配置内容，但是可以发现，在编写时也会对 Action 类中的方法命名有限制，必须和请求名称对应，返回视图的名称也同样要对应。所以在实际开发中，要根据实际情况来决定是否使用通配符。

3. 访问 Action 类中方法的其他方式

仍以前面的 LoginAction 为例，<action>配置可以用正常情况，只需配置 name 和 class：

```
<action name="login" class="org.action.LoginAction">
    ...
</action>
```

这样配置完全不知道要访问 LoginAction 类中的哪个方法，但是可以在请求中指明，请求的 form 表单要改为：

```
<form action="login!regist.action" method="post">
    ...
</form>
```

其中，“login!regist.action”中“！”前面的“login”对应<action>中的 name 属性值，“！”后面的“regist”对应要使用的 LoginAction 类中的方法名。

此方式是在请求中指定应用 Action 类中的哪个方法，还有一种办法是在提交按钮中设置的，<action>不用做任何改变，不过提交按钮需要用 Struts 2 的标签来实现，并且指定 method：

```
<s:form action="login" method="post">
    ...
    <s:submit value="登录"/>
    <s:submit value="注册" method="regist"/>
</s:form>
```

该 form 中有两个按钮，一个是登录按钮，另一个是注册按钮，其中注册按钮特别指明了要用的方法，不会产生冲突。这里大家只要知道这种用法就行了，Struts 2 的标签库会在后面专门讲解。

4. 使用默认类

如果未指明 class 属性，则系统将会自动引用<default-class-ref>标签中所指定的类，即默认类。在 Struts 2 中，系统默认类为 ActionSupport，当然也可以自己定义默认类，例如：

```
<package name="default" extends="struts-default">
    <default-class-ref class="org.action.LoginAction"/>
    <action name="regist">
        ...
    </action>
    …
</package>
```

上面代码中定义了默认类，则在没有指定 class 属性的请求中都会应用该默认类，若指定了自己的 class 属性，则默认类在该 action 中将不起作用。

2.5.2　<result>配置详解

<result>是为 Action 类的返回值指定跳转方向的，在 Struts 2 框架中，一个完整的<result>配置为：

```
<result name="Action 类对应返回值" type="跳转结果类型">
    <param name="参数名">参数值</param>
</result>
```

<result>包含两个属性 name 和 type。name 属性与 Action 类中返回的值进行匹配，type 属性指定将要跳转的结果类型，在实际应用中不一定都要跳转到一个页面，有可能会从一个 action 跳转到另一个 action，这时就要指定 type 属性。<param>是为返回结果设置参数的。

Struts 2 中支持多种结果类型，在下载的 Struts 2 完整版的 struts-default.xml 文件中可以找到所有的支持类型，该文件的位置在“\struts-2.5.13-all\struts-2.5.13\src\core\src\main\resources”下，打开

该文件可以找到如下代码：

```
<result-types>
    <result-type name="chain" class="com.opensymphony.xwork2.ActionChainResult"/>
    <result-type name="dispatcher" class="org.apache.struts2.result.ServletDispatcherResult" default="true"/>
    <result-type name="freemarker" class="org.apache.struts2.views.freemarker.FreemarkerResult"/>
    <result-type name="httpheader" class="org.apache.struts2.result.HttpHeaderResult"/>
    <result-type name="redirect" class="org.apache.struts2.result.ServletRedirectResult"/>
    <result-type name="redirectAction" class="org.apache.struts2.result.ServletActionRedirectResult"/>
    <result-type name="stream" class="org.apache.struts2.result.StreamResult"/>
    <result-type name="velocity" class="org.apache.struts2.result.VelocityResult"/>
    <result-type name="xslt" class="org.apache.struts2.views.xslt.XSLTResult"/>
    <result-type name="plainText" class="org.apache.struts2.result.PlainTextResult" />
    <result-type name="postback" class="org.apache.struts2.result.PostbackResult" />
</result-types>
```

下面简要介绍这些类型的作用范围。

- chain：用来处理 Action 链。
- dispatcher：用来转向页面，通常处理 JSP，该类型也为默认类型。
- freemarker：处理 FreeMarker 模板。
- httpheader：控制特殊 http 行为的结果类型。
- redirect：重定向到一个 URL。
- redirectAction：重定向到一个 Action。
- stream：向浏览器发送 InputStream 对象，通常用来处理文件下载，还可用于返回 AJAX 数据。
- velocity：处理 Velocity 模板。
- xslt：处理 XML/XSLT 模板。
- plainText：显示原始文件内容，如文件源代码等。
- postback：用来把请求参数作为表单提交到指定的目的地。

其实，<result>的两个属性都有默认值，如果没有指明就是默认值，name 属性的默认值为“success”，type 属性的默认值为“dispatcher”，就是跳转到 JSP 页面。下面详细讲解几个常用的结果类型。

1. dispatcher 类型

该结果类型是默认的结果类型，从“struts-default.xml”中也可以看出，其定义为“default="true"”。定义该类型时，物理视图为 JSP 页面，并且该 JSP 页面必须和请求信息处于同一个 Web 应用中。还有一点值得注意的是，请求转发时地址栏不会改变，也就是说，属于同一请求，所以请求参数及请求属性等数据不会丢失，该跳转类似于 JSP 中的“forward”。从前面的例子中也可以看出，跳转到“main.jsp”页面后，仍可以取出“name”的值。在应用该类型时，一般都会省略不写。配置该类型后，<result>可以指定以下两个参数。

- location：指定请求处理完成后跳转的地址，如“main.jsp”。
- parse：指定是否允许在 location 参数值中使用表达式，如“main.jsp?name=${name}”，在实际运行时，这个结果信息会替换为用户输入的“name”值，该参数默认值是 true。

2. redirect 类型

该结果类型可以重定向到 JSP 页面，也可以重定向到另一个 Action。该类型是与 dispatcher 类型相对的，当 Action 处理用户请求结束后，将重新生成一个请求，转入另一个界面。例如，在【实例 2.1】中，当用默认值“dispatcher”时，请求完成，转向“main.jsp”界面，如图 2.7 所示。可以发现，请求没变，还是“login.action”，但页面已经跳转到“main.jsp”，并且可以取出“name”的值。如果把<result>中的内容改为：

```
<result name="success" type="redirect">main.jsp</result>
```

则请求完成，重定向到 main.jsp 欢迎主页，如图 2.8 所示，可以看出 URL 已变为“main.jsp”。配置 redirect 类型后，<result>也可指定 location 和 parse 两个参数。

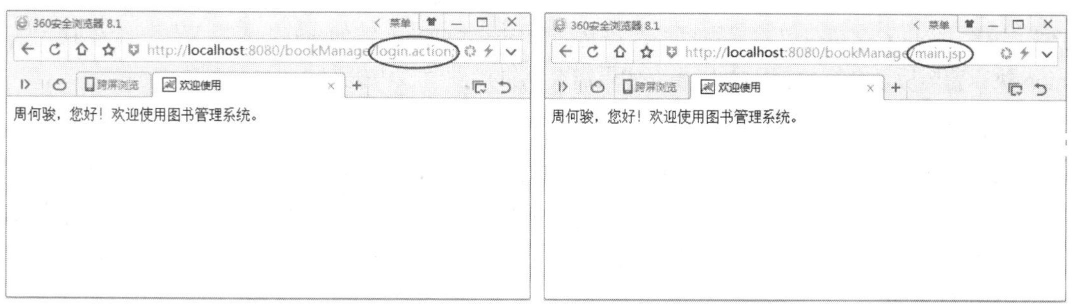

图 2.7　dispatcher 类型时的跳转界面　　　　图 2.8　redirect 类型重定向的界面

3. redirectAction 类型

该结果类型与 redirect 类似，都是重定向而不是转发，该类型一般都为了重定向到一个新的 action 请求，而非 JSP 页面。配置该类型时，<result>可以配置如下两个参数。

- actionName：该参数指定重定向的 action 名。
- namespace：该参数指定需要重定向的 action 所在的命名空间（命名空间会在后面讲解）。

注意这些参数是可选配置的，不是必需的，在实际情况中可以根据需要配置。

看下面一段代码：

```
...
<package name="test1" extends="struts-default">
        <action name="regist" class="org.action.LoginAction" method="regist">
              <result name="success" type="redirectAction">
                     <param name="actionName">login</param>
                     <param name="namespace">/test2</param>
              </result>
        </action>
</package>
<package name="test2" extends="struts-default" namespace="/test2">
        <action name="login" class="org.action.LoginAction" method="login">
              <result name="success">main.jsp</result>
        </action>
</package>
...
```

上面代码就是 redirectAction 类型应用的体现。首先对“test1”包中的“regist”进行请求，通过 LoginAction 类中的 regist 方法来处理请求，完成后用 redirectAction 结果类型来重新定向到“test2”包中的“login”，然后用 LoginAction 类中的 login 方法处理，完成后跳转到“main.jsp”页面，由于“test2”包指定了命名空间“namespace”，所以必须配置参数指定：

```
<param name="actionName">login</param>
<param name="namespace">/test2</param>
```

分别指定重定向的 action 名及该 action 所在的命名空间。

4. chain 类型

前面的 redirect 及 redirectAction 虽然都可以重定向到另外的 action，但是它们都不能实现数据的传递，在重定向过程中，请求属性等都会丢失，这样有的时候就不利于编程了。因此，Struts 2 又提供了另一种结果类型“chain”，用来实现 action 之间的跳转，而非重定向，意思就是可以跳转到另外的 action 而且数据不丢失，通过设置 chain 类型，可以组成一条 action 链，不用担心数据的丢失，这样就大大方便了编程。action 跳转可以共享数据的原理是处于同一个 action 链的 action 都共享同一个值栈，每个 action 执行完毕后都会把数据压入值栈，如果需要就直接到值栈中提取。

5. 全局结果

从前面的例子中可以看出，<result>都是包含在<action>...</action>中的，这配置的是局部结果，只对当前 action 请求返回的结果起作用。假如都返回到同一页面，而且在不同的 action 请求中都会用到，那么配置局部结果就显得冗余了。所以，Struts 2 提供了全局结果的配置，例如，如果返回“error”，都跳转到错误页面：

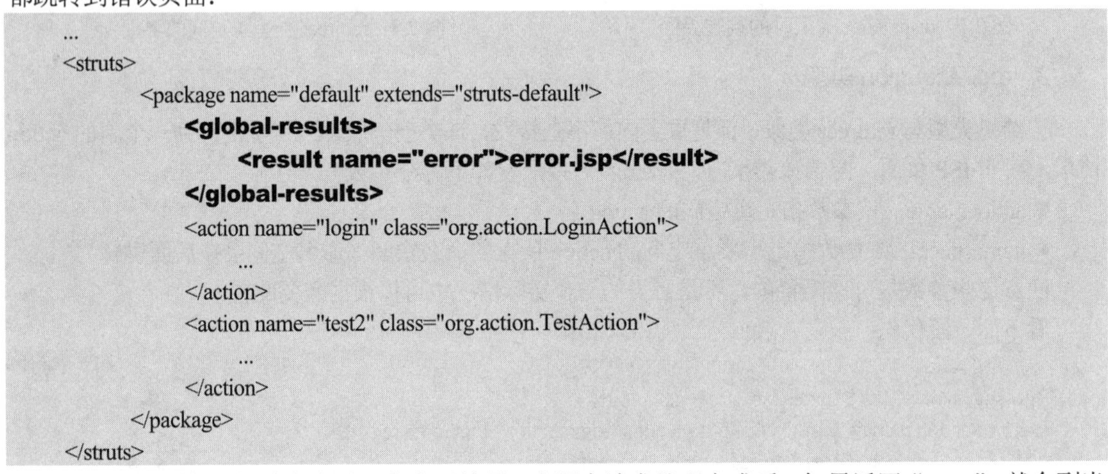

```
...
<struts>
        <package name="default" extends="struts-default">
            <global-results>
                <result name="error">error.jsp</result>
            </global-results>
            <action name="login" class="org.action.LoginAction">
                ...
            </action>
            <action name="test2" class="org.action.TestAction">
                ...
            </action>
        </package>
</struts>
```

上面代码的加黑部分定义了一个全局结果，当用户请求处理完成后，如果返回“error”，就会到当前 action 配置的返回中寻找，如果没有找到就会到全局结果中寻找。也就是说，局部结果配置的优先级大于全局结果。

2.5.3 <package>配置详解

从前面的例子可以看出，Struts 2 的 action 都是放在<package>...</package>中的。package 元素用于定义 struts.xml 中的包配置，<package>中可以定义 action 和拦截器等。用 package 定义包配置时可以指定 4 个属性和 8 个标签。

1. 可配置的属性

（1）name 属性

该属性必须指定，代表包的名称，由于 struts.xml 中可以定义不同的<package>，而且它们之间还可以互相引用，所以必须指定名称。

（2）extends 属性

该属性是可选的，表示当前定义的包继承其他的包，继承了其他包，就可以继承其他包中的 action、拦截器等。由于包信息的获取是按照配置文件中的先后顺序进行的，所以父包必须在子包之前被定义。

在一般情况下，定义包时都会继承一个名为“struts-default”的包，该包是 Struts 2 内置的，定义在 struts-default.xml 这个文件中。这个文件的位置在前面讲解<result>结果类型的时候已经说过，打开该文件找到这个包，可以发现该包下定义了一些结果类型、拦截器及拦截器栈，结果类型在前面已经讲解，拦截器会在后面详细讲解。

（3）namespace 属性

该属性是可选的，用来指定一个命名空间，如在前面讲 redirectAction 类型时已经用到了，定义命名空间非常简单，只要指定"namespace="/*""即可，其中"*"是我们自定的，如果直接指定""/"",表示设置命名空间为根命名空间。如果不指定任何 namespace，则使用默认的命名空间，默认的命名空间为""""。

当指定了命名空间后，相应的请求也要改变，例如：

```
<action name="login" class="org.action.LoginAction" namespace="/user">
    ...
</action>
```

请求就不能是"login"，而必须改为"user/login"。当 Struts 2 接收到请求后，会将请求信息解析为 namespace 名和 action 名两部分，然后根据 namespace 名在 struts.xml 中查找指定命名空间的包，并且在该包中寻找与 action 名相同的配置，如果没有找到，就到默认的命名空间中寻找与 action 名称相同的配置，如果还没找到，就给出错误信息。看下面的代码：

```
<package name="default">
    <action name="foo" class="org.TestAction">
        <result name="success">foo.jsp</result>
    </action>
    <action name="bar" class=" org.TestAction ">
        <result name="success">bar.jsp</result>
    </action>
</package>
<package name="mypackage1" namespace="/">
    <action name="moo" class=" org.TestAction ">
        <result name="success">moo.jsp</result>
    </action>
</package>
<package name="mypackage2" namespace="/barspace">
    <action name="bar" class=" org.TestAction ">
        <result name="success">bar.jsp</result>
    </action>
</package>
```

如果页面中请求为 barspace/bar.action，框架将首先在命名空间为/barspace 的包中查找 bar 这个 action 配置，如果找到了，则执行 bar.action；如果没有找到，则到默认的命名空间中继续查找。在本例中，/barspace 命名空间中有名为 bar 的 Action，因此它会被执行。

如果页面中请求为 barspace/foo.action，框架会在命名空间为/barspace 的包中查找 foo 这个 action 配置。如果找不到，框架会到默认命名空间中去查找。在本例中，/barspace 命名空间中没有 foo 这个 action，因此默认的命名空间中的/foo.action 将会被找到并执行。

如果页面中请求为 moo.action，框架会在根命名空间"/"中查找 moo.action，如果没有找到，再到默认命名空间中查找。

（4）abstract 属性

该属性是可选的，如果定义该包是一个抽象包，则该包不能包含<action>配置信息，但可以被继承。

2. 可配置的标签

<package>主要包含以上 4 个属性，<package>下面还可配置以下几个标签。

● <action>：action 标签，其作用前面已经详细讲解。

● <default-action-ref>：配置默认 action。如果配置了默认 action，则当请求的 action 名在包中找不到与之匹配的名称时就会应用默认 action。

● <default-class-ref>：配置默认类。

● <default-interceptor-ref>：配置默认拦截器。

● <global-exception-mappings>：配置发生异常时对应的视图信息，为全局信息，与之对应还有局部异常配置，局部异常配置要配置在<action>标签中，局部异常配置用<exception-mapping>进行配置。配置异常信息格式如下：

```
<package name="default" extends="struts-default">
    <global-exception-mappings>
        <exception-mapping result="逻辑视图" exception="异常类型"/>
    </global-exception-mappings>
    <action name="action 名称">
        <exception-mapping result="逻辑视图" exception="异常类型"/>
    </action>
</package>
```

<exception-mapping>中可以指定 3 个属性，分别为 name：可选属性，用来标识该异常配置信息；result：该属性必须指定，指定发生异常时显示的视图信息，必须配置为逻辑视图；exception：该属性必须指定，用来指定异常类型。

● <global-results>：配置全局结果，前面已经讲述。

● <interceptors>：配置拦截器。

● <result-types>：配置结果类型。

拦截器知识会在第 5 章拦截器部分讲解，读者在这里了解即可。

习　题　2

1．简述 MVC 及其优点。

2．MVC 有哪几种实现方式？

3．简述 Struts 2 的工作流程。

4．应用 Struts 2 框架，开发一个加法器，采用两个页面：一个输入数据，另一个输出结果。

第 3 章 Struts 2 标签库

Struts 2 提供了大量标签来帮助页面的开发，与 Struts 1 标签库、JSTL 标签库相比，Struts 2 标签库的功能更加强大，而且更容易应用。本章将详细介绍 Struts 2 标签库及其应用，但在介绍标签库之前，先来了解一下 Struts 2 的 OGNL。

3.1 Struts 2 的 OGNL

1. OGNL 表达式基础

OGNL 是 Object Graphic Navigation Language（对象图导航语言）的缩写，它是一个开源项目。OGNL 是一种功能强大的 EL（Expression Language，表达式语言），可以通过简单的表达式来访问 Java 对象中的属性。它先在 WebWork 项目中得到应用，后成为 Struts 2 框架视图默认的表达式语言。可以说，OGNL 表达式是 Struts 2 框架的特点之一。

（1）OGNL 根对象

标准的 OGNL 会设定一个根对象（root 对象）。假设使用标准 OGNL 表达式来求值（不是 Struts 2 OGNL），如果 OGNL 上下文有两个对象：foo 对象和 bar 对象，同时 foo 对象被设置为根对象（root），则利用下面的 OGNL 表达式求值。

```
foo.blah                //返回 foo.getBlah()
#bar.blah               //返回 bar.getBlah()
blah                    //返回 foo.getBlah()，因为 foo 为根对象
```

使用 ONGL 非常简单，如果要访问的对象不是根对象，如示例中的 bar 对象，则需要使用命名空间，用“#”来表示，如“#bar”；如果访问一个根对象，则不用指定命名空间，可以直接访问根对象的属性。

（2）根对象：值栈

在 Struts 2 框架中，值栈（Value Stack）就是 OGNL 的根对象。假设值栈中存在两个对象实例：Man 和 Animal，这两个对象实例都有一个 name 属性，Animal 有一个 species 属性，Man 有一个 salary 属性。假设 Animal 在值栈的顶部，Man 在 Animal 后面，如图 3.1 所示。下面的代码片段能更好地理解 OGNL 表达式。

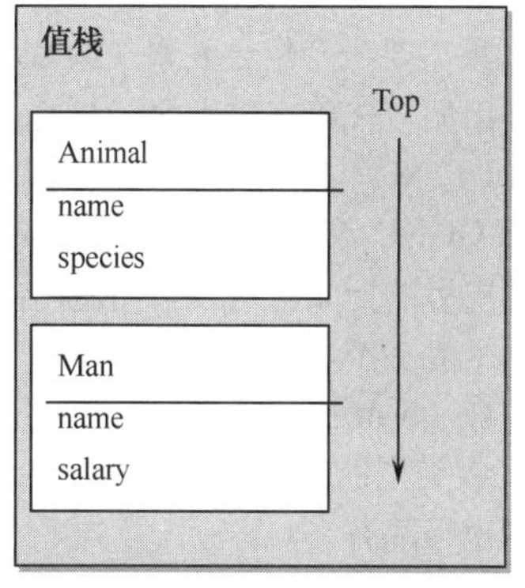

图 3.1　一个包含了 Animal 和 Man 的值栈

```
species                 //调用 Animal.getSpecies()
salary                  //调用 Man.getSalary()
name                    //调用 Animal.getName()
```

最后一行代码中，返回的是 Animal.getName()返回值，即返回了 Animal 的 name 属性，因为 Animal 是值栈的顶部元素，OGNL 将从顶部元素搜索，所以会返回 Animal 的 name 属性值。如果要获得 Man 的 name 值，则需要如下代码：

```
Man.name
```

（3）值栈中使用索引

Struts 2 允许在值栈中使用索引，实例代码如下：

```
[0].name                    //调用 Animal.getName()
[1].name                    //调用 Man.getName()
```

Struts 2 中的 OGNL Context 是 ActionContext，如图 3.2 所示。

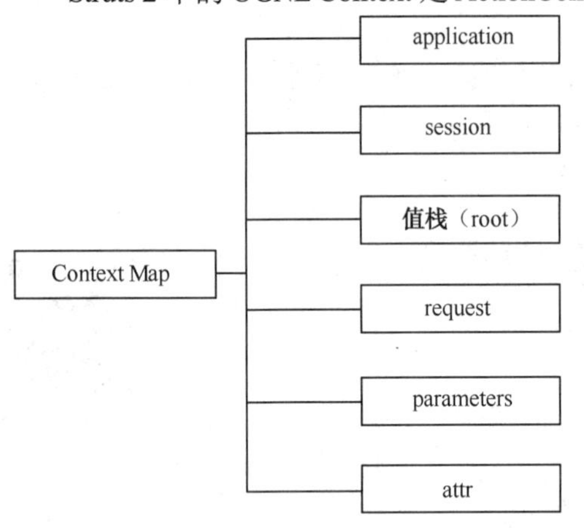

图 3.2　Struts 2 的 OGNL Context 结构示意图

由于值栈是 Struts 2 中 OGNL 的根对象，如果用户需要访问值栈中的对象，则可以通过如下代码访问值栈中的属性：

```
${foo}                      //获得值栈中的 foo 属性
```

（4）访问其他非根对象

如果访问其他 Context 中的对象，由于不是根对象，在访问时，需要加“#”前缀。

application 对象：用于访问 ServletContext，例如，#application.userName 或者#application["userName"]，相当于调用 Servlet 的 getAttribute("userName")。

session 对象：用来访问 HttpSession，例如，#session.userName 或者#session["userName"]，相当于调用 session.getAttribute("userName")。

request 对象：用来访问 HttpServletRequest 属性的 Map，例如，#request.userName 或者#request["userName"]，相当于调用 request.getAttribute("userName")。

parameters 对象：用来访问 HTTP 请求的参数的 Map，例如，#parameters.name 或者#parameters["name"]，相当于调用 request.getParameter("name")。

attr 对象：包含前面 4 种作用域的所有属性。例如，#attr.userName。

2. OGNL 的集合操作

如果需要一个集合元素（如 List 对象或者 Map 对象），可以使用 OGNL 中与集合相关的表达式。可以使用如下代码直接生成一个 List 对象：

```
{e1, e2, e3,…}
```

该 OGNL 表达式中，直接生成了一个 List 对象，该 List 对象中包含 3 个元素：e1，e2 和 e3。如果需要更多的元素，可以按照这样的格式定义多个元素，多个元素之间使用逗号隔开。下面的代码可以直接生成一个 Map 对象：

```
#{key1: value1, key2: value2, …}
```

Map 类型的集合对象，使用 key-value 格式定义，每个 key-value 元素使用冒号表示，多个元素之间使用逗号隔开。

对于集合类型，OGNL 表达式可以使用 in 和 not in 两个元素符号。其中，in 表达式用来判断某个元素是否在指定的集合对象中；not in 判断某个元素是否不在指定的集合对象中。代码如下所示：

```
<s: if test=" 'foo' in {'foo', 'bar'}">
    …
</s: if>
```

或

```
<s: if test="'foo' not in {'foo', 'bar'}">
    …
</s: if>
```

除了 in 和 not in 之外，OGNL 还允许使用某个规则获得集合对象的子集，常用的有以下 3 个相关操作符。

? ：获得所有符合逻辑的元素。

^ ：获得符合逻辑的第一个元素。

$ ：获得符合逻辑的最后一个元素。

例如，下面的代码：

```
#Man.{?# this.salary>5000}        //返回所有工资大于 5000 的人的列表
#Man.{^# this.salary>5000}        //返回第一个工资大于 5000 的人的列表
#Man.{$# this.salary>5000}        //返回最后一个工资大于 5000 的人的列表
```

3.2　Struts 2 的标签库

Struts 2 的标签非常容易使用，只要在页面中导入“<%@ taglib uri="/struts-tags" prefix="s" %>”即可，无须其他配置。Struts 2 的标签都是以“s”开头的，如前面已经用过的<s:submit>、<s:property/>等。导入语句的“uri”指定标签库所在位置，“prefix”指定标签库的前缀即“s”。

Struts 2 的标签库根据用途不同可以分为如下 5 类。

- 数据标签：主要用于输出值栈中的值，或者将变量、对象存入值栈。
- 控制标签：主要用于控制页面执行流程。
- 表单标签：主要用于生成 HTML 页面的表单元素。
- 非表单标签：主要用于生成页面上的树、Tab 页等标签。
- Ajax 标签：主要用于支持 Ajax 效果。

下面详细介绍这几种标签。

3.2.1　数据标签

数据标签主要用于提供各种数据访问相关的功能，这类标签通常会对值栈进行相关操作。数据标签主要包括以下几个。

- action：该标签用于在 JSP 页面直接调用一个 Action。
- property：用于输出某个值。
- param：用于设置参数，通常用于 bean 标签和 action 标签的子标签。
- bean：该标签用于创建一个 JavaBean 实例。如果指定 id 属性，则可以将创建的 JavaBean 实例放入 Stack Context 中。
- date：用于格式化输出一个日期。
- debug：用于在页面上生成一个调试链接，当单击该链接时，可以看到当前值栈和 Stack Context 中的内容。
- include：用于在 JSP 页面中包含其他的 JSP 或 Servlet 资源。
- il8n：用于指定国际化资源文件的 baseName。
- push：用于将某个值放入值栈的栈顶。
- set：用于设置一个新变量。
- text：用于输出国际化（国际化内容会在后面讲解）。
- url：用于生成一个 URL 地址。

下面详细讲解。

1. <s:action>标签

action 标签用于直接在页面调用一个 Action 请求。该标签有以下几个属性。

● id：该属性是可选的，用于作为该 Action 的引用标志 id。

● name：该属性是必选的，用来指定该标签调用哪个 Action 请求。

● namespace：该属性是可选的，指定该标签调用的 Action 所在的 namespace。

● executeResult：该属性是可选的，指定是否要将 Action 的处理结果页面包含到本页面。如果为 true，就是包含；如果为 false，就是不包含。默认情况下为 false。

● ignoreContextParam：该属性是可选的，它指定该页面中的请求参数是否需要传入调用的 Action。如果值为 false，就是将本页面的请求参数传入被调用的 Action；相反为 true，就是不将本页面的请求参数传入到被调用的 Action。默认情况下为 false。

下面用实例说明该标签的用法。

【实例 3.1】action 标签的用法。

创建 Java EE 项目，加载 Struts 2 包及配置 web.xml 文件，这与【实例 2.1】步骤相同，不再展开，后面讲解的标签实例全部都在本项目的基础上完成，项目名为 Struts2Tag。

建立一个 Action 类，命名为 TagAction。代码如下：

```
package org.action;
import com.opensymphony.xwork2.ActionSupport;
public class TagAction extends ActionSupport{
        public String execute() throws Exception{
                return SUCCESS;        //不进行任何处理，直接返回成功
        }
}
```

在 struts.xml 中配置一个 action 请求：

```
<?xml version="1.0" encoding="UTF-8" ?>
<!DOCTYPE struts PUBLIC
    "-//Apache Software Foundation//DTD Struts Configuration 2.5//EN"
    "http://struts.apache.org/dtds/struts-2.5.dtd">
<!-- START SNIPPET: xworkSample -->
<struts>
    <package name="default" extends="struts-default">
     <action name="action" class="org.action.TagAction">
          <result name="success">success.jsp</result>
     </action>
    </package>
</struts>
<!-- END SNIPPET: xworkSample -->
```

然后是返回的成功页面 success.jsp：

```
<%@ page language="java" pageEncoding="UTF-8"%>
<!DOCTYPE HTML PUBLIC "-//W3C//DTD HTML 4.01 Transitional//EN">
<html>
     <head>
     <title>success 页面</title>
     </head>
       <body>
          这里是应用 Action 标签时显示的内容
```

```
	</body>
</html>
```

可以看出，上面的准备是一个正常 action 请求时的操作。当一个请求符合要求时，Struts 2 框架就会处理，最终跳转到“success.jsp”页面并显示其内容，现在利用 Struts 2 的 action 标签，可以直接在页面发出该请求，并在发送请求的页面显示“success.jsp”的内容，页面并没有跳转到“success.jsp”。调用 action 标签页面 action.jsp 的代码如下：

```
<%@ page language="java" pageEncoding="UTF-8"%>
<%@ taglib uri="/struts-tags" prefix="s" %>
<!DOCTYPE HTML PUBLIC "-//W3C//DTD HTML 4.01 Transitional//EN">
<html>
	<head>
	<title>action 标签</title>
	</head>
	<body>
		<!-- 这句会显示 action 请求的跳转页面 success.jsp 页面要显示的内容 -->
		<s:action name="action" executeResult="true"></s:action>
		<!-- 这句不会显示 -->
		<s:action name="action"></s:action>
	</body>
</html>
```

部署运行，结果如图 3.3 所示。

图 3.3　action 标签应用

可以发现，运行“action.jsp”，显示了“success.jsp”中的内容，但 URL 并没有改变。由于第二句请求没有设置“executeResult=true”，即默认的为“false”，故没有显示。

2. <s:property>标签

property 标签的作用是输出 value 属性指定的值。如果没有指定的 value 属性，则默认输出值栈栈顶的值。该标签有如下几个属性。

- default：该属性是可选的，如果需要输出的属性值为 null，则显示 default 属性指定的值。
- escape：该属性是可选的，指定是否经过 HTML 的转义，默认值为 true。
- value：该属性是可选的，指定需要输出的属性值，如果没有指定该属性，则默认输出值栈栈顶的值。

该标签用的地方比较多，这里就不过多介绍了。

3. <s:param>标签

param 标签主要用于为其他标签提供参数，例如，include 标签、bean 标签。该标签有如下两个参数。

- name：该属性是可选的，指定需要设置参数的参数名。
- value：该属性是可选的，指定需要设置参数的参数值。

该标签的使用方式有两种，第一种是不应用 value 属性：

```
<s:param name="参数名">参数值</s:param>
```

另外一种方式是应用 value 属性：

```
<s:param name="参数名" value="参数值"/>
```

例如，下面的代码：

```
<s:param name="author">zaq</s:param>
<s:param name="author" value="zap"/>
```

这两句代码意思并不相同，前者是指定一个名为“author”的参数，该参数的值为“zaq”字符串，而后者则是指定一个名为“author”的参数，该参数的值为“zaq”对象的值，如果“zap”对象不存在，则“author”参数的值为 null。如果想要使用该方式指定“author”参数的值为“zaq”字符串，则需要把值加上引号：

```
<s:param name="author" value="'zap'"/>
```

这样就为“author”参数指定了值为“zaq”的字符串。

4. <s:bean>标签

bean 标签用于创建一个 JavaBean 的实例。创建 JavaBean 实例时，可以在该标签内使用 param 标签为该 JavaBean 实例传入属性，如果需要使用 param 标签为该 JavaBean 实例传入属性值，则应该为该 JavaBean 类提供对应的 setter 方法，如果还希望访问该属性值，则还必须为该属性提供 getter 方法。其 name 属性用来指定要实例化的 JavaBean 的实现类。

下面是一个简单的例子。

【实例 3.2】 bean 标签的用法。

有一个 Student 类，该类中有 name 属性，并有其 getter 和 setter 方法：

```
package org.vo;                              //包名
public class Student {
        private String name;                 //name 属性，下面是其 getter 和 setter 方法
        public String getName() {
                return name;
        }
        public void setName(String name) {
                this.name = name;
        }
}
```

在 bean.jsp 页面应用<param>标签为参数赋值，然后输出：

```
<%@ page language="java" pageEncoding="UTF-8"%>
<%@ taglib uri="/struts-tags" prefix="s" %>
<!DOCTYPE HTML PUBLIC "-//W3C//DTD HTML 4.01 Transitional//EN">
<html>
      <head>
      <title>bean 标签</title>
      </head>
      <body>
```

```
            <s:bean name="org.vo.Student" var="stu">
                在 bean 标签内部可以直接输出：<br>
                <s:param name="name">周何骏</s:param>
                (1)第一种赋值方式：
                <s:property value="name"/><br>
                (2)第二种赋值方式：
                <!-- 该方法为参数赋值字符串必须加引号 -->
                <s:param name="name" value="'周何骏'"></s:param>
                <s:property value="name"/>
            </s:bean>
            <br>
            在 bean 标签外部利用 var 取值：
            <s:property value="#stu.name"/>
        </body>
    </html>
```

运行该页面，结果如图 3.4 所示。

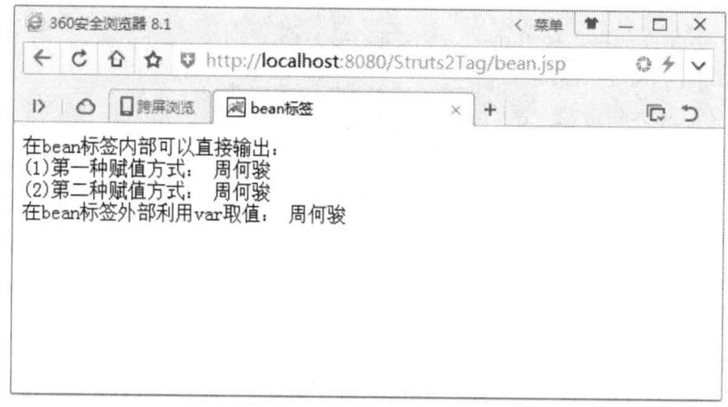

图 3.4　bean 标签应用

5. <s:date>标签

date 标签主要用于格式化输出一个日期。该标签有如下属性。

● format：该属性是可选的，如果指定了该属性，将根据该属性指定的格式来格式化日期。

● nice：该属性是可选的，该属性的取值只能是 true 或 false，用于指定是否输出指定日期和当前时刻之间的时差。默认为 false，即不输出时差。

● name：该属性是必选的，指定要格式化的日期值。

nice 属性为 true 时，一般不指定 format 属性。因为 nice 为 true 时，会输出当前时刻与指定日期的时差，不会输出指定日期。当没有指定 format 也没有指定 nice="true"时，系统会采用默认格式输出。其用法为：

```
<!-- 按指定日期格式输出 -->
<s:date name="指定日期取值" format="日期格式"/>
<!-- 输出时差 -->
<s:date name="指定日期取值" nice="true"/>
<!-- 默认格式输出-->
<s:date name="指定日期取值"/>
```

【实例 3.3】date 标签的用法。

编写下面的 date.jsp 页面代码：

```
<%@ page language="java" pageEncoding="UTF-8"%>
<%@page import="java.util.Date"%>
<%@ taglib uri="/struts-tags" prefix="s" %>
<!DOCTYPE HTML PUBLIC "-//W3C//DTD HTML 4.01 Transitional//EN">
<html>
    <head>
    <title>date 标签</title>
    </head>
    <body>
      <%
            //定义一个时间为 2022 年 2 月 4 号 20 点 54 分
            Date bir=new Date(122,1,4,20,54,00);
            request.setAttribute("bir",bir);
      %>
      指定 format 格式为 yyyy-MM-dd，且 nice=false 结果：
      <s:date name="#request.bir" format="yyyy-MM-dd" nice="false"/><br>
      指定 format 格式为 yyyy-MM-dd，且 nice=true 结果：
      <s:date name="#request.bir" format="yyyy-MM-dd" nice="true"/><br>
      未指定 format，且 nice=false 结果：
      <s:date name="#request.bir" nice="false"/><br>
      未指定 format 格式，且 nice=true 结果：
      <s:date name="#request.bir" nice="true"/><br>
    </body>
</html>
```

运行该页面，结果如图 3.5 所示。

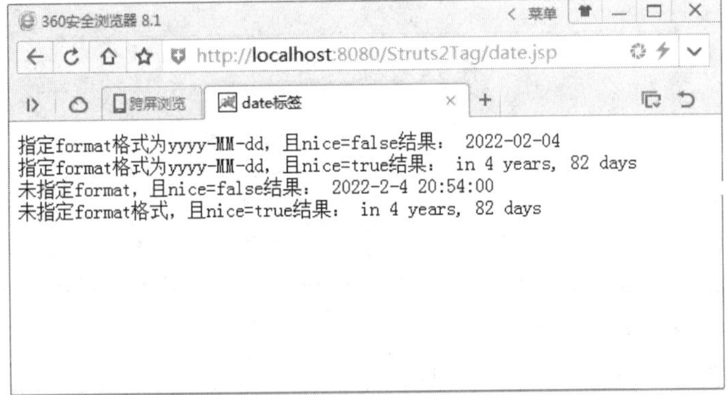

图 3.5　date 标签应用

6. <s:debug>标签

debug 标签用来进行页面调试，它会在页面上生成一个链接，单击该链接就可以看到当前值栈和栈上下文中的所有信息，用法非常简单。

【实例 3.4】 debug 标签的用法。

编写下面的 debug.jsp 页面代码：

```
<%@ page language="java" pageEncoding="UTF-8"%>
<%@ taglib uri="/struts-tags" prefix="s" %>
<!DOCTYPE HTML PUBLIC "-//W3C//DTD HTML 4.01 Transitional//EN">
<html>
```

```
        <head>
        <title>debug 标签</title>
        </head>
        <body>
        <s:debug/>
        </body>
</html>
```

运行该页面，出现如图 3.6 所示的界面。单击图中链接，出现如图 3.7 所示的界面。

图 3.6 debug 标签应用

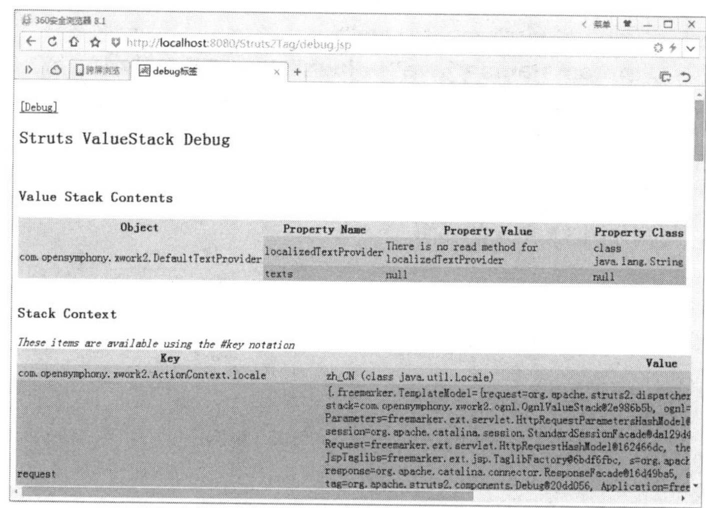

图 3.7 单击链接后的结果

从图中可以看出，值栈信息与栈上下文信息都被显示出来。该标签不常用，了解即可。

7. < s:include>标签

include 标签用来在指定页面中引入其他 JSP 页面，与 JSP 的<jsp:include/>类似，但却不同，该标签可以使用<param>标签向被包含的页面中传入参数。该标签仅含一个 value 属性，用来指定包含页面的路径及文件名。

【实例 3.5】 include 标签的用法。

先准备一个将被导入的页面 “includer.jsp”，代码如下：

```
<%@ page language="java" pageEncoding="UTF-8"%>
<%@ taglib uri="/struts-tags" prefix="s" %>
<!DOCTYPE HTML PUBLIC "-//W3C//DTD HTML 4.01 Transitional//EN">
<html>
        <head>
```

```
        <title>被导入的页面</title>
        </head>
        <body>
            该页面将被导入，携带的参数值为：
            ${param.java}
        </body>
</html>
```

下面是运行页面“include.jsp”，将上面的“includer.jsp”导入：

```
<%@ page language="java" pageEncoding="UTF-8"%>
<%@ taglib uri="/struts-tags" prefix="s" %>
<!DOCTYPE HTML PUBLIC "-//W3C//DTD HTML 4.01 Transitional//EN">
<html>
        <head>
        <title>include 标签</title>
        </head>
        <body>
            不带参数的导入：
            <br>
            <s:include value="includer.jsp"/>
            <br>
            带参数的导入：<br>
            <s:include value="includer.jsp">
                <s:param name="java" value="'Java EE 实用教程（第 3 版）'"/>
            </s:include>
            <br>
        </body>
</html>
```

运行该页面后，得到如图 3.8 所示的界面。

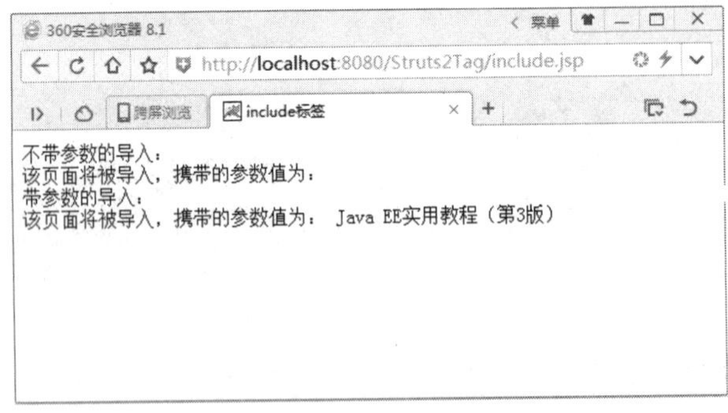

图 3.8　include 标签应用

8. <s:il8n>标签

<il8n>标签用于指定国际化资源文件，在该标签范围内，都会应用该标签指定的国际化资源。该标签仅含有一个参数。

- name：指定要应用的国际化资源名称。

该标签的应用会在国际化部分举例说明。

9. <s:push>标签

push 标签用于将一个指定的值放入值栈，该标签仅含有一个参数。

● value：用于指定要放入值栈的值。

【实例 3.6】push 标签的用法。

创建“push.jsp”文件，编写代码如下：

```
<%@ page language="java" pageEncoding="UTF-8"%>
<%@ taglib uri="/struts-tags" prefix="s" %>
<!DOCTYPE HTML PUBLIC "-//W3C//DTD HTML 4.01 Transitional//EN">
<html>
  <head>
    <title>push 标签</title>
  </head>
  <body>
    <!-- 把 Java EE 实用教程字符串放入值栈中 -->
      <s:push value="'Java EE 实用教程（第 3 版）'">
           <!-- 读出值栈中的值 -->
           <s:property/>
      </s:push>
  </body>
</html>
```

运行结果如图 3.9 所示。

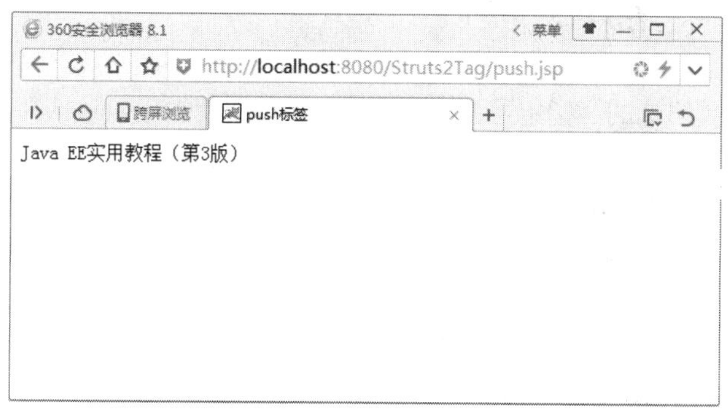

图 3.9　push 标签应用

10. <s:set>标签

set 标签用于将某个值放入指定的范围内，该标签包含以下 3 个属性。

● name：该属性是必需的，指定重新生成的新变量的名字。

● scope：该属性是可选的，指定新变量存放的位置，该属性可以有 5 个值，分别为 application、session、request、page、action，默认为 action。

● value：该属性是可选的，指定将赋给变量的值，该值可以是自己指定值，也可以从其他地方取值。若未指定该属性，则将值栈栈顶的值赋予新变量。

如下面的代码：

```
<%@ page language="java" pageEncoding="UTF-8"%>
<%@ taglib uri="/struts-tags" prefix="s" %>
<!DOCTYPE HTML PUBLIC "-//W3C//DTD HTML 4.01 Transitional//EN">
<html>
     <head>
     <title>set 标签</title>
     </head>
     <body>
```

```
            <s:set name="java" value="'Java EE 实用教程（第 3 版）'"/>
            <s:property value="java"/>
        </body>
</html>
```

运行结果也会输出“Java EE 实用教程（第 3 版）”。set 标签一般用在对象图深度非常深时，例如，值为 org.apache.Example.java，每次访问该值都要书写这么长的代码，极为不便，这时如果定义了 set 标签就可以轻松指定一个新的变量来代替，并且下次访问只要访问该新变量即可。

11. <s:text>标签

text 标签用于输出国际化资源，该标签属性如下。

- name：指定要输出的国际化资源的 key，则将会输出该 key 对应的 value 值。

该标签非常简单，基本格式如下：

```
<s:text name="国际化资源对应 key"/>
```

该标签会在国际化例子中应用，这里就不举例了。

12. <s:url>标签

url 标签用于生成一个字符串形式的 URL 地址，供其他地方引用，可以在该标签体内加入 param 标签来为这个地址设置参数。该标签有如下几个常用属性。

- value：该属性是可选的，指定生成 URL 的地址值。
- action：该属性是可选的，指定生成的 URL 地址的 action。
- encode：该属性是可选的，指定是否需要对请求参数进行编码，默认为 true。
- namespace：该属性是可选的，指定 URL 地址的命名空间。
- method：该属性是可选的，指定当请求到 action 时，使用的 action 类中的方法名。
- includeParams：该属性是可选的，指定是否包含请求参数。该属性的值只能为 none、get 或 all。默认为 get。
- includeContext：该属性是可选的，指定是否将当前页面的上下文包含在 URL 地址中。

【实例 3.7】 url 标签的用法。

编写下面的 url.jsp 页面代码：

```
<%@ page language="java" pageEncoding="UTF-8"%>
<%@ taglib uri="/struts-tags" prefix="s" %>
<!DOCTYPE HTML PUBLIC "-//W3C//DTD HTML 4.01 Transitional//EN">
<html>
        <head>
        <title>url 标签</title>
        </head>
        <body>
                该地址放入值栈栈顶，可以直接输出：
                <s:url value="result.jsp"></s:url><br>
                该地址指定引用 var，不能直接输出：
                <s:url value="result.jsp" var="jsp"></s:url><br>
                但可以用 property 标签引用输出：
                <s:property value="%{jsp}"/><br>
                用 value 属性指定 action 地址，要带后缀.action：
                <s:url value="login.action"></s:url><br>
                用 action 属性指定 action 地址时，不必带后缀.action：
                <s:url action="login"></s:url><br>
```

```
            指定应用的 Action 中的方法：
            <s:url action="login" method="login"></s:url><br>
            指定带参数的地址：
            <s:url action="login">
                <s:param name="bookName" value="'java'"></s:param>
            </s:url><br>
            指定命名空间的地址：
            <s:url action="login" namespace="/test"></s:url><br>
            如果 value 和 action 属性同时指定，则优先 value 属性：
            <s:url action="login" value="regist.action"></s:url><br>
        </body>
</html>
```

运行结果如图 3.10 所示。

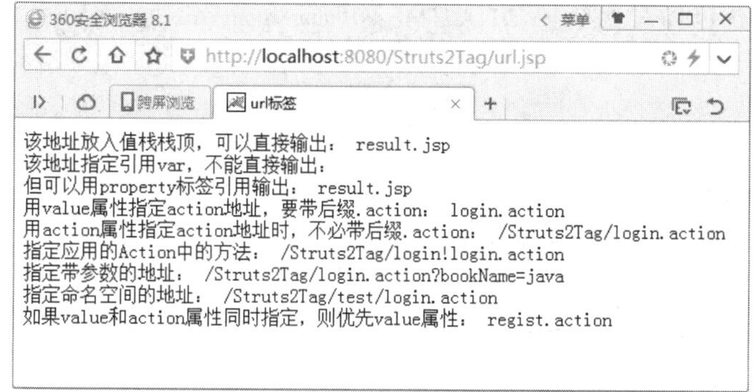

图 3.10　url 标签应用

3.2.2　控制标签

控制标签主要用于完成流程的控制，以及对值栈的相关操作。控制标签有以下几个。

- if/elseif/else：用于控制选择输出的标签。
- iterator：用于将集合迭代输出。
- append：用于将多个集合拼接成一个新的集合。
- merge：用于将多个集合拼接成一个新的集合，但与 append 的拼接方式不同。
- generator：用于将一个字符串按指定的分隔符分隔成多个字符串，临时生成的多个子字符串可以使用 iterator 标签来迭代输出。
- sort：用于对集合进行排序。
- subset：用于截取集合的部分元素，形成新的子集合。

下面详细讲解。

1. <s:if>/<s:elseif>/<s:else>标签

这 3 个标签都用于分支控制，它们都是用于根据一个 boolean 表达式的值，来决定是否计算、输出标签体的内容。这 3 个标签可以组合使用，只有 if 标签可以单独使用，而 elseif 和 else 标签必须和 if 标签结合使用。其中，if 标签可以和多个 elseif 标签结合使用，但只能和一个 else 标签使用。其用法格式如下：

```
<s:if test="表达式">
    标签体
```

```
</s:if>
<s:elseif test="表达式">
    标签体
</s:elseif>
<!-- 允许出现多次 elseif 标签 -->
    ...
<s:else>
    标签体
</s:else>
```

【实例 3.8】<s:if>/<s:elseif>/<s:else>标签的用法。

编写下面的 if_elseif.jsp 页面：

```
<%@ page language="java" pageEncoding="UTF-8"%>
<%@ taglib uri="/struts-tags" prefix="s" %>
<!DOCTYPE HTML PUBLIC "-//W3C//DTD HTML 4.01 Transitional//EN">
<html>
    <head>
    <title>ifelse 标签</title>
    <body>
        <s:if test="false">
            Qt 5 开发及实例（第 3 版）
        </s:if>
        <s:elseif test="false">
            Java EE 项目开发教程（第 3 版）
        </s:elseif>
        <s:else>
            Java EE 实用教程（第 3 版）
        </s:else>
    </body>
</html>
```

运行后页面如图 3.11 所示。

图 3.11 ifelse 标签应用

2. <s:iterator>标签

iterator 标签主要用于对集合进行迭代，这里的集合包含 List、Set，也可以对 Map 类型的对象进行迭代输出。该标签有如下属性。

● value：该属性是可选的，指定被迭代的集合，被迭代的集合通常都由 OGNL 表达式指定。如果没有指定该属性，则使用值栈栈顶的集合。

● status：该属性是可选的，指定迭代时的 IteratorStatus 实例，通过该实例可判断当前迭代元素的属性。如果指定该属性，其实例包含如下几个方法。

int getCount()：返回当前迭代了几个元素。

int getIndex()：返回当前迭代元素的索引。

boolean isEven：返回当前被迭代元素的索引元素是否是偶数。

boolean isOdd：返回当前被迭代元素的索引元素是否是奇数。

boolean isFirst：返回当前被迭代元素是否是第一个元素。

boolean isLast：返回当前被迭代元素是否是最后一个元素。

【实例 3.9】 iterator 标签的用法。

编写下面的 iterator.jsp 页面：

```
<%@ page language="java" pageEncoding="UTF-8"%>
<%@ taglib uri="/struts-tags" prefix="s" %>
<!DOCTYPE HTML PUBLIC "-//W3C//DTD HTML 4.01 Transitional//EN">
<html>
    <head>
    <title>iterator 标签</title>
    <body>
        <table border="1" >
        <s:iterator value="{'Java EE 项目开发教程（第 3 版）','Qt 5 开发及实例（第 3 版）','Java EE 实用
教程（第 3 版）', 'Android 实用教程'}" var="book" status="st">
            <!-- 如果当前迭代为偶数行背景为#CCCCFF -->
            <!-- 其中#st.even 为用 OGNL 取值，下同 -->
            <tr
                <s:if test="#st.even">bgcolor="#CCCCFF"</s:if>
            >
                <td><s:property value="book"/></td>
                <td>当前迭代索引为：<s:property value="#st.getIndex()"/></td>
                <td>当前迭代了元素个数为：<s:property value="#st.getCount()"/></td>
            </tr>
        </s:iterator>
    </table>
  </body>
</html>
```

运行界面如图 3.12 所示。

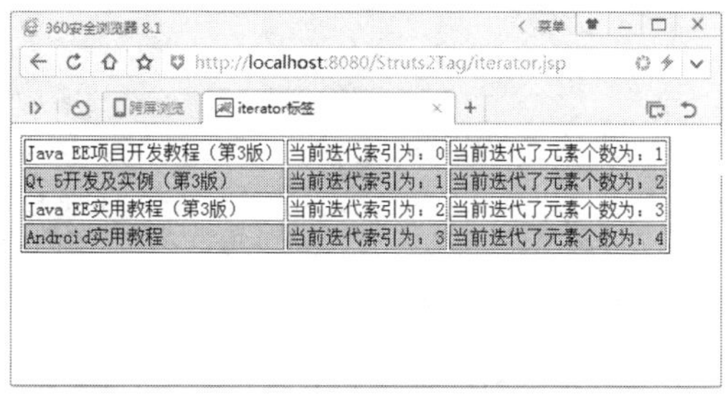

图 3.12　iterator 标签应用

3. <s:append>标签

append 标签用于将多个集合对象拼接起来，组成一个新的集合。

在使用 append 标签时，可以通过在标签体中加入 param 标签来指定想要进行拼接的集合。

【实例 3.10】append 标签的用法。

编写下面的 append.jsp 页面：

```
<%@ page language="java" pageEncoding="UTF-8"%>
<%@ taglib uri="/struts-tags" prefix="s" %>
<!DOCTYPE HTML PUBLIC "-//W3C//DTD HTML 4.01 Transitional//EN">
<html>
    <head><title>append 标签</title></head>
    <body>
        <s:append var="books">
        <s:param value="{'Android 实用教程','SQL Server 实用教程（第 4 版）','C#实用教程（第 3 版）
'}"></s:param>
        <s:param value="{'Qt 5 开发及实例（第 3 版）','Java EE 项目开发教程（第 3 版）'}"></s:param>
        </s:append>
        <table border="1" bgcolor="#CCCCFF">
        <caption>郑阿奇系列丛书：</caption>
        <s:iterator value="#books" status="s">
        <tr>
            <td width="30"><s:property value="#s.count"/></td>
            <td><s:property/></td>
        </tr>
        </s:iterator>
        </table>
    </body>
</html>
```

运行结果如图 3.13 所示，可以发现两个集合被拼接到了一起（后面一个集合紧接在前面一个集合之后）。

4. <s:merge>标签

merge 标签的作用和 append 标签相同，都是用来将几个集合拼接到一起，组成一个新的集合，但二者的拼接方式不同，可以把下面的代码片段：

```
<s:append var="books">
    <s:param value="{'Android 实用教程','SQL Server 实用教程（第 4 版）','C#实用教程（第 3 版）
'}"></s:param>
    <s:param value="{'Qt 5 开发及实例（第 3 版）','Java EE 项目开发教程（第 3 版）'}"></s:param>
</s:append>
```

修改为如下的代码片段：

```
<s:merge var="books">
    <s:param value="{'Android 实用教程','SQL Server 实用教程（第 4 版）','C#实用教程（第 3 版）
'}"></s:param>
    <s:param value="{'Qt 5 开发及实例（第 3 版）','Java EE 项目开发教程（第 3 版）'}"></s:param>
</s:merge>
```

其他内容不变，运行结果如图 3.14 所示。

可以发现，该标签的拼接方式是依次取各集合的第一个元素，然后再依次取各集合的第二个元素，依次类推，从而拼接而成。这两种拼接方式的区别如图 3.15 所示。

图 3.13　append 标签应用　　　　图 3.14　merge 标签应用

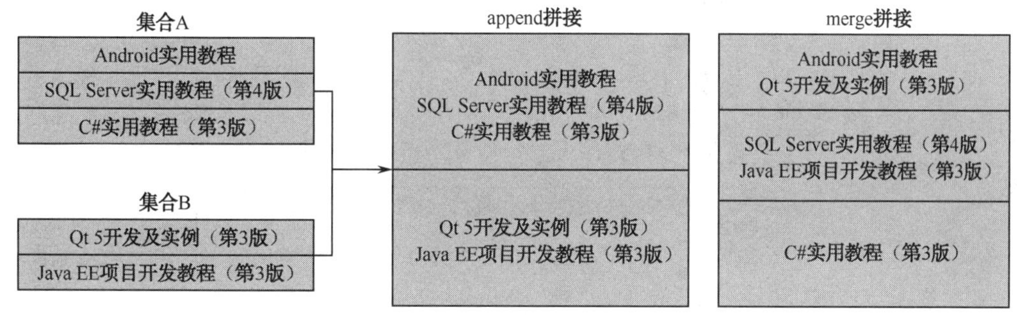

图 3.15　append 拼接与 merge 拼接的区别

5. <s:generator>标签

generator 标签用于将一个字符串按照指定的分隔符分割成多个子字符串，并将这些子字符串放入一个集合中。该标签有如下属性。

- val：该属性是必需的，用来指定将要被分割的字符串。
- separator：该属性是必需的，用来指定分割字符串的分隔符。
- count：该属性是可选的，用来指定生成集合中元素的总数。
- converter：该属性是可选的，用来指定将集合中的每一个字符串转换成对象的转换器。

【实例 3.11】 generator 标签的用法。

下面的 generator.jsp 说明了该标签的应用：

```
<%@ page language="java" pageEncoding="UTF-8"%>
<%@ taglib uri="/struts-tags" prefix="s" %>
<!DOCTYPE HTML PUBLIC "-//W3C//DTD HTML 4.01 Transitional//EN">
<html>
	<head>
	<title>generator 标签</title>
	</head>
	<body>
		未指定 var，集合将直接放入值栈：<br>
		<s:generator separator="," val="'Android 实用教程,SQL Server 实用教程(第 4 版),C#实用教程(第 3 版) '">
		<s:iterator>
			<s:property/><br>
		</s:iterator>
		</s:generator>
		<hr>
```

```
                指定 var，集合将放入到页面的上下文中，并指定了生成子字符串的个数：<br>
                <s:generator separator="," val="'Android 实用教程,SQL Server 实用教程(第 4 版),C#实用教程(第
3 版）'"
                    var="books" count="2"/>
                <s:iterator value="#attr.books">
                    <s:property/><br>
                </s:iterator>
        </body>
</html>
```

运行后的界面如图 3.16 所示。

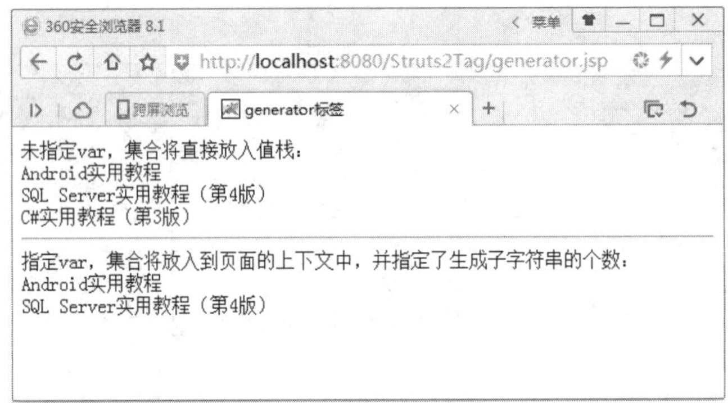

图 3.16　generator 标签应用

6. <s:sort >标签

sort 标签用于对指定的集合元素进行排序，排序时必须提供自己的排序规则。该标签有如下属性。

● comparator：该属性是必需的，用于指定排序规则。

● source：该属性是可选的，用于指定需要进行排序的集合，如果未指定该属性，则将对值栈栈顶集合进行排序。

上面提到，排序时必须提供自己的排序规则，这个规则是通过 Java 类来实现的，该类需要实现 jav.util.Comparator 接口并重写其 compare 方法，下面举例说明。

【实例 3.12】 sort 标签的用法。

首先编写规则实现类：

```
package org.test;
import java.util.Comparator;
public class TestComparator implements Comparator{
        public int compare(Object arg0, Object arg1) {
                //按首字符排序
                return (arg0.toString().charAt(0)-arg1.toString().charAt(0));
        }
}
```

然后编写页面文件“sort.jsp”：

```
<%@ page language="java" pageEncoding="UTF-8"%>
<%@ taglib uri="/struts-tags" prefix="s" %>
<!DOCTYPE HTML PUBLIC "-//W3C//DTD HTML 4.01 Transitional//EN">
<html>
        <head>
        <title>sort 标签</title>
```

```
    </head>
    <body>
            <s:bean name="org.test.TestComparator" var="testComparator"/>
            <s:sort comparator="testComparator" source="{'Android 实用教程', 'SQL Server 实用教程(第 4 版)
','C#实用教程（第 3 版）'}" var="sort"/>
            <!-- 在上下文中取出 -->
            <s:iterator value="#attr.sort">
                <s:property/>
            </s:iterator>
    </body>
</html>
```

运行该页面，得到如图 3.17 所示的界面输出。可以看出，该输出是根据自定义排序功能排序后输出的。

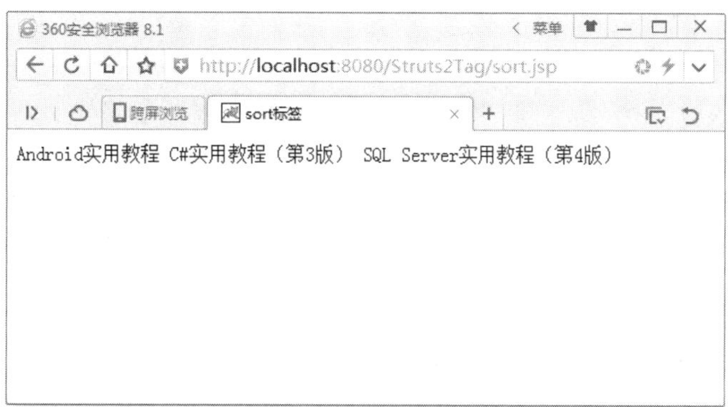

图 3.17　sort 标签应用

7. <s:subset>标签

subset 标签用来生成一个新的集合，并且该新集合是原集合的子集。在新集合生成时所有元素都被放到值栈的栈顶，当 subset 标签结束时这些元素被弹出值栈。该标签有下面 4 个属性。

- source：该属性是可选的，用来指定原集合，若未指定该属性，则此默认值是值栈栈顶元素。
- start：该属性是可选的，用来指定从原集合的哪个元素开始，默认值为 0。
- count：该属性是可选的，用来指定要得到元素的个数，默认为全部原集合中的元素数。
- decider：该属性是可选的，用来指定截取策略。

【实例 3.13】 subset 标签的用法。

下面的代码 subset1.jsp 截取了原集合从第 2 个元素开始的（start=1）3 个元素（count=3）：

```
<%@ page language="java" pageEncoding="UTF-8"%>
<%@ taglib uri="/struts-tags" prefix="s" %>
<!DOCTYPE HTML PUBLIC "-//W3C//DTD HTML 4.01 Transitional//EN">
<html>
    <head>
    <title>subset 标签</title>
    </head>
    <body>
      <s:subset var="books" source="{'Android 实用教程','C#实用教程（第 3 版）','SQL Server 实用教程（第
4 版)','Qt 5 开发及实例(第 3 版)','Java EE 实用教程(第 3 版)' ,'Java EE 项目开发教程(第 3 版)'}" start="1" count="3">
      </s:subset>
      <s:iterator value="#attr.books">
          <s:property/><br>
```

```
        </s:iterator>
    </body>
</html>
```

运行该页面，输出结果如图 3.18 所示。

图 3.18　subset 标签应用（1）

上面的方法只是指定了按顺序截取的几个字符串，如果现在需要找出带字符“Q”的书籍的名称，那么按照上面的方法就不能实现了，这时就需要指定“decider”属性来完成，该属性指定要截取的子集合的截取方式。这个截取方式需要由一个自定义类来实现，这个类要实现“org.apache.struts2.util.SubsetIteratorFilter.Decider”接口，例如：

```
package org.test;
import org.apache.struts2.util.SubsetIteratorFilter.Decider;
public class TestDecider implements Decider{
        public boolean decide(Object arg0) throws Exception {
                String str=(String)arg0;
                //包含 Q 的图书名称
                return str.contains("Q");
        }
}
```

对应的页面 subset2.jsp 就可以改写为：

```
<%@ page language="java" pageEncoding="UTF-8"%>
<%@ taglib uri="/struts-tags" prefix="s" %>
<!DOCTYPE HTML PUBLIC "-//W3C//DTD HTML 4.01 Transitional//EN">
<html>
    <head>
    <title></title>
    </head>
    <body>
            <s:bean name="org.test.TestDecider" var="testDecider"/>
            <s:subset var="books" source="{'Android 实用教程','C#实用教程（第 3 版）','SQL Server 实用教程（第 4 版）','Qt 5 开发及实例（第 3 版）','Java EE 实用教程（第 3 版）' ,'Java EE 项目开发教程（第 3 版）'}" decider="testDecider">
            </s:subset>
            <s:iterator value="#attr.books">
                <s:property/><br>
            </s:iterator>
    </body>
</html>
```

这样就会根据自定义的方式来截取字符串，找出含有“Q”的图书了。运行后的输出页面如图 3.19 所示。

图 3.19 subset 标签应用（2）

3.2.3 表单标签

表单标签是用来生成表单元素的，Struts 2 的表单标签分为两种，一种是与 HTML 标签作用相同的标签，另一种是其特有的一些标签。

1. 与 HTML 功能相同的标签

下面先简单介绍一些与 HTML 标签作用相同的标签，如表 3.1 所示。

表 3.1 与 HTML 功能相同的标签

HTML 标签	Struts 2 标签
<head>	<s:head/>
<form>	<s:form/>
<label>	<s:label/>
<div>	<s:div/>
<input type="text"/>	<s:textfield/>
<input type="password"/>	<s:password/>
<input type="hidden"/>	<s:hidden/>
<input type="radio"/>	<s:radio/>
<input type="select"/>	<s:select/>
<input type="checkbox"/>	<s:checkbox/>
<input type="file"/>	<s:file/>
<input type="textarea"/>	<s:textarea/>
<input type="submit"/>	<s:submit/>
<input type="reset"/>	<s:reset/>

虽然这些标签与 HTML 标签功能相同，但实际上它们有一些 HTML 标签没有的属性，下面列举 Struts 2 标签的一些通用属性。

- cssClass：指定表单元素的 class 属性。
- cssStyle：指定表单元素的 CSS 样式。

● disabled：指定表单元素是否可用，若该属性值为“true”，则该表单元素将变灰不可用。

● label：指定表单元素的标签。

● labelPosition：指定表单元素标签的位置。该属性有“top/left”两种取值，默认为 left。

● name：指定表单元素提交数据的名称。

● requiredLabel：指定该表单元素为必填元素，若指定值为“true”，将在该元素的标签后加“*”符号。

● requiredposition：定义必填元素的标志“*”的位置。

● size：指定表单元素的大小。

● tabIndex：指定表单元素用 tab 切换时的序号。

● title：指定表单元素的标题。

● value：指定表单元素的值。

● theme：指定表单的主题样式。可选值有 xhtml、simple、ajax、css_xhtml。默认值为 xhtml。

【实例 3.14】 Struts 2 与 HTML 作用相同的标签的应用。

下面的 form.jsp 说明这几个与 HTML 作用相同的标签的应用：

```
<%@ page language="java" pageEncoding="UTF-8"%>
<%@ taglib uri="/struts-tags" prefix="s" %>
<!DOCTYPE HTML PUBLIC "-//W3C//DTD HTML 4.01 Transitional//EN">
<html>
<head>
<title>普通 form 标签</title>
</head>
<body>
        <!-- 使用 s:form 标签时可以不带.action 后缀 -->
        <s:form action="login">
      <!-- 指定必填，标签后将多出*符号 -->
        <s:textfield value="textfield" name="textfild" label="文本框*" requiredLabel="true"></s:textfield>
        <s:password value="password" name="password" label="密码框" requiredLabel="true"></s:password>
        <s:hidden value="hidden" name="hidden"></s:hidden>
        <!-- 指定了 disabled 属性为 true，该文本区域将会变灰，不可用 -->
        <s:textarea value="textarea 标签" name="textarea" label="文本域" disabled="true"></s:textarea>
        <s:checkbox value="true" label="篮球" name="checkbox"></s:checkbox>
        <s:checkbox value="false" label="足球" name="checkbox"></s:checkbox>
        <s:radio list="#{1:'男',0:'女'}" label="radio 标签" name="radio" value="1"></s:radio>
        <s:select list="#{1:'第一个元素',2:'第二个元素',3:'第三个元素'}"
              label="select 标签" name="select"></s:select>
        <s:file name="file" label="文件上传" accept="text/*"></s:file>
        <s:submit value="提交"></s:submit>
        <s:reset value="重置"></s:reset>
        </s:form>
</body>
</html>
```

运行结果如图 3.20 所示。

接下来再讲解一些 Struts 2 特有的标签。

2. <s:checkboxlist>标签

checkboxlist 标签用来生成多个复选框，该标签有 3 个主要属性。

● list：该属性是必需的，指定生成复选框的集合。

图 3.20　与 HTML 标签功能相同的 Struts 2 标签应用

- listKey：该属性是可选的，用来指定选择该复选框提交之后传递的值，或者代表 Map 类型中的 key。
- listValue：该属性是可选的，用来指定当前复选框所显示的内容，或者代表 Map 类型中的 value。

【实例 3.15】 checkboxlist 标签的用法。

下面的 checkboxlist.jsp 展示了 checkboxlist 标签的特性：

```
<%@ page language="java" pageEncoding="UTF-8"%>
<%@ taglib uri="/struts-tags" prefix="s" %>
<!DOCTYPE HTML PUBLIC "-//W3C//DTD HTML 4.01 Transitional//EN">
<html>
<head>
    <title>checkboxlist 标签</title>
</head>
<body>
        <s:form>
        <s:checkboxlist list="{'Struts2','Hibernate','Spring','MyBatis'}" label="用 list 集合生成复选框"
            name="java" labelposition="top"/>
        <s:checkboxlist list="#{1:'Struts2',2:'Hibernate',3:'Spring',4:'MyBatis'}" listKey="key" listValue="value"
            name="java ee" label="用 Map 集合生成复选框" labelposition="top"/>
        <s:set name="list" value="{'Struts2','Hibernate','Spring','MyBatis'}"></s:set>
        <s:checkboxlist list="#list" name="check" label="从别处取值生成复选框"
            labelposition="top"></s:checkboxlist>
        </s:form>
</body>
</html>
```

运行结果如图 3.21 所示。

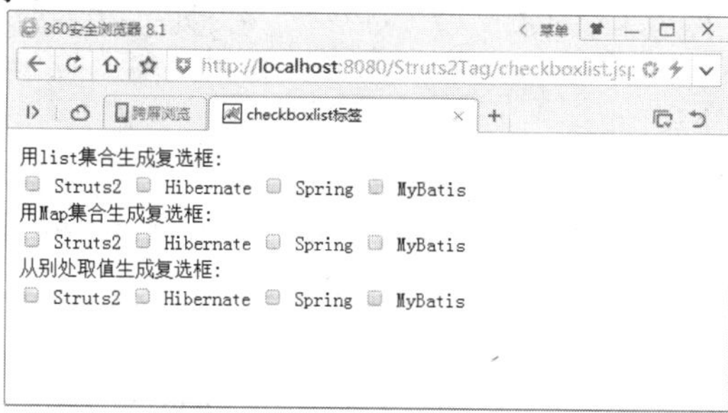

图 3.21　checkboxlist 标签应用

3. <s:combobox>标签

combobox 标签用来生成一个下拉菜单及文本框的组合，用户可以直接在文本框中输入内容，也可以在下拉菜单中进行选择，选中的内容会自动添加到文本框中，表单提交时只会提交文本框中的内容。该标签有如下参数。

- list：该属性是必需的，用来设置下拉菜单中的选项。

【实例 3.16】 combobox 标签的用法。

下面的 combobox.jsp 展示了 combobox 标签的特性：

```
<%@ page language="java" pageEncoding="UTF-8"%>
<%@ taglib uri="/struts-tags" prefix="s" %>
<!DOCTYPE HTML PUBLIC "-//W3C//DTD HTML 4.01 Transitional//EN">
<html>
    <head>
    <title>combobox 标签</title>
    </head>
    <body>
            <s:form>
                <s:combobox list="{'Struts2','Hibernate','Spring', 'MyBatis'}" name="combobox"
                    label="请选择"/>
            </s:form>
    </body>
</html>
```

运行结果如图 3.22 所示。

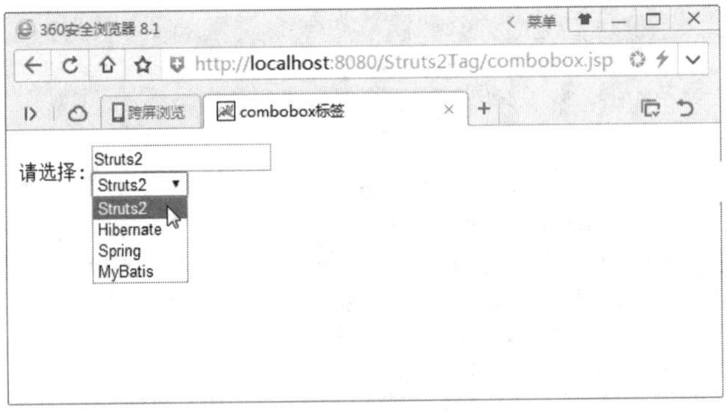

图 3.22 combobox 标签应用

4. <s:doubleselect>标签

doubleselect 标签用于生成两个相互关联的下拉列表，子列表框中的内容会根据父列表被选定内容的变化而发生变化。该标签一般应用在选择省、城市的表单中，省下拉列表为父列表，城市下拉列表为子列表。该标签有如下几个属性。

- list：该属性是必需的，用来指定父列表框中选项的集合。
- listKey：该属性是可选的，用来指定父下拉列表框中被选定的内容。
- listValue：该属性是可选的，用来指定父下拉列表框在页面上显示的内容。
- doubleList：该属性是可选的，用来指定子列表框中选项的集合。
- doubleListKey：该属性是可选的，用来指定子下拉列表框中被选定的内容。
- doubleListValue：该属性是可选的，用来指定子下拉列表框在页面上显示的内容。

● name：该属性是可选的，用来指定父下拉列表框提交数据的名称。

● doubleName：该属性是可选的，用来指定子下拉列表框提交数据的名称。

【实例 3.17】doubleselect 标签的用法。

下面的 doubleselect.jsp 说明该标签的用法：

```
<%@ page language="java" pageEncoding="UTF-8"%>
<%@ taglib uri="/struts-tags" prefix="s" %>
<!DOCTYPE HTML PUBLIC "-//W3C//DTD HTML 4.01 Transitional//EN">
<html>
	<head>
	<title>doubleselect 标签</title>
	</head>
	<body>
		<s:form action="select">
		<s:set var="ds" value="#{'江苏':{'南京','无锡','苏州'},
				'安徽':{'合肥','六安','芜湖'},
				'河南':{'郑州','信阳','南阳'}}">
		</s:set>
		<s:doubleselect list="#ds.keySet()" doubleName="dn" doubleList="#ds[top]"
			name="n" label="请选择地方" labelposition="top"></s:doubleselect>
		</s:form>
	</body>
</html>
```

该标签必须应用在具体的 form 下，并且该 form 要指定具体的 action，而在 struts.xml 配置文件中也必须有该 action 的配置。本例要配置：

```
...
<package name="default" extends="struts-default">
	...
	<action name="select"/>
</package>
...
```

运行后的界面如图 3.23 所示。

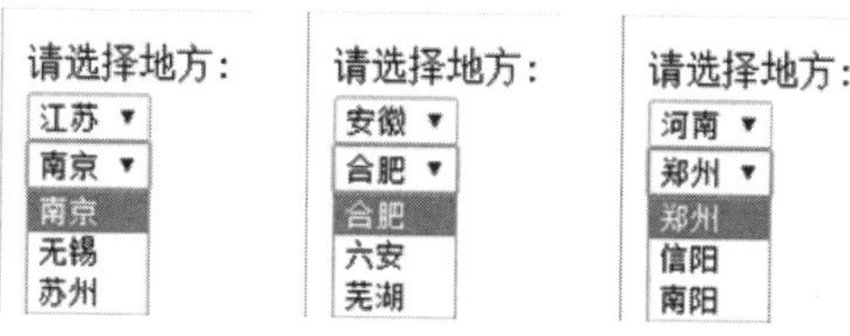

图 3.23 doubleselect 标签应用

从图中可以看出，选择不同的省份，会出现其对应的城市列表。

5. <s:updownselect>标签

updownselect 标签用来生成一个列表框，列表框中的选项可以手动进行排序。该标签属性如下。

● list：该属性是必需的，用于指定生成复选框的集合。

● listKey：该属性是可选的，用于指定选择该复选框提交之后传递的值，或者代表 Map 类型中的 key。

● listValue：该属性是可选的，用于指定当前复选框所显示的内容，或者代表 Map 类型中的 value。

● allowMoveUp：该属性是可选的，用于指定是否显示上移按钮，默认值为 true。
● allowMoveDown：该属性是可选的，用于指定是否显示下移按钮，默认值为 true。
● allowSelectAll：该属性是可选的，用于指定是否显示全选按钮，默认值是 true。
● moveUpLabel：该属性是可选的，用于指定上移按钮上的文本，默认值为“∧”。
● moveDownLabel：该属性是可选的，用于指定下移按钮上的文本，默认值为“∨”。
● selectAllLabel：该属性是可选的，用于指定全选按钮上的文本，默认值为“*”。

【实例 3.18】updownselect 标签的用法。

下面的 updownselect.jsp 展示了 updownselect 标签的特性：

```
<%@ page language="java" pageEncoding="UTF-8"%>
<%@ taglib uri="/struts-tags" prefix="s" %>
<!DOCTYPE HTML PUBLIC "-//W3C//DTD HTML 4.01 Transitional//EN">
<html>
	<head>
	<s:head/>
	<title>updowmselect 标签</title>
	</head>
	<body>
		<s:form action="select">
		<s:updownselect name="us" list="{'Struts2','Hibernate','Spring','MyBatis'}"
			moveUpLabel="上移" moveDownLabel="下移" selectAllLabel="全选">
		</s:updownselect>
		</s:form>
	</body>
</html>
```

这里指定了 moveUpLabel 等的值，所以就会显示其指定的值，如果没有指定就会显示它们的默认值“∧”等。还有一点要注意的是，应用该标签时必须加入“<s:head/>”。该例运行结果如图 3.24 所示。

图 3.24　updownselect 标签应用

6. <s:optiontransferselect>标签

optiontransferselect 标签用于生成两个列表选择框，并且生成一系列的按钮用于控制各选项在两个下拉列表框之间的移动、升降等。当提交表单时，两个列表选择框对应的请求参数都会被提交。该标签的属性如下。

● allowAddToLeft：该属性是可选的，指定是否显示左移按钮，默认值为 true。

- addToLeftLabel：该属性是可选的，指定左移按钮上的文本，默认值为“<—”。
- allowAddToRight：该属性是可选的，指定是否显示右移按钮，默认值为 true。
- addToRightLabel：该属性是可选的，指定右移按钮上的文本，默认值为“—>”。
- allowAddAllToLeft：该属性是可选的，指定是否显示左移全部选项的按钮，默认值为 true。
- addAllToLeftLabel：该属性是可选的，指定左移全部选项按钮上的文本，默认值为“<<--”。
- allowAddAllToRight：该属性是可选的，指定是否显示右移全部选项的按钮，默认值为 true。
- addAllToRightLabel：该属性是可选的，指定右移全部选项按钮上的文本，默认值为“-->>”。
- allowSelectAll：该属性是可选的，指定是否显示全选按钮，默认值为 true。
- selectAllLabel：该属性是可选的，指定全选按钮上的文本，默认值为“<*>”。
- list：该属性是必需的，指定生成第一个列表框选项集合。
- listKey：该属性是可选的，指定选择第一个列表框提交之后传递的值。
- listValue：该属性是可选的，指定第一个列表框所显示的内容。
- name：该属性是可选的，指定第一个列表框提交的数据名。
- leftTitle：该属性是可选的，指定第一个列表框的标题。
- multiple：该属性是可选的，指定第一个列表框是否允许多选。
- emptyOption：该属性是可选的，指定第一个列表框是否包含一个空选项，默认值为 false。
- headerKey：该属性是可选的，指定第一个列表框选项头信息的 key 值。
- headerValue：该属性是可选的，指定第一个列表框选项头信息的 value 值。此参数必须与 headerKey 结合使用。
- doubleList：该属性是必需的，指定第二个列表框中的选项集合。
- doubleListKey：该属性是可选的，指定第二个列表框传递到服务器的值。
- doubleListValue：该属性是可选的，指定第二个列表框所显示的内容。
- doubleName：该属性是必需的，指定第二个列表框提交的数据名。
- rightTitle：该属性是可选的，指定第二个列表框的标题。
- doubleMultiple：该属性是可选的，指定第二个列表框是否允许多选。
- doubleEmptyOption：该属性是可选的，指定第二个列表框是否包含一个空选项，默认值为 false。
- doubleHeaderKey：该属性是可选的，指定第二个列表框选项头信息的 key 值。
- doubleHeaderValue：该属性是可选的，指定第二个列表框选项头信息的 value 值。此参数必须与 doubleHeaderKey 结合使用。

这个标签包含的属性比较多，配置也相对复杂。

【实例 3.19】 optiontransferselect 标签的用法。

下面通过 optiontransferselect.jsp 来介绍该标签的一些主要属性。

```
<%@ page language="java" pageEncoding="UTF-8"%>
<%@ taglib uri="/struts-tags" prefix="s" %>
<!DOCTYPE HTML PUBLIC "-//W3C//DTD HTML 4.01 Transitional//EN">
<html>
    <head>
    <s:head/>
    <title>optiontransferselect 标签</title>
    </head>
    <body>
        <s:form>
        <s:optiontransferselect doubleList="{'java','c','c#'}" list="{'pb','vb','vc++'}"
```

```
                doubleName="dn" name="n" leftTitle="第一个列表框" rightTitle="第二个列表框"
                headerKey="first" headerValue="第一个列表头信息"
                doubleHeaderKey="second" doubleHeaderValue="第二个列表头信息"
                emptyOption="true" doubleEmptyOption="true" multiple="true" doubleMultiple="true"
                addToLeftLabel="左移" addToRightLabel="右移"
                addAllToLeftLabel="全部左移" addAllToRightLabel="全部右移"
                selectAllLabel="全选"></s:optiontransferselect>
            </s:form>
        </body>
</html>
```

该例应用了 optiontransferselect 标签的部分常用属性，运行结果如图 3.25 所示。

图 3.25 optiontransferselect 标签应用

可以发现，应用该标签时也要加入“<s:head/>”。至于该标签的其他属性，这里就不再一一举例了，读者可以自己试验它们的功能。

7. <s:optgroup>标签

optgroup 标签用于生成一个下拉列表框的选项组，通常和 select 标签组合使用，在一个 select 标签中可以包含多个 optgroup 生成的选项组。该标签包含以下 4 个属性。

- label：该属性是可选的，用来指定选项组的组名。
- list：该属性是可选的，用来指定选项组内的选项。
- listKey：该属性是可选的，用来指定选择该选项提交之后传递的值。
- listValue：该属性是可选的，用来指定当前列表框中所显示的内容。

【实例 3.20】optgroup 标签的用法。

下面的 optgroup.jsp 展示了 optgroup 标签的特性：

```
<%@ page language="java" pageEncoding="UTF-8"%>
<%@ taglib uri="/struts-tags" prefix="s" %>
<!DOCTYPE HTML PUBLIC "-//W3C//DTD HTML 4.01 Transitional//EN">
<html>
        <head>
        <title>optgroup 标签</title>
        </head>
        <body>
```

```
                <s:form>
                        <s:select list="{'java','VC++','PHP'}" name="opt">
                        <s:optgroup label="Java EE 技术框架"
                                list="#{1:'Struts2',2:'Hibernate',3:'Spring',4:'MyBatis'}" listKey="key" listValue="value"
/>
                                <s:optgroup label="Java EE 应用服务器" list="#{1:'Tomcat',2:'JBoss'}"
                                listKey="key" listValue="value"></s:optgroup>
                        </s:select>
                </s:form>
        </body>
</html>
```

运行结果如图 3.26 所示。

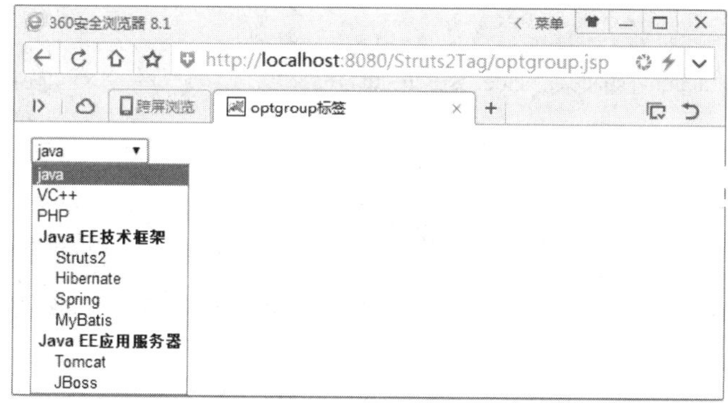

图 3.26　optgroup 标签应用

8. <s:token>标签

token 标签用来解决表单多次提交的问题，使用该标签不会在页面生成任何表单元素。在页面中直接加上：

```
<s:token/>
```

包含页面被加载后，token 标签会生成下面的一段代码：

```
<input type="hidden" name="struts.token" value="具体内容" />
```

由于包含 token 标签的页面每次被请求都会有一个 struts.token 的值被提交，系统就可以通过对比这个值来判断是否重复提交。关于该标签的具体用法，会在后面讲解拦截器的时候专门讲解处理表单重复提交的问题，这里就不过多叙述了。

3.2.4　非表单标签

非表单标签主要包括 actionerror 标签、actionmessage 标签、fielderror 标签及 component 标签，其中前 3 个标签都是用来显示错误信息的，故这里放在一起讲述。

1. <s:actionerror>、<s:actionmessage>、<s:fielderror>标签

actionerror 标签用来输出存储在 ActionError 中的值，actionmessage 标签用来输出存储在 ActionMessage 中的值，fielderror 标签用来输出存储在 FieldError 中的值。用法非常简单，只要在 Action 类中保存了它们的值，在页面中应用相应的标签时就可以输出它们的值。

【实例 3.21】非表单错误输出标签的用法。

编写 Action 类，代码如下：

```
package org.action;
import com.opensymphony.xwork2.ActionSupport;
public class NonFormAction extends ActionSupport{
        public String execute() throws Exception {
                addActionError("actionError 中保存的错误信息");
                addActionMessage("actionMessage 中保存的错误信息");
                addFieldError("username","fieldError 中保存的 username 错误信息");
                addFieldError("password","fieldError 中保存的 password 错误信息");
                return SUCCESS;
        }
}
```

在 struts.xml 中配置：

```
…
        <action name="nonform" class="org.action.NonFormAction">
                <result name="success">index.jsp</result>
        </action>
...
```

只要在页面 index.jsp 中做出相应输出就可以了：

```
<%@ page language="java" pageEncoding="UTF-8"%>
<%@ taglib uri="/struts-tags" prefix="s"%>
<!DOCTYPE HTML PUBLIC "-//W3C//DTD HTML 4.01 Transitional//EN">
<html>
        <head>
       <title>非表单标签</title>
        </head>
        <body>
                显示 actionerror 中保存的错误信息：
                <s:actionerror/>
                显示 actionmessage 中保存的错误信息：
                <s:actionmessage/>
                显示 fielderror 中保存的错误信息：
                <s:fielderror></s:fielderror>
                只显示 fielderror 中 username 的错误信息：
                <s:fielderror>
                        <s:param>username</s:param>
                </s:fielderror>
                只显示 fielderror 中 password 的错误信息：
                <s:fielderror>
                        <s:param>password</s:param>
                </s:fielderror>
        </body>
</html>
```

运行程序，在浏览器地址栏输入“http://localhost:8080/Struts2Tag/nonform.action”后回车，就会出现如图 3.27 所示的界面。

2. <s:component>标签

component 标签用来创建自定义视图组件，该标签不经常用到，它有如下 3 个属性。

- templateDir：该属性是可选的，用于指定引用主题所在的位置。
- theme：该属性是可选的，用于指定引用主题的主题名。

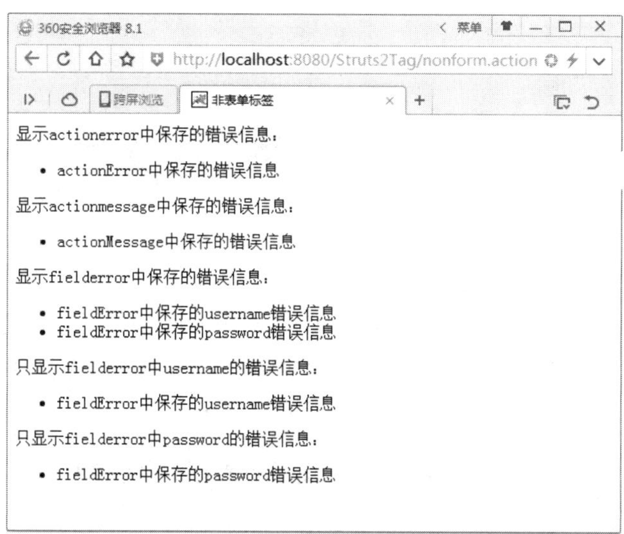

图 3.27　非表单错误输出标签应用

- template：该属性是可选的，用于指定要使用的组件名。

除了这些属性外，该标签还可以指定<s:param>子标签，用于修改标签模板中传入的额外参数。

习　题　3

1．OGNL 中 Context 对象有哪几种？举例说明它们的用法。

2．Struts 2 的标签库分为哪几类？说明各类标签中有哪些具体标签？这些标签的作用是什么？

第 4 章 Struts 2 类型转换及输入校验

在 Web 开发中，客户端向服务器传递的数据均为 String 类型，而在后台数据处理中需要的是各种各样的数据类型，这时就需要有一个类型转换的过程。另外，如果有一个字段是 int 型（如年龄），但客户端输入了一个字符类型的“a”或其他字符，那么即使经过类型转换也会出错，这时就需要对输入的数据进行校验。

4.1 Struts 2 内置类型转换器

作为一个成熟的 MVC 框架，Struts 2 内置了一系列的基本类型转换器，在程序运行时自动处理 String 类型与其他常用类型之间的转换。对于大部分常用类型，程序员不用创建自己的类型转换器，因为 Struts 2 可以完成大多数需要用到的默认功能，这些常用的类型转换器包括如下几种。

- boolean 和 Boolean：完成 String 和布尔型之间的转换。
- char 和 Character：完成 String 和字符型之间的转换。
- int 和 Integer：完成 String 和整型之间的转换。
- long 和 Long：完成 String 和长整型之间的转换。
- float 和 Float：完成 String 和单精度浮点型之间的转换。
- double 和 Double：完成 String 和双精度浮点型之间的转换。
- Date：完成 String 和日期类型之间的转换，日期格式为用户请求本地的 SHORT 格式。
- 数组：该类型在数据转换时，必须满足需要转换的数据中每一个元素都能转换成数组的类型。但若程序员自定义类型转换器，则要根据情况判断。
- 集合：在使用集合类型转换器时，如果集合中的数据无法确定，可以先将其封装到一个 String 类型的集合中，然后在用到某个元素时再进行手动转换。

类型转换是在页面与 Action 相互传递数据时发生的。下面以一个简单实例说明 Struts 2 内置类型转换器的应用。

【实例 4.1】 建立一个简单的页面，如图 4.1 所示，让客户端填写用户信息，然后提交，在另一个页面上显示出所填信息。

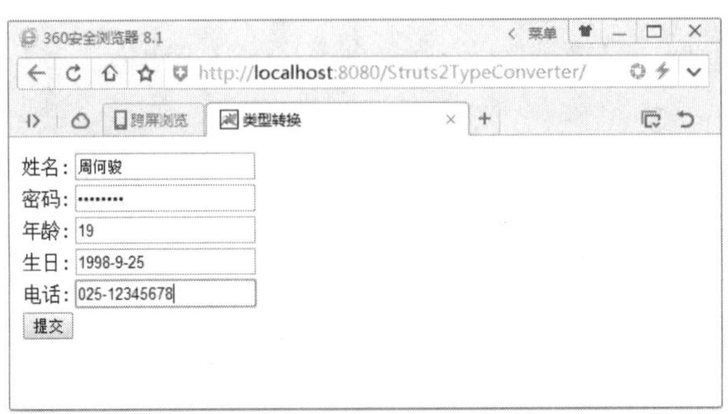

图 4.1　初始页面的表单

1．创建 Struts 2 项目

建立项目，取项目名为“Struts2TypeConverter”。加载 Struts 2 包及修改 web.xml 文件，配置 Struts 2，操作同【实例 2.1】的第 1、2 步，不再赘述。

2．构造模型传值

本例中应用了模型传值方式，故需要构造一个 JavaBean（模型类）User.java。代码如下：

```
package org.vo;
import java.util.Date;
public class User {
        private String username;                    //姓名
        private String password;                    //密码
        private int age;                            //年龄
        private Date bir;                           //生日
        private String tel;                         //电话
        //这里省略上述属性的 get 和 set 方法
}
```

故 converter.jsp 页面代码可以写为：

```
<%@ page language="java" pageEncoding="UTF-8"%>
<%@ taglib uri="/struts-tags" prefix="s"%>
<html>
            <head>
            <title>类型转换</title>
            </head>
            <body>
                    <s:form action="typeconverter" method="post">
                      <s:textfield name="user.username" label="姓名"></s:textfield>
                      <s:password name="user.password" label="密码"></s:password>
                      <s:textfield name="user.age" label="年龄"></s:textfield>
                      <s:textfield name="user.bir" label="生日"></s:textfield>
                      <s:textfield name="user.tel" label="电话"></s:textfield>
                      <s:submit value="提交"></s:submit>
                </s:form>
        </body>
</html>
```

3．编写控制器 Action

自定义 Action 类“SimpleTypeConverter.java”的代码如下：

```
package org.action;
import org.vo.User;
import com.opensymphony.xwork2.ActionSupport;
public class SimpleTypeConverter extends ActionSupport{
        private User user;
        public User getUser() {
                return user;
        }
        public void setUser(User user) {
                this.user = user;
        }
        public String execute() throws Exception {
                return SUCCESS;
```

```
    }
}
```

struts.xml 配置如下：

```
…
<struts>
    <package name="default" extends="struts-default">
        <action name="typeconverter" class="org.action.SimpleTypeConverter">
            <result name="success">show.jsp</result>
        </action>
    </package>
</struts>
```

4．编写 JSP

Action 类处理完成后跳转到 show.jsp 页面，代码如下：

```
<%@ page language="java"   pageEncoding="UTF-8"%>
<%@ taglib uri="/struts-tags" prefix="s"%>
<html>
<head>
    <title>类型转换显示界面</title>
</head>
<body>
    姓名：<s:property value="user.username"/><br>
    密码：<s:property value="user.password"/><br>
    年龄：<s:property value="user.age"/><br>
    生日：<s:property value="user.bir"/><br>
    电话：<s:property value="user.tel"/><br>
</body>
</html>
```

运行该程序，提交后出现如图 4.2 所示的界面。

图 4.2 程序提交后的界面

可以发现，日期格式已经从原来输入的“1998-9-25”转换为“98-9-25”，即前面说的本地的 SHORT 格式。上面的几个字段都是由 Struts 2 内置的类型转换器来完成转换的。

注意：

由于 Struts 2 在匹配日期时，使用了 Locale 来进行日期的格式化，而日期格式 YYYY-MM-DD 只有在中文的语言环境中才会有，在英语中是没法匹配的，故在运行本例程序之前，要把 IE 浏览器默认的语言环境设置为中文。

4.2　自定义类型转换器

一般来说，Struts 2 的内置类型转换器已经能够满足开发者大部分的需要，但对于一些特殊需求，如【实例 4.1】中若要把输入电话的区号和号码分开显示，Struts 2 提供的类型转换器就不能做到了，这时就需要程序员自定义类型转换器。自定义类型转换需要两个步骤：首先编写相应的类型转换器类，然后向 Struts 2 框架注册该类。

4.2.1　继承 DefaultTypeConverter 类实现转换器

下面以一个简单实例说明。

【实例 4.2】在图 4.3 中的输入栏输入一个正确完整的电话后，单击【提交】按钮，出现如图 4.4 所示的界面，分别输出区号和电话号。

图 4.3　输入界面

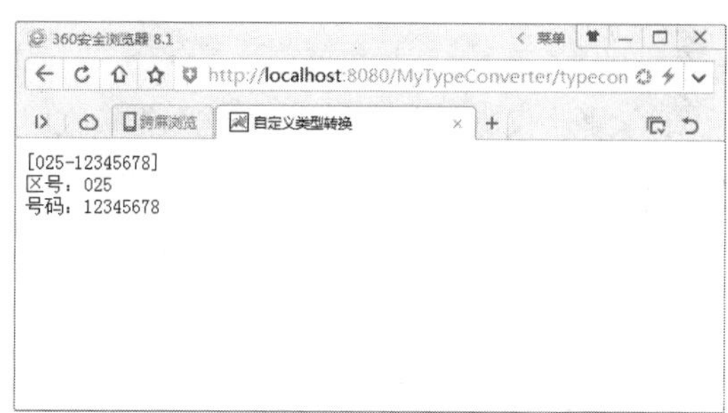

图 4.4　显示界面

1．创建 Struts 2 项目

建立项目，取项目名为“MyTypeConverter”。加载 Struts 2 包及修改 web.xml 文件，配置 Struts 2，操作同【实例 2.1】的第 1、2 步，不再赘述。

2．构造模型传值

本例依然采用模型传值，构造模型 Tel 类，Tel.java 实现为：

```
package org.vo;
public class Tel {
	private String sectionNo;			//区号
	private String telNo;				//电话号
	public String getSectionNo() {
		return sectionNo;
	}
	public void setSectionNo(String sectionNo) {
		this.sectionNo = sectionNo;
	}
	public String getTelNo() {
		return telNo;
	}
	public void setTelNo(String telNo) {
		this.telNo = telNo;
	}
}
```

可以看出，该类中把 Tel 分为两部分：区号部分（sectionNo）和电话号部分（telNo）。但这仅仅是程序员自己定义的，Struts 2 框架并不知道怎么分，在处理的时候仍然当成是两个不同的字段进行处理。

对应 converter2.jsp 页面的代码写为：

```
<%@ page language="java" pageEncoding="UTF-8"%>
<%@ taglib uri="/struts-tags" prefix="s" %>
<html>
<head>
        <title>自定义类型转换器</title>
</head>
<body>
        <s:form action="typeconverter2" method="post">
                <s:textfield name="tel" label="请输入电话"></s:textfield>
                <s:submit value="提交"></s:submit>
        </s:form>
</body>
</html>
```

此页面上仅有一个名为 tel 的输入框接收用户输入，如何将这一输入“拆分”为两个字段传值给模型呢？稍后将由程序员自定义实现。

3．编写控制器 Action

编写 Action 类“MyTypeConverterAction”的代码为：

```
package org.action;
import org.vo.Tel;
import com.opensymphony.xwork2.ActionSupport;
public class MyTypeConverterAction extends ActionSupport{
        private Tel tel;
        public String execute() throws Exception {
                return SUCCESS;
        }
        public Tel getTel() {
                return tel;
        }
        public void setTel(Tel tel) {
                this.tel = tel;
        }
}
```

在 struts.xml 文件中配置：

```
<action name="typeconverter2" class="org.action.MyTypeConverterAction">
        <result name="success">show2.jsp</result>
</action>
```

4．实现类型转换器

自定义类型转换器需要实现 Struts 2 框架提供的 TypeConverter 接口，但这个接口比较复杂，里面的 convertValue 方法参数太多，不容易实现，于是 Struts 2 框架提供了继承该接口的实现类 DefaultTypeConverter。该类结构如下：

```
public class ognl.DefaultTypeConverter implements ognl.TypeConverter{
        public DefaultTypeConverter();
        public java.lang.Object convertValue(
                java.util.Map context,
```

```
            java.lang.Object value,
            java.lang.Class toType
        );
        public java.lang.Object convertValue(
            java.util.Map context,
            java.lang.Object target,
            java.lang.reflect.Member member,
            java.lang.String prepertyName,
            java.lang.Object value,
            java.lang.Class toType
        );
}
```

该类中有两个 convertValue 方法，其中第 2 个参数比较多的是 TypeConverter 类中的方法，所以继承该方法后，只需重写第 1 个 convertValue 方法即可。故本例中自定义类型转换器可写为：

```
package org.converter;
import java.util.Map;
import org.vo.Tel;
import ognl.DefaultTypeConverter;
public class MyTypeConverter extends DefaultTypeConverter{
    public Object convertValue(Map context, Object value, Class toType) {
        //如果是从字符串向 Tel 类型转换
        if(toType==Tel.class){
            //把参数 value 转换为字符串数组
            String[] str = (String[])value;
            Tel t=new Tel();
            //把传的字符串循环按“-”分割
            for(int i=0;i<str.length;i++){
                if(str[i].indexOf("-")>0){
                    //取出字符串数组中第一个值，然后按“-”分割得到字符串数组
                    String [] tels=str[0].split("-");
                    //分别把得来的值赋予 Tel 的属性
                    t.setSectionNo(tels[0]);
                    t.setTelNo(tels[1]);
                }else
                    return null;
            }
            return t;
        }else if(toType == String.class){                    //如果是从对象转换为字符串
            Tel t=(Tel)value;
        return "["+t.getSectionNo()+"-"+t.getTelNo()+"]";       //返回字符串即可
        }
        return null;
    }
}
```

该类主要重写了下面这个方法：

```
public Object convertValue(Map context, Object value, Class toType) {}
```

该方法中的参数有 3 个，下面分别进行介绍。

- context：该参数就是类型转换的上下文，也就是 Action 的上下文。
- value：value 是需要转换的数据，这个数据可以是 String 类型，或者是需要转换的目标类型。从

页面传递的数值有时可能不止一个，例如，有几个输入框的名称相同，那么 value 就有多个值，不能用单独的 String 来接收值了，这时就必须用数组。这也就解释了上面为什么把 value 转换为字符串数组而不是字符串了。

- toType：准备转换成的目标类型。

5．注册类型转换器

类型转换器编写完成后，需要注册，否则 Struts 2 框架不知道用哪个类型转换器对提交的数据进行转换。这里要把提交的字符串类型转换为 Action 类中的 tel 属性的 Tel 类型，故在该 Action 类所在路径下编写一个配置文件即可。该配置文件名称必须遵守“action 类名-conversion.properties”格式，所以本例的配置文件名为“MyTypeConverterAction-conversion. properties”，并且同 Action 放在同一位置（这里是 org.action 包）下。

在 MyTypeConverterAction-conversion.properties 文件中写入如下注册信息：

```
tel=org.converter.MyTypeConverter
```

配置文件内容为“变量名=包名.类名”。其中，“变量名”是 Action 类中转换的属性名（本例为 tel），“包名.类名”就是要用的自定义类型转换器所在的包及其类名。这样配置后，系统就会根据该路径找到用户编写的类型转换器来完成所需的类型转换工作。

6．编写 JSP

最后编写显示页面 show2.jsp，代码如下：

```
<%@ page language="java"    pageEncoding="UTF-8"%>
<%@ taglib uri="/struts-tags" prefix="s"%>
<html>
<head>
        <title>自定义类型转换</title>
</head>
<body>
        <s:property value="tel"/><br>
        区号：<s:property value="tel.sectionNo"/><br>
        号码：<s:property value="tel.telNo"/>
    </body>
</html>
```

部署运行程序，读者可以自己运行测试。

4.2.2 继承 StrutsTypeConverter 类实现转换器

下面再看看【实例 4.2】的运行流程。

首先，页面传递的数据被 Struts 2 拦截，根据 struts.xml 中的配置找到 MyTypeConverterAction 类，然后在系统环境中寻找是否含有该 Action 类对应的 MyTypeConverterAction-conversion. properties 配置文件，如果找到，将其触发，对变量 tel 进行类型转换。完成后，执行 Action 类中的 execute 方法，最后跳转到 show2.jsp 页面。

可以看出，自定义的类型转换器继承了 DefaultTypeConverter 类，并重写了其 convertValue 方法，里面用了一些 if...else 语句来判断是从 String 向对象类型转换，还是从对象向 String 类型转换（实际上，类型转换也就两个方向：当接收数据时是从 String 向目标类型转换，而输出时则是向 String 类型转换），这样难免有点麻烦，Struts 2 框架还提供了一个 StrutsTypeConverter 类，该类继承了 DefaultTypeConverter 类。该类的部分源代码如下：

```
public abstract class StrutsTypeConverter extends DefaultTypeConverter {
    public Object convertValue(Map context, Object o, Class toClass) {
        if (toClass.equals(String.class)) {
            return convertToString(context, o);
        } else if (o instanceof String[]) {
            return convertFromString(context, (String[]) o, toClass);
        } else if (o instanceof String) {
            return convertFromString(context, new String[]{(String) o}, toClass);
        } else {
            return performFallbackConversion(context, o, toClass);
        }
    }
    protected Object performFallbackConversion(Map context, Object o, Class toClass) {
        return super.convertValue(context, o, toClass);
    }
    public abstract Object convertFromString(Map context, String[] values, Class toClass);
    public abstract String convertToString(Map context, Object o);
}
```

该类已经实现了 convertValue 方法，并把对不同方向（String 到目标类型还是目标类型到 String）的处理分成两个方法来处理，程序员只需重写这两个对应的方法即可，比之继承 DefaultTypeConverter 更为简单。故可以把【实例 4.2】的自定义转换器用继承该类来实现：

```
package org.converter;
import java.util.Map;
import org.apache.struts2.util.StrutsTypeConverter;
import org.vo.Tel;
public class MyStrutsTypeConverter extends StrutsTypeConverter{
    public Object convertFromString(Map arg0, String[] arg1, Class arg2) {
        Tel t=new Tel();
        String [] str=arg1[0].split("-");
        t.setSectionNo(str[0]);
        t.setTelNo(str[1]);
        return t;
    }
    public String convertToString(Map arg0, Object arg1) {
        Tel t=(Tel)arg1;
        return "["+t.getSectionNo()+"-"+t.getTelNo()+"]";
    }
}
```

这样就更简单明了地完成了类型转换的工作。当然，也要对该转换器进行注册，需要修改配置文件的内容为：

```
tel=org.converter.MyStrutsTypeConverter
```

前面的例子中，对类型的转换指定到了某个 Action 类中的属性，但如果有另外的 Action 类中也有“Tel”类型的属性，势必还要写一个配置文件对其进行转换，较为烦琐，于是 Struts 2 框架提供了全局类型转换器的配置。相对而言，前面配置的就属于局部类型转换器，全局类型转换器就是让整个系统关于某个类型的转换都可以应用配置的类型转换器，全局类型转换器的配置非常简单，只需改变配置文件的名称、内容及位置即可。在上例中如果要配置全局类型转换器，只需在“src”下建立配置文件“xwork-conversion.properties”（与 struts.xml 文件在同一目录下）即可，内容编写为：

```
org.vo.Tel=org.converter.MyStrutsTypeConverter
```

该内容指定凡是 Tel 类型的属性都用后面指定的类型转换器来进行转换。当然，需要把局部类型转换的内容删除，因为就优先级而言，局部类型转换器的优先级大于全局的优先级。读者可以自行测试结果。

4.3 数组和集合类型的转换

如果在页面中有几个输入框的名称相同，那么在 Action 类中就必须用数组或集合来接收其值，下面分别介绍数组和集合类型的转换器配置。

4.3.1 数组类型转换器

本节将用实例来说明数组类型转换器的使用。

【实例 4.3】假如现在有这样一个页面，该页面要求用户输入两个电话号码，提交后分别显示其区号及号码。页面如图 4.5 所示。

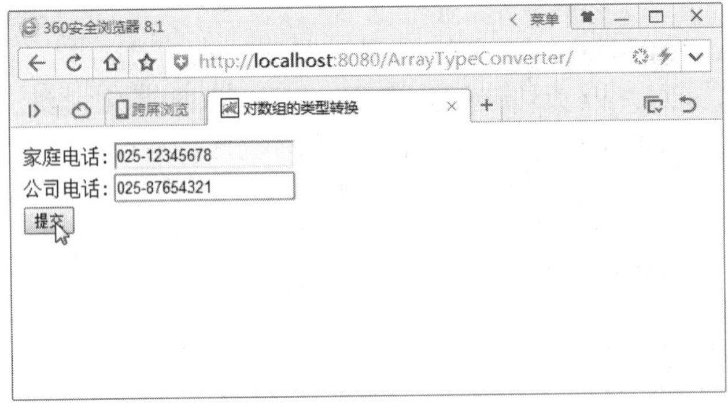

图 4.5　输入页面

1. 创建 Struts 2 项目

建立项目，取项目名为“ArrayTypeConverter”。加载 Struts 2 包及修改 web.xml 文件，配置 Struts 2，操作同【实例 2.1】的第 1、2 步，不再赘述。

2. 构造模型传值

构造 Tel.java 代码与【实例 4.2】相同，这里不再列举。

对应 converter3.jsp 页面的代码如下：

```
<%@ page language="java" pageEncoding="UTF-8"%>
<%@ taglib uri="/struts-tags" prefix="s"%>
<html>
<head>
    <title>对数组的类型转换</title>
</head>
<body>
    <s:form action="typeconverter3" method="post">
        <s:textfield name="tel" label="家庭电话"></s:textfield>
        <s:textfield name="tel" label="公司电话"></s:textfield>
        <s:submit value="提交"></s:submit>
    </s:form>
```

```
</body>
</html>
```

可以看出，该页面的两个输入框用了同一名称，故必须用数组来传值。

3．编写控制器 Action

编写 Action 类“ArrayTypeConverterAction”的代码如下：

```
package org.action;
import java.util.List;
import org.vo.Tel;
import com.opensymphony.xwork2.ActionSupport;
public class ArrayTypeConverterAction extends ActionSupport{
        private Tel[ ] tel;                                        //数组类型传值
        public Tel[ ] getTel() {
                return tel;
        }
        public void setTel(Tel[ ] tel) {
                this.tel = tel;
        }
        public String execute() throws Exception {
                return SUCCESS;
        }
}
```

可见，这时在 Action 类中的接收属性已经改用数组类型来传值了。

在 struts.xml 文件中配置：

```
<action name="typeconverter3" class="org.action.ArrayTypeConverterAction">
        <result name="success">show3.jsp</result>
</action>
```

4．实现类型转换器

数组类型转换器 ArrayTypeConverter.java 实现为：

```
package org.converter;
import java.util.Map;
import org.apache.struts2.util.StrutsTypeConverter;
import org.vo.Tel;
public class ArrayTypeConverter extends StrutsTypeConverter{
        public Object convertFromString(Map arg0, String[] arg1, Class arg2) {
                Tel[] tel=new Tel[arg1.length];
                for(int i=0;i<arg1.length;i++){
                        Tel t=new Tel();
                        String []str=arg1[i].split("-");
                        t.setSectionNo(str[0]);
                        t.setTelNo(str[1]);
                        tel[i]=t;
                }
                return tel;
        }
        public String convertToString(Map arg0, Object arg1) {
                Tel[] tel=(Tel[])arg1;
                String sReturn="[";
                for (int i=0;i<tel.length;i++){
```

```
                sReturn+="<"+tel[i].getSectionNo()+"-"+tel[i].getTelNo()+">";
            }
            sReturn+="]";
            return sReturn;
        }
}
```

5．注册类型转换器

用数组类型时需要配置局部类型转换器，故该例配置文件应为“ArrayTypeConverterAction-conversion.properties”，内容为：

```
tel=org.converter.ArrayTypeConverter
```

位置应与 ArrayTypeConverterAction.java 文件的位置相同。

6．编写 JSP

由于是多个值传递，故显示页面 show3.jsp 用<s:iterator>标签输出：

```
<%@ page language="java" pageEncoding="UTF-8"%>
<%@ taglib uri="/struts-tags" prefix="s"%>
<html>
<head>
<title>对数组的类型转换</title>
</head>
<body>
<s:property value="tel"/><br>
    <s:iterator value="tel" var="t">
        区号：<s:property value="#t.sectionNo"/>
        号码：<s:property value="#t.telNo"/><br>
    </s:iterator>
</body>
</html>
```

运行后，结果如图 4.6 所示，已经达到效果。

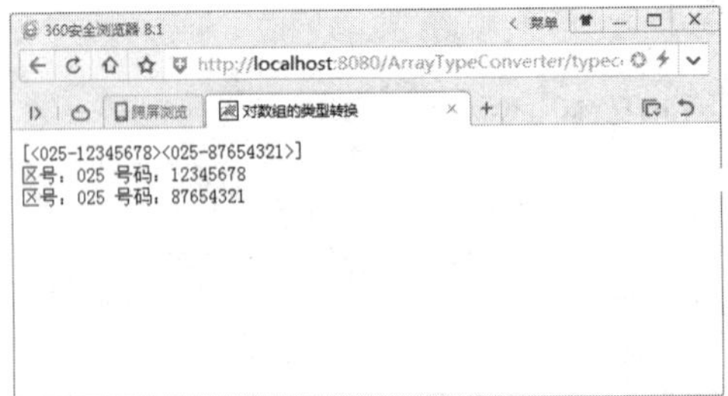

图 4.6　运行结果页面

4.3.2　集合类型转换器

集合类型和数组类型差不多，也需要使用局部类型转换器，可以在【实例 4.3】基础上稍做修改转换为集合类型。首先 Action 类修改为：

```
package org.action;
import java.util.List;
import org.vo.Tel;
import com.opensymphony.xwork2.ActionSupport;
public class ArrayTypeConverterAction extends ActionSupport{
```

```
        private List<Tel> tel;              //应用泛型
        public List<Tel> getTel() {
                return tel;
        }
        public void setTel(List<Tel> tel) {
                this.tel = tel;
        }
        public String execute() throws Exception {
                return SUCCESS;
        }
}
```

然后是自定义的集合类型转换器：

```
package org.converter;
import java.util.ArrayList;
import java.util.List;
import java.util.Map;
import org.apache.struts2.util.StrutsTypeConverter;
import org.vo.Tel;
public class ListTypeConverter extends StrutsTypeConverter{
        public Object convertFromString(Map arg0, String[] arg1, Class arg2) {
                List<Tel> list=new ArrayList<Tel>();
                for(int i=0;i<arg1.length;i++){
                        Tel t=new Tel();
                        String []str=arg1[i].split("-");
                        t.setSectionNo(str[0]);
                        t.setTelNo(str[1]);
                        list.add(t);                    //把遍历出来的数据分割，然后封装成 Tel 放入集合中
                }
                return list;
        }
        public String convertToString(Map arg0, Object arg1) {
                List<Tel> list=(List<Tel>) arg1;        //转换成集合类型
                String sReturn="[";
                for (int i=0;i<list.size();i++){
                        sReturn+="<"+list.get(i).getSectionNo()+"-"+list.get(i).getTelNo()+">";
                }
                sReturn+="]";
                return sReturn;
        }
}
```

最后把配置文件内容修改为：

```
tel=org.converter.ListTypeConverter
```

部署运行，可以得到与数组类型转换相同的结果。

4.4 Struts 2 输入校验

所谓输入校验是指在把数据提交给程序处理之前，先对数据进行合法性检查，只允许合法的数据进入应用程序。例如，后台是 int 型数据，结果传来一个字符“a”，这样势必会报错，所以进行输入校验对应用程序是必不可少的。

Struts 2 应用中的输入校验大致有下面几种方法。

- 在 Action 类中的处理方法进行校验，若没有指定方法就用 execute()方法。
- 继承 ActionSupport 类，并重写其 validate()方法实现校验。
- 应用 Struts 2 的校验框架进行校验。

下面以简单的注册实例来分别介绍它们的用法。

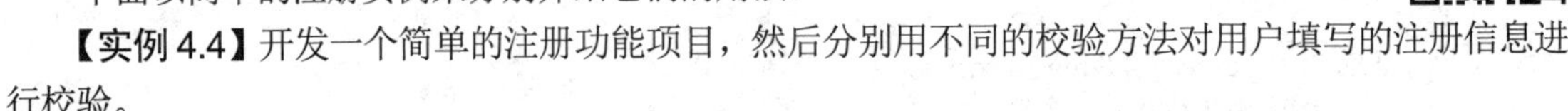

【实例 4.4】开发一个简单的注册功能项目，然后分别用不同的校验方法对用户填写的注册信息进行校验。

创建 Struts 2 项目，名为 ValidateTest，然后加载 Struts 2 包及修改 web.xml 文件，配置 Struts 2，操作步骤同【实例 2.1】的第 1、2 步，不再赘述。

首先是注册页面 index.jsp：

```
<%@ page language="java" pageEncoding="UTF-8"%>
<%@ taglib uri="/struts-tags" prefix="s"%>
<html>
	<head>
		<title>注册页面</title>
	</head>
	<body>
		<s:form action="regist" method="post">
			<s:textfield name="username" label="姓名"></s:textfield>
			<s:password name="password" label="密码"></s:password>
			<s:password name="repassword" label="确认密码"></s:password>
			<s:textfield name="age" label="年龄"></s:textfield>
			<s:submit value="提交"></s:submit>
		</s:form>
	</body>
</html>
```

Action 类文件 RegistAction.java 为：

```
package org.action;
import com.opensymphony.xwork2.ActionSupport;
public class RegistAction extends ActionSupport{
	private String username;			//姓名
	private String password;			//密码
	private String repassword;			//确认密码
	private int age;				//年龄
	//上述属性的 set 和 get 方法
	public String execute() throws Exception {
		return SUCCESS;
	}
}
```

在 struts.xml 文件中配置为：

```
<action name="regist" class="org.action.RegistAction">
	<result name="success">success.jsp</result>
</action>
```

注册成功页面 success.jsp 为：

```
<%@ page language="java" pageEncoding="UTF-8"%>
<%@ taglib uri="/struts-tags" prefix="s"%>
<html>
	<head>
```

```
        <title>成功页面</title>
        </head>
        <body>
            恭喜您<s:property value="username"/>！您已经注册成功
        </body>
</html>
```

上面列举了一个简单的注册程序，并且经过测试已经可以运行。可以看出，该程序提交时未经任何校验，不论是空值还是两次密码输入不相同都返回为成功，这样显然是不行的。下面就用上面提到的 3 种方法分别对其进行校验。

4.4.1　使用 execute()方法校验

这是最简单的办法，只要在 RegistAction 类的 execute()方法中添加校验代码即可，如下：

```
…
public class RegistAction extends ActionSupport{
    …
    public String execute() throws Exception {
        if(username.equals("")||username==null){
            addFieldError("username","username 为空");
        }else if(password.equals("")|| password==null){
            addFieldError("password","password 为空");
        }else if(repassword.equals("")||repassword==null){
            addFieldError("repassword","repassword 为空");
        }else if(!password.equals(repassword)){
            addFieldError("password","两次输入密码不同");
        }else if(age<1||age>150){
            addFieldError("age","age 必须在 1 到 150 之间");
        }
        if(hasErrors()){
            return INPUT;
        }
        return SUCCESS;
    }
}
```

相应地，在 struts.xml 中也要加入验证失败后的跳转页面：

```
<result name="input">index.jsp</result>
```

运行后，输入界面如图 4.7 所示，不输入任何值直接单击【提交】按钮，会出现如图 4.8 所示的界面。若输入“username”的值再单击【提交】按钮，则出现“password 为空”的错误提示信息，如图 4.9 所示……依次类推，读者可以自行测试。

图 4.7　输入界面

图 4.8　不输入任何值时的验证失败界面

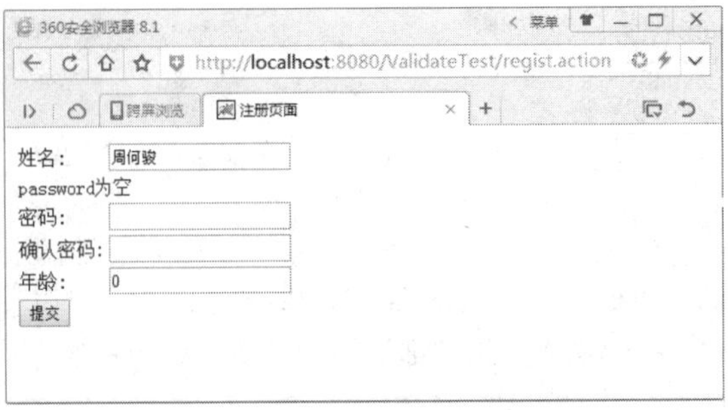

图 4.9 未输入密码时的验证失败界面

用 execute()校验的原理很简单，但一般不提倡使用这种方式，因为把校验代码直接写在 execute()方法中，会使主程序代码臃肿而不易维护。故这种方式读者只需了解即可，实际编程时尽量不要这么做。

4.4.2 重写 validate()方法校验

自定义 Action 类在继承了 ActionSupport 后可以重写其 validate()方法来实现输入校验，当在 Action 类中定义了该方法后，该方法会在执行系统的 execute()方法之前执行。如果执行该方法之后，Action 类的 fieldErrors 中已经包含了数据校验错误信息，将把请求转发到 input 逻辑视图处。修改 RegistAction.java 类为：

```
…
public class RegistAction extends ActionSupport{
        …
        public String execute() throws Exception {
                return SUCCESS;
        }
        public void validate() {
                if(username.equals("")||username==null){
                        addFieldError("username","username 为空");
                }else if(password.equals("")|| password==null){
                        addFieldError("password","password 为空");
                }else if(repassword.equals("")||repassword==null){
                        addFieldError("repassword","repassword 为空");
                }else if(!password.equals(repassword)){
                        addFieldError("password","两次输入密码不同");
                }else if(age<1||age>150){
                        addFieldError("age","age 必须在 1 到 150 之间");
                }
        }
}
```

这样配置后会得到同样的效果。

4.4.3 使用 Struts 2 校验框架校验

前面两种校验方式都是在 Action 类中进行编码的，但是如果页面的字段很多，都在类中进行校验，代码会很臃肿，不易维护与管理。使用 Struts 2 提供的校验框架可以有效地避免这种弊端，只要在程序中创建一个配置文件，文件名及内容按一定的规则编写后就会起到校验的作用。校验文件的命名规则为“ActionName-validation.xml”，比如上例中 ActionName 的值为“RegistAction”，那么，为此创建的校验文件名就为“RegistAction-validation.xml”，并且该文件必须与它对应的 Action 类文件位于同一目录下。另外，该文件还可命名为“ActionName-别名-validation.xml”，别名就是 action 配置的 name 值。

例如，上例就应为"RegistAction-regist-validation.xml"。命名规则清楚后，下面看其配置格式。Struts 2 校验框架有两种配置格式。

1. 使用<validate></validate>标签

使用该标签可以声明字段型或非字段型两种类型校验器。

字段型校验器配置格式如下：

```
<validator type="校验器名称">
    <param name="fieldName">待校验字段名</param>
    <message>校验失败信息</message>
</validator>
```

非字段型校验器格式如下：

```
<validator type="校验器名称">
    <param name="expression">OGNL 表达式取值</param>
    <message>校验失败信息</message>
</validator>
```

例如，对 username 字段进行非空校验，应配置为：

```
<validator type="required">
    <param name="fieldName">username</param>
    <message>username 为空！</message>
</validator>
<!--若要声明其他校验器，可以在下面继续配置 validate>标签来完成-->
...
```

2. 使用<field></field>标签

使用该标签可以在其内声明多个字段型或非字段型校验器。

校验器配置格式如下：

```
<field name="待校验字段名">
   <field-validator type="校验器名">
      <param name="参数名">参数值</param>
            <message>校验失败信息</message>
    </field-validator>
  <!--下面还可以定义多个 field-validator 来配置其他校验器-->
    ...
</field>
```

例如，对 username 字段进行非空校验，应配置为：

```
<field name="username">
    <field-validator type="required">
        <message>username 为空！</message>
    </field-validator>
</field>
```

在实际应用中，对一个字段进行校验时，这两种方式都是可行的。个人可以根据习惯来选择用哪种类型的校验器。

Struts 2 提供了下面几种类型的校验框架。

- required：检查字段是否为空。
- requiredstring：检查字段是否为字符串且是否为空。
- int：检查字段是否为整数且在[min，max]范围内。
- double：检查字段是否为双精度浮点数且在[min，max]范围内。
- date：检查字段是否为日期格式且在[min，max]范围内。

- expression：对指定 OGNL 表达式求值。
- fieldexpression：对指定字段 OGNL 表达式求值。
- email：检查字段是否为 E-mail 格式。
- url：检查字段是否为 URL 格式。
- visitor：引用指定对象各属性对应的检验规则。
- conversion：检查字段是否发生类型的错误。
- stringlength：检查字符串长度是否在指定范围内。
- regex：检查字段是否匹配指定的正则表达式。

根据上述介绍，配置【实例 4.4】校验文件 RegistAction-validation.xml，代码如下：

```
<?xml version="1.0" encoding="UTF-8"?>
<!DOCTYPE validators PUBLIC
"-//Apache Struts//XWork Validator 1.0.2//EN"
"http://struts.apache.org/dtds/xwork-validator-1.0.2.dtd">
<validators>
        <field name="username">
                        <field-validator type="requiredstring">
                        <!-- 去空格 -->
                        <param name="trim">true</param>
                        <message>username 为空！</message>
                        </field-validator>
           </field>
           <field name="password">
                        <field-validator type="requiredstring">
                        <param name="trim">true</param>
                        <message>password 为空！</message>
                        </field-validator>
           </field>
           <field name="repassword">
                        <field-validator type="requiredstring">
                        <param name="trim">true</param>
                        <message>repassword 为空！</message>
                        </field-validator>
                        <field-validator type="fieldexpression">
                                <param name="expression">
                                <![CDATA[(repassword.equals(password))]]>
                        </param>
                        <message>两次输入密码不同！</message>
                        </field-validator>
                </field>
                <field name="age">
                        <field-validator type="int">
                        <param name="min">1</param>
                        <param name="max">150</param>
                        <message>age 必须在 1 到 150 之间</message>
                        </field-validator>
           </field>
</validators>
```

这样就可以完成同前面类似的校验。运行程序，出现如前图 4.7 所示的界面，单击【提交】按钮，出现如图 4.10 所示的界面。输入 password 及 repassword，但让两次输入的密码不同，就会出现如图 4.11 所示的验证失败界面。

图 4.10　验证失败界面

图 4.11　密码不同时的验证失败界面

4.4.4　客户端校验

前面介绍的校验是在服务器进行的，Struts 2 校验框架还提供了客户端校验。应用客户端校验的步骤如下（在 4.4.3 节基础上修改）。

① 在注册页面的<s:form>中加入“validate="true"”。

② 在项目 WebRoot\WEB-INF 下创建 content 文件夹，然后将项目的所有 JSP 页面都移到该文件夹下。

③ 在 struts.xml 中增加配置如下：

```
<action name="*">
    <result>/WEB-INF/content/{1}.jsp</result>
</action>
```

④ 部署运行程序，在 IE 地址栏输入“http://localhost:8080/ValidateTest/index”并回车，不输入任何内容直接单击【提交】按钮，结果会如图 4.12 所示。输入不一样的 password 和 repassword 值，则会出现如图 4.13 所示的验证失败界面。

图 4.12　客户端验证失败界面

图 4.13　客户端密码不同时的验证失败界面

Struts 2 框架会把配置的验证信息转换成 JavaScript 代码，在页面进行验证，无须跳转到服务器，但从图 4.11 和图 4.13 两图的对比中会发现，客户端没有对密码不同进行验证，这是由于 Struts 2 客户端校验局限性造成的。因为 Struts 2 的客户端校验不支持所有的校验器，如果在配置校验器时用到了客户端不支持的校验器，那么在应用客户端校验时就可能得不到正确的校验结果。Struts 2 的客户端校验所支持的校验器有以下几种：

- int 校验器；
- double 校验器；
- required 校验器；
- requiredstring 校验器；

- stringlength 校验器；
- regex 校验器；
- email 校验器；
- url 校验器。

因此，这里用到的 fieldexpression 校验器，客户端不能识别，还需要服务端校验来完成。

习 题 4

1．Struts 2 有哪几种类型转换器？如何使用它们？

2．举例说明 Struts 2 输入校验的 3 种方法。

3．设计页面，输入学生的基本信息：学号、姓名、性别、出生年月、专业、总学分等。采用不同的验证方法，确保满足下列条件：

（1）学号前两位大于“16”并且后面 4 位必须为数字；

（2）出生年月必须保证年龄大于或等于 18；

（3）专业不能为空；

（4）总学分在 0～80 之间。

第5章　Struts 2 应用进阶

在介绍了 Struts 2 的基础知识和基本使用方法后，本章重点就 Struts 2 框架的几种常规应用来作进一步讲述，包括 Struts 2 的拦截器、文件操作及国际化应用举例。

5.1　Struts 2 拦截器

5.1.1　拦截器概述

Struts 2 框架的绝大部分功能在其内部都是通过拦截器来完成的。当拦截到用户请求后，大量拦截器将会对这个请求进行处理，然后才调用用户自定义的 Action 类中的方法处理请求，可见，拦截器是 Struts 2 的核心所在。当需要扩展 Struts 2 的功能时，只需要提供相应的拦截器，并将它配置在 Struts 2 容器中即可。反之，如果不需要某个功能，也只要取消该功能的拦截器就可以了。这种灵活的可插拔式的设计，也是 Struts 2 的经典所在。

Struts 2 框架内建了大量的拦截器，这些拦截器可以在 struts-default.xml（位于 Struts 2 完整版\src\core\src\main\resources 目录下）中查看：

```
<interceptor name="alias" class="com.opensymphony.xwork2.interceptor.AliasInterceptor"/>
<interceptor name="autowiring" class="com.opensymphony.xwork2.spring.interceptor.ActionAutowiringInterceptor"/>
<interceptor name="chain" class="com.opensymphony.xwork2.interceptor.ChainingInterceptor"/>
<interceptor name="conversionError" class="org.apache.struts2.interceptor.StrutsConversionErrorInterceptor"/>
<interceptor name="cookie" class="org.apache.struts2.interceptor.CookieInterceptor"/>
<interceptor name="cookieProvider" class="org.apache.struts2.interceptor.CookieProviderInterceptor"/>
<interceptor name="clearSession" class="org.apache.struts2.interceptor.ClearSessionInterceptor"/>
<interceptor name="createSession" class="org.apache.struts2.interceptor.CreateSessionInterceptor"/>
<interceptor name="debugging" class="org.apache.struts2.interceptor.debugging.DebuggingInterceptor"/>
<interceptor name="execAndWait" class="org.apache.struts2.interceptor.ExecuteAndWaitInterceptor"/>
<interceptor name="exception" class="com.opensymphony.xwork2.interceptor.ExceptionMappingInterceptor"/>
<interceptor name="fileUpload" class="org.apache.struts2.interceptor.FileUploadInterceptor"/>
<interceptor name="i18n" class="org.apache.struts2.interceptor.I18nInterceptor"/>
<interceptor name="logger" class="com.opensymphony.xwork2.interceptor.LoggingInterceptor"/>
<interceptor name="modelDriven" class="com.opensymphony.xwork2.interceptor.ModelDrivenInterceptor"/>
<interceptor name="scopedModelDriven" class="com.opensymphony.xwork2.interceptor.ScopedModelDrivenInterceptor"/>
<interceptor name="params" class="com.opensymphony.xwork2.interceptor.ParametersInterceptor"/>
<interceptor name="actionMappingParams" class="org.apache.struts2.interceptor.ActionMappingParametersInterceptor"/>
<interceptor name="prepare" class="com.opensymphony.xwork2.interceptor.PrepareInterceptor"/>
<interceptor name="staticParams" class="com.opensymphony.xwork2.interceptor.StaticParametersInterceptor"/>
<interceptor name="scope" class="org.apache.struts2.interceptor.ScopeInterceptor"/>
<interceptor name="servletConfig" class="org.apache.struts2.interceptor.ServletConfigInterceptor"/>
<interceptor name="timer" class="com.opensymphony.xwork2.interceptor.TimerInterceptor"/>
```

```
<interceptor name="token" class="org.apache.struts2.interceptor.TokenInterceptor"/>
<interceptor name="tokenSession" class="org.apache.struts2.interceptor.TokenSessionStoreInterceptor"/>
<interceptor name="validation" class="org.apache.struts2.interceptor.validation.AnnotationValidationInterceptor"/>
<interceptor name="workflow" class="com.opensymphony.xwork2.interceptor.DefaultWorkflowInterceptor"/>
<interceptor name="store" class="org.apache.struts2.interceptor.MessageStoreInterceptor"/>
<interceptor name="checkbox" class="org.apache.struts2.interceptor.CheckboxInterceptor"/>
<interceptor name="datetime" class="org.apache.struts2.interceptor.DateTextFieldInterceptor"/>
<interceptor name="profiling" class="org.apache.struts2.interceptor.ProfilingActivationInterceptor"/>
<interceptor name="roles" class="org.apache.struts2.interceptor.RolesInterceptor"/>
<interceptor name="annotationWorkflow" class="com.opensymphony.xwork2.interceptor.annotations.AnnotationWorkflowInterceptor"/>
<interceptor name="multiselect" class="org.apache.struts2.interceptor.MultiselectInterceptor"/>
<interceptor name="noop" class="org.apache.struts2.interceptor.NoOpInterceptor"/>
```

Struts 2 框架给出了这么多的拦截器，下面简要介绍它们中一些的作用。

- alias：实现在不同请求中相似参数别名的转换。
- autowiring：这是个自动装配 Spring，主要用于当 Struts 2 和 Spring 整合时，Struts 2 可以使用自动装配的方式来访问 Spring 容器中的 Bean。
- chain：构建一个 Action 链，使当前 Action 可以访问前一个 Action 的属性，一般和<result type="chain"/>一起使用。
- conversionError：这是一个负责处理类型转换错误的拦截器，它负责将类型转换错误从 ActionContext 中取出，并转换成 Action 的 FieldError 错误。
- createSession：该拦截器负责创建一个 HttpSession 对象，主要用于那些需要有 HttpSession 对象才能正常工作的拦截器。
- debugging：当使用 Struts 2 的开发模式时，这个拦截器会提供更多的调试信息。
- execAndWait：后台执行 Action，负责将等待画面发送给用户。
- exception：这个拦截器负责处理异常，它将异常映射为结果。
- fileUpload：这个拦截器主要用于文件上传，它负责解析表单中文件域的内容。
- il8n：这是支持国际化的拦截器，它负责把所选的语言、区域放入用户 Session 中。
- logger：这是一个负责日志记录的拦截器，主要是输出 Action 的名字。
- modelDriven：这是一个用于模型驱动的拦截器，当某个 Action 类实现了 ModelDriven 接口时，它负责把 getModel()方法的结果堆入 ValueStack 中。
- scopedModelDriven：如果一个 Action 实现了一个 ScopedModelDriven 接口，该拦截器负责从指定生存范围中找出指定的 Model，并将通过 setModel 方法将该 Model 传给 Action 实例。
- params：这是一个最基本的拦截器，它负责解析 HTTP 请求中的参数，并将参数值设置成 Action 对应的属性值。
- prepare：如果 Action 实现了 Preparable 接口，将会调用该拦截器的 prepare()方法。
- staticParams：这个拦截器负责将 xml 中<action>标签下<param>标签中的参数传入 Action。
- scope：这是范围转换拦截器，它可以将 Action 状态信息保存到 HttpSession 范围，或者保存到 ServletContext 范围内。
- servletConfig：如果某个 Action 需要直接访问 Servlet API，可以通过这个拦截器实现。
- timer：这个拦截器负责输出 Action 的执行时间，在分析该 Action 的性能瓶颈时比较有用。
- token：这个拦截器主要用于阻止重复提交，它检查传到 Action 中的 token，防止多次提交。
- tokenSession：这个拦截器的作用与前一个基本类似，只是它把 token 保存在 HttpSession 中。

- validation：通过执行在 xxxAction-validation.xml 中定义的校验器，完成数据校验。
- workflow：这个拦截器负责调用 Action 类中的 validate 方法，如果校验失败，则返回 input 的逻辑视图。
- roles：这是一个 JAAS（Java Authentication and Authorization Service，Java 授权和认证服务）拦截器，只有当浏览者取得合适的授权后，才可以调用被该拦截器拦截的 Action。

一般情况下，程序员不用手动配置这些拦截器，因为 struts-default.xml 文件中已经配置了这些拦截器，只要让定义的包继承系统的 struts-default 包，系统就会自动加载这些拦截器。

5.1.2　拦截器配置

拦截器的配置是在 struts.xml 中完成的，定义一个拦截器使用<interceptor…/>标签，其格式如下：

```
<interceptor name="拦截器名" class="拦截器实现类"/>
```

这种情况的应用非常广。有的时候，如果需要在配置拦截器时就为其传入拦截器参数，只要在<interceptor..>与</interceptor>之间配置<param…/>标签即可。其格式如下：

```
<interceptor name="拦截器名" class="拦截器实现类">
    <param name="参数名">参数值</param>
    <!--如果需要传入多个参数，可以一并设置-->
</interceptor>
```

如果在其他的拦截器配置中出现了同名的参数，则前面配置的参数将被覆盖。

在 struts.xml 中可以配置多个拦截器，它们被包在<interceptors></interceptors>之间，如下面的配置：

```
<?xml version="1.0" encoding="UTF-8" ?>
<!DOCTYPE struts PUBLIC
    "-//Apache Software Foundation//DTD Struts Configuration 2.5//EN"
    "http://struts.apache.org/dtds/struts-2.5.dtd">
<!-- START SNIPPET: xworkSample -->
<struts>
  <package name="default" extends="struts-default">
      <interceptors>
          <interceptor name="拦截器名 1" class="拦截器类 1"></interceptor>
          <interceptor name="拦截器名 2" class="拦截器类 2"></interceptor>
          ...
          <interceptor name="拦截器名 n" class="拦截器类 n"></interceptor>
      </interceptors>
      <!--action 配置-->
  </package>
</struts>
<!-- END SNIPPET: xworkSample -->
```

由此可以看出，拦截器是配置在包下的。在包下配置了一系列的拦截器，但仅仅是配置在该包下，并没有得到应用。如果要应用这些拦截器，就需要在<action>配置中引用它们，一个<action>需要应用多个拦截器，这样就不免要有多条引用语句（引用拦截器用标签<interceptorref.../>），所以 Struts 2 给出了拦截器栈的使用，一个拦截器栈中可以包含多个拦截器。配置拦截器栈的格式为：

```
<?xml version="1.0" encoding="UTF-8" ?>
<!DOCTYPE struts PUBLIC
    "-//Apache Software Foundation//DTD Struts Configuration 2.5//EN"
    "http://struts.apache.org/dtds/struts-2.5.dtd">
<!-- START SNIPPET: xworkSample -->
<struts>
```

```
    <package name="default" extends="struts-default">
        <interceptors>
            <interceptor name="拦截器名 1" class="拦截器类 1"></interceptor>
            <interceptor name="拦截器名 2" class="拦截器类 2"></interceptor>
            ...
            <interceptor name="拦截器名 n" class="拦截器类 n"></interceptor>
            <interceptor-stack name="拦截器栈名">
                <interceptor-ref name="拦截器名 1"></interceptor-ref>
                <interceptor-ref name="拦截器名 2"></interceptor-ref>
                <!--这里还可以配置很多拦截器，但前提是这些拦截器已经配置存在-->
            </interceptor-stack>
        </interceptors>
        <!--action 配置-->
    </package>
</struts>
<!-- END SNIPPET: xworkSample -->
```

其实，在 Struts 2 框架中也配置有很多拦截器栈，在 Struts 2 的 struts-default.xml 中可以发现有如下拦截器栈的配置：

```
<!-- Empty stack - performs no operations -->
<interceptor-stack name="emptyStack">
    <interceptor-ref name="noop"/>
</interceptor-stack>

<!-- Basic stack -->
<interceptor-stack name="basicStack">
    <interceptor-ref name="exception"/>
    <interceptor-ref name="servletConfig"/>
    <interceptor-ref name="prepare"/>
    <interceptor-ref name="checkbox"/>
    <interceptor-ref name="datetime"/>
    <interceptor-ref name="multiselect"/>
    <interceptor-ref name="actionMappingParams"/>
    <interceptor-ref name="params"/>
    <interceptor-ref name="conversionError"/>
</interceptor-stack>

<!-- Sample validation and workflow stack -->
<interceptor-stack name="validationWorkflowStack">
    <interceptor-ref name="basicStack"/>
    <interceptor-ref name="validation"/>
    <interceptor-ref name="workflow"/>
</interceptor-stack>

<!-- Sample file upload stack -->
<interceptor-stack name="fileUploadStack">
    <interceptor-ref name="fileUpload"/>
    <interceptor-ref name="basicStack"/>
</interceptor-stack>

<!-- Sample model-driven stack -->
```

```
<interceptor-stack name="modelDrivenStack">
    <interceptor-ref name="modelDriven"/>
    <interceptor-ref name="basicStack"/>
</interceptor-stack>

<!-- Sample action chaining stack -->
<interceptor-stack name="chainStack">
    <interceptor-ref name="chain"/>
    <interceptor-ref name="basicStack"/>
</interceptor-stack>

<!-- Sample i18n stack -->
<interceptor-stack name="i18nStack">
    <interceptor-ref name="i18n"/>
    <interceptor-ref name="basicStack"/>
</interceptor-stack>

<interceptor-stack name="paramsPrepareParamsStack">
    <interceptor-ref name="exception"/>
    <interceptor-ref name="alias"/>
    <interceptor-ref name="i18n"/>
    <interceptor-ref name="checkbox"/>
    <interceptor-ref name="datetime"/>
    <interceptor-ref name="multiselect"/>
    <interceptor-ref name="params"/>
    <interceptor-ref name="servletConfig"/>
    <interceptor-ref name="prepare"/>
    <interceptor-ref name="chain"/>
    <interceptor-ref name="modelDriven"/>
    <interceptor-ref name="fileUpload"/>
    <interceptor-ref name="staticParams"/>
    <interceptor-ref name="actionMappingParams"/>
    <interceptor-ref name="params"/>
    <interceptor-ref name="conversionError"/>
    <interceptor-ref name="validation">
        <param name="excludeMethods">input,back,cancel,browse</param>
    </interceptor-ref>
    <interceptor-ref name="workflow">
        <param name="excludeMethods">input,back,cancel,browse</param>
    </interceptor-ref>
</interceptor-stack>

<interceptor-stack name="defaultStack">
    <interceptor-ref name="exception"/>
    <interceptor-ref name="alias"/>
    <interceptor-ref name="servletConfig"/>
    <interceptor-ref name="i18n"/>
    <interceptor-ref name="prepare"/>
    <interceptor-ref name="chain"/>
    <interceptor-ref name="scopedModelDriven"/>
    <interceptor-ref name="modelDriven"/>
```

```
        <interceptor-ref name="fileUpload"/>
        <interceptor-ref name="checkbox"/>
        <interceptor-ref name="datetime"/>
        <interceptor-ref name="multiselect"/>
        <interceptor-ref name="staticParams"/>
        <interceptor-ref name="actionMappingParams"/>
        <interceptor-ref name="params"/>
        <interceptor-ref name="conversionError"/>
        <interceptor-ref name="validation">
            <param name="excludeMethods">input,back,cancel,browse</param>
        </interceptor-ref>
        <interceptor-ref name="workflow">
            <param name="excludeMethods">input,back,cancel,browse</param>
        </interceptor-ref>
        <interceptor-ref name="debugging"/>
    </interceptor-stack>

    <interceptor-stack name="completeStack">
        <interceptor-ref name="defaultStack"/>
    </interceptor-stack>

    <interceptor-stack name="executeAndWaitStack">
        <interceptor-ref name="execAndWait">
            <param name="excludeMethods">input,back,cancel</param>
        </interceptor-ref>
        <interceptor-ref name="defaultStack"/>
        <interceptor-ref name="execAndWait">
            <param name="excludeMethods">input,back,cancel</param>
        </interceptor-ref>
    </interceptor-stack>
```

从上面的一段代码中可以看出，Struts 2 框架提供了很多拦截器栈，在大部分情况下足够程序员使用了。同时，拦截器栈还可以引用拦截器栈，一个拦截器栈在引用了另一个拦截器栈后，就相当于引用了另一个拦截器栈中的所有拦截器。

在 struts-default.xml 文件的最后还有这样一句代码：

```
<default-interceptor-ref name="defaultStack"/>
```

该句是用来配置默认拦截器栈的，Struts 2 框架自动配置了默认拦截器栈，这样每次当用户请求经过 Struts 2 框架处理时都会先由“defaultStack”这个默认的拦截器栈来处理。默认拦截器栈或拦截器可以修改，只要在 struts.xml 文件的 package 下配置上面的语句，并把“name”的值指定为要配置的默认拦截器或拦截器栈名即可。

拦截器或拦截器栈配置完成后就可以在<action>中对其引用了，一个 action 引用拦截器或拦截器栈的格式如下：

```
<action name="Action 名" class="Action 类">
    <interceptor-ref name="defaultStack"></interceptor-ref>
    <interceptor-ref name="拦截器 1"></interceptor-ref>
    <interceptor-ref name="拦截器 2"></interceptor-ref>
</action>
```

可以看出，在为 action 指定拦截器时，配置了：

```
<interceptor-ref name="defaultStack"></interceptor-ref>
```

前面说过，“defaultStack”是系统默认的拦截器栈，会自动应用，那么为什么这里还要配置呢？原来，当为一个 action 配置拦截器时，默认的拦截器就不起作用了，如果想要该 action 还能以 Struts 2 框架的流程工作，就必须显式地配置“defaultStack”这个拦截器栈。

5.1.3 自定义拦截器

虽然 Struts 2 框架提供了很多拦截器，但总有一些功能需要程序员自定义拦截器来完成，如权限控制等。

Struts 2 提供了一些接口或类供程序员自定义拦截器。例如，Struts 2 提供了 com.opensymphony.xwork2.interceptor.Interceptor 接口，程序员只要实现该接口就可完成自定义拦截器类的编写。该接口的代码如下：

```
public interface Interceptor extends Serializable{
    void init();
    String intercept(ActionInvocation invocation) throws Exception;
    void destroy();
}
```

其中有如下三种方法。

- init()：该方法在拦截器被实例化之后、执行之前调用，且只被执行一次，主要用于初始化资源。
- intercept(ActionInvocation invocation)：该方法用于实现拦截的动作。该方法有个参数，用该参数调用 invoke()方法，将控制权交给下一个拦截器，或者交给 Action 类中的方法。
- destroy()：该方法与 init()方法对应，于拦截器实例被销毁之前调用，用于销毁在 init()方法中打开的资源。

除了 Interceptor 接口之外，Struts 2 框架还提供了 AbstractInterceptor 类，该类实现了 Interceptor 接口，并提供了 init()方法和 destroy()方法的空实现。在一般的拦截器实现中都会继承该类，因为一般实现的拦截器是不需要打开资源的，故无须实现这两个方法，继承该类会更简洁。该类的代码实现为：

```
public interface AbstractInterceptor implements Interceptor{
    public AbstractInterceptor();
    public void init();
    public void destroy();
    public abstract String intercept(ActionInvocation invocation) throws Exception;
}
```

下面举例说明自定义拦截器的使用。

【实例 5.1】编写一个自定义的拦截器类，并测试其可用性。

1. 创建 Struts 2 项目

建立项目，取项目名为“InterceptorTest”。加载 Struts 2 包及修改 web.xml 文件，配置 Struts 2，操作同【实例 2.1】的第 1、2 步，不再赘述。

2. 自定义拦截器类

创建自定义拦截器类“MyInterceptor.java”，编写代码如下：

```
package org.interceptor;
import com.opensymphony.xwork2.ActionInvocation;
import com.opensymphony.xwork2.interceptor.AbstractInterceptor;
public class MyInterceptor extends AbstractInterceptor{
    public String intercept(ActionInvocation arg0) throws Exception {
        System.out.println("我在 Action 前执行---->");
```

```
            String result=arg0.invoke();
            System.out.println("我在 Action 后执行---->");
            return result;
        }
}
```

3．编写测试用 Action

创建 Action 类“TestAction.java”，编写代码如下：

```
package org.action;
import com.opensymphony.xwork2.ActionSupport;
public class TestAction extends ActionSupport{
        public String execute() throws Exception {
                System.out.println("我在 Action 中执行---->");
                return NONE;        //不做任何跳转
        }
}
```

4．配置拦截器

在 struts.xml 中配置 Action 及拦截器，代码如下：

```
<?xml version="1.0" encoding="UTF-8" ?>
<!DOCTYPE struts PUBLIC
        "-//Apache Software Foundation//DTD Struts Configuration 2.5//EN"
        "http://struts.apache.org/dtds/struts-2.5.dtd">
<!-- START SNIPPET: xworkSample -->
<struts>
    <package name="default" extends="struts-default">
     <interceptors>
            <interceptor name="myInterceptor" class="org.interceptor.MyInterceptor"/>
     </interceptors>
     <action name="test" class="org.action.TestAction">
            <interceptor-ref name="defaultStack"></interceptor-ref>
            <interceptor-ref name="myInterceptor"></interceptor-ref>
     </action>
    </package>
</struts>
<!-- END SNIPPET: xworkSample -->
```

5．运行测试

做完这些简单的工作后，部署项目并启动服务器，在浏览器中输入“http://localhost:8080/InterceptorTest/test.action”请求，再查看控制台，出现如图 5.1 所示的界面，可见，自定义的拦截器已经起了作用，在 Action 执行前后分别输出了一句话。

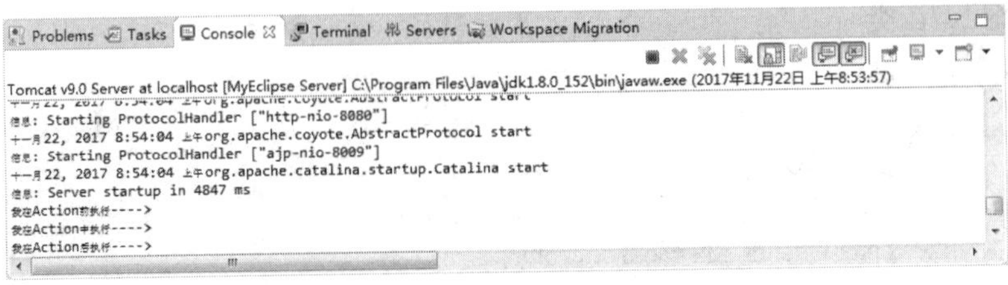

图 5.1　项目运行后控制台输出

5.1.4　拦截器应用实例

在 Web 应用开发中，往往会遇到表单数据重复提交的情况，例如，由于服务器延迟，客户端多次单击提交按钮，还有提交成功后单击浏览器的返回再次进行提交等。

Struts 2 框架给出了处理方法，可以利用 Struts 2 的 TokenInterceptor 拦截器对其进行处理。如果发现重复提交就会返回一个“invoke.token”的逻辑视图名，然后根据该名跳转到提示页面。下面以一个应用实例来演示拦截器的这种用途。

【实例 5.2】用 Struts 2 框架内建的 token 拦截器处理用户重复提交的页，以防错误发生。

1．创建 Struts 2 项目

建立项目，取项目名为“TokenInterceptor”。加载 Struts 2 包及修改 web.xml 文件，配置 Struts 2，操作同【实例 2.1】的第 1、2 步，不再赘述。

2．创建登录页

修改 index.jsp 作为登录页面：

```
<%@ page language="java" pageEncoding="UTF-8"%>
<%@ taglib uri="/struts-tags" prefix="s"%>
<html>
<head>
<title>登录界面</title>
</head>
<body>
	<s:form action="login" method="post">
		<!-- 该标签在标签库中已作解释 -->
		<s:token></s:token>
		<s:textfield name="username" label="用户名"></s:textfield>
		<s:password name="password" label="密码"></s:password>
		<s:submit value="提交"></s:submit>
	</s:form>
</body>
</html>
```

3．编写 Action

编写 Action 类 LoginAction.java，代码如下：

```
package org.action;
import com.opensymphony.xwork2.ActionSupport;
public class LoginAction extends ActionSupport{
	private String username;		//用户名
	private String password;		//密码
	//省略上述属性的 get 和 set 方法
	public String execute() throws Exception {
		return SUCCESS;
	}
}
```

4．配置拦截器

在 struts.xml 中配置 Action 及拦截器，代码如下：

```
<?xml version="1.0" encoding="UTF-8" ?>
<!DOCTYPE struts PUBLIC
```

```
        "-//Apache Software Foundation//DTD Struts Configuration 2.5//EN"
        "http://struts.apache.org/dtds/struts-2.5.dtd">
<!-- START SNIPPET: xworkSample -->
<struts>
    <package name="default" extends="struts-default">
     <action name="login" class="org.action.LoginAction">
            <result>welcome.jsp</result>
            <result name="invalid.token">wrong.jsp</result>
            <interceptor-ref name="defaultStack"/>
            <interceptor-ref name="token"/>
     </action>
    </package>
</struts>
<!-- END SNIPPET: xworkSample -->
```

5. 编写 JSP

成功返回界面 welcome.jsp，代码如下：

```
<%@ page language="java" pageEncoding="UTF-8"%>
<%@ taglib uri="/struts-tags" prefix="s"%>
<html>
<head>
<title>欢迎界面</title>
</head>
<body>
    欢迎您！<s:property value="username"/>
</body>
</html>
```

重复提交的提示错误界面 wrong.jsp，代码如下：

```
<%@ page language="java" pageEncoding="UTF-8"%>
<%@ taglib uri="/struts-tags" prefix="s"%>
<html>
<head>
    <title>错误界面</title>
</head>
<body>
    对不起，请不要重复提交！单击<a href="index.jsp">这里</a>返回登录页面
</body>
</html>
```

6. 运行测试

部署运行该项目，登录界面如图 5.2 所示；输入用户名和密码进入成功界面，如图 5.3 所示。

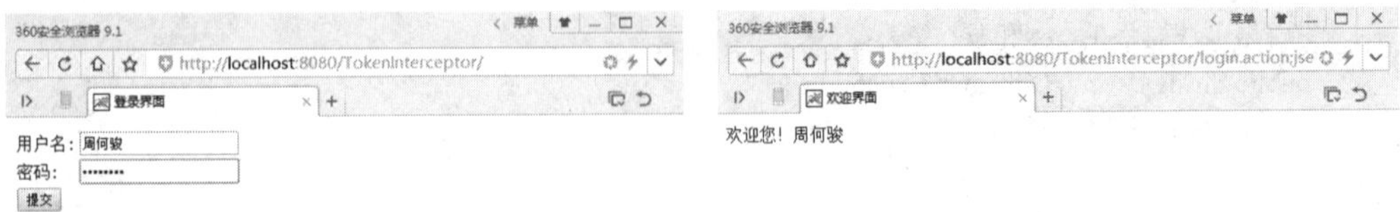

图 5.2 登录界面　　　　图 5.3 成功界面

此时，刷新页面，或单击浏览器的返回再次提交，就会被拦截器拦截，跳转到如图 5.4 所示的错误界面。

图 5.4　重复提交后的错误界面

这样就解决了处理表单重复提交的问题。

5.2　Struts 2 文件操作

Struts 2 通过对 Java 提供的 Common-FileUpload 框架的封装，使程序员可以更容易地实现文件操作。

5.2.1　单文件上传

实现 Struts 2 上传单个文件的功能非常简单，只要使用普通的 Action 即可。但为了获得一些上传文件的信息（如上传文件名等），就需要按照一定规则来为 Action 类增加一些 get 和 set 方法。Struts 2 的文件上传默认使用的是 Jakarta 的 Common-FileUpload 文件上传框架，该框架包括两个 Jar 包：commons-io-2.5.jar 和 commons-fileupload-1.3.3.jar，它们都已包含在 Struts 2 的 8 个基本 Jar 包之中了。

下面举例说明实现文件上传需要的步骤。该例把要上传的文件放在指定的文件夹（D:/upload）下，所以需要提前在 D 盘建立这个文件夹。

【实例 5.3】 用 Struts 2 的 Common-FileUpload 框架上传单个文件。

1．创建 Struts 2 项目

建立项目，取项目名为“StrutsUpload”。加载 Struts 2 包及修改 web.xml 文件，配置 Struts 2，操作同【实例 2.1】的第 1、2 步，不再赘述。

2．修改 index.jsp

在创建项目的时候，勾选自动生成 index.jsp 文件，读者可以应用该文件，将其中内容替换为自己编写的代码，如下：

```
<%@ page language="java" pageEncoding="utf-8"%>
<%@ taglib uri="/struts-tags" prefix="s"%>
<html>
<head>
    <title>文件上传</title>
</head>
<body>
    <s:form action="upload" method="post" enctype="multipart/form-data">
        <s:file name="upload" label="上传的文件"></s:file>
        <s:submit value="上传"></s:submit>
    </s:form>
```

```
</body>
</html>
```

注意，form 表单中加黑部分的代码中，enctype 是 form 的属性。把该属性值设置为“multipart/form-data”，表示该编码方式会以二进制流的方式来处理表单数据。该编码方式还会把文件域中指定文件的内容也封装到请求参数中，所以在文件上传时必须指定该属性值。

3．编写 Action 类

前面已经介绍过，功能的处理一般都在 Action 类中实现；处理完成后，进行跳转。该 Action 类完成文件的上传工作。在 src 下建立包 action，在该包下建立自定义 Action 类 UploadAction。该类的实现代码如下：

```
package action;
import java.io.File;
import java.io.FileInputStream;
import java.io.FileOutputStream;
import java.io.InputStream;
import java.io.OutputStream;
import com.opensymphony.xwork2.ActionSupport;
import com.sun.java_cup.internal.runtime.*;
public class UploadAction extends ActionSupport{
    private   File upload;                                        //上传文件
    private String uploadFileName;                                //上传的文件名
    //属性 upload 的 get/set 方法
    public File getUpload() {
        return upload;
    }
    public void setUpload(File upload) {
        this.upload = upload;
    }
    public String execute() throws Exception {
        InputStream is=new FileInputStream(getUpload());          //根据上传的文件得到输入流
        OutputStream os=new FileOutputStream("d:\\upload\\"+uploadFileName);  //指定输出流地址
        byte buffer[]=new byte[1024];
        int count=0;
        while((count=is.read(buffer))>0){
            os.write(buffer,0,count);                             //把文件写到指定位置的文件中
        }
        os.close();                                               //关闭
        is.close();
        return SUCCESS;                                           //返回
    }
    //属性 uploadFileName 的 get/set 方法
    public String getUploadFileName() {
        return uploadFileName;
    }
    public void setUploadFileName(String uploadFileName) {
        this.uploadFileName = uploadFileName;
    }
}
```

上传的文件经过该 Action 处理后，会被写到指定的路径下。其实，也可以把上传的文件写入数据

库中，在本书后面的例子中会介绍如何把上传的照片写入到数据库中。这里要注意的是，Struts 2 上传文件的默认大小限制是 2MB，故在测试的时候上传文件不能太大，如果要修改默认大小，只需要在 Struts 2 的配置文件“struts.properties”中修改“struts.multipart.maxSize”常量值即可。

在 struts.xml 中配置该 Action 类，代码如下：

```
…
<struts>
    <package name="default" extends="struts-default">
        <action name="upload" class="action.UploadAction">
            <result name="success">success.jsp</result>
        </action>
    </package>
    <constant name="struts.multipart.saveDir" value="/tmp"/>
</struts>
```

这里配置的“struts.multipart.saveDir”常量指定上传文件的临时保存路径。

4．建立 success.jsp

上传成功后，跳转到成功页面。代码如下：

```
<%@ page language="java" pageEncoding="utf-8"%>
<html>
<head>
    <title>成功页面</title>
</head>
<body>
    恭喜你！上传成功
</body>
</html>
```

5．部署运行

部署项目，启动 Tomcat，在浏览器中输入“http://localhost:8080/StrutsUpload/”，出现如图 5.5 所示的界面，选择要上传的文件，单击【上传】按钮，就会跳转到如图 5.6 所示的界面。打开 D 盘，在 upload 文件夹下可以找到刚上传的文件。

图 5.5　文件上传界面

图 5.6　上传成功界面

5.2.2 多文件上传

多文件上传，就是把多个文件一起上传到指定位置，它和单文件上传类似，只需要改动几个地方即可。首先是上传页面，由于要上传多个文件，所以就必须有多个供用户选择的文件框，然后就是修改 Action，把 Action 中属性的类型修改为 List。

【实例 5.4】在【实例 5.3】的基础上修改，实现多文件的上传。

修改 index.jsp：

```
<%@ page language="java" pageEncoding="utf-8"%>
<%@ taglib uri="/struts-tags" prefix="s" %>
<html>
<head>
    <title>文件上传</title>
</head>
<body>
        <s:form action="upload" method="post" enctype="multipart/form-data">
            <!-- 这里上传三个文件，这里可以是任意多个-->
            <s:file name="upload" label="上传的文件一"></s:file>
            <s:file name="upload" label="上传的文件二"></s:file>
            <s:file name="upload" label="上传的文件三"></s:file>
            <s:submit value="上传"></s:submit>
        </s:form>
</body>
</html>
```

注意：

几个<s:file>标签的名字必须相同，这样取值时会把它们对应的值都封装到指定的 List 中。

页面修改完成后，就可以修改对应的 Action 了。代码修改如下：

```
package action;
import java.io.File;
import java.io.FileInputStream;
import java.io.FileOutputStream;
import java.io.InputStream;
import java.io.OutputStream;
import java.util.List;
import com.opensymphony.xwork2.ActionSupport;
public class UploadAction extends ActionSupport{
    private   List<File> upload;                          //上传的文件内容，由于是多个，用 List 集合
    private List<String> uploadFileName;                  //文件名
    public String execute() throws Exception {
        if(upload!=null){
            for (int i = 0; i < upload.size(); i++) {     //遍历，得到每个文件并对它们进行读/写操作
                InputStream is=new FileInputStream(upload.get(i));
                OutputStream os=
                        new FileOutputStream("d:\\upload\\"+getUploadFileName().get(i));
                byte buffer[]=new byte[1024];
                int count=0;
                while((count=is.read(buffer))>0){
                    os.write(buffer,0,count);
                }
```

```
                    os.close();
                    is.close();
                }
            }
            return SUCCESS;
        }
        public List<File> getUpload() {
            return upload;
        }
        public void setUpload(List<File> upload) {
            this.upload = upload;
        }
        public List<String> getUploadFileName() {
            return uploadFileName;
        }
        public void setUploadFileName(List<String> uploadFileName) {
            this.uploadFileName = uploadFileName;
        }
}
```

修改完这两个文件就可以了。与上传单个文件一样，部署运行后，选择多个文件，如图 5.7 所示，然后单击【上传】按钮，成功后跳转到成功页面，这时可以打开 D 盘的 upload 文件夹查看上传的文件。

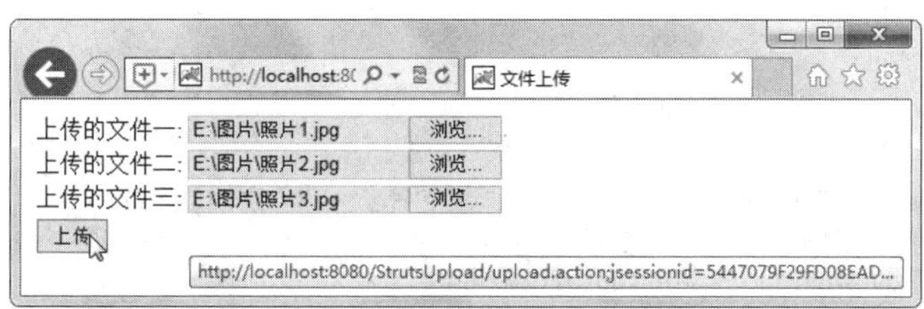

图 5.7　选择多个文件上传

5.2.3　文件下载

对于一个以西欧字符命名的文件，其下载只需在代码中用超链接指向要下载的文件即可。例如，要下载一个名为“example.rar”的文件，只需在页面用超链接指向该文件的路径即可：

```
<a href="image/example.rar">下载</a>        //表明要下载的是在 image 文件夹下的 example.rar 文件
```

如果要下载的文件是以非西欧字符（如中文）命名的，就不能这样做了。例如，要下载的文件名为“实例.rar”，用上面的方法就会报错。Struts 2 提供了解决的办法：在页面实现一个超链接，它指向一个 Action 请求，然后在对应的 Action 类中进行一些属性的处理后直接返回“SUCCESS”，最后在 action 配置的 result 中用 param 配置参数完成文件的下载。下面先介绍这些参数。

● inputName：该参数用于指定 Action 类中作为输入流的属性名。

● contentType：该参数用于指定下载文件的类型。如果指定该参数，当下载一个图片类型时会直接在浏览器上打开；若不配置，则会直接下载到硬盘上。

● contentDisposition：该参数用于指定下载文件在客户端上的一些属性。例如，可以设置保存的文件名，该文件名加入后缀且为西欧字符；如果设置为中文，可能出现乱码。

● bufferSize：该参数用于指定下载文件时缓冲区的大小。

【实例 5.5】用 Struts 2 框架的功能完成文件下载。

1．创建 Struts 2 项目

建立项目，取项目名为“StrutsDownload”。加载 Struts 2 包及修改 web.xml 文件，配置 Struts 2，操作同【实例 2.1】的第 1、2 步，不再赘述。在项目 WebRoot 下建立一个 image 文件夹，其中放入一个文件“用例.rar”，用于本例下载演示之用。

2．修改 index.jsp

index.jsp 修改为：

```
<%@ page language="java" pageEncoding="UTF-8"%>
<html>
    <head>
    <title>文件下载</title>
    </head>
    <body>
        <a href="download.action">下载</a>
    </body>
</html>
```

3．编写 Action 类

Action 类 DownloadAction.java 代码实现为：

```
package org.action;
import java.io.InputStream;
import org.apache.struts2.ServletActionContext;
import com.opensymphony.xwork2.ActionSupport;
public class DownloadAction extends ActionSupport{
    private String downloadFile;                    //需要下载的文件路径
    //生成 set 方法，该值由配置文件传递过来
    public void setDownloadFile(String downloadFile) {
        this.downloadFile = downloadFile;
    }
    public InputStream getTargetFile(){             //根据上面给出的文件路径，生成它的输入流
        return ServletActionContext.getServletContext().getResourceAsStream(downloadFile);
    }
    public String execute() throws Exception {
        return SUCCESS;
    }
}
```

4．配置 struts.xml 文件

文件下载最重要的工作就是在配置文件中进行配置，下面看其 struts.xml 文件：

```
…
<struts>
   <package name="default" extends="struts-default">
    <action name="download" class="org.action.DownloadAction">
        <!-- 传递参数，指定要下载的文件的路径 -->
        <param name="downloadFile">/image/用例.rar</param>
        <result name="success" type="stream">
            <!-- 输入流名称，对应 Action 类中的 getTargetFile()方法 -->
            <param name="inputName">targetFile</param>
```

```
                <!-- 设置下载文件的文件名 -->
                <param name="contentDisposition">
                    filename="example.rar"
                </param>
                <!-- 指定下载文件时缓冲区的大小 -->
                <param name="bufferSize">4096</param>
            </result>
        </action>
    </package>
</struts>
...
```

经过这些简单的配置，就可以对非西欧文件名的文件进行下载了。

5. 部署运行

部署项目，启动 Tomcat，在浏览器中输入“http://localhost:8080/StrutsDownload/”，出现如图 5.8 所示的界面，单击其上“下载”链接，就会弹出【新建下载任务】对话框，单击【浏览】按钮选择存盘路径，最后单击【下载】按钮开始下载进程。

图 5.8　下载文件界面

5.3　Struts 2 国际化

有时候，一个项目不仅要求只支持一种语言，如用中文开发的项目，只有懂中文的用户能用，而别的国家由于不使用中文将难以使用；但若再重新开发一套功能完全相同而只是语言不同的项目，显然又划不来。所谓国际化，是指在不修改程序代码的情况下，能根据不同的语言及地区用户显示不同的界面，在实际的 Web 应用领域，软件的国际化是很有必要的。

5.3.1　国际化原理

国际化的实现原理是：当用户选择了不同语言后，程序就会加载相对应的已经准备好的国际化资源文件来对程序进行赋值，这样就会出现用户想要的界面了。可见，开发国际化程序的关键是提供不同国家语言的资源文件。

1. 命名规则

Struts 2 的国际化资源文件都是“*.properties”文件，而且该文件需要放在项目的 classses 文件夹下。就命名规则而言，国际化资源文件必须命名为“基本名称_语言代码_国家代码.properties”，例如，中文的国际化资源文件应命名为：

```
基本名称_zh_CN.properties
```

而英文国际化资源文件则命名为：

```
基本名称_en_US.properties
```

一个项目中不同语言的资源文件其基本名称应该是相同的。

2. 内容格式

资源文件内容的格式为“key=value”，其中 key 可以根据程序员自己的喜好来命名，但一般都会命名为容易理解或记忆的名称，而 value 值则是该 key 对应的值，不同国家语言对应的该值是不同的。例如，英文对应：

```
login=login
```

中文则对应：

```
login=\u767B\u5F55
```

看到这里，读者可能有点迷惑，按常理来说，中文对应的应该是：

```
login=登录
```

为什么变成了“\u767B\u5F55”？原因是中文是非西欧字符，程序不能解析，所以在应用时必须为其转码，MyEclipse 2017 自带了中文转码功能，稍后的实例中会介绍。

5.3.2 资源文件的访问方式

国际化资源文件准备完成后，在需要国际化信息的地方使用即可，一般情况下多是在页面访问的，当然也可能会在 Action 类或者一些校验框架的配置信息中访问。Struts 2 访问国际化资源文件主要有以下 3 种方式。

1. 使用<s:text>标签

<s:text>标签只能在 JSP 页面中访问国际化资源信息，用法非常简单，该标签中有个 name 属性，将该资源文件的 key 赋予该 name 即可。例如：

```
<s:text name="loginView"/>
```

页面被请求时就会显示出“loginView”对应的 value 值。如果在资源文件中没有 key 为“loginView”对应的 value 值，则页面会直接显示“loginView”。

2. 使用标签属性 key

大部分 Struts 2 的表单标签都提供了 key 属性，只要把这个 key 属性的值对应到国际化资源文件的 key，就可以实现标签的国际化。例如：

```
<s:textfield name="XH" key="XH"/>
```

页面被请求时就会显示国际化资源文件中 key 为“XH”对应的值，同样地，如果资源文件中没有该值，就会显示“XH”。

3. 使用 getText()方法

getText()应用范围比较广泛，可以在页面使用，也可以在 Action 类或校验配置文件中使用。对于上面两个方法的应用都可以用该方法来代替：

```
<s:text name="loginView"/>
<s:textfield name="XH" key="XH"/>
```

使用 getText()方法可以实现为：

```
<s:property value="%{getText('welcome')}"/>
<s:textfield label="%{getText{'XH'}}"/>
```

而在 Action 类中的使用也非常简单，例如，在讲解非表单标签时的 Action 类中有：

```
addFieldError("username","fieldError 中保存的 username 错误信息");
```

可以看出，这里的错误信息是程序员直接写上去的，不能实现国际化。如果在资源文件中有对应的 key-value 对来表达这个错误信息，那么在 Action 类中就可以直接根据 key 来取值：

```
addFieldError("username",getText("对应 key 的名称"));
```

上面是在 Action 类中使用 getText()，还可以在校验配置文件中运用该方法来实现国际化。例如：

```
<field name="username">
    <field-validator type="requiredstring">
        <!-- 去空格 -->
        <param name="trim">true</param>
            <message>username 为空！</message>
    </field-validator>
</field>
```

假设资源文件中定义 key-value 对来描述错误信息“username 为空！”字样的 key 为“error”，那么配置文件可以改为：

```
<field name="username">
    <field-validator type="requiredstring">
        <!-- 去空格 -->
        <param name="trim">true</param>
            <message>${getText("error")}</message>
    </field-validator>
</field>
```

这样就可以完成其国际化的应用了。

5.3.3　国际化应用实例

在 Struts 2 中，提供了一个名为 il8n 的拦截器，该拦截器在执行 Action 方法之前，自动查找请求中一个名为 request_locale 的参数。如果该参数存在，拦截器就将其作为参数，转换成 Locale（国家/语言环境）对象，并将其设为用户默认的 Locale，放在用户 Session 的名为“WW_TRANS_Il8N_LOCALE”的属性中。il8n 拦截器被注册在默认的拦截器栈中，故在程序运行时就会自动加载，可以利用这些功能来设置允许用户自行选择网页的语言。

【实例 5.6】 利用 Struts 2 的 il8n 拦截器以及国际化功能，开发如图 5.9 所示的界面，刚开始为中文页面，如果单击下面的“英文”链接，就会出现如图 5.10 所示的英文页面。单击“chinese”链接，又回到图 5.9 的中文页面。

图 5.9　中文页面

图 5.10　英文页面

1．创建 Struts 2 项目

建立项目，取项目名为“SelectLanguageLogin”。加载 Struts 2 包及修改 web.xml 文件，配置 Struts

2，操作同【实例 2.1】的第 1、2 步，不再赘述。

2. 创建资源文件

Struts 2 提供了很多加载国际化资源文件的方法。最简单、最常用的方法就是加载全局的国际化资源文件，它是通过配置常量实现的。

在项目 src 下建立一个名为“struts.properties”的文件，在其中编写如下形式的代码：

```
struts.custom.il8n.resources = 资源文件名
```

该例中资源文件名为“message”，故 struts.properties 的代码如下：

```
struts.custom.il8n.resources = messgage
```

下面来建立两个资源文件，分别为英文和中文。

（1）创建英文资源文件

建在 src 目录下，文件名为 message_en_US.properties，代码如下：

```
language = please select language
chinese = chinese
english = english
loginView = Login View
XH = XH
KL = KL
login = login
```

可以看出，该文件内容是多个 key-value 对，即属性赋值的形式。

（2）创建中文资源文件

在 src 下创建文件 message_zh_CN.properties，在其编辑区 Properties 选项页，单击【Add】按钮，添加并编辑各属性对应的中文名称，如图 5.11 所示。

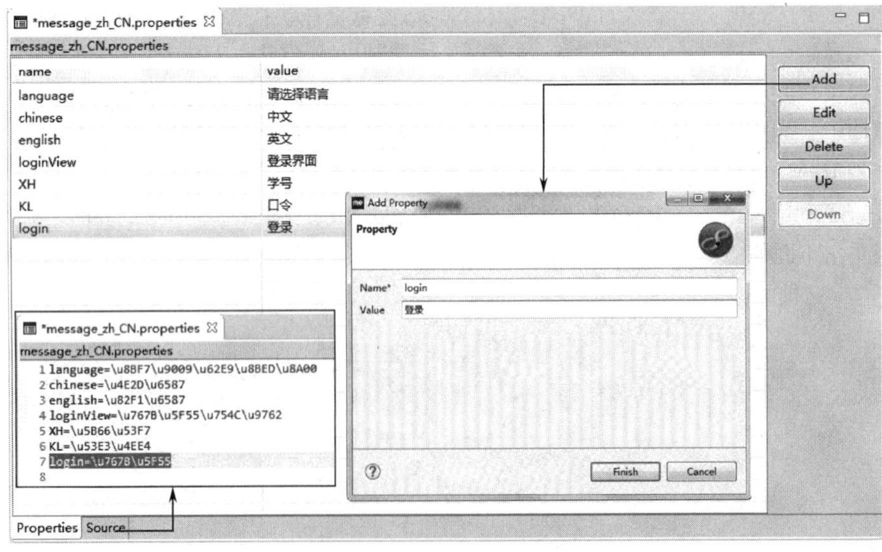

图 5.11　编辑中文资源文件

单击编辑区左下角的“Source”标签，切换到源码页，可看到 MyEclipse 2017 转码后的非西欧字符，保存即可。

3. 编写 JSP

编写登录页面，在 index.jsp 上修改即可，代码实现为：

```
<%@ page language="java" pageEncoding="UTF-8"%>
<%@ taglib uri="/struts-tags" prefix="s" %>
<html>
<head>
</head>
<body>
    <s:i18n name="message">
        <H3><s:text name="loginView"></s:text></H3>
        <s:form action="login" method="post">
        <s:textfield name="XH" key="XH"></s:textfield>
        <s:textfield name="KL" key="KL"></s:textfield>
        <s:submit value="%{getText('login')}"></s:submit>
    </s:form>
        <s:text name="language"></s:text>:
        <a href="login.action?request_locale=zh_CN"><s:text name="chinese"/></a>
        <a href="login.action?request_locale=en_US"><s:text name="english"/></a>
        </s:i18n>
    </body>
</html>
```

可以发现，中、英文的超链接都提交到了“login.action”，其中加黑部分代码为对国际化资源文件的访问。

4. 编写 Action

本例的目的是体现国际化的应用而非登录验证功能本身，故在 Action 中不进行任何处理，直接返回“SUCCESS”。Action 类的代码如下：

```
package org.action;
import com.opensymphony.xwork2.ActionSupport;
public class LoginAction extends ActionSupport{
    public String execute() throws Exception {
        return SUCCESS;
    }
}
```

5. 自定义拦截器

采取配置拦截器的方法，在进入“login.action”之前先对其进行语言的处理，拦截器代码实现为：

```
package org.interceptor;
import java.util.Locale;
import java.util.Map;
import com.opensymphony.xwork2.*;
import com.opensymphony.xwork2.interceptor.*;
public class CheckInterceptor extends AbstractInterceptor {
    public String intercept(ActionInvocation arg0) throws Exception {
        //获得 Action 上下文
        ActionContext ctx = arg0.getInvocationContext();
        //获得 Session
        Map session = ctx.getSession();
        //检查是否设置了 Locale，如果未设定，则默认为简体中文
        Locale currentLocale=(Locale)session.get("WW_TRANS_I18N_LOCALE");
        if(currentLocale==null){
            //设置 Locale 实例
```

```
                currentLocale = new Locale("zh", "CN");
                session.put("WW_TRANS_I18N_LOCALE", currentLocale);
            }
            return arg0.invoke();
        }
    }
```

使用的语言 Locale 定义完成后，就跳回执行 Action。

在 struts.xml 文件中配置拦截器，配置代码如下：

```
…
<struts>
<constant name="struts.costom.il8n.resources" value="message"/>
<package name="default" extends="struts-default">
        <interceptors>
                <interceptor name="myInterceptor" class="org.interceptor.CheckInterceptor"></interceptor>
        </interceptors>
        <action name="login" class="org.action.LoginAction">
                <result name="success">index.jsp</result>
                <interceptor-ref name="defaultStack"></interceptor-ref>
                <interceptor-ref name="myInterceptor"></interceptor-ref>
        </action>
</package>
</struts>
```

可以看出，本例应用了自定义拦截器来设置区域/语言的选择，实现了页面的国际化功能。读者可以自行测试。

习　题　5

1．用实例说明 Struts 2 中拦截器的配置。

2．根据 5.1.4 节中的内容，完成应用拦截器处理表单的重复提交。

3．根据 5.2.1 节的内容，应用 Struts 2 框架完成文件的上传。

4．根据 5.2.3 节的内容，应用 Struts 2 框架完成文件的下载。

5．了解软件国际化实现的原理及流程，并试做国际化应用实例。

第 6 章　Struts 2 综合应用案例

前面 4 章详细地介绍了 Struts 2 的基本功能，本章将综合地运用前面所学知识来开发一个图书管理系统。这里只介绍该系统的两个功能：读者借书和图书管理。它已经包含了操作数据库的主要内容，其他功能读者可根据所学知识自行完成。

6.1　“图书管理系统”主界面设计

本系统在【实例 2.1】的基础上修改、扩充而成，在此之前，我们已经实现了它的登录功能（登录界面见图 1.53）。登录成功后，要呈现“图书管理系统”主界面，主界面比较复杂，要专门设计。这里采用表格方式把主页面分成 3 行 1 列，如下所示：

主页面
头部
主体
尾部

主页分为头部、主体和尾部三块，其中：主体部分用于显示整个系统运行过程中供用户操作的表单界面及程序输出的结果视图；尾部固定不变，为软件开发商单位和版权声明；头部则会根据登录用户角色的不同而有所区别。

6.1.1　头部设计

1．头部效果

① 若以“管理员”身份登录，显示的页面头部效果如图 6.1 所示。

图 6.1　管理员身份登录后的页面头部

由图可见，管理员拥有权限较多，不仅可执行借书操作，还可进行图书管理操作。

② 若以“学生”身份登录，显示的页面头部效果如图 6.2 所示。

学生只能进行借书和查询，没有管理图书的权限，故图中“图书管理”图片链接呈现灰色，无法操作。

在项目 WebRoot 下创建 images 文件夹，用于存放本项目用到的头部资源图片（读者可从网上免费下载本书提供的图片，当然也可以自己设计更为美观的界面）。

图 6.2　学生身份登录后的页面头部

2．页头部 JSP

①“管理员”身份登录的主页头 head.jsp，代码如下：

```
<%@ page language="java" pageEncoding="UTF-8"%>
<html>
<head>
    <title>图书管理系统-管理员</title>
    <meta http-equiv="Content-Type" content="text/html; charset=gb2312">
</head>
<body bgcolor="#FFFFFF" leftmargin="0" topmargin="0" marginwidth="0" marginheight="0">
<table id="__01" width="898" height="120" border="0" cellpadding="0" cellspacing="0">
    <tr>
        <td rowspan="2">
            <img src="images/师教网络服务平台.gif" width="289" height="120" alt=""></td>
        <td colspan="7">
            <img src="images/图书管理系统.gif" width="609" height="80" alt=""></td>
    </tr>
    <tr>
        <td>
            <img src="images/图书查询.gif" width="87" height="40" alt=""></td>
        <td>
            <img src="images/借书查询.gif" width="83" height="40" alt=""></td>
        <td>
            <img src="images/借书.gif" width="80" height="40" onclick="location.href='lend.jsp'" style="cursor:hand" alt=""></td>
        <td>
            <img src="images/还书.gif" width="80" height="40" alt=""></td>
        <td>
            <img src="images/读者管理.gif" width="83" height="40" alt=""></td>
        <td>
            <img src="images/图书管理.gif" width="79" height="40" onclick="location.href='bookmanage.jsp'" style="cursor:hand" alt=""></td>
        <td>
            <img src="images/关于.gif" width="117" height="40" alt=""></td>
    </tr>
</table>
</body>
</html>
```

其中，“借书”和“图书管理”这两个图片链接可用，加黑部分代码表示单击它们后分别跳转到的页面。

②“学生”身份登录的主页头 head1.jsp，代码如下：

```
<%@ page language="java" pageEncoding="UTF-8"%>
<html>
```

```
<head>
    <title>图书管理系统-学生</title>
    <meta http-equiv="Content-Type" content="text/html; charset=gb2312">
</head>
<body bgcolor="#FFFFFF" leftmargin="0" topmargin="0" marginwidth="0" marginheight="0">
<table id="__01" width="898" height="121" border="0" cellpadding="0" cellspacing="0">
    <tr>
        <td rowspan="2">
            <img src="images/师教网络服务平台.gif" width="290" height="121" alt=""></td>
        <td colspan="7">
            <img src="images/图书管理系统.gif" width="608" height="79" alt=""></td>
    </tr>
    <tr>
        <td>
            <img src="images/图书查询.gif" width="85" height="42" alt=""></td>
        <td>
            <img src="images/借书查询.gif" width="83" height="42" onclick="location.href=
'lend.jsp'" style="cursor:hand" alt=""></td>
        <td>
            <img src="images/借书 1.gif" width="81" height="42" alt=""></td>
        <td>
            <img src="images/还书.gif" width="80" height="42" alt=""></td>
        <td>
            <img src="images/读者管理.gif" width="82" height="42" alt=""></td>
        <td>
            <img src="images/图书管理 1.gif" width="79" height="42" alt=""></td>
        <td>
            <img src="images/关于.gif" width="118" height="42" alt=""></td>
    </tr>
</table>
</body>
</html>
```

6.1.2 整体设计

头部实现后，主页整体的设计就简单多了，只需在页表格头部的行中“嵌入”已设计好的头部 JSP 文件即可。

以“管理员”身份登录，转到主页 admin.jsp 的代码为：

```
<%@ page language="java" pageEncoding="UTF-8"%>
<%@ taglib uri="/struts-tags" prefix="s"%>
<html>
<head>
    <title>图书管理系统</title>
</head>
<body>
    <table bgcolor="#71CABF" align="center">
        <!-- 页面头部 -->
        <tr>
            <td colspan="2"><jsp:include page="head.jsp"/></td>
        </tr>
        <!-- 页面主体 -->
```

```
            <tr>
                <td height="400"></td>
            </tr>
            <!-- 页面尾部 -->
            <tr>
                <td colspan="2" align="center">
                    <font size="2">南京师范大学：南京市宁海路 122 号  邮编：210097 <br>
师教教育研究中心版权所有 2010-2018</font>
                </td>
            </tr>
        </table>
    </body>
    </html>
```

其中，加黑部分代码为在页面上包含 JSP 文件（即已设计好的 head.jsp）的代码。

同理，以“学生”身份登录，转到主页 student.jsp 的代码为：

```
    …
    <html>
    …
    <body>
        <table bgcolor="#71CABF" align="center">
            <!-- 页面头部 -->
            <tr>
                <td colspan="2"><jsp:include page="head1.jsp"/></td>
            </tr>
            …
        </table>
    </body>
    </html>
```

这里，仅仅是包含的头部 JSP 文件不同，而页面其他代码与上面管理员的主页（admin.jsp）一样。设计好主页的整体呈现效果，如图 6.3 所示（以管理员的主页为例）。

图 6.3 运行主界面整体效果

6.2 实现“登录验证”功能

本系统的登录功能【实例 2.1】早已开发好了，这里只需对原程序进行少许修改，并运用前面所学知识，在此基础上增加验证功能即可。

先来修改原程序，主要是改变登录后需要跳转到的页面，原来是 main.jsp（欢迎主页），现在为上面刚刚设计的主界面（见图 6.3），且要能根据登录角色的不同控制跳转方向。

修改原 LoginAction.java 的代码为：

```
…
public class LoginAction extends ActionSupport{
    private Login login;
    private String message;                                     //用于显示验证错误信息
    //处理用户请求的 execute 方法
    public String execute() throws Exception{
        …
        if(l!=null){                                            //如果登录成功
            …
            //return SUCCESS;      注释掉这句
            //登录成功，判断角色为管理员还是学生，true 表示管理员，false 表示学生
            if(l.getRole()){
                return "admin";                                 //“管理员”身份登录
            }else{
                return "student";                               //“学生”身份登录
            }
        }else{
            return ERROR;                                       //验证失败返回字符串 ERROR
        }
    }
    //增加验证功能，验证登录名和密码是否为空
    public void validate() {
        if(login.getName()==null||login.getName().equals("")){
            this.addFieldError("name", "用户名不能为空！");
        }else if(login.getPassword()==null||login.getPassword().equals("")){
            this.addFieldError("password", "密码不能为空！");
        }
    }
    …
    //属性 message 的 get/set 方法
    public String getMessage() {
        return message;
    }
    public void setMessage(String message) {
        this.message = message;
    }
}
```

其中增加了验证功能，采用覆盖 ActionSupport 类的 validate 方法，判断如果用户未输入登录名和密码就把错误信息保存在“fielderror”中，并返回“INPUT”。这样，根据 struts.xml 中的 action 配置，就会返回登录页 login.jsp，并根据“<s:fielderror/>”输出其中保存的错误信息。

在 struts.xml 中修改配置，代码如下：

```
…
<struts>
    <package name="default" extends="struts-default">
```

```
            <!-- Struts 2.5 中为了增加安全性，需要配置全局方法许可 -->
            <global-allowed-methods>regex:.*</global-allowed-methods>
            <!-- 用户登录 -->
            <action name="login" class="org.action.LoginAction">
                <result name="admin">admin.jsp</result>
                <result name="student">student.jsp</result>
                <result name="error">error.jsp</result>
                <result name="input">login.jsp</result>
            </action>
            <!-- 此处以后还要添加更多 action 配置 -->
        </package>
        <!-- 设置 Web 应用编码集，为获取表单提交的中文信息 -->
        <constant name="struts.i18n.encoding" value="gb2312"/>
        <!-- 指定上传文件的临时保存路径，为上传图书封面照片 -->
        <constant name="struts.multipart.saveDir" value="/tmp"/>
        <!-- 设置支持动态方法调用，为在页面上用多个功能按钮实现不同的功能 -->
        <constant name="struts.enable.DynamicMethodInvocation" value="true" />
    </struts>
```

最后，还要修改登录页面 login.jsp 的代码，在其中加入<s:fielderror/>标签以便在页面上输出验证错误信息，代码如下：

```
    <%@ page language="java" pageEncoding="gb2312"%>
    <%@ taglib prefix="s" uri="/struts-tags"%>
    <html>
    <head>
        <title>图书管理系统</title>
    </head>
    <body bgcolor="#71CABF">
    <s:form action="login" method="post" theme="simple">
        <table>
            <caption>用户登录</caption>
            <tr>
                <td>登录名<s:textfield name="login.name" size="20"/></td>
            </tr>
            <tr>
                <td>密  码<s:password name="login.password" size="21"/></td>
            </tr>
            <tr>
                <td>
                    <s:submit value="登录"/>
                    <s:reset value="重置"/>
                </td>
            </tr>
            <!-- 验证失败信息或错误信息在这里显示 -->
            <tr>
                <td>
                    <font color="red"><s:fielderror/><s:property value="message"/>
</font>
                </td>
            </tr>
        </table>
```

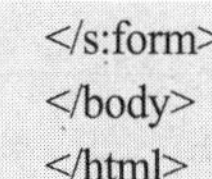

```
</s:form>
</body>
</html>
```

完成后，重新部署运行程序，于登录页上故意不输入任何内容而直接单击【登录】按钮，提交后系统显示验证错误提示信息，如图 6.4 所示。

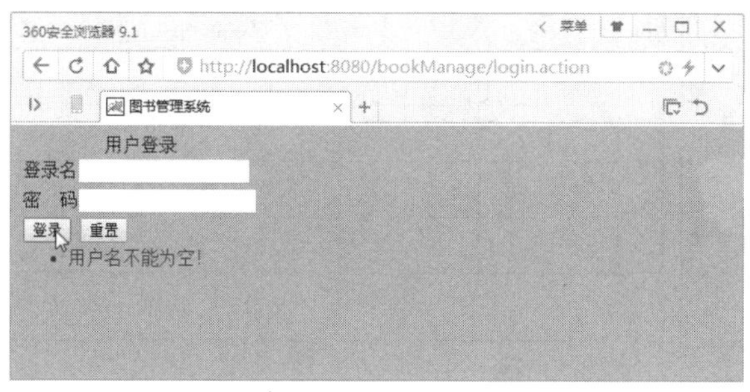

图 6.4　验证出错提示信息

6.3　实现“借书”功能

6.3.1　总体界面设计

当用“管理员”身份登录后，图片链接就可用了，单击“借书”链接，出现如图 6.5 所示界面。

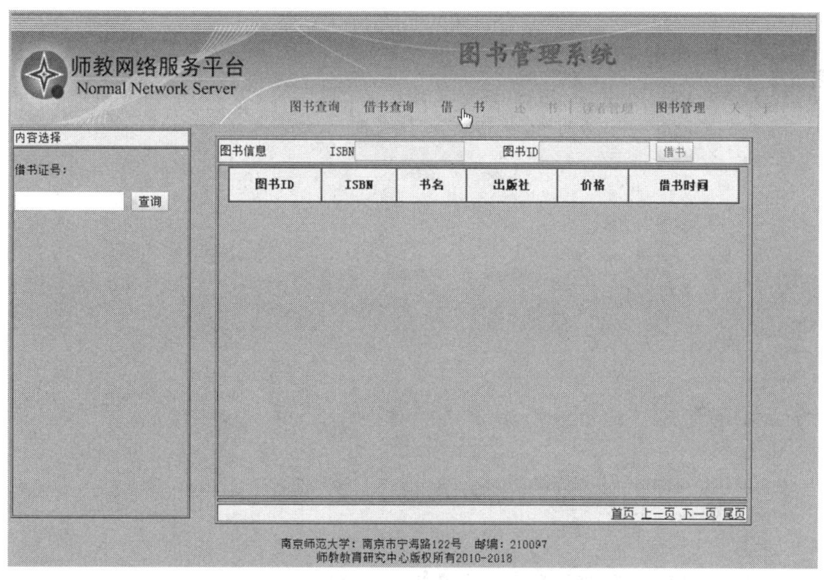

图 6.5　借书界面

要实现这个界面，采用表格方式把页面分成 3 行 2 列，基本结构如下所示：

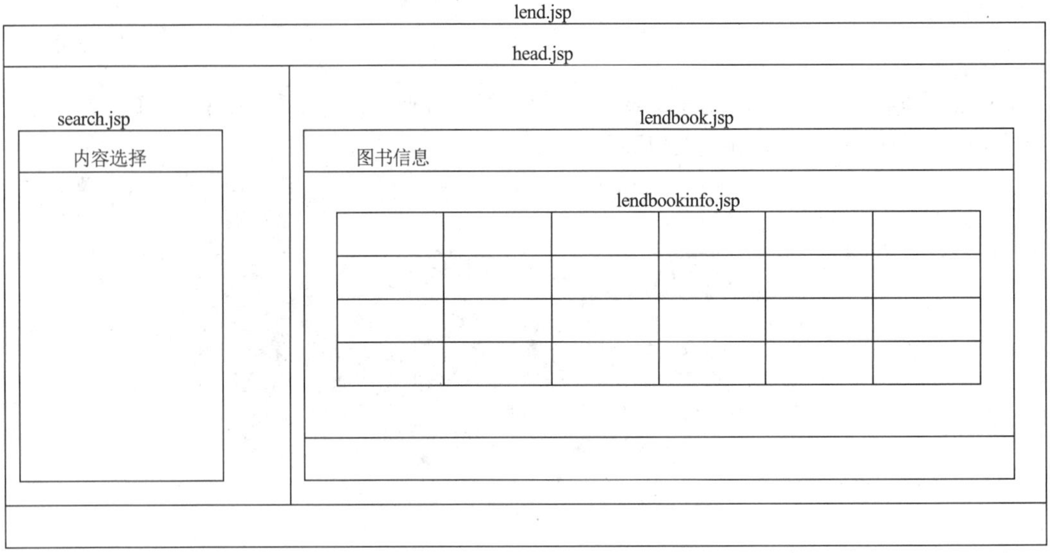

其中，第 1 行与第 3 行各占两列，然后在第 2 行的两列中分别放两个表格，左边的表格（search.jsp 实现）非常简单，不多介绍了，关键是右边的表格（lendbook.jsp 实现）。右边表格又分为 3 行 1 列，第 1 行是“图书信息”字样及一个简单的表单（“借书表单”）；第 2 行中又插入了一个表格（lendbookinfo.jsp 实现），用于显示所借图书的信息；第 3 行是分页控制。为避免 JSP 页代码过分冗长，同时也为了使程序的结构清晰、模块化和便于说明，其中的每个表格我们都用一个 JSP 页去单独实现，然后再用<jsp:include/>标签将它们包含整合进主页的布局中。

总体页面 lend.jsp，代码如下：

```
<%@ page language="java" pageEncoding="UTF-8"%>
<%@ taglib uri="/struts-tags" prefix="s"%>
<html>
<head>
	<title>图书管理系统</title>
	<style>
		.font1{font-size:13px;}
	</style>
</head>
<body>
	<table bgcolor="#71CABF" align="center" >
		<tr>
			<td colspan="2"><jsp:include page="head.jsp"/></td>
		</tr>
		<tr>
			<td><jsp:include page="search.jsp"/></td>
			<td><jsp:include page="lendbook.jsp"/></td>
			</tr>
			<tr>
				<td colspan="2" align="center" class="font1">
					南京师范大学：南京市宁海路 122 号  邮编：210097<br>师教教育研
究中心版权所有 2010-2018
				</td>
			</tr>
```

```
        </table>
    </body>
    </html>
```

刚进入页面时，借书功能是不可用的，但当输入了借书证号后，单击【查询】按钮，会在右边显示该读者所借书籍，同时【借书】按钮变亮，表示可以进行借书操作了，如图 6.6 所示。输入正确的 ISBN 及图书 ID，单击【借书】按钮，就可借得此书，如图 6.7 所示。

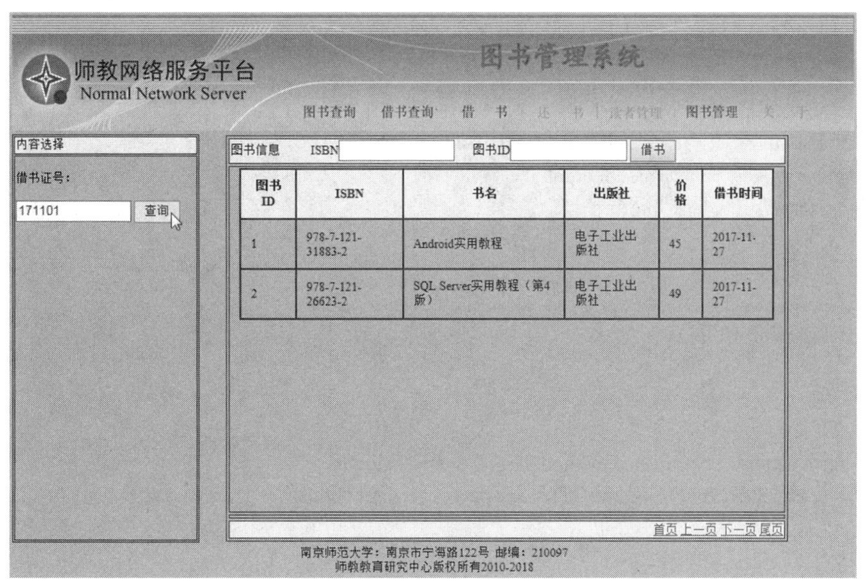

图 6.6　查询借书信息

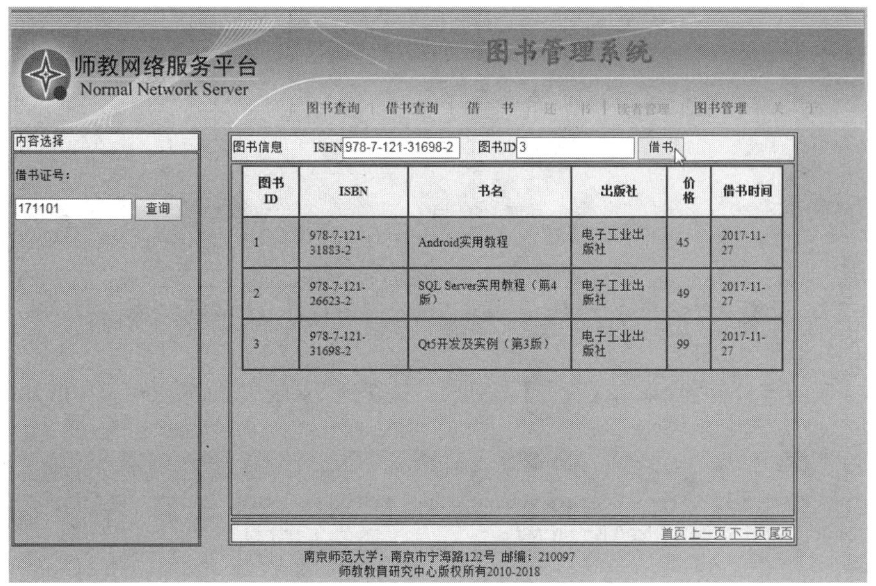

图 6.7　借书成功页面

下面就如何实现这两个功能分别讲解。

6.3.2 查询已借图书

单击“借书”链接，从前述 head.jsp 中的代码：

```
<img src="images/借书.gif" width="80" height="40" onclick="location.href='lend.jsp'" style="cursor:
hand" alt=""></td>
```

可以看出，单击操作提交到 lend.jsp，故出现了如图 6.5 所示的界面供用户操作。

总体界面 lend.jsp 分四部分（代码见前），第一部分：

```
<td colspan="2"><jsp:include page="head.jsp"/></td>
```

导入头部，具体内容前面已经讲解，不再赘述。

第二部分是页面左边的查询功能部分，由 search.jsp 实现，代码如下：

```
<%@ page language="java" pageEncoding="UTF-8"%>
<%@ taglib uri="/struts-tags" prefix="s"%>
<html>
<head>
<style>
        .font1{font-size:13px;}
</style>
</head>
<body>
        <s:form action="selectBook" method="post" theme="simple">
                <table border="1" width="200" cellspacing=1 class="font1">
                        <tr bgcolor="#E9EDF5">
                                <td>内容选择</td>
                        </tr>
                        <tr>
                                <td align="left" valign="top" height="400">
                                        <br>借书证号：<br><br>
                                        <s:textfield name="lend.readerId" size="15"/>
                                        <s:submit value="查询"/>
                                </td>
                        </tr>
                </table>
        </s:form>
</body>
</html>
```

内容很简单，就是一个表单，该表单是用来查询已借图书的。本节重点讲述该功能，后面会陆续讲解该页面的其他部分功能。

当输入正确的借书证号，单击【查询】按钮时，提交到“selectBook.action”，根据 struts.xml 配置下面的代码：

```
<!-- 查询已借图书 -->
<action name="selectBook" class="org.action.LendAction" method="selectAllLend">
        <result name="success">lend.jsp</result>
</action>
```

处理的 Action 为 LendAction 中的 selectAllLend 方法，LendAction.java 的该部分代码如下：

```
package org.action;
import java.util.Date;
import java.util.List;
import java.util.Map;
```

```
import org.dao.BookDao;
import org.dao.LendDao;
import org.dao.StudentDao;
import org.model.*
import org.tool.Pager;
import com.opensymphony.xwork2.ActionContext;
import com.opensymphony.xwork2.ActionSupport;
public class LendAction extends ActionSupport{
    private int pageNow=1;                          //初始页面为第 1 页
    private int pageSize=4;                         //每页显示 4 条记录
    private Lend lend;
    private String message;
    //这里省略上面属性的 get 和 set 方法
    …
    LendDao lendDao=new LendDao();
    public String selectAllLend() throws Exception{
        //判断输入的借书证号是否为空
        if(lend.getReaderId()==null||lend.getReaderId().equals("")){
            this.setMessage("请输入借书证号！");
            return SUCCESS;
        }else if(new StudentDao().selectByReaderId(lend.getReaderId())==null){
        //调用 StudentDao 中的查询学生的方法，如果为 null 就表示输入的借书证号不存在
            this.setMessage("不存在该学生！");
            return SUCCESS;
        }
        //调用 LendDao 的查询已借图书方法，查询，这里用到了分页查询
        List list=lendDao.selectLend(lend.getReaderId(),this.getPageNow(),this.getPageSize());
        //根据当前页及一共多少条记录创建分页的类 Pager 对象
        Pager page=new Pager(pageNow,lendDao.selectLendSize(lend.getReaderId()));
        Map request=(Map) ActionContext.getContext().get("request");
        request.put("list", list);                          //保存查询的记录
        request.put("page", page);                          //保存分页记录
        request.put("readerId", lend.getReaderId());        //保存借书证号
        return SUCCESS;
    }
}
```

由于用到了模型传值，而且在后面的与数据库交互时把查询的数据记录都转化为该类中的属性，故模型代码 Lend.java 为：

```
package org.model;
import java.util.Date;
public class Lend {
    private String bookId;                              //图书 id
    private String readerId;                            //借书证号
    private String bookName;                            //书名
    private String publisher;                           //出版社
    private float price;                                //价格
    private String ISBN;                                //ISBN 号
    private Date lTime;                                  //借书时间
    //生成上述属性的 get 和 set 方法
}
```

该 Action 中应用了 3 个其他类，有 StudentDao、LendDao 及 Pager，Dao 是用来和数据库交互的，该 Action 类中应用了 StudentDao 的"selectByReaderId"方法。该方法用来根据借书证号查询学生信息，如果有该学生信息就查询该学生已借图书；如果没有就添加"不存在该学生"的信息到"message"，然后返回页面，页面会输出该信息，告知用户输入了错误的借书证号。

StudentDao.java 的代码实现为：

```
package org.dao;
import java.sql.Connection;
import java.sql.PreparedStatement;
import java.sql.ResultSet;
import org.db.DBConn;
import org.model.Student;
public class StudentDao {
	Connection conn;
	public Student selectByReaderId(String readerId){
		try{
		conn=DBConn.getConn();
		PreparedStatement pstmt=conn.prepareStatement("select * from student where readerId=?");
		pstmt.setString(1, readerId);
		ResultSet rs=pstmt.executeQuery();
		if(rs.next()){
			Student stu=new Student();
			stu.setReaderId(rs.getString(1));
			stu.setName(rs.getString(2));
			stu.setSex(rs.getBoolean(3));
			stu.setBorn(rs.getDate(4));
			stu.setSpec(rs.getString(5));
			stu.setNum(rs.getInt(6));
			stu.setPhoto(rs.getBytes(7));
			return stu;
		}else
			return null;
		}catch(Exception e){
		e.printStackTrace();
		return null;
		}finally{
		DBConn.CloseConn();
		}
	}
	public void updateStudent(Student stu){
		try{
			conn=DBConn.getConn();
			PreparedStatement pstmt=conn.prepareStatement("update student set num=? where readerId=?");
			pstmt.setInt(1, stu.getNum());
			pstmt.setString(2, stu.getReaderId());
			pstmt.executeUpdate();
		}catch(Exception e){
			e.printStackTrace();
		}finally{
			DBConn.CloseConn();
		}
```

```
        }
}
```

该 Dao 中的方法 selectByReaderId 的作用就是根据借书证号查询学生信息，如果有就返回该学生，如果没有就返回 null。当然，在应用 Student 类之前要先编写该类的代码，Student. java 就是 student 表对应的模型：

```
package org.model;
import java.util.Date;
public class Student {
        private String readerId;                    //借书证号
        private String name;                        //姓名
        private String spec;                        //专业
        private boolean sex;                        //性别
        private Date born;                          //出生时间
        private int num;                            //借书量
        private int snum;                           //库存量
        private byte[] photo;                       //照片
        //省略上面属性的 get 和 set 方法
}
```

判断完成后，如果输入了正确的借书证号，就会分页查询。先来看看在 LendDao 中的查询方法：

```
package org.dao;
import java.sql.*;
import java.sql.Date;
import java.sql.PreparedStatement;
import java.sql.ResultSet;
import java.util.ArrayList;
import java.util.List;
import org.db.DBConn;
import org.model.Lend;
public class LendDao {
Connection conn;
public List selectLend(String readerId,int pageNow,int pageSize){
        try{
                List list=new ArrayList();
                conn=DBConn.getConn();
                PreparedStatement pstmt=conn.prepareStatement(
                        "select top "+pageSize+"l.bookId,l.ISBN,b.bookName,b.publisher, b.pri
ce,l.ltime from lend as l,book as b where readerId=? and b.ISBN=l.ISBN and l.bookId
not in (select top "+pageSize*(pageNow-1)+" l.bookId from lend as l)");
                pstmt.setString(1, readerId);
                ResultSet rs=pstmt.executeQuery();
                while(rs.next()){
                        Lend lend=new Lend();
                        lend.setBookId(rs.getString(1));
                        lend.setISBN(rs.getString(2));
                        lend.setBookName(rs.getString(3));
                        lend.setPublisher(rs.getString(4));
                        lend.setPrice(rs.getFloat(5));
                        lend.setLTime(rs.getDate(6));
                        list.add(lend);
                }
```

```
            return list;
        }catch(Exception e){
            e.printStackTrace();
            return null;
        }finally{
            DBConn.CloseConn();
        }
    }
}
```

加黑部分代码是查询的 SQL 语句，下面来分析该语句。首先，“**"select top "+pageSize**”中的 pageSize 是传进来的参数，表示每页显示多少条记录，所以该部分表示查询最前面的“pageSize”条记录，后面字段是要查询的字段；“**from lend as l,book as b**”表示要查询的两张表；“**where readerId=? and b.ISBN=l.ISBN**”这两个条件很简单，分别是指定借书证号及关联两张表的关系，表示 book 表的 ISBN 值是根据在 lend 表查询出来的值决定的；最后一个条件“**and l.bookId not in (select top "+pageSize*(pageNow-1)+" l.bookId from lend as l)**”表示 bookId 的范围，“**top "+pageSize*(pageNow-1)+"**”表示不在记录的前面“**pageSize*(pageNow-1)**”内，pageSize 是每页显示的记录，pageNow 是要显示那一页，比如要显示第 2 页的内容，且每页显示 4 条记录，则“**pageSize*(pageNow-1)**”就为 4，就是 bookId 不在前 4 条记录内，就从第 5 条记录开始查询“**pageSize**”条记录，这样就巧妙地达到了分页的效果。

当在 Action 中调用这个查询方法后，就会得到对应借书证号在 lend 表中的“pageSize”条记录，返回查询结果的 List 集。接下来就是 Pager.java，即分页功能。其实，分页功能的处理有很多种方法，不同的程序员写的方法可能不一样，但都能达到目的。本例的分页功能代码如下：

```
package org.tool;
public class Pager {
    private int pageNow;                    //当前页数
    private int pageSize=4;                 //每页显示多少条记录
    private int totalPage;                  //共有多少页
    private int totalSize;                  //一共多少记录
    private boolean hasFirst;               //是否有首页
    private boolean hasPre;                 //是否有前一页
    private boolean hasNext;                //是否有下一页
    private boolean hasLast;                //是否有最后一页
    public Pager(int pageNow,int totalSize){
        //利用构造方法为变量赋值
        this.pageNow=pageNow;
        this.totalSize=totalSize;
    }
    public int getPageNow() {
        return pageNow;
    }
    public void setPageNow(int pageNow) {
        this.pageNow = pageNow;
    }
    public int getPageSize() {
        return pageSize;
    }
    public void setPageSize(int pageSize) {
        this.pageSize = pageSize;
```

```
}
public int getTotalPage() {
        //一共多少页的算法
        totalPage=getTotalSize()/getPageSize();
        if(totalSize%pageSize!=0)
                totalPage++;
        return totalPage;
}
public void setTotalPage(int totalPage) {
        this.totalPage = totalPage;
}
public int getTotalSize() {
        return totalSize;
}
public void setTotalSize(int totalSize) {
        this.totalSize = totalSize;
}
public boolean isHasFirst() {
        //如果当前为第 1 页就没有首页
        if(pageNow==1)
                return false;
        else return true;
}
public void setHasFirst(boolean hasFirst) {
        this.hasFirst = hasFirst;
}
public boolean isHasPre() {
        //如果有首页就有前一页，因为有首页就不是第 1 页
        if(this.isHasFirst())
                return true;
        else return false;
}
public void setHasPre(boolean hasPre) {
        this.hasPre = hasPre;
}
public boolean isHasNext() {
        //如果有尾页就有下一页，因为有尾页表明不是最后一页
        if(isHasLast())
                return true;
        else return false;
}
public void setHasNext(boolean hasNext) {
        this.hasNext = hasNext;
}
public boolean isHasLast() {
        //如果不是最后一页就有尾页
        if(pageNow==this.getTotalPage())
                return false;
        else return true;
}
public void setHasLast(boolean hasLast) {
```

```
		this.hasLast = hasLast;
	}
}
```

Pager 类中构造方法中要传入两个参数，一个是“pageNow”，另一个是“totalSize”，而“totalSize”是数据库中对应记录的总条数，故需要查询数据库，所以在创建 Pager 对象时：

```
Pager page=new Pager(pageNow,lendDao.selectLendSize(lend.getReaderId()));
```

在 LendDao 中加入查询总记录的方法：

```
public int selectLendSize(String readerId){
	try{
		conn=DBConn.getConn();
		PreparedStatement pstmt=conn.prepareStatement("select count(*) from lend where readerId=?");
		pstmt.setString(1, readerId);
		ResultSet rs=pstmt.executeQuery();
		if(rs.next()){
			int pageCount=rs.getInt(1);
			return pageCount;
		}
		return 0;
	}catch(Exception e){
		e.printStackTrace();
		return 0;
	}finally{
		DBConn.CloseConn();
	}
}
```

在 Action 中调用方法查询完成后，把要保存的信息保存到 request 中，然后根据返回值在 struts.xml 中的配置返回“lend.jsp”页面。此时由于 request 保存了该信息，就会在页面输出信息，输出代码就是要说的 lend.jsp 的第三部分，用 lendbookinfo.jsp（其代码包含在右边表格的 JSP 文件 lendbook.jsp 中）实现：

```
<%@ page language="java" pageEncoding="UTF-8"%>
<%@ taglib uri="/struts-tags" prefix="s"%>
<html>
<head>
<style>
	.font1{font-size:13px;}
</style>
</head>
<body>
	<table  border="1" align="center" width="570" cellpadding="10" cellspacing="0" bgcolor="#71CABF" class="font1">
		<tr bgcolor="#E9EDF5">
			<th>图书 ID</th><th>ISBN</th><th>书名</th><th>出版社</th><th>价格</th><th>借书时间</th>
		</tr>
		<s:iterator value="#request.list" var="lend">
		<tr>
			<td><s:property value="#lend.bookId"/></td>
			<td><s:property value="#lend.ISBN"/></td>
			<td><s:property value="#lend.bookName"/></td>
```

```
                <td><s:property value="#lend.publisher"/></td>
                <td><s:property value="#lend.price"/></td>
                <td><s:date name="#lend.lTime" format="yyyy-MM-dd"/></td>
            </tr>
            </s:iterator>
        </table>
    </body>
    </html>
```

该表负责显示查询出来的内容。可以看出，如果在 request 中保存了 list 值，就会显示出来；如果没有就不显示了。这段内容相信读者应该都可以理解了，在讲解标签库时已经讲得很清楚。

上面内容是显示存储在 request 中的 list，但在做这部分功能时每次只查询了“pageSize”条记录，故在页面中应用了分页。分页是前述总体界面中右边表格的一部分，前面讲过，右边表格分为 3 行 1 列，其中第 3 行是分页控制，代码位于 lendbook.jsp 中：

```
<%@ page language="java" pageEncoding="UTF-8"%>
<%@ taglib uri="/struts-tags" prefix="s"%>
<html>
<head>
<style>
    .font1{font-size:13px;}
</style>
</head>
<body>
    <table border="1" width="599">
        <!-- 借书表单 稍后给出其详细代码 -->
        …
        <tr>
            <td height="360" valign="top"><jsp:include page="lendbookinfo.jsp"/></td>
        </tr>
        <tr>
            <td align="center">
                <font color="red"><s:property value="message"/></font>
            </td>
        </tr>
        <tr bgcolor="#E9EDF5" class="font1">
            <td align="right">
                <!-- 取出 page -->
                <s:set var="page" value="#request.page"></s:set>
                <!-- 首页始终显示第 1 页 -->
                <a href="selectBook.action?pageNow=1&lend.readerId=<s:property value="#request.
readerId"/>">首页</a>
                <!-- 如果有前一页就提交前一页的 pageNow 值 -->
                <s:if test="#page.hasPre">
                    <a href="selectBook.action?pageNow=<s:property value="#page.pageNow-1"/>
&lend.readerId=<s:property value="#request.readerId"/>">上一页</a>
                </s:if>
                <!-- 如果没有就提交第 1 页的 pageNow 值 -->
                <s:else>
                    <a href="selectBook.action?pageNow=1&lend.readerId=<s:property value=
"#request.readerId"/>">上一页</a>
```

```
                                </s:else>
                                <!-- 如果有下一页就提交下一页的 pageNow 值 -->
                                <s:if test="#page.hasNext">
                                    <a href="selectBook.action?pageNow=<s:property value="#page.pageNow+1"/>
&lend.readerId=<s:property value="#request.readerId"/>">下一页</a>
                                </s:if>
                                <!-- 如果没有就提交最后一页的 pageNow 值 -->
                                <s:else>
                                    <a href="selectBook.action?pageNow=<s:property value="#page.totalPage"/>
&lend.readerId=<s:property value="#request.readerId"/>">下一页</a>
                                </s:else>
                                <!-- 尾页始终提交最后一页的 pageNow 值 -->
                                <a href="selectBook.action?pageNow=<s:property value="#page.totalPage"/>&lend.
readerId=<s:property value="#request.readerId"/>">尾页</a>
                            </td>
                        </tr>
                    </table>
    </body>
    </html>
```

当单击要显示的页面时，就把 pageNow 值传到了 Action，Action 就会根据 pageNow 的值查询要显示的 list 集，这样查询功能就基本完成了。在 Action 处理之前做了一些判断工作，如果输入的借书证号不合法或不存在就会直接返回并保存一些信息。在“lendbook.jsp”中也有相应的输出：

```
    <font color="red"><s:property value="message"/></font>
```

如果 message 中有保存的值，就会输出。

6.3.3 “借书”功能

前面讲解了“lend.jsp”根据借书证号查询已借图书的功能，“lend.jsp”中还有最后一个功能就是借书，其实现依靠的是总体界面右边表格中第 1 行的“借书表单”，其实现代码位于 lendbook.jsp 中（前已用注释标出），具体如下：

```
    <s:form action="lendBook" method="post" theme="simple">
    <tr bgcolor="#E9EDF5" class="font1">
    <s:if test="#request.readerId==null">
        <td colspan="2">
            图书信息          ISBN<s:textfield name="lend.ISBN" size="15"
disabled="true"></s:textfield>
                 图书 ID<s:textfield name="lend.bookId" size="15" disabled="true">
</s:textfield>
            <s:submit value="借书" disabled="true"/>
        </td>
    </s:if>
    <s:else>
        <td colspan="2">
            图书信息          ISBN<s:textfield name="lend.ISBN"
size="15"></s:textfield>
                 图书 ID<s:textfield name="lend.bookId" size="15"></s:textfield>
            <input type="hidden" name="lend.readerId" value="<s:property value="#request.readerId"/>"/>
            <s:submit value="借书"/>
        </td>
    </s:else>
```

```
</tr>
</s:form>
```

读者可以发现，借书的输入框中也进行了判断，如果“readerId”没有值就让输入框不可编辑，这是因为如果没有“readerId”就不知道谁要借书了，这个很容易理解。输入了“借书证号”（即 readerId），查询该学生已借图书后，“readerId”就被保存到 request 中，这时该部分就变成可操作了，输入要借书籍的“ISBN”及“图书 ID”，单击【借书】按钮，提交到“lendBook.action”，该请求在 struts.xml 中配置为：

```
<!-- 借书 -->
<action name="lendBook" class="org.action.LendAction" method="lendBook">
    <result name="success">lend.jsp</result>
</action>
```

从“method = "lendBook"”可以看出，处理该功能的是 LendAction 中的 lendBook 方法，下面看该方法的实现：

```
public String lendBook()throws Exception{
    BookDao bookDao=new BookDao();
    //如果 ISBN 为空或者不存在该 ISBN 的书，就返回原来的情况，只是多了提示信息
    if(lend.getISBN()==null || lend.getISBN().equals("")||bookDao.selectBook(lend.getISBN())==null||
        (bookDao.selectBook(lend.getISBN()).getSnum())<1){
        List list=lendDao.selectLend(lend.getReaderId(),this.getPageNow(),this.getPageSize());
        Pager page=new Pager(pageNow,lendDao.selectLendSize(lend.getReaderId()));
        Map request=(Map) ActionContext.getContext().get("request");
        request.put("list", list);
        request.put("page", page);
        request.put("readerId", lend.getReaderId());
        setMessage("ISBN 不能为空或者不存在该 ISBN 的图书或者该 ISBN 的图书没有库存量！");
        return SUCCESS;
    }else if(lend.getBookId()==null||lend.getBookId().equals("")||
        lendDao.selectByBookId(lend.getBookId())!=null){
        //如果输入的图书 ID 为空或该图书 ID 已经存在也返回原来的情况，并给出提示信息
        List list=lendDao.selectLend(lend.getReaderId(),this.getPageNow(),this.getPageSize());
        Pager page=new Pager(pageNow,lendDao.selectLendSize(lend.getReaderId()));
        Map request=(Map) ActionContext.getContext().get("request");
        request.put("list", list);                                  //原来查出的已借图书
        request.put("page", page);                                  //分页
        request.put("readerId", lend.getReaderId());                //借书证号
        this.setMessage("该图书 ID 已经存在或图书 ID 为空！");
        return SUCCESS;
    }
    Lend l=new Lend();
    l.setBookId(lend.getBookId());                                  //设置图书 ID
    l.setISBN(lend.getISBN());                                      //设置图书 ISBN
    l.setReaderId(lend.getReaderId());                              //设置借书证号
    l.setLTime(new Date());                                         //设置借书时间为当前时间
    lendDao.addLend(l);                                             //调用 Dao 中方法插入信息
    Book book=bookDao.selectBook(lend.getISBN());                   //取得该 ISBN 的图书对象
    book.setSnum(book.getSnum()-1);                                 //设置库存量-1
    bookDao.updateBook(book);                                       //修改图书
    StudentDao studentDao=new StudentDao();
    Student stu=studentDao.selectByReaderId(lend.getReaderId());
```

```
        stu.setNum(stu.getNum()+1);                               //设置学生的借书量+1
        studentDao.updateStudent(stu);
        List list=lendDao.selectLend(lend.getReaderId(),this.getPageNow(),this.getPageSize());
        Pager page=new Pager(pageNow,lendDao.selectLendSize(lend.getReaderId()));
        Map request=(Map) ActionContext.getContext().get("request");
        request.put("list", list);
        request.put("page", page);
        request.put("readerId", lend.getReaderId());
        return SUCCESS;
    }
```

因为是在同一页面显示，故当借书时还要显示前面查询的已借图书，所以获取已借图书信息的代码和前面一样，不再多说。本功能在判断是否有用户输入的“ISBN”时应用了 BookDao 的“selectBook”方法：

```
package org.dao;
import java.sql.Connection;
import java.sql.PreparedStatement;
import java.sql.ResultSet;
import org.db.DBConn;
import org.model.Book;
public class BookDao {
    Connection conn;
    public Book selectBook(String ISBN){
        try{
            conn=DBConn.getConn();
            PreparedStatement pstmt=conn.prepareStatement("select * from [book] where ISBN=?");
            pstmt.setString(1, ISBN);
            ResultSet rs=pstmt.executeQuery();
            if(rs.next()){
                Book book=new Book();
                book.setISBN(rs.getString(1));
                book.setBookName(rs.getString(2));
                book.setAuthor(rs.getString(3));
                book.setPublisher(rs.getString(4));
                book.setPrice(rs.getFloat(5));
                book.setCnum(rs.getInt(6));
                book.setSnum(rs.getInt(7));
                book.setSummary(rs.getString(8));
                book.setPhoto(rs.getBytes(9));
                return book;
            }else
                return null;
        }catch(Exception e){
            e.printStackTrace();
            return null;
        }finally{
            DBConn.CloseConn();
        }
    }
}
```

图书模型 Book.java 代码为：

```
package org.model;
public class Book {
    private String ISBN;                          //ISBN 号
    private String bookName;                      //书名
    private String author;                        //作译者
    private String publisher;                     //出版社
    private float price;                          //价格
    private int cnum;                             //复本量
    private int snum;                             //库存量
    private String summary;                       //内容提要
    private byte[] photo;                         //封面照片
    //省略上面属性的 get 和 set 方法
}
```

调用该方法，如果返回的是 null，就表示输入的“ISBN”不存在，也就表示不存在该种图书。同样，在判断图书 ID 时，因为同一本书不能被同时借两次或多次，故在已经借的书中不能包含刚刚输入的图书 ID，判断方法为 LendDao 中的“selectByBookId”方法，代码实现如下：

```
public Lend selectByBookId(String bookId){
    try{
        conn=DBConn.getConn();
        PreparedStatement pstmt=conn.prepareStatement("select * from lend where bookId=?");
        pstmt.setString(1, bookId);
        ResultSet rs=pstmt.executeQuery();
        if(rs.next()){
            Lend lend=new Lend();
            lend.setBookId(rs.getString(1));
            lend.setReaderId(rs.getString(2));
            lend.setISBN(rs.getString(3));
            lend.setLTime(rs.getDate(4));
            return lend;
        }else
            return null;
    }catch(Exception e){
        e.printStackTrace();
        return null;
    }finally{
        DBConn.CloseConn();
    }
}
```

如果返回“lend”，表示已经存在，将返回错误信息。通过判断都合法后，将应用 LendDao 中的“addLend”方法对其进行插入操作：

```
public boolean addLend(Lend lend){
    try{
        conn=DBConn.getConn();
        PreparedStatement pstmt=conn.prepareStatement("insert into lend values(?,?,?,?)");
        pstmt.setString(1, lend.getBookId());
        pstmt.setString(2, lend.getReaderId());
        pstmt.setString(3, lend.getISBN());
        pstmt.setDate(4, new Date(lend.getLTime().getTime()));
        pstmt.execute();
```

```
            return true;
        }catch(Exception e){
            e.printStackTrace();
            return false;
        }finally{
            DBConn.CloseConn();
        }
    }
```

由于该“ISBN”的图书被借出去一本，故该图书的库存量应该减少一本，所以在插入一条 lend 记录的同时要修改 book 的库存量（代码位于 LendAction 中的 lendBook 方法中）：

```
Book book=bookDao.selectBook(lend.getISBN());              //取得该 ISBN 的图书对象
book.setSnum(book.getSnum()-1);                            //设置库存量-1
bookDao.updateBook(book);
```

在 BookDao 中的 updateBook 方法为：

```
public boolean updateBook(Book book){
    try{
        conn=DBConn.getConn();
        PreparedStatement pstmt=conn.prepareStatement("update [book] set bookName=?,
            author=?,publisher=?,price=?,cnum=?,snum=?,summary=?,photo=? where ISBN=?");
        pstmt.setString(1, book.getBookName());
        pstmt.setString(2, book.getAuthor());
        pstmt.setString(3, book.getPublisher());
        pstmt.setFloat(4, book.getPrice());
        pstmt.setInt(5, book.getCnum());
        pstmt.setInt(6, book.getSnum());
        System.out.println(book.getSnum());
        pstmt.setString(7, book.getSummary());
        pstmt.setBytes(8, book.getPhoto());
        pstmt.setString(9, book.getISBN());
        pstmt.execute();
        return true;
    }catch(Exception e){
        e.printStackTrace();
        return false;
    }finally{
        DBConn.CloseConn();
    }
}
```

同时，学生的借书量应该多出一本，故有这样的代码（位于 LendAction 中的 lendBook 方法中）：

```
StudentDao studentDao=new StudentDao();
Student stu=studentDao.selectByReaderId(lend.getReaderId());
stu.setNum(stu.getNum()+1);                          //设置学生的借书量+1
studentDao.updateStudent(stu);
```

所以，在 StudentDao 中要编写修改学生信息的方法：

```
public void updateStudent(Student stu){
    try{
        conn=DBConn.getConn();
        PreparedStatement pstmt=conn.prepareStatement("update student set num=? where readerId=?");
        pstmt.setInt(1, stu.getNum());
```

```
            pstmt.setString(2, stu.getReaderId());
            pstmt.executeUpdate();
        }catch(Exception e){
            e.printStackTrace();
        }finally{
            DBConn.CloseConn();
        }
    }
```

完成这些操作后，就可以根据“借书证号”继续查询已借图书的信息了。

6.4　实现“图书管理”功能

6.4.1　总体界面设计

单击“图书管理”图片链接，跳转到“bookmanage.jsp”，出现如图 6.8 所示的页面。

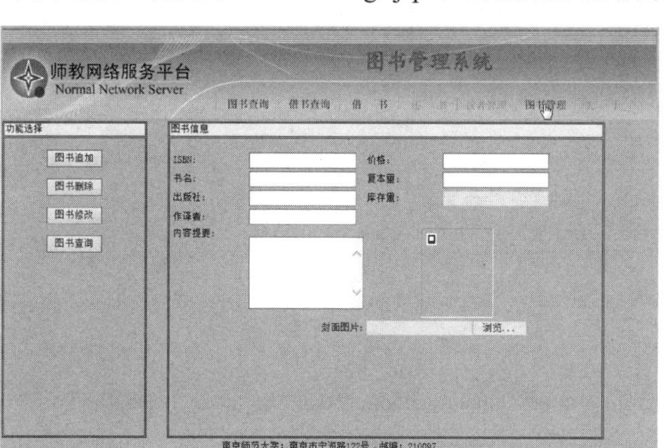

图 6.8　图书管理页面

该页面的结构相对简单，包含左右两大块，基本结构如下所示：

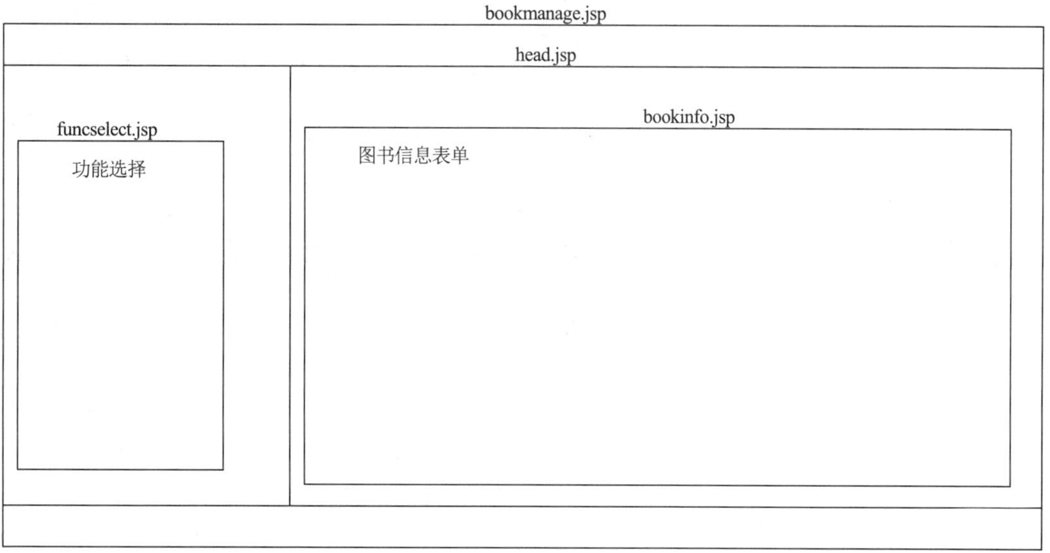

其中，左边部分是“功能选择”（funcselect.jsp 实现），右边是图书信息表单（bookinfo.jsp 实现）。

总体页面 bookmanage.jsp，代码如下：

```
<%@ page language="java" pageEncoding="gb2312"%>
<%@ taglib uri="/struts-tags" prefix="s"%>
<html>
<head>
<title>图书管理系统</title>
<style>
	.font1{font-size:13px;}
</style>
<script language="javascript">
function check(thisObject){
	var sTmp="";
	sTmp=thisObject.value;
	if(isNaN(sTmp)){
		alert("请输入数字");
		thisObject.select();
	}
}
</script>
</head>
<body>
	<table bgcolor=#71CABF align="center" class="font1">
		<tr>
			<td colspan="2"><jsp:include page="head.jsp"/></td>
		</tr>
		<tr>
			<s:form theme="simple" action="book" method="post" enctype="multipart/form-data" validat
e="true">
			<td><jsp:include page="funcselect.jsp"/></td>
			<td><jsp:include page="bookinfo.jsp"/></td>
			</s:form>
		</tr>
		<tr>
			<td colspan="2" align="center">
				南京师范大学：南京市宁海路 122 号  邮编：210097<br>师教教育研究中
心版权所有 2010-2018
			</td>
		</tr>
	</table>
</body>
</html>
```

左边部分“功能选择”（funcselect.jsp 实现），代码为：

```
<%@ page language="java" pageEncoding="UTF-8"%>
<%@ taglib uri="/struts-tags" prefix="s"%>
<html>
<head>
<style>
	.font1{font-size:13px;}
</style>
```

```
</head>
<body>
    <table border="1" width="200" cellspacing=1 class="font1">
        <tr bgcolor="#E9EDF5">
            <td>功能选择</td>
        </tr>
        <tr>
            <td align="center" valign="top" height="400">
                <br><s:submit value="图书追加" method="addBook"/><br>
                <br><s:submit value="图书删除" method="deleteBook"/><br>
                <br><s:submit value="图书修改" method="updateBook"/><br>
                <br><s:submit value="图书查询" method="selectBook"/>
            </td>
        </tr>
    </table>
</body>
</html>
```

可以看出，该页面提供了“图书追加”、“图书删除”、“图书修改”及“图书查询”4 个功能。下面逐一讲述这些功能的实现。

6.4.2 “图书追加”功能

追加图书必须有能填写图书详细信息的表单，提供给用户输入新书的信息，该表单由 bookinfo.jsp 实现，代码如下：

```
<%@ page language="java" pageEncoding="UTF-8"%>
<%@ taglib uri="/struts-tags" prefix="s"%>
<html>
<head>
<style>
    .font1{font-size:13px;}
</style>
</head>
<body>
    <table border="1" width="599" cellspacing="1" class="font1">
        <tr bgcolor="#E9EDF5">
            <td>图书信息</td>
        </tr>
        <tr>
            <td height="400" valign="top"><br>
                <s:if test="#request.onebook==null">
                <table class="font1">
                    <tr>
                        <td width="100">ISBN:</td>
                        <td><s:textfield name="book.ISBN" value=""/></td>
                        <td width="100">价格:</td>
                        <td><s:textfield name="book.price" value="" onblur="check(this)"/></td>
                    </tr>
                    <tr>
                        <td width="100">书名:</td>
                        <td><s:textfield name="book.bookName" value=""/></td>
```

```
                    <td width="100">复本量:</td>
                    <td><s:textfield name="book.cnum" value="" onblur="check(this)"/></td>
                </tr>
                <tr>
                    <td width="100">出版社:</td>
                    <td><s:textfield name="book.publisher" value=""/></td>
                    <td width="100">库存量:</td>
                    <td><s:textfield name="book.snum" value="" disabled="true"/></td>
                </tr>
                <tr>
                    <td width="100">作译者:</td>
                    <td><s:textfield name="book.author" value=""/></td>
                </tr>
                <tr>
                    <td valign="top">内容提要:</td>
                    <td><s:textarea cols="20" rows="6" value="" name="book.summary"/> </td>
                    <td colspan="2" align="center">
                        <img id="image" src="" width="100" height="120"/>
                    </td>
                </tr>
                <tr>
                    <td> </td>
                    <td colspan="1" align="right">封面图片:</td>
                    <td colspan="2">
                        <s:file name="photo" accept="image/*" onchange="document.all ['ima
ge'].src=this.value;"/>
                    </td>
                </tr>
                <tr>
                    <td colspan="4" align="center">
                        <font color="red"><s:property value="message"/></font>
                    </td>
                </tr>
                <tr>
                    <td colspan="4">
                        <font color="red"><s:fielderror/></font>
                    </td>
                </tr>
            </table>
            </s:if>
            <s:else>
            <s:set var="onebook" value="#request.onebook"/>
            <table>
                <tr>
                    <td width="100">ISBN:</td>
                    <td>
                        <input type="text" value="<s:property value="#onebook.ISBN"/>"
name="book.ISBN" readonly/>
                    </td>
                    <td width="100">价格:</td>
                    <td>
```

```
                <input type="text" value="<s:property value="#onebook.price"/>"
name="book.price" onblur="check(this)"/>
            </td>
        </tr>
        <tr>
            <td width="100">书名:</td>
            <td>
                <input type="text" value="<s:property value="#onebook.bookName"/ >"
name="book.bookName"/>
            </td>
            <td width="100">复本量:</td>
            <td>
                <input type="text" value="<s:property value="#onebook.cnum"/>"
name="book.cnum" onblur="check(this)"/>
            </td>
        </tr>
        <tr>
            <td width="100">出版社:</td>
            <td>
                <input type="text" value="<s:property value="#onebook.publisher"/>"
name="book.publisher"/>
            </td>
            <td width="100">库存量:</td>
            <td>
                <input type="text" value="<s:property value="#onebook.snum"/>"
name="book.snum" onblur="check(this)"/>
            </td>
        </tr>
        <tr>
            <td width="100">作译者:</td>
            <td>
                <input type="text" value="<s:property value="#onebook.author"/>"
name="book.author"/>
            </td>
        </tr>
        <tr>
            <td valign="top">内容提要:</td>
            <td>
                <textarea rows="6" cols="20" name="book.summary">
                    <s:property value="#onebook.summary"/>
                </textarea>
            </td>
            <td colspan="2" align="center">
                <img id="image" src="getImage.action?book.ISBN=<s:property value=
"#onebook.ISBN"/>" width="100" height="120">
            </td>
        </tr>
        <tr>
            <td> </td>
            <td colspan="1" align="right">封面图片:</td>
            <td colspan="2">
```

```
                    <s:file name="photo"  accept="image/*" onchange="document.all ['im
age'].src=this.value;"/>
                </td>
            </tr>
            <tr>
                <td colspan="4" align="center">
                    <s:property value="message"/>
                </td>
            </tr>
            <tr>
                <td colspan="4">
                    <font color="red"><s:fielderror/></font>
                </td>
            </tr>
        </table>
        </s:else>
      </td>
    </tr>
  </table>
</body>
</html>
```

该页面做了一个判断，如果“#request.onebook”的值为 null，输入框就为空白；如果不为 null，就输出其保存的值，并且做一些处理，如“ISBN”不可修改，而库存量从不可输入到可以修改等。

在页面右边部分的“图书信息”表单中填写要添加的图书信息，如图 6.9 所示。

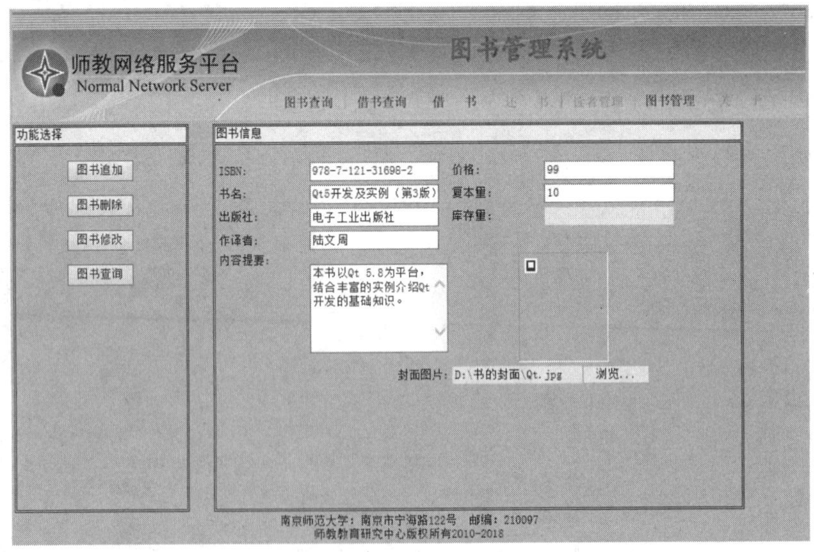

图 6.9 图书添加界面

可以发现，【图书追加】提交按钮代码为：

```
<s:submit value="图书追加" method="addBook"/>
```

由于 4 个按钮均提交到“book.action”，故该提交代码中定义了“method="addBook"”，表示提交后由 Action 类中的“addBook”方法来处理，struts.xml 中关于 action 的配置为：

```
<!-- 图书管理 -->
<action name="book" class="org.action.BookAction">
```

```
        <result name="success">bookmanage.jsp</result>
        <result name="input">bookmanage.jsp</result>
        <interceptor-ref name="defaultStack">
            <param name="validation.excludeMethods">*</param>
            <param name="validation.includeMethods">addBook,updateBook</param>
        </interceptor-ref>
</action>
```

通过该配置文件，系统会应用 BookAction 来处理请求，并根据提交的方法名来决定用哪个方法进行处理：

```
package org.action;
import java.io.File;
import java.io.FileInputStream;
import java.util.Map;
import javax.servlet.ServletOutputStream;
import javax.servlet.http.HttpServletResponse;
import org.apache.struts2.ServletActionContext;
import org.dao.*;
import org.model.Book;
import com.opensymphony.xwork2.ActionContext;
import com.opensymphony.xwork2.ActionSupport;
public class BookAction extends ActionSupport{
        private String message;
        private File photo;
        private Book book;
        //省略上面属性的 get 和 set 方法
        …
        BookDao bookDao=new BookDao();
        public String addBook() throws Exception{
            Book bo=bookDao.selectBook(book.getISBN());
            if(bo!=null){                        //判断要添加的图书是否已经存在
                this.setMessage("ISBN 已经存在！");
                return SUCCESS;
            }
            Book b=new Book();
            b.setISBN(book.getISBN());
            b.setBookName(book.getBookName());
            b.setAuthor(book.getAuthor());
            b.setPublisher(book.getPublisher());
            b.setPrice(book.getPrice());
            b.setCnum(book.getCnum());
            b.setSnum(book.getCnum());
            b.setSummary(book.getSummary());
            if(this.getPhoto()!=null){
                FileInputStream fis=new FileInputStream(this.getPhoto());
                byte[] buffer=new byte[fis.available()];
                fis.read(buffer);
                b.setPhoto(buffer);
            }
            bookDao.addBook(b);
            this.setMessage("添加成功！");
```

```
			return SUCCESS;
		}
	}
```

Book 的模型在借书部分已经给出，这里不再列举。本例中把照片传入数据库中用二进制流保存，而在页面中，由于用到文件上传，故“form”中要加入属性“enctype="multipart/form-data"”。上传文件部分代码（位于 bookinfo.jsp 中）如下：

```
	<s:file name="photo" accept="image/*" onchange="document.all['image'].src=this.value;"/>
```

命名为“photo”，故在 Action（BookAction）中有：

```
	private File photo;
```

接收传过来的值，后面“onchange”表示当选择好图片的路径时，把

```
	<img id="image" src="getImage.action?book.ISBN=<s:property value="#onebook.ISBN"/>"
			width="100" height="120">
```

中的“src”值设置为选中图片文件的路径。接着由程序代码处理传入的文件，把文件转化为字节数组，完成后调用 BookDao 的“addBook”方法进行插入操作。该方法的代码如下：

```
	public boolean addBook(Book book){
		try{
			conn=DBConn.getConn();
			PreparedStatement pstmt=conn.prepareStatement("insert into [book] values(?,?,?,?,?,?,?,?,?)");
			pstmt.setString(1, book.getISBN());
			pstmt.setString(2, book.getBookName());
			pstmt.setString(3, book.getAuthor());
			pstmt.setString(4, book.getPublisher());
			pstmt.setFloat(5, book.getPrice());
			pstmt.setInt(6, book.getCnum());
			pstmt.setInt(7, book.getSnum());
			pstmt.setString(8, book.getSummary());
			pstmt.setBytes(9, book.getPhoto());
			pstmt.execute();
			return true;
		}catch(Exception e){
			e.printStackTrace();
			return false;
		}finally{
			DBConn.CloseConn();
		}
	}
```

在 Action 中调用该方法就会在数据库中添加要保存的记录。

因为当添加记录时，需要对数据进行验证，本部分采用 Struts 2 的验证框架来处理。验证框架文件“BookAction-validation.xml”配置为：

```
	<?xml version="1.0" encoding="UTF-8"?>
	<!DOCTYPE validators PUBLIC
	"-//Apache Struts//XWork Validator 1.0.2//EN"
	"http://struts.apache.org/dtds/xwork-validator-1.0.2.dtd">
	<validators>
		<field name="book.ISBN">
		<field-validator type="requiredstring">
			<!-- 去空格 -->
			<param name="trim">true</param>
```

```
            <message>ISBN 不能为空！</message>
        </field-validator>
    </field>
    <field name="book.bookName">
     <field-validator type="requiredstring">
     <param name="trim">true</param>
     <message>书名不能为空！</message>
    </field-validator>
    </field>
    <field name="book.author">
    <field-validator type="requiredstring">
     <param name="trim">true</param>
     <message>作者不能为空！</message>
    </field-validator>
    </field>
    <field name="book.publisher">
    <field-validator type="requiredstring">
     <param name="trim">true</param>
     <message>出版社不能为空！</message>
    </field-validator>
  </field>
</validators>
```

struts.xml 中的 action 配置为：

```
<!-- 图书管理 -->
<action name="book" class="org.action.BookAction">
    <result name="success">bookmanage.jsp</result>
    <result name="input">bookmanage.jsp</result>
    <interceptor-ref name="defaultStack">
        <param name="validation.excludeMethods">*</param>
        <param name="validation.includeMethods">addBook,updateBook</param>
    </interceptor-ref>
</action>
```

加黑部分代码是配置该 action 应用的拦截器，我们知道，action 默认使用的拦截器是“defaultStack”，本例为 action 配置该拦截器，但加入了两个参数：

```
<param name="validation.excludeMethods">*</param>
```

表示对所有方法都不验证，而

```
<param name="validation.includeMethods">addBook,updateBook</param>
```

表示验证“addBook”、“updateBook”两个方法。通过这样的设置，系统就会只验证“addBook”、“updateBook”两个方法，而不验证其他方法了。到此，“图书追加”功能基本完成。

6.4.3 “图书删除”功能

图书删除功能非常简单，输入“ISBN”后，单击【图书删除】按钮，就会根据 BookAction 中的“deleteBook”方法删除图书信息。“deleteBook”方法实现为：

```
public String deleteBook() throws Exception{
    if(new LendDao().selectByBookISBN(book.getISBN())!=null){
        this.setMessage("该图书已经被借出,不能删除");
        return SUCCESS;
    }
```

```
        Book bo=bookDao.selectBook(book.getISBN());
        if(bo==null){                        //首先判断是否存在该图书
            this.setMessage("要删除的图书不存在！");
            return SUCCESS;
        }else if(new LendDao().selectByBookISBN(book.getISBN())!=null){
            this.setMessage("该图书已经被借出,故不能删除图书信息！");
            return SUCCESS;
        }
        bookDao.deleteBook(book.getISBN());
        this.setMessage("删除成功！");
        return SUCCESS;
    }
```

该功能用了 3 个方法，分别是 BookDao 中的“selectBook”、“deleteBook”及 LendDao 中的“selectByBookISBN”。“selectBook”方法前面已经给出，“deleteBook”方法实现为：

```
    public boolean deleteBook(String ISBN){
        try{
            conn=DBConn.getConn();
            PreparedStatement pstmt=conn.prepareStatement("delete from [book] where ISBN=?");
            pstmt.setString(1, ISBN);
            pstmt.execute();
            return true;
        }catch(Exception e){
            e.printStackTrace();
            return false;
        }finally{
            DBConn.CloseConn();
        }
    }
```

实现方法非常简单，这里就不多做解释了。

LendDao 中的“selectByBookISBN”方法实现为：

```
    public Lend selectByBookISBN(String ISBN){
        try{
            conn=DBConn.getConn();
            PreparedStatement pstmt=conn.prepareStatement("select * from lend where ISBN=?");
            pstmt.setString(1, ISBN);
            ResultSet rs=pstmt.executeQuery();
            if(rs.next()){
                Lend lend=new Lend();
                lend.setBookId(rs.getString(1));
                lend.setReaderId(rs.getString(2));
                lend.setISBN(rs.getString(3));
                lend.setLTime(rs.getDate(4));
                return lend;
            }else{
                return null;
            }
        }catch(Exception e){
            e.printStackTrace();
            return null;
        }finally{
```

```
            DBConn.CloseConn();
        }
    }
```

至此，删除功能就完成了。

6.4.4 “图书查询”功能

输入“ISBN”后，单击【图书查询】按钮，就会根据 BookAction 中的“selectBook”方法处理，查询该图书信息。“selectBook”方法实现为：

```
public String selectBook() throws Exception{
        Book onebook=bookDao.selectBook(book.getISBN());
        if(onebook==null){
                this.setMessage("不存在该图书！");
                return SUCCESS;
        }
        Map request=(Map) ActionContext.getContext().get("request");
        request.put("onebook", onebook);
        return SUCCESS;
}
```

图书查询在 Dao 中的实现方法，在“借书”功能中已经列出，方法也非常简单，这里就不再过多介绍。需要指出的是，当查询图书时需要对图书的封面图片进行处理，在页面的显示代码（位于 bookinfo.jsp 中）为：

```
<img id="image" src="getImage.action?book.ISBN=<s:property value="#onebook.ISBN"/>"
        width="100" height="120">
```

可以看出，它单独提交到一个 action，该 action 在 struts.xml 中的配置为：

```
<!-- 读取照片 -->
<action name="getImage" class="org.action.BookAction" method="getImage">
        <interceptor-ref name="defaultStack">
                <param name="validation.excludeMethods">*</param>
                <param name="validation.includeMethods">addBook,updateBook</param>
        </interceptor-ref>
</action>
```

BookAction 中的方法实现为：

```
public String getImage() throws Exception{
        HttpServletResponse response = ServletActionContext.getResponse();
        String ISBN=book.getISBN();
        Book b=bookDao.selectBook(ISBN);
        byte[] photo = b.getPhoto();
        response.setContentType("image/jpeg");
        ServletOutputStream os = response.getOutputStream();
        if ( photo != null && photo.length != 0 )
        {
                for (int i = 0; i < photo.length; i++)
                {
                        os.write(photo[i]);
                }
                os.flush();
        }
        return NONE;
}
```

因为直接读出图片，故无须返回任何值。

例如，输入“ISBN”为刚刚添加进去的“978-7-121-31698-2”时，单击【图书查询】按钮，出现如图 6.10 所示的页面。

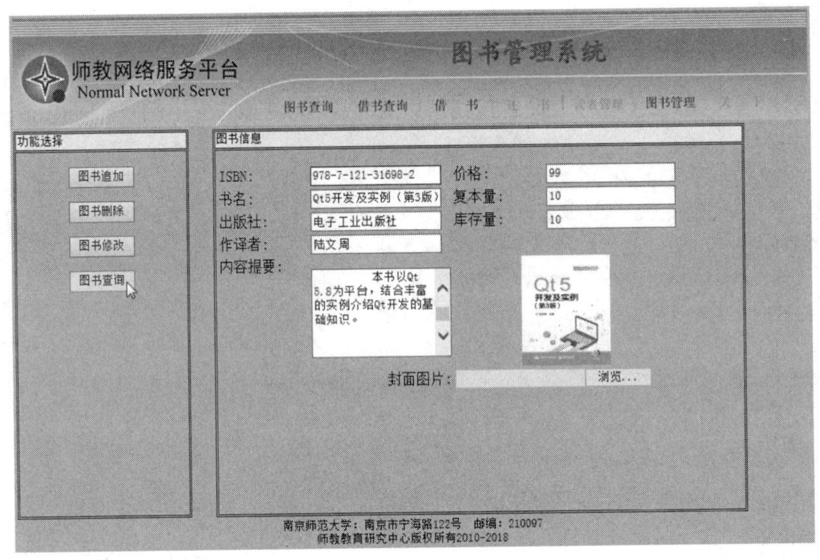

图 6.10　图书查询页面

6.4.5 “图书修改”功能

图书修改功能一般是根据“ISBN”查询出来后进行修改的。例如，要对“ISBN”为“978-7-121-31698-2”的图书的“内容提要”内容进行修改，只需查询出此书，然后修改该部分内容，单击【图书修改】按钮即可，如图 6.11 所示。

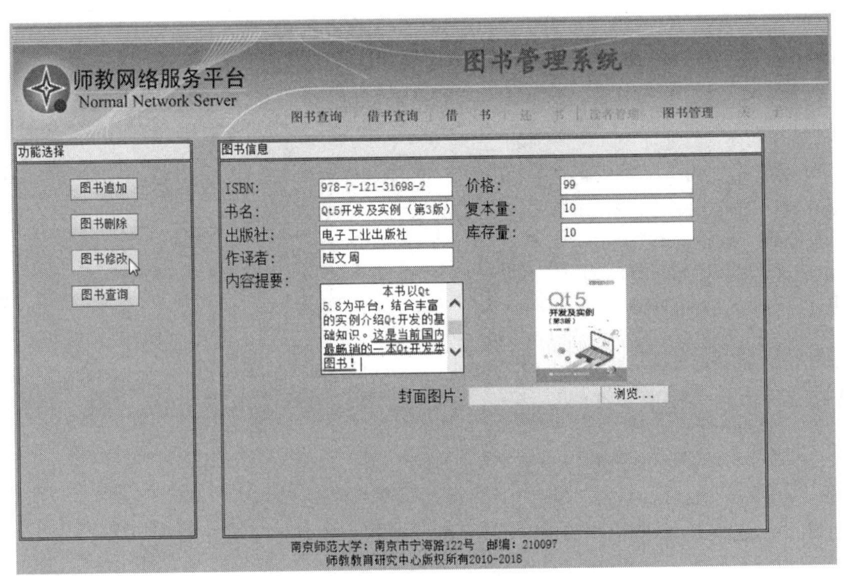

图 6.11　修改图书页面

单击【图书修改】按钮，就会在页面的下方显示“修改成功”字样，再次输入“ISBN”为

“978-7-121-31698-2”查询，可看到修改了的信息。

增加修改图书应用的 BookAction 中的方法为：

```
public String updateBook() throws Exception{
        Book b=bookDao.selectBook(book.getISBN());
        if(b==null){
                this.setMessage("要修改的图书不存在,请先查看是否存在该图书！");
                return SUCCESS;
        }
        b.setISBN(book.getISBN());
        b.setBookName(book.getBookName());
        b.setAuthor(book.getAuthor());
        b.setPublisher(book.getPublisher());
        b.setPrice(book.getPrice());
        b.setCnum(book.getCnum());
        b.setSnum(book.getSnum());
        b.setSummary(book.getSummary());
        if(this.getPhoto()!=null){
                FileInputStream fis=new FileInputStream(this.getPhoto());
                byte[] buffer=new byte[fis.available()];
                fis.read(buffer);
                b.setPhoto(buffer);
        }
        bookDao.updateBook(b);
        this.setMessage("修改成功！");
        return SUCCESS;
}
```

该方法和添加图书差不多，这里就不再过多介绍了。BookDao 中的 updateBook()方法已经在“借书”功能中给出，不再列举。

习　题　6

1．根据本章实例中的某个功能简述 Struts 2 的工作流程。

2．找出本章实例中应用到的 Struts 2 标签，并对照第 3 章所讲 Struts 2 标签库的内容复习它们的用法。

3．在本章实例程序的基础上继续扩展，完善这个“图书管理系统”，为其增加“图书查询”、“还书”、“读者管理”等更多的功能。

第 7 章 Hibernate 基础

Hibernate 是一个开源的对象关系映射框架，它对 JDBC 进行了轻量级的封装。应用 Hibernate 框架，程序员可以不用再面对烦琐的面向过程的数据库操作，而是用面向对象的方式操作数据库，不仅提高了开发效率，还可以避免传统 JDBC 编程时容易产生的错误。

7.1 ORM 简介

Hibernate 是一个对象关系映射（Object-Relation Mapping，ORM）框架，那么什么是对象关系映射呢？本节就来阐述它的实质。

对象关系映射，其实从字面上就可以理解其含义，就是把关系与对象映射起来，关系指的是关系数据库，而对象指的是程序中的类对象。例如，在数据库中有一个用户表 userTable，该表中有 id、username、password 三个字段(其中 id 是标识)，这样一个表就可以在程序中映射成类“UserTable. java”，该类中定义 3 个属性，对应表中 3 个字段，如图 7.1 所示。

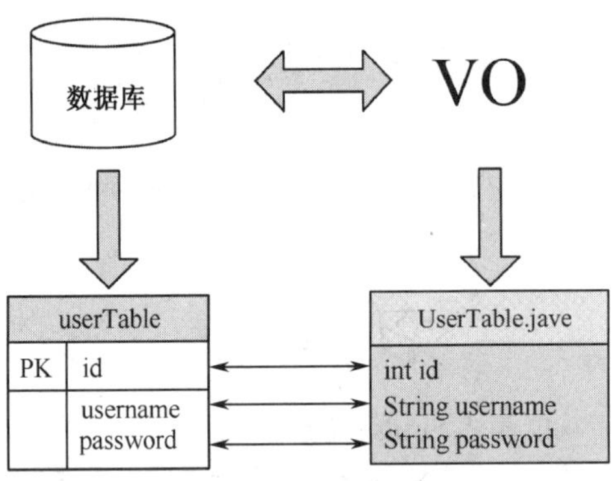

图 7.1　ORM 映射

从上图可以清晰地看出，ORM 把数据库的关系映射为程序的类对象，这样就从面向过程的操作变为面向对象的操作了，当然还需要一个配置文件来对应，这部分内容会在下节讲解。目前，在 Java EE 领域应用得较多的 ORM 框架，除 Hibernate 外，还有 MyBatis，本书会在后面的第 12 章加以介绍。

7.2 第一个 Hibernate 程序

Hibernate 是对 JDBC 的轻量级封装，使本来是面向过程的数据库操作可以用面向对象的方式来进行。本节先从一个简单的例子入手，了解 Hibernate 是如何完成这个过程的。在应用过程中，读者可能对很多文件的配置及作用不能理解，不要着急，后面会对 Hibernate 的知识做全面讲解，这里只是让读者对 Hibernate 怎么操作数据库有个总体印象，方便后面的学习。MyEclipse 2017 本身就集成了 Hibernate 框架，因此，当要用到 Hibernate 时，只要在 MyEclipse 中添加 Hibernate 开发能力即可。

【实例 7.1】 开发一个简单的 Hibernate 程序，演示 Hibernate 框架的基本使用方法。

1. 创建数据库及表

开发之前要做好相关的准备工作，首先要建立数据库及表，在 SQL Server 2014 中建立数据库"TEST"，在该库中建立表"userTable"，表的结构如表 7.1 所示。

表 7.1　userTable 表

字段名	数据类型	主键	自增	允许为空	描述
id	int	是	增 1		标识 id
username	varchar(20)				用户名
password	varchar(20)				密码

2. 创建 Java 项目

在 MyEclipse 2017 中，选择主菜单【File】→【New】→【Java Project】，出现如图 7.2 所示的【New Java Project】窗口，填写"Project name"栏（项目名）为 HibernateDemo。

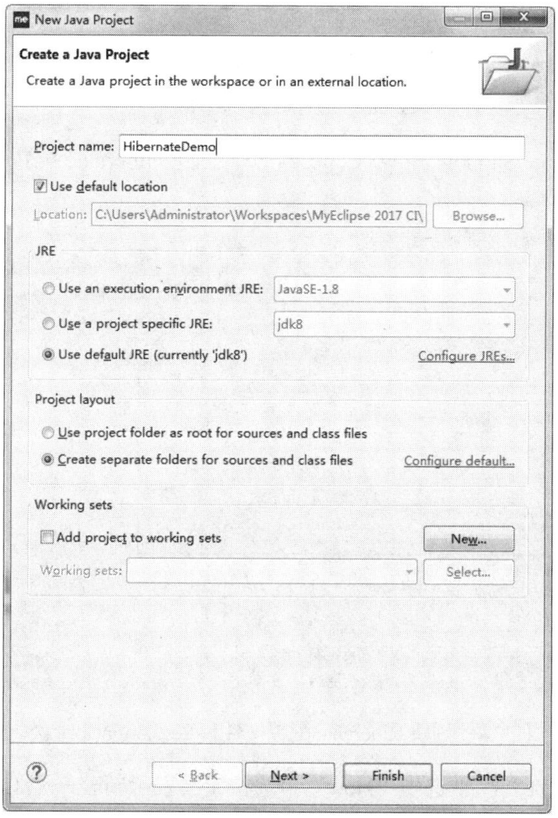

图 7.2　创建 Java 项目

单击【Next】按钮，再单击【Finish】按钮，MyEclipse 会自动生成一个 Java 项目。

3. 添加 Hibernate 开发能力

在项目 src 目录下创建一个名为 org.util 的包，用于放置马上要生成的 HibernateSessionFactory.java 文件。

在项目中添加 Hibernate 开发能力，步骤如下。

① 右击项目 HibernateDemo，选择菜单【Configure Facets...】→【Install Hibernate Facet】，启动【Install Hibernate Facet】向导对话框，在“Project Configuration”页的“Hibernate specification version”栏右侧的下拉列表中选择要添加到项目中的 Hibernate 版本。为了最大限度地使用 MyEclipse 2017 集成的 Hibernate 工具，这里选择版本号为最新的 Hibernate 5.1，如图 7.3 所示，单击【Next】按钮。

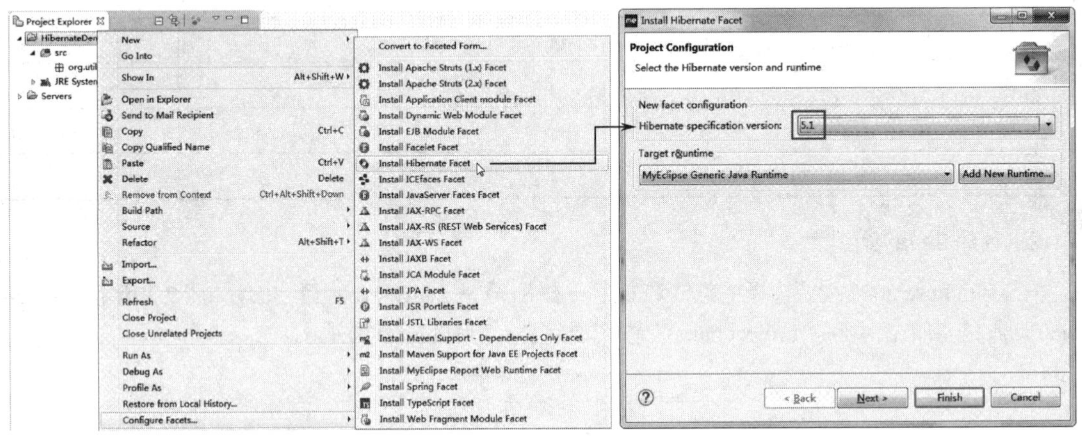

图 7.3　选择 Hibernate 版本

② 在第一个“Hibernate Support for MyEclipse”页，创建 Hibernate 配置文件和 SessionFactory 类，如图 7.4 所示。

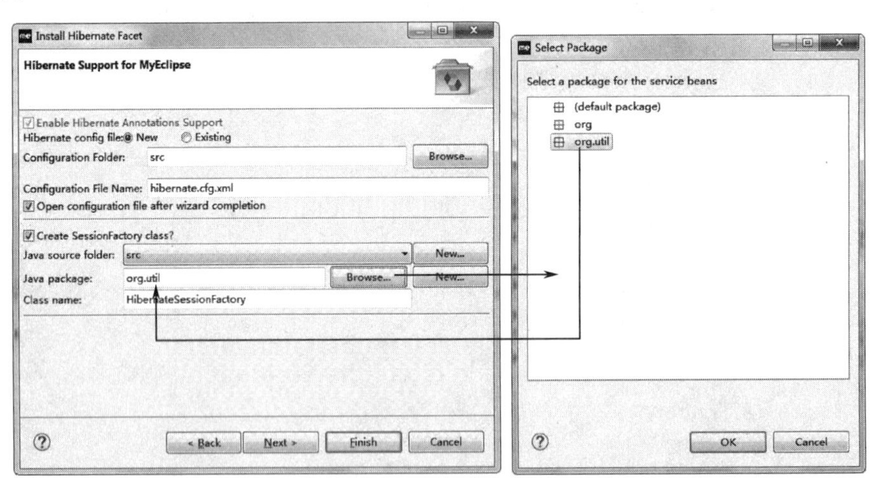

图 7.4　创建 Hibernate 配置文件和 SessionFactory 类

在“Hibernate config file”栏中选中“New”单选按钮（表示新建一个 Hibernate 配置文件），下面的“Configuration Folder”栏内容为“src”（表示配置文件位于项目 src 目录下），“Configuration File Name”栏内容为“hibernate.cfg.xml”（这是配置文件名），皆保持默认状态。

接着，勾选“Create SessionFactory class?”复选框（表示需要创建一个 SessionFactory 类），在“Java source folder”栏右侧的下拉列表中选择“src”，单击【Browse...】按钮，弹出【Select Package】对话框，选中之前创建好的“org.util”包，单击【OK】按钮将其完整包名填入“Java package”栏中，在“Class name”栏中填写所要创建的类名，这里取默认的“HibernateSessionFactory”。经如上设置后，创建的类将位于项目 src 目录下的 org.util 包中。

③ 单击【Next】按钮，进入第二个“Hibernate Support for MyEclipse”页，如图 7.5 所示。在该页上配置 Hibernate 所用数据库连接的细节。由于在前面（1.3.2 节）已经创建了一个名为 sqlsrv 的连接，所以这里只需要选择“DB Driver”栏为“sqlsrv”即可，系统会自动载入其他各栏的内容。

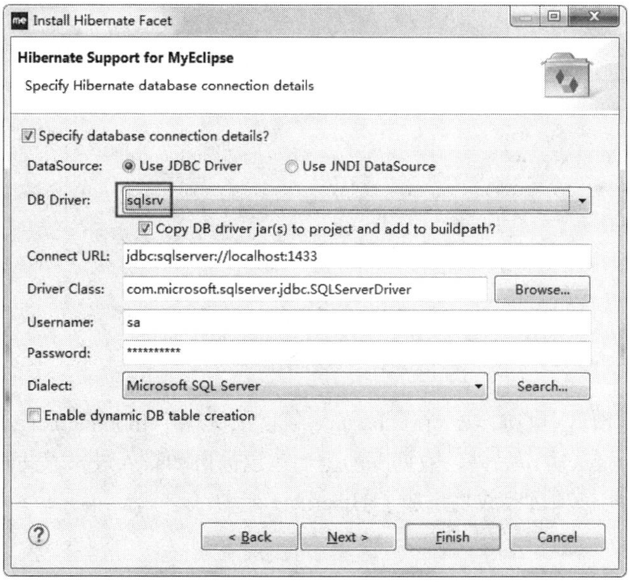

图 7.5　选择 Hibernate 所用的连接

④ 单击【Next】按钮，在“Configure Project Libraries”页选择要添加到项目中的 Hibernate 框架类库，对于一般的应用来说，并不需要使用 Hibernate 的全部类库，故只需选择必要的库添加即可，这里仅勾选最基本的核心库“Hibernate 5.1 Libraries”→“Core”，如图 7.6 所示。

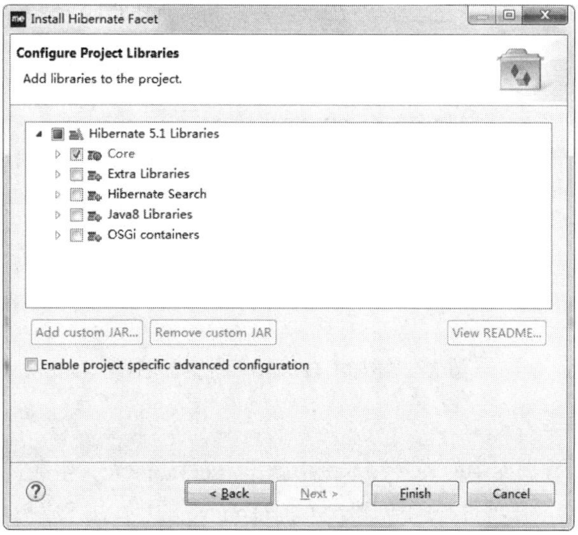

图 7.6　添加 Hibernate 类库

单击【Finish】按钮打开透视图，在开发环境主界面的中央出现 Hibernate 配置文件“hibernate.cfg.xml”的编辑器，在其“Configuration”选项标签页可看到本例 Hibernate 的各项配置信息，如图 7.7 所示。

hibernate.cfg.xml
Hibernate 5.1 Configuration
Database Connection Details
Provide the information necessary for Hibernate to connect to your database. You can configure either a JDBC driver connection, or a JNDI DataSource lookup.
Use JDBC Driver
Use JNDI DataSource
DB Driver: sqlsrv New...
URL: jdbc:sqlserver://localhost:1433
Driver: com.microsoft.sqlserver.jdbc.SQLSe Browse...
Username: sa
Password: ●●●●●●●●●●
Dialect: Microsoft SQL Server Search...
Copy JDBC Driver and add to classpath
Properties
Specify additional Hibernate properties.
Add... Edit... Remove
Mappings
Specify location of Hibernate mapping resources.
Add... Edit... Remove
Configuration Design Source

图 7.7　查看配置信息

完成以上步骤后，项目中增加了一个 Hibernate 包目录、一个 hibernate.cfg.xml 配置文件以及一个 HibernateSessionFactory.java 类。另外，数据库的驱动包也被自动载入进来，此时项目的目录树呈现如图 7.8 所示的状态，表明该项目已成功添加了 Hibernate 能力。

图 7.8　添加了 Hibernate 能力的项目

4．Hibernate 反向工程

反向工程的目的是为数据库中的表（在本例中就是 userTable 表）生成持久化的 Java 对象，它是使用 Hibernate 的必要前提。在项目 src 下创建一个名为 org.vo 的包，用来存放与数据库 userTable 表对应的 POJO 类和映射文件。

反向工程的操作步骤如下。

① 选择主菜单【Window】→【Perspective】→【Open Perspective】→【Database Explorer】，进入 MyEclipse 的 DB Browser 模式。打开 sqlsrv 连接，选中数据库表 userTable 右击，选择菜单【Hibernate Reverse Engineering…】，如图 7.9 所示，将启动【Hibernate Reverse Engineering】向导对话框，用于完

成从已有的数据库表生成对应的 POJO 类和相关映射文件的配置工作。

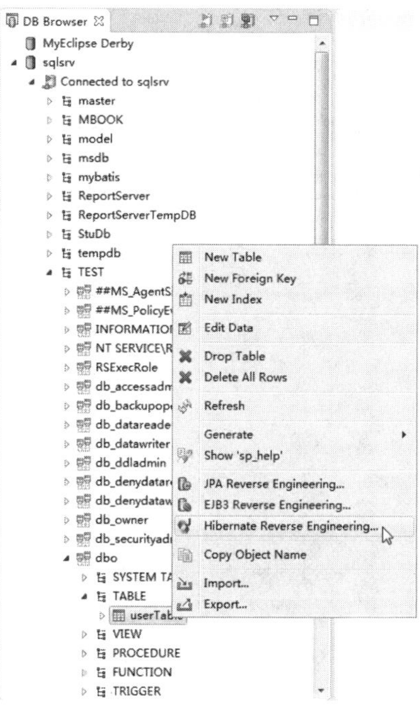

图 7.9 Hibernate 反向工程菜单

② 在向导的第一个“Hibernate Mapping and Application Generation”页中，选择生成的类及映射文件所在的位置，如图 7.10 所示。

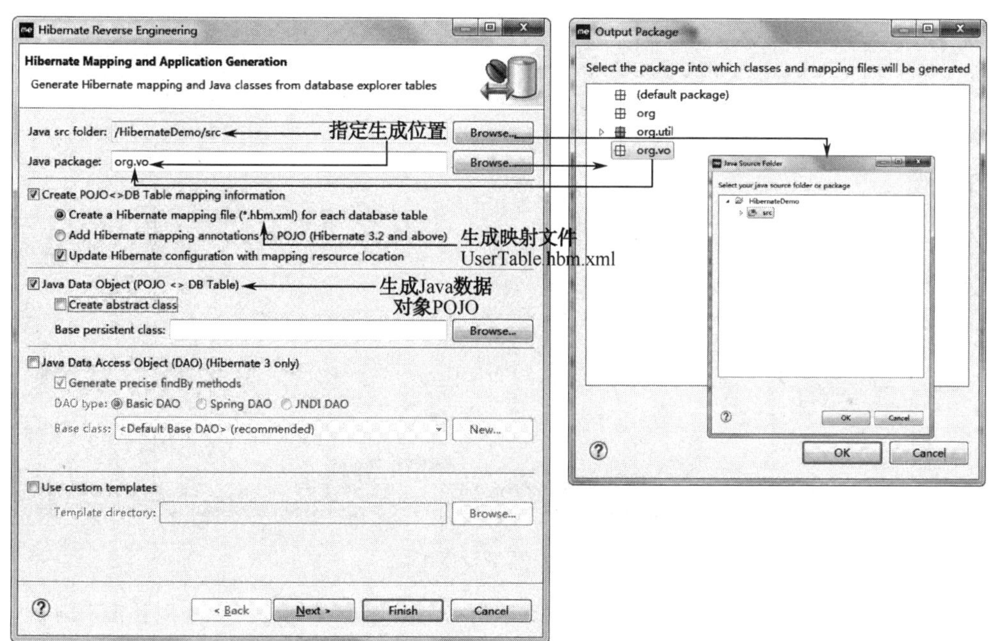

图 7.10 生成 Hibernate 映射文件和 POJO 类

③ 单击【Next】按钮，进入第二个“Hibernate Mapping and Application Generation”页，配置映射文件的细节，如图 7.11 所示。

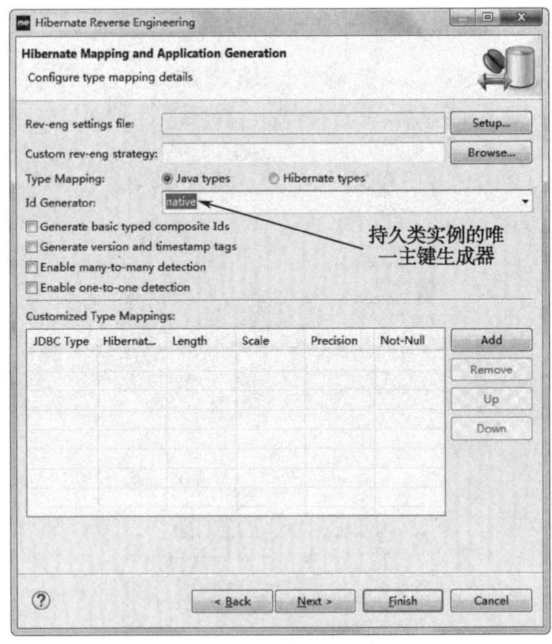

图 7.11　配置映射文件的细节

④ 单击【Next】按钮，进入第三个“Hibernate Mapping and Application Generation”页，该页主要用于配置反向工程的细节，这里保持默认配置即可，如图 7.12 所示。

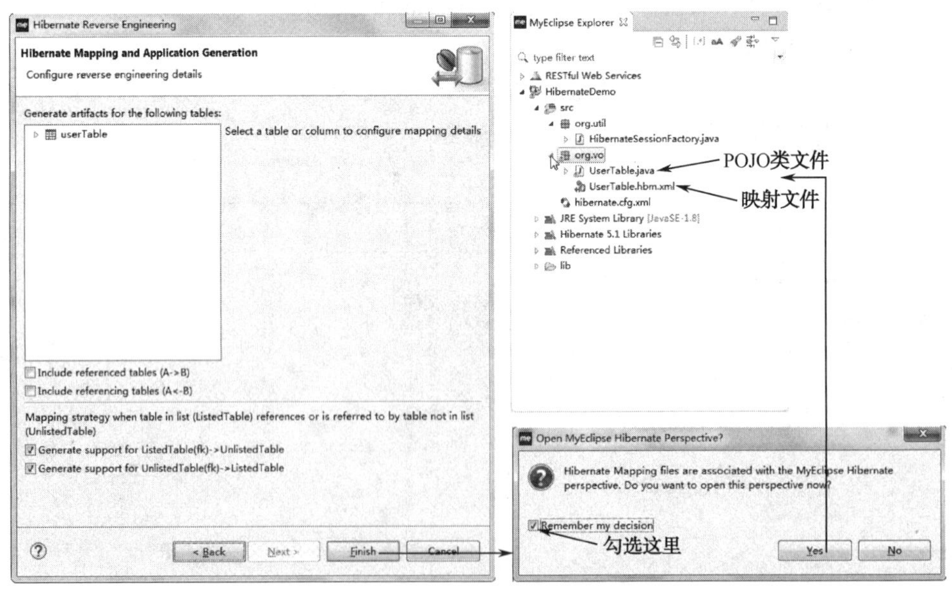

图 7.12　完成反向工程

单击【Finish】按钮，系统会弹出【Open MyEclipse Hibernate Perspective?】对话框询问用户是否需要打开与 Hibernate 映射文件有关的透视图，勾选“Remember my decision”复选框并单击【Yes】按钮，此时在项目的 org.vo 包下可看到生成的 POJO 类文件 UserTable.java 及映射文件 UserTable.hbm.xml。

5．编写测试类

在 src 下创建包 org.test，在该包下建立测试类，命名为 HibernateTest.java，其代码如下：

```
package org.test;
import java.util.List;
import org.hibernate.Query;
import org.hibernate.Session;
import org.hibernate.Transaction;
import org.vo.UserTable;
import org.util.HibernateSessionFactory;
public class HibernateTest {
    public Session session;
    public static void main(String[] args) {
        HibernateTest ht=new HibernateTest();                    //创建类对象
        ht.getCurrentSession();                                  //获得 Session 对象
        ht.saveUser();                                           //插入一条记录
        System.out.println("增加一条记录后结果======");
        ht.queryUser();                                          //查看数据库结果
        ht.updateUser();                                         //修改该条记录
        System.out.println("修改该条记录后结果======");
        ht.queryUser();                                          //查看数据库结果
        ht.deleteUser();                                         //删除该条记录
        System.out.println("删除该条记录后结果======");
        ht.queryUser();                                          //查看数据库结果
        ht.closeSession();                                       //关闭 Session
    }
    //获得 Session 方法
    public void getCurrentSession(){
        //调用 HibernateSessionFactory 的 getSession 方法创建 Session 对象
        session = HibernateSessionFactory.getSession();
    }
    //关闭 Session 方法
    public void closeSession(){
        if(session!=null){
            HibernateSessionFactory.closeSession();              //关闭 Session
        }
    }
    //插入一条记录方法
    public void saveUser(){
        Transaction t1 = session.beginTransaction();             //创建事务对象
        UserTable user = new UserTable();
        user.setUsername("Jack");
        user.setPassword("123456");
        session.save(user);
        t1.commit();                                             //提交事务
    }
    //修改这条记录方法
    public void updateUser(){
        Transaction t2 = session.beginTransaction();
        UserTable user = (UserTable)session.get(UserTable.class, 1);
        user.setUsername("Jacy");
```

```
            session.update(user);
            t2.commit();
        }
        //查询数据库结果方法
        public void queryUser(){
            try{
                Query query = session.createQuery("from UserTable");
                List list=query.list();
                for(int i=0;i<list.size();i++){
                    UserTable user = (UserTable)list.get(i);
                    System.out.println(user.getUsername());
                    System.out.println(user.getPassword());
                }
            }catch(Exception e){
                e.printStackTrace();
            }
        }
        //删除该条记录方法
        public void deleteUser(){
            Transaction t3 = session.beginTransaction();
            UserTable user = (UserTable)session.get(UserTable.class, 1);
            session.delete(user);
            t3.commit();
        }
}
```

6．运行

可以发现，该测试类是包含主函数的类，故可以直接按“Java Application”程序运行。运行后，控制台输出结果如图 7.13 所示。

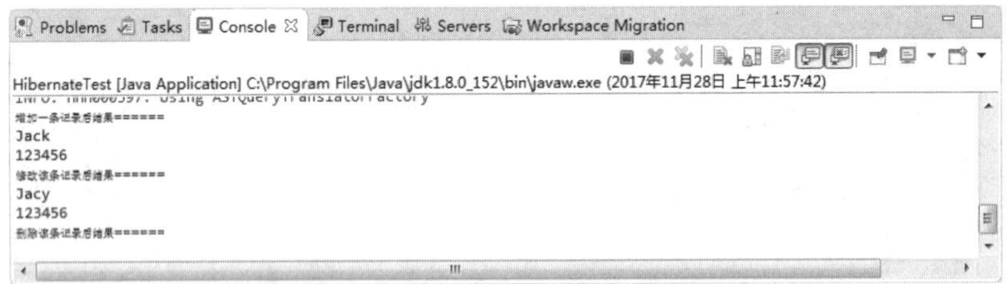

图 7.13　程序运行后控制台输出结果

该测试类中没有一条 SQL 语句，却轻松地实现了对数据库的增、删、改、查等操作，由此可见，应用 Hibernate 框架是非常方便的。

7.3 Hibernate 各种文件的作用

下面再来详解【实例 7.1】中生成的各种 Hibernate 文件的含义及作用。

7.3.1 POJO 类及其映射文件

本例的 POJO 类为 UserTable，其源码位于 org.vo 包的 UserTable.java 中，代码如下：

```
package org.vo;
/**
 * UserTable entity. @author MyEclipse Persistence Tools
 */
public class UserTable implements java.io.Serializable {
	// Fields                                          //属性
	private Integer id;                                //对应表中 id 字段
	private String username;                           //对应表中 username 字段
	private String password;                           //对应表中 password 字段

	// Constructors
	/** default constructor */
	public UserTable() {
	}
	/** full constructor */
	public UserTable(String username, String password) {
		this.username = username;
		this.password = password;
	}

	// Property accessors                              //上述各属性的 get 和 set 方法
	public Integer getId() {
		return this.id;
	}
	public void setId(Integer id) {
		this.id = id;
	}

	public String getUsername() {
		return this.username;
	}
	public void setUsername(String username) {
		this.username = username;
	}

	public String getPassword() {
		return this.password;
	}
	public void setPassword(String password) {
		this.password = password;
	}
}
```

该类是一个典型的 POJO 类，定义了 3 个属性并自动生成了它们的 get 和 set 方法，可以发现，类中的属性与表的字段是一一对应的。那么通过什么方法把它们相互关联起来呢？正是*.hbm.xml 映射文件！其中“*”定义为要映射的类名，该文件在项目中的位置一般与 POJO 类处于同一目录，故在该包下生成的映射文件就是 UserTable.hbm.xml，代码如下：

```
<?xml version="1.0" encoding="utf-8"?>
<!DOCTYPE hibernate-mapping PUBLIC "-//Hibernate/Hibernate Mapping DTD 3.0//EN"
"http://www.hibernate.org/dtd/hibernate-mapping-3.0.dtd">
<!--
```

```
    Mapping file autogenerated by MyEclipse Persistence Tools
-->
<hibernate-mapping>
    <!-- name 指定 POJO 类，table 指定对应数据库的表 -->
    <class name="org.vo.UserTable" table="userTable" schema="dbo" catalog="TEST">
        <!-- name 指定主键，type 是主键类型 -->
        <id name="id" type="java.lang.Integer">
            <column name="id" />
                <!-- 主键生成策略 -->
            <generator class="native" />
        </id>
        <!-- POJO 属性与表中字段对应 -->
        <property name="username" type="java.lang.String">
            <column name="username" length="20" not-null="true" />
        </property>
        <property name="password" type="java.lang.String">
            <column name="password" length="20" not-null="true" />
        </property>
    </class>
</hibernate-mapping>
```

可以看出，该配置文件开头声明了一个“dtd”文件，用来定义 XML 语法格式，接着是<hibernate-mapping>标签元素，它是映射文件的根元素，其他元素均必须编写在其内部。在<hibernate-mapping>内部一般会配置<class>元素，用来描述一个 POJO 类和一个表的映射关系。<class>中的 name 属性指定 POJO 类名，table 属性指定该 POJO 类与之映射的表名。在<class>标签内部还有一些子标签，用于指定类中属性与表字段的映射，例如，<id>标签指出 POJO 的标识符和数据库表标识符的映射关系，<generator>用来指定该持久化类实例的唯一标识的标识符生成器，而<property>就指定一般的 POJO 属性与数据库表字段的映射。

Hibernate 的映射文件是实体对象与数据库关系表之间相互转换的重要依据，一般而言，一个映射文件对应着数据库中的一个表，表之间的关联关系也在映射文件中配置。

7.3.2 Hibernate 核心配置文件

应用 Hibernate 就要配置它，系统在添加 Hibernate 能力时会自动创建 Hibernate 核心配置文件 hibernate.cfg.xml。【实例 7.1】生成的该文件的内容为：

```
<?xml version='1.0' encoding='UTF-8'?>
<!DOCTYPE hibernate-configuration PUBLIC
          "-//Hibernate/Hibernate Configuration DTD 3.0//EN"
          "http://www.hibernate.org/dtd/hibernate-configuration-3.0.dtd">
<!-- Generated by MyEclipse Hibernate Tools.                   -->
<hibernate-configuration>
    <!-- 产生操作数据库的 session 的工厂 -->
    <session-factory>
        <!-- 使用的数据库的连接，即我们创建的 sqlsrv -->
        <property name="myeclipse.connection.profile">sqlsrv</property>
        <!-- SQL 方言，这里使用的是 SQL Server -->
        <property name="dialect">
            org.hibernate.dialect.SQLServerDialect
        </property>
        <!-- 数据库连接的密码 -->
```

```
            <property name="connection.password">njnu123456</property>
            <!-- 数据库连接的用户名，此处为自己数据库的用户名 -->
            <property name="connection.username">sa</property>
            <!-- 数据库连接的 URL -->
            <property name="connection.url">
                jdbc:sqlserver://localhost:1433
            </property>
            <!-- 数据库 JDBC 驱动程序 -->
            <property name="connection.driver_class">
                com.microsoft.sqlserver.jdbc.SQLServerDriver
            </property>
            <!-- 表和类对应的映射文件，如果有多个，都要在这里一一注册 -->
            <mapping resource="org/vo/UserTable.hbm.xml" />
        </session-factory>
    </hibernate-configuration>
```

这个文件主要用于配置数据库连接和 Hibernate 运行时所需的各种属性，文件名一般默认为 hibernate.cfg.xml，Hibernate 于初始化期间会自动在 CLASSPATH 中寻找这个文件，并读取其中的配置信息，为后期数据库操作做好准备。

7.4　HibernateSessionFactory 类

7.4.1　框架生成类代码

HibernateSessionFactory 类是由框架自动生成的 SessionFactory，名字可以根据自己的喜好来决定。这里用的是 HibernateSessionFactory，其内容及解释如下：

```
package org.util;
import org.hibernate.HibernateException;
import org.hibernate.Session;
import org.hibernate.cfg.Configuration;
import org.hibernate.service.ServiceRegistry;
import org.hibernate.boot.MetadataSources;
import org.hibernate.boot.registry.StandardServiceRegistryBuilder;
/**
 * Configures and provides access to Hibernate sessions, tied to the
 * current thread of execution.  Follows the Thread Local Session
 * pattern, see {@link http://hibernate.org/42.html }.
 */
public class HibernateSessionFactory {
    /**
     * Location of hibernate.cfg.xml file.
     * Location should be on the classpath as Hibernate uses
     * #resourceAsStream style lookup for its configuration file.
     * The default classpath location of the hibernate config file is
     * in the default package. Use #setConfigFile() to update
     * the location of the configuration file for the current session.
     */
    //创建一个线程局部变量对象
    private static final ThreadLocal<Session> threadLocal = new ThreadLocal<Session>();
    //定义一个静态的 SessionFactory 对象
```

```
    private static org.hibernate.SessionFactory sessionFactory;
    //创建一个静态的 Configuration 对象
    private static Configuration configuration = new Configuration();
    private static ServiceRegistry serviceRegistry;
    //根据配置文件得到 SessionFactory 对象
    static {
    try {
            configuration.configure();                    //得到 configuration 对象
            serviceRegistry = new StandardServiceRegistryBuilder().configure().build();
            try {
                sessionFactory = new MetadataSources(serviceRegistry).buildMetadata().buildSessionFac
tory();
            } catch (Exception e) {
                StandardServiceRegistryBuilder.destroy(serviceRegistry);
                e.printStackTrace();
            }
        } catch (Exception e) {
            System.err.println("%%%% Error Creating SessionFactory %%%%");
            e.printStackTrace();
        }
    }
    private HibernateSessionFactory() {
    }

    /**
     * Returns the ThreadLocal Session instance.  Lazy initialize
     * the <code>SessionFactory</code> if needed.
     *
     *  @return Session
     *  @throws HibernateException
     */
    public static Session getSession() throws HibernateException {          //取得 Session 对象
        Session session = (Session) threadLocal.get();
          if (session == null || !session.isOpen()) {
              if (sessionFactory == null) {
                  rebuildSessionFactory();
              }
              session = (sessionFactory != null) ? sessionFactory.openSession()
                      : null;
              threadLocal.set(session);
          }
        return session;
    }

    /**
     *  Rebuild hibernate session factory
     *
     */
    public static void rebuildSessionFactory() {   //可以调用该方法重新创建 SessionFactory 对象
        try {
            configuration.configure();
```

```
                serviceRegistry = new StandardServiceRegistryBuilder().configure().build();
                try {
                        sessionFactory = new MetadataSources(serviceRegistry).buildMe
tadata().buildSessionFactory();
                } catch (Exception e) {
                        StandardServiceRegistryBuilder.destroy(serviceRegistry);
                        e.printStackTrace();
                }
            } catch (Exception e) {
                System.err.println("%%%% Error Creating SessionFactory %%%%");
                e.printStackTrace();
            }
        }

        /**
         *  Close the single hibernate session instance.
         *
         *  @throws HibernateException
         */
        public static void closeSession() throws HibernateException {              //关闭 Session
            Session session = (Session) threadLocal.get();
            threadLocal.set(null);
            if (session != null) {
                session.close();
            }
        }
        /**
         *  return session factory
         *
         */
        public static org.hibernate.SessionFactory getSessionFactory() {
            return sessionFactory;
        }
        /**
         *  return hibernate configuration
         *
         */
        public static Configuration getConfiguration() {
            return configuration;
        }
}
```

在 Hibernate 中，Session 负责完成对象持久化操作。该文件负责创建以及关闭 Session 对象。从该文件源码可以看出，Session 对象的创建大致需要以下 3 个步骤：

① 初始化 Hibernate 配置管理类 Configuration；

② 通过 Configuration 类实例创建 Session 的工厂类 SessionFactory；

③ 通过 SessionFactory 得到 Session 实例。

7.4.2　获取 Session 对象的流程

Hibernate 框架的工作原理很简单，简而言之，就是通过获得 Session 对象来对数据库进行 CURD

（Create、Update、Read、Delete，即常说的"增删改查"）操作。Hibernate 获取 Session 对象的主要流程可分为以下 4 个步骤（相关语句都在上面 HibernateSessionFactory 类的源码中）。

（1）创建一个 Configuration 类实例

该类是整个 Hibernate 程序的启动类，创建语句如下：

```
private static Configuration configuration = new Configuration();
```

（2）加载 Hibernate 核心配置文件

应用 Configuration 类实例调用其 configure 函数，读入指定的配置文件（也就是 Hibernate 的核心配置文件 hibernate.cfg.xml），代码如下：

```
configuration.configure();
```

其实该函数中可以代入参数，参数值就是指定配置文件的路径，但如果该配置文件放在 classes 下则会被自动加载。通过该步的操作，需要连接的数据库及其属性都设置完成了。

（3）创建 SessionFactory 对象

通过配置文件信息创建 SessionFactory 对象，代码如下：

```
serviceRegistry = new StandardServiceRegistryBuilder().configure().build();
sessionFactory = new MetadataSources(serviceRegistry).buildMetadata().buildSessionFactory();
```

（4）获取 Session 对象

SessionFactory 是获得 Session 对象的工厂，得到该类对象后，就可以很容易地得到 Session 对象，用如下语句：

```
session = (sessionFactory != null) ? sessionFactory.openSession(): null;
```

最后就可以应用 Session 对象来操作数据库了。当然，在应用 Session 对象对数据库进行 save()、delete()、update()操作时，还应用到一个类 Transaction。其实当使用 Session 的 save()、delete()、update()等操作时，都是在对 Session 的缓存进行操作，并没有直接操作数据库，Hibernate 把这些操作用事务来控制，当调用事务的 commit()方法时，才真正地执行数据库读/写操作。如果没有对其进行 commit()操作，那么保存或更新的内容只是放在 Session 中，当 Session 关闭后，内容就会从内存中清除，而数据库却没有变化。有关 Session 的一些操作及事务的处理会在后面的章节中详细讲解。纵观上例，可从总体上得出 Hibernate 大致的体系结构，如图 7.14 所示。

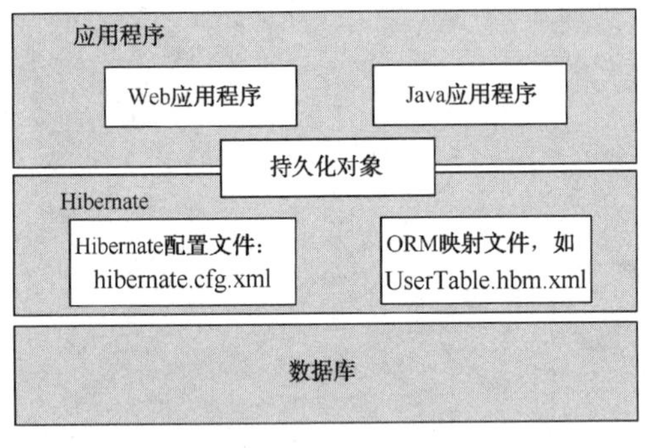

图 7.14　Hibernate 体系结构

Hibernate 层的作用就是把数据库的表映射成类，然后应用程序运用 Hibernate 框架提供的操作数据的接口来对数据库进行操作，取代 JDBC，实现面向对象的操作。

7.4.3　核心接口

Hibernate 为应用程序提供了对数据库操作的接口，通过这些接口的相互配合，即可实现面向对象的数据库操作。本节重点讲述 Hibernate 提供的 5 种核心接口。

1. Configuration 接口

Configuration 负责管理 Hibernate 的配置信息。Hibernate 运行时需要一些底层实现的基本信息，这些信息包括：数据库 URL、数据库用户名、数据库用户密码、数据库 JDBC 驱动类、数据库 dialect。

使用 Hibernate 必须首先提供这些基础信息以完成初始化工作，为后续操作做好准备。这些属性在

Hibernate 配置文件 hibernate.cfg.xml 中加以设定，当调用

```
Configuration configuration = new Configuration().configure();
```

时，Hibernate 会自动在根目录（即 classes）下搜索 hibernate.cfg.xml 文件，并将其读取到内存中作为后续操作的基础配置。

2. SessionFactory 接口

SessionFactory 负责创建 Session 实例，自 Hibernate 4.0 起，构建 SessionFactory 需要先构造一个 ServiceRegistry 对象：

```
ServiceRegistry serviceRegistry = new StandardServiceRegistryBuilder().configure().build();
```

ServiceRegistry 是 Service 的注册表，它为 Service 提供了一个统一的加载/初始化/存放/获取机制，会根据当前的数据库配置信息，应用代理来构造 SessionFacory 实例并返回。SessionFactory 一旦构造完毕，即被赋予特定的配置信息，也就是说，ServiceRegistry 的任何变更将不会影响到已经创建的 SessionFactory 实例。如果需要使用基于变更后的 ServiceRegistry 实例的 SessionFactory，需要以新的 ServiceRegistry 作为参数来重新构建 SessionFactory 实例：

```
sessionFactory = new MetadataSources(serviceRegistry).buildMetadata().buildSessionFactory();
```

同样，如果应用中需要访问多个数据库，针对每个数据库，应分别创建其对应的 SessionFactory 实例。

SessionFactory 保存了对应当前数据库配置的所有映射关系，同时也负责维护当前的二级数据缓存和 Statement Pool。由此可见，SessionFactory 的创建过程非常复杂、代价高昂，这也意味着，在系统设计中应充分考虑 SessionFactory 的重用策略。由于 SessionFactory 采用了线程安全的设计，可由多个线程并发调用，大多数情况下，应用中针对一个数据库共享同一个 SessionFactory 实例即可。

3. Session 接口

Session 是 Hibernate 持久化操作的基础，提供了众多持久化方法，如 save、update、delete、query 等。通过这些方法，透明地完成对象的增、删、改、查等操作。

同时，值得注意的是，Hibernate 框架中 Session 的设计是非线程安全的，即一个 Session 实例只可由一个线程使用，对同一个 Session 实例的多线程并发调用将导致难以预知的错误。Session 实例由 SessionFactory 构建，代码如下：

```
Session session = (sessionFactory != null) ? sessionFactory.openSession(): null;
```

之后，就可调用 Session 提供的 save、get、delete、query 等方法完成持久层操作。该接口提供的方法很多，后面会有专门的章节讲述，这里不予展开。

4. Transaction 接口

Transaction 是 Hibernate 中进行事务操作的接口，Transaction 接口是对实际事务实现的一个抽象，这些实现包括 JDBC 的事务、JTA 中的 UserTransaction，甚至可以是 CORBA 事务。之所以这样设计是为了让开发者能够使用一个统一的操作界面，使得自己的项目可以在不同的环境和容器之间方便地移植。事务对象通过 Session 创建，用如下语句：

```
Transaction ts = session.beginTransaction();
```

关于事务的具体应用将在后面章节中讲解。

5. Query 接口

Query 接口是 Hibernate 的查询接口，用于向数据库中查询对象，在它里面包装了一种 HQL（Hibernate Query Language）查询语言，采用了新的面向对象的查询方式，是 Hibernate 官方推荐使用的标准数据库查询语言。Query 和 HQL 是分不开的，写出的查询语句形如：

```
Query query = session.createQuery("from UserTable where id=1");
```

上面的语句中查询条件 id 的值“1”是直接给出的，如果没有给出，而是设为参数，就要用 Query 接口中的方法来完成。例如，以下语句：

```
Query query = session.createQuery("from UserTable where id=?");
```

就要在后面设置其值：

```
query.setInt(0, "要设置的值");
```

上面的方法是通过“?”来设置参数的，还可以用“:”后跟变量的方法来设置参数，如上例可以改为：

```
Query query = session.createQuery("from UserTable where id=:idValue");
query.setInt("idValue","要设置的 id 值");
```

由于上例中的 id 为 int 类型，所以设置的时候用 setInt(…)，如果是 String 类型就要用 setString(…)。还有一种通用的设置方法，就是 setParameter()方法，不管是什么类型的参数都可以应用。其使用方法是相同的，例如：

```
query.setParameter(0, "要设置的值");
```

Query 还有一个 list()方法，用于取得一个 List 集合的示例，此示例中包含的集合可能是一个 Object 集合，也可能是 Object 数组集合。例如：

```
Query query = session.createQuery("from UserTable where id=1");
List list = query.list();
```

当然，由于该例中 id 号是主键，只能查出一条记录，所以 List 集合中只能有一条记录。但是如果根据其他条件，就有可能查出很多条记录，这样 List 集合中的一条记录就是一个 UserTable 对象。

习　题　7

1．简述 ORM 的概念。

2．通过 7.2 节的实例，掌握 Hibernate 核心配置文件的配置、POJO 类的创建及映射文件的配置。

3．简述 Hibernate 获取 Session 对象的基本流程。

4．Hibernate 有哪几个核心的接口？说明它们的基本用途。

第 8 章 Hibernate 映射机制

Hibernate 通过映射文件把 POJO 类与数据库表关联到一起，从【实例 7.1】可以看出，映射完成以后编程操作数据库的确要比使用 JDBC 方便得多，但该例只用到了一个表，映射也很简单。只有对于更复杂的表结构及关系，使用 Hibernate 框架映射成类，才能充分体现出 Hibernate 的优势。本章就详细讲解 Hibernate 的映射机制。

8.1 主键映射

读者在学习数据库时已经知道，数据库表要具有实体完整性。也就是说，基本上每个表都会有自己的主键来唯一标识自己，但每个表的主键设置方式不尽相同，大体上可以有以下两种区分方法。

（1）第一种区分方法

- 单个主键：由表的单个字段组成。
- 复合主键：由表的多个字段共同组成。

（2）第二种区分方法

- 自然主键：具有业务意义的字段作为主键，例如，学生表中用 XH（学号）作为主键。
- 代理主键：定义的、专门用来标识记录的 id，它除了用来标识记录外，不具有任何的业务实体意义。

但不管是什么主键，都必须满足以下几个条件：

- 主键不能为空；
- 主键不能重复；
- 主键不能被修改。

一般情况下，不使用具有业务意义的字段作为主键，即不使用自然主键（因实践证明，它们的维护会比较麻烦），而都使用专门的代理主键 id，如【实例 7.1】中 userTable 表中的 id。下面分别讲解这几种主键的映射。

8.1.1 代理主键映射

代理主键是自定义的、用来标识表记录的，不具有任何的业务实体意义，一般表中加入一个 id 字段来标识。如【实例 7.1】中 POJO 类表示为：

```
public class UserTable implements java.io.Serializable {
	// Fields
	private Integer id;                              //对应表中 id 字段
	…//省略其他属性
	// Constructors
	…
	//属性 id 的 get 和 set 方法
	public Integer getId() {
		return this.id;
	}
```

```
        public void setId(Integer id) {
                this.id = id;
        }
        ...//省略其他属性的 get 和 set 方法
}
```

对应的映射文件配置为：

```
<id name="id" type="java.lang.Integer">
        <column name="id" />
        <generator class="native" />
</id>
```

标签<id>表示该部分映射的是主键，name 属性指定类中对应的属性值，column 属性指定对应表中的字段。<generator>标签为<id>标签的子标签，用来指定生成 id 的方式。下面列举这些生成方式，并简单介绍它们的应用方法。

● assigned：应用程序自身对 id 赋值。当设置<generator class="assigned"/>时，应用程序自身需要负责主键 id 的赋值，一般应用在主键为自然主键时。例如，XH 为主键时，当添加一个学生信息时，就需要程序员自己设置学号的值，这时就需要应用该 id 生成器。

● native：由数据库对 id 赋值。当设置<generator class="native"/>时，数据库负责主键 id 的赋值，最常见的是 int 型的自增型主键。例如，在 SQL Server 中建立表的 id 字段为 identity，配置了该生成器，程序员就不用为该主键设置值，它会自动设置。

● hilo：通过 hi/lo 算法实现的主键生成机制，需要额外的数据库表保存主键生成历史状态。

● seqhilo：与 hi/lo 类似，通过 hi/lo 算法实现的主键生成机制，只是主键历史状态保存在 sequence 中，适用于支持 sequence 的数据库，如 Oracle。

● increment：主键按数值顺序递增。此方式的实现机制为在当前应用实例中维持一个变量，以保存当前的最大值，之后每次需要生成主键的时候将此值加 1 作为主键。这种方式可能产生的问题是：如果当前有多个实例访问同一个数据库，由于各个实例各自维护主键状态，不同实例可能生成同样的主键，从而造成主键重复异常。因此，如果同一个数据库有多个实例访问，这种方式应该避免使用。

● identity：采用数据库提供的主键生成机制，如 SQL Server、MySQL 中的自增主键生成机制。

● sequence：采用数据库提供的 sequence 机制生成主键，如 Oracle sequence。

● uuid.hex：由 Hibernate 基于 128 位唯一值产生算法，根据当前设备 IP、时间、JVM 启动时间、内部自增量 4 个参数生成十六进制数值（编码后长度为 32 位的字符串表示）作为主键。即使是在多实例并发运行的情况下，这种算法也在最大限度上保证了产生 id 的唯一性。当然，重复的概率在理论上依然存在，只是概率比较小。一般而言，利用 uuid.hex 方式生成主键将提供最好的数据插入性能和数据平台适应性。

● uuid.string：与 uuid.hex 类似，只是对生成的主键进行编码（长度为 16 位）。在某些数据库中可能出现问题。

● foreign：使用外部表的字段作为主键。该主键一般应用在表与表之间的关系上，会在后面的表对应关系上进一步讲解。

● select：Hibernate 3 引入的主键生成机制，主要针对遗留系统的改造工程。

由于常用的数据库，如 SQL Server、MySQL 等，都提供了易用的主键生成机制（如 auto-increase 字段），因此可以在数据库提供的主键生成机制上，采用 native 生成器来配置主键生成方式。

8.1.2 自然主键映射

自然主键虽然不提倡使用，但使用自然主键的情况还是存在的，如 UserTable 表中的用户如果只限于学生，可以不单独指定代理主键 id，而改用自然主键 XH（学号），这样 POJO 类可改写为：

```
public class UserTable implements java.io.Serializable {
    // Fields
    private String xh;                          //对应 XH（学号）字段
    …//省略其他属性
    // Constructors
    …
    //属性 xh 的 get 和 set 方法
    public String getXh() {
        return xh;
    }
    public void setXh(String xh) {
        this.xh = xh;
    }
    …//省略其他属性的 get 和 set 方法
}
```

对应在映射文件中的主键配置为：

```
<id name="xh" type="java.lang.String">
    <column name="XH" />
    <generator class="assigned" />
</id>
```

主键的生成器类为 assigned，表示由程序给这个主键赋值。使用自然主键就必须应用这个主键生成器。

8.1.3 复合主键映射

所谓复合主键，是指主键设置为自然主键，并且该自然主键是由两个或两个以上的字段组成的。实际应用中这种例子也屡见不鲜，如成绩表，该表中一般使用 XH（学号）、KCH（课程号）共同作为主键，这就是典型的复合主键。复合主键相对来说较为麻烦，它有两种实现方法：一种是单独定义主键类，即把作为主键的字段单独封装成类；另一种是不单独定义主键类。下面就这两种方法分别加以说明。

1．单独定义主键类

单独定义主键类，即把主键的属性组成一个新的类，这个类与要映射的 POJO 类类似，也要生成它的 get 和 set 方法，但是该类并不作为 POJO 类使用，而是作为映射 POJO 类的一个主键属性。假设有一个成绩表，该表的结构如表 8.1 所示。

表 8.1 成绩（CJ）表

字段名	数据类型	主 键	自 增	允许为空	描 述
XH	varchar(50)	是			学号
KCH	varchar(50)	是			课程号
CJ	int			是	成绩

首先把主键封装成一个类，该类有两个要求。

① 实现 java.lang.Serializable 接口。

② 重写 equals()和 hashCode()方法，当验证两个 Cj 对象是否相等时，Hibernate 会使用这里的 equals () 方法进行判断，即判断两个对象的 xh 和 kch 是否相等。

```
package org.vo;
public class CjId implements java.io.Serializable{
        private String xh;
        private String kch;
        public String getXh() {
                return xh;
        }
        public void setXh(String xh) {
                this.xh = xh;
        }
        public String getKch() {
                return kch;
        }
        public void setKch(String kch) {
                this.kch = kch;
        }
        public boolean equals(Object other){
                if ( (this == other) ) return true;
                if ( (other == null) ) return false;
                if ( !(other instanceof CjId) ) return false;
                CjId castOther = (CjId) other;
                return ((this.getXh() == castOther.getXh()) || (this.getXh() != null &&
                          castOther.getXh() != null && this.getXh().equals(castOther.getXh())))&&
                          ((this.getKch() == castOther.getKch()) || (this.getKch() != null &&
                           castOther.getKch() != null && this.getKch().equals(castOther.getKch())));
        }
        public int hashCode(){
                int result ;
                result = 37 * result + (getXh() == null ? 0 : this.getXh().hashCode());
                result = 37 * result + (getKch() == null ? 0 : this.getKch().hashCode());
                return result;
        }
}
```

然后在真正的映射 POJO 中使用：

```
package org.vo;
public class Cj implements java.io.Serializable{
        private CjId id;
        private int cj;
        public CjId getId() {
                return id;
        }
        public void setId(CjId id) {
                this.id = id;
        }
        public int getCj() {
                return cj;
        }
```

```
        public void setCj(int cj) {
            this.cj = cj;
        }
}
```

POJO 类编写完成后，可以编写配置文件 Cj.hbm.xml，代码如下：

```
<?xml version="1.0"?>
<!DOCTYPE hibernate-mapping PUBLIC
        "-//Hibernate/Hibernate Mapping DTD 3.0//EN"
        "http://hibernate.sourceforge.net/hibernate-mapping-3.0.dtd">
<hibernate-mapping package="org.vo">
        <class name="Cj" table="CJ">
                <composite-id name="id" class="CjId">
                        <key-property name="xh" column="XH" type="string"/>
                        <key-property name="kch" column="KCH" type="string"/>
                </composite-id>
                <property name="cj" column="CJ" type="integer"/>
        </class>
</hibernate-mapping>
```

配置完成后，下面来看复合主键如何操作数据库数据。

- 保存一个对象。

```
public void saveCj(){
Transaction ts=session.beginTransaction();          //定义事务
        CjId id=new CjId();                         //创建主键对象
        id.setXh("171101");                         //设置学号
        id.setKch("001");                           //设置课程号
        Cj cj=new Cj();                             //创建 POJO 类对象
        cj.setId(id);                               //设置主键
        cj.setCj(80);                               //设置成绩
        session.save(cj);                           //保存
        ts.commit();                                //提交事务
}
```

- 修改一个对象。

```
public void updateCj(){
        Transaction ts=session.beginTransaction();
        CjId id=new CjId();                         //创建主键对象
        id.setXh("171101");                         //设置学号
        id.setKch("001");                           //设置课程号
        Cj cj=(Cj) session.load(Cj.class, id);      //根据主键得到对象
        cj.setCj(90);                               //重新赋值成绩
        session.update(cj);                         //修改
        ts.commit();                                //提交事务
}
```

根据作为主键的条件，主键是不能被修改的，故如果试图修改学号或课程号，就会报错。

2. 不单独定义主键类

不单独定义主键类，就是把主键属性直接放在 POJO 类中，不需要单独对其进行封装，那么该 POJO 类就要实现 java.io.Serializable 接口，并重写 equals()和 hashCode()方法。

```
package org.vo;
public class Cj implements java.io.Serializable{
```

```
        private String xh;
        private String kch;
        private int cj;
        //省略它们的 get 和 set 方法
        …
        public boolean equals(Object other){
                if ( (this == other) ) return true;
                if ( (other == null) ) return false;
                if ( !(other instanceof CjId) ) return false;
                CjId castOther = (CjId) other;
                return ((this.getXh() == castOther.getXh()) || (this.getXh() != null &&
                        castOther.getXh() != null && this.getXh().equals(castOther.getXh())))&&
                        ((this.getKch() == castOther.getKch()) || (this.getKch() != null &&
                         castOther.getKch() != null && this.getKch().equals(castOther.getKch())));
        }
        public int hashCode(){
                int result ;
                result = 37 * result + (getXh() == null ? 0 : this.getXh().hashCode());
                result = 37 * result + (getKch() == null ? 0 : this.getKch().hashCode());
                return result;
        }
}
```

同样，映射文件 Cj.hbm.xml 也略有不同：

```
…
<hibernate-mapping package="org.vo">
        <class name="Cj" table="CJ">
                <composite-id >
                        <key-property name="xh" column="XH" type="string"/>
                        <key-property name="kch" column="KCH" type="string"/>
                </composite-id>
                <property name="cj" column="CJ" type="integer"/>
        </class>
</hibernate-mapping>
```

由于这种情况是把主键放入 POJO 类中，故数据的存取也不同。

● 保存一个对象。

```
public void saveCj(){
        Transaction ts=session.beginTransaction();          //定义事务
        Cj cj=new Cj();                                     //创建 POJO 类对象
        cj.setXh("171101");                                 //设置学号
        cj.setKch("001");                                   //设置课程号
        cj.setCj(80);                                       //设置成绩
        session.save(cj);                                   //保存
        ts.commit();                                        //提交事务
}
```

● 修改一个对象。

```
public void updateCj1(){
        Transaction ts=session.beginTransaction();
        //根据学号及课程号查询，注意这里是 HQL 语句，Cj 是类名，xh 和 kch 是类中属性
        //关于 HQL 语言会在后面讲解
        Query query=session.createQuery("from Cj where xh='171101' and kch='001'");
```

```
        Cj cj=(Cj) query.list().get(0);                //得到第 1 个值
        cj.setCj(92);                                  //重新赋值成绩
        session.update(cj);                            //修改
        ts.commit();                                   //提交事务
    }
```

这里若要试图修改学号或课程号也会报错。

虽然这两种方法都是可行的，但一般情况下都会选择用第一种方法即单独定义主键类，这样会更易于管理与维护。

8.2 数据类型映射

在 Hibernate 的映射文件中，用<property>标签来说明 POJO 类的属性与数据库表中的哪一个字段对应，用 type 属性说明对应属性应该使用什么数据类型。例如，【实例 7.1】的 UserTable. hbm.xml 中有：

```
...
<hibernate-mapping>
    <class name="org.vo.UserTable" table="userTable" schema="dbo" catalog="TEST">
        <id name="id" type="java.lang.Integer">
            <column name="id" />
            <generator class="native" />
        </id>
        <property name="username" type="java.lang.String">
            <column name="username" length="20" not-null="true" />
        </property>
        <property name="password" type="java.lang.String">
            <column name="password" length="20" not-null="true" />
        </property>
    </class>
</hibernate-mapping>
```

上面代码中的加黑部分，用 type 属性来指定数据类型，这个属性是 Java 数据类型，在 Hibernate 框架的内部还有一套"Hibernate 数据类型"，Hibernate 就是通过它将 Java 类型自动转换为数据库标准的 SQL 类型，如图 8.1 所示，从而完成高质量的 ORM 映射。

Java类型 ⟺ Hibernate数据类型 ⟺ 标准SQL类型

图 8.1 Hibernate 数据类型的桥梁作用

用户也可在配置文件中直接写入设置 Hibernate 自身的数据类型，代码如下：

```
<id name="id" type="integer">
    …
</id>
<property name="username" type="string">
    …
</property>
<property name="password" type="string">
    …
</property>
```

对于 type 属性，有时候甚至可省略，Hibernate 会使用反射机制，先判别持久化 POJO 类中的属性类型，再采用相应的 Hibernate 数据类型映射。

表 8.2 列举了各数据类型之间的对应关系。

表 8.2　数据类型之间的转化关系表

Hibernate 数据类型	Java 类型	标准 SQL 类型
integer 或 int	java.lang.Integer 或 int	INTEGER
long	java.lang.long 或 long	BIGINT
short	java.lang.Short 或 short	SMALLINT
float	java.lang.Float 或 fload	FLOAT
double	java.lang.Double 或 double	DOUBLE
big_decimal	java.math.BigDecimal	NUMERIC
character	java.lang.String	CHAR(1)
string	java.lang.String	VARCHAR
byte	byte 或 java.lang.Byte	TINYINT
boolean	boolean 或 java.lang.Boolean	BIT
yes_no	boolean 或 java.lang.Boolean	CHAR(1)('Y'或'N')
true_false	boolean 或 java.lang.Boolean	CHAR(1)('Y'或'N')
date	java.util.Date 或 java.sql.Date	DATE
time	java.util.Date 或 java.sql.Time	TIME
timestamp	java.util.Date 或 java.sql.Timestamp	TIMESTAMP
calendar	java.util.Calendar	TIMESTAMP
calendar_date	java.util.Calendar	DATE
binary	byte[]	VARBINARY 或 BLOB
text	java.lang.String	CLOB
serializable	java.io.Serializable 实例	VARBINARY 或 BLOB
clob	java.sql.Clob	CLOB
blob	java.sql.Blob	BLOB
class	java.lang.Class	VARCHAR
locale	java.util.Locale	VARCHAR
time	java.util.TimeZone	VARCHAR
currency	java.util.Currency	VARCHAR

从上表可以看出，有些 Java 类型可能映射多个 Hibernate 数据类型。例如，java.util.Date 可以选择映射到 Hibernate 数据类型 date、time 和 timestamp。如果在配置 type 属性时写错了 Hibernate 的类型，那么系统就会报 Java 类型转换错误。其实程序员也可以自定义数据类型，但在一般情况下，Hibernate 内置的数据类型对于大多数数据库应用来说已经足够，无须自定义了，故这里不过多介绍，有兴趣的读者可以参考相关书籍学习。

8.3 对象关系映射

前面介绍了 Hibernate 的主键映射和数据类型映射，本节将要学习比较复杂的对象关系映射。对象关系映射大致可分为继承关系映射和关联关系映射，下面将就这两方面内容分别加以说明。

8.3.1　继承关系映射

在实际应用中，存在这样一种情况：有很多种学生，如研究生、本科生等，他们都有学生的基本属性，但又有各自的特殊属性，故适合使用继承来实现这样的对象模型。

例如，学生 POJO 类 Xs.java 代码为：

```
public class Xs {
    private int id;                          //id 标识
    private String xh;                       //学号
    private String xm;                       //姓名
    private Date bir;                        //出生时间
    //省略上述属性的 get 和 set 方法
}
```

研究生 POJO 类 Yjs.java 代码为：

```
public class Yjs extends Xs{
    private String researchResult;           //科研成果
    //省略属性 get 和 set 方法
}
```

本科生 POJO 类 Bks.java 代码为：

```
public class Bks extends Xs{
    private boolean ky;                      //是否考研
    //省略属性 get 和 set 方法
}
```

可以看到，继承简化了程序的应用。现在就要考虑在数据库中建表的问题了，这种情况可以有 3 种方法来设计数据库：

① 每个子类一个数据表；

② 每个类一个数据表；

③ 共享一个数据表。

相应地，应用 Hibernate 的对象映射也有不同的解决方法，下面就逐一介绍。

1. 每个子类一个数据表

这种设计非常简单，并没有对这些继承关系的特性做任何处理，两张表对应了两个 POJO 类及各自的配置文件，它们之间并没有任何的关系。

① 设计两张数据库表，分别是 yjs 表（见表 8.3）和 bks 表（见表 8.4）。

表 8.3　yjs 表

字 段 名	数 据 类 型	主　键	自　增	允 许 为 空	描　述
id	int	是	增 1		id 标识
xh	varchar(50)				学号
xm	varchar(50)			是	姓名
bir	datetime			是	出生时间
researchResult	varchar(50)			是	研究成果

表 8.4　bks 表

字段名	数据类型	主键	自增	允许为空	描述
id	int	是	增 1		id 标识
xh	varchar(50)				学号
xm	varchar(50)				姓名
bir	datetime				出生时间
ky	bit				是否考研

② 建立两张表对应的 POJO 类。

Yjs.java 代码为：

```
package org.vo;
import java.util.Date;
public class Yjs{
	private int id;                          //id 标识
	private String xh;                       //学号
	private String xm;                       //姓名
	private Date bir;                        //出生时间
	private String researchResult;           //科研成果
	//省略上述属性的 get 和 set 方法
}
```

Bks.java 代码为：

```
package org.vo;
import java.util.Date;
public class Bks{
	private int id;                          //id 标识
	private String xh;                       //学号
	private String xm;                       //姓名
	private Date bir;                        //出生时间
	private boolean ky;                      //是否考研
	//省略上述属性的 get 和 set 方法
}
```

③ 建立 POJO 类对应的映射文件。

Yjs.hbm.xml 配置文件为：

```
…
<hibernate-mapping package="org.vo">
	<class name="Yjs" table="yjs">
		<id name="id" column="id" type="integer">
			<generator class="identity"></generator>
		</id>
		<property name="xh" type="string" not-null= "true"></property>
		<property name="xm" type="string"></property>
		<property name="bir" type="date"></property>
		<property name="researchResult" type="string"></property>
	</class>
</hibernate-mapping>
```

Bks.hbm.xml 与 Yjs.hbm.xml 类似，只需要修改 class 的属性 name 和 table 的值，即把

```
<class name="Yjs" table="yjs">
```

修改为：

```
<class name="Bks" table="bks">
```

然后把研究生的特有属性修改为本科生的特有属性，即把

```
<property name="researchResult" type="string"></property>
```

改为：

```
<property name="ky" type="boolean"></property>
```

这里就不列出详细代码了。至于数据的读取操作和前面讲解的类似，因为它们之间是互不相关的，故相当于操作各自的表而已。此方法配置起来很繁冗，不能体现 Hibernate 的优势。

2. 每个类一个数据表

采用这种方法时父类和子类都要各自对应数据库中的一张表，并且子类和父类之间应用主键来设置它们的关联关系。

【实例 8.1】 采用“每个类一个数据表”的方式，实现继承关系映射。

① 创建 Java 项目，命名为“Inheritance_mapping”。

② 添加 Hibernate 框架，步骤同【实例 7.1】第 3 步。HibernateSessionFactory 类同样位于 org.util 包下。

③ 在 TEST 数据库中创建表，设计 xs 表（见表 8.5）、yjs 表（见表 8.6）、bks 表（见表 8.7）以及它们的关联关系。

表 8.5　xs 表

字段名	数据类型	主键	自增	允许为空	描述
id	int	是	增 1		id 标识
xh	varchar(50)				学号
xm	varchar(50)			是	姓名
bir	datetime			是	出生时间

表 8.6　yjs 表

字段名	数据类型	主键	自增	允许为空	描述
xsId	int	是			id 标识，并且作为外键参照 xs 表
researchResult	varchar(50)			是	研究成果

表 8.7　bks 表

字段名	数据类型	主键	自增	允许为空	描述
xsId	int	是			id 标识，并且作为外键参照 xs 表
ky	bit			是	是否考研

④ 在项目 src 下创建 org.vo 包，在其中建立 POJO 类。

Xs.java 代码为：

```
…
public class Xs {
    private Integer id;
    private String xh;
    private String xm;
    private Date bir;
```

```
        //省略上面属性的 get 和 set 方法
}
```

Yjs.java 代码为：

```
…
public class Yjs extends Xs{
        private Integer xsId;
        private String researchResult;
        //省略上面属性的 get 和 set 方法
}
```

Bks.java 代码为：

```
…
public class Bks extends Xs{
        private Integer xsId;
        private Boolean ky;
        //省略上面属性的 get 和 set 方法
}
```

⑤ 配置 Xs.hbm.xml。

这种情况下只需要配置一个 Xs.hbm.xml 即可，在该配置文件中要把 Yjs 与 Bks 的信息配置出来。

```
…
<hibernate-mapping>
    <class name="org.vo.Xs" table="xs" schema="dbo" catalog="TEST">
        <id name="id" type="java.lang.Integer">
            <column name="id" />
            <generator class="identity" />
        </id>
        <property name="xh" type="java.lang.String">
            <column name="xh" length="50" not-null="true" />
        </property>
        <property name="xm" type="java.lang.String">
            <column name="xm" length="50" />
        </property>
        <property name="bir" type="date">
            <column name="bir" length="23" />
        </property>
        <!-- 该标签用来定义继承 Xs 的子类与数据库表的关系 -->
        <joined-subclass name="org.vo.Yjs" table="yjs">
                <!-- 子类的主键 -->
                <key column="xsId"></key>
                <!-- 子类中特有的属性 -->
                <property name="researchResult" column="researchResult" type= "st
ring"></property>
            </joined-subclass>
            <!-- 该标签用来定义继承 Xs 的子类与数据库表的关系 -->
            <joined-subclass name="org.vo.Bks" table="bks">
                <key column="xsId"></key>
                <property name="ky" column="ky" type="boolean"></property>
            </joined-subclass>
    </class>
</hibernate-mapping>
```

配置文件中用<joined-subclass>标签来定义继承 Xs 的 Yjs 和 Bks 与数据库表的对象关系映射，该标签下应用<key>标签来指定 yjs 和 bks 的主键，也作为关联 xs 外键，用<property>定义子类中特有的属性。

⑥ 对数据的存取。

```
//插入一条研究生记录
public void saveYjs(){
        Yjs yjs = new Yjs();
        yjs.setXh("171101");
        yjs.setXm("程明");
        yjs.setBir(new Date());
        yjs.setResearchResult("5 项成果");
        Transaction ts = session.beginTransaction();
        session.save(yjs);
        ts.commit();
}
```

执行程序后，会把 xh、xm、bir 记录插入 xs 表中，把本条记录的 id 值及 researchResult 记录插入到 yjs 表中。

```
//插入一条本科生记录
public void saveBks(){
        Bks bks = new Bks();
        bks.setXh("171102");
        bks.setXm("李方方");
        bks.setBir(new Date());
        bks.setKy(true);
        Transaction ts = session.beginTransaction();
        session.save(bks);
        ts.commit();
}
```

执行程序后，会把 xh、xm、bir 记录插入 xs 表中，把本条记录的 id 值及 ky 记录插入到 bks 表中。

```
//查询记录
public void query(){
        List list = session.createQuery("from Yjs").list();
        for(int i=0;i<list.size();i++){
                Yjs yjs = (Yjs) list.get(i);
                System.out.print(yjs.getXm()+"---->");
                System.out.println(yjs.getResearchResult());
        }
        List list2 = session.createQuery("from Bks").list();
        for(int i=0;i<list2.size();i++){
                Bks bks = (Bks) list2.get(i);
                System.out.print(bks.getXm()+"---->");
                System.out.println(bks.getKy());
        }
}
```

⑦ 编写测试类。

在项目 src 下创建 org.test 包，其下建立测试类 InheritanceTest.java，代码如下：

```
…
public class InheritanceTest {
        public Session session;
```

```
        public static void main(String[] args) {
                InheritanceTest ht = new InheritanceTest();            //创建类对象
                ht.getCurrentSession();                                 //获得 Session 对象
                ht.saveYjs();                                           //插入一条研究生记录
                ht.saveBks();                                           //插入一条本科生记录
                ht.query();                                             //查询记录
                ht.closeSession();                                      //关闭 Session
        }
        public void getCurrentSession(){    … }                         //获得 Session 方法
        public void closeSession(){    … }                             //关闭 Session 方法
        public void saveYjs(){ …        }                               //插入一条研究生记录
        public void saveBks(){ …        }                               //插入一条本科生记录
        public void query(){ … }                                        //查询记录
}
```

运行程序，测试结果如图 8.2 所示。

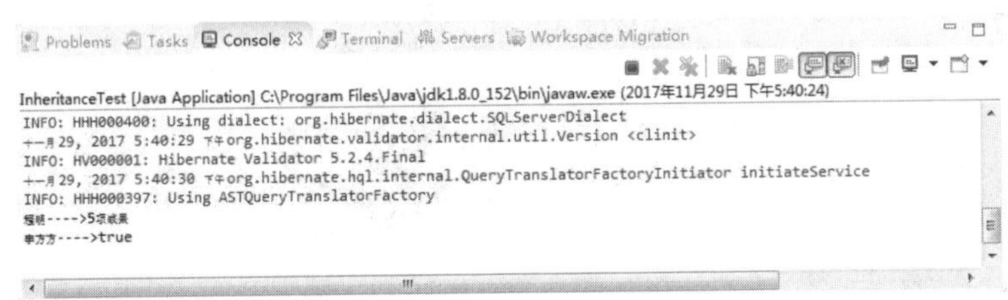

图 8.2 测试结果

3. 共享一个数据库表

使用这种方法，在一张表中加入所有的字段，包括子类中的特有属性，并且加入类型字段来表示属于何种类型。例如，“yjs”类型表示该条记录是研究生，“bks”类型表示该条记录是本科生。

【实例 8.2】 采用“共享一个数据库表”的方式，实现继承关系映射。

① 采用这种方法，在数据库中只要建立一张表即可，如表 8.8 所示。

表 8.8 xs 表

字段名	数据类型	主键	自增	允许为空	描述
id	int	是	增 1		id 标识
xh	varchar(50)				学号
xm	varchar(50)			是	姓名
bir	datetime			是	出生时间
xsType	varchar(50)			是	类型
researchResult	varchar(50)			是	研究成果
ky	bit			是	是否考研

② POJO 类的分配为：Xs.java 中配置除子类各自独特属性外的所有属性，子类只配置各自的独特属性。在项目 src 下创建 org.vo.one 包，用于存放新编写的 POJO 类。

Xs.java 代码编写如下：

```
…
public class Xs {
        private int id;
```

```
        private String xh;
        private String xm;
        private Date bir;
        private String xsType;
        //省略上面属性的 get 和 set 方法
}
```

Yjs.java 代码编写如下：

```
…
public class Yjs extends Xs{
        private String researchResult;
        //省略 get 和 set 方法
}
```

Bks.java 代码编写如下：

```
…
public class Bks extends Xs{
        private Boolean ky;
        //省略 get 和 set 方法
}
```

③ 该种情况也只需要配置一个映射文件 Xs.hbm.xml 即可，其子类信息及关系也会在映射文件中体现。

```
…
<hibernate-mapping>
    <class name="org.vo.one.Xs" table="xs" schema="dbo" catalog="TEST">
        <id name="id" type="java.lang.Integer">
            <column name="id" />
            <generator class="identity" />
        </id>
        <discriminator column="xsType" type="string"></discriminator>
        <property name="xh" type="java.lang.String">
            <column name="xh" length="50" not-null="true" />
        </property>
        <property name="xm" type="java.lang.String">
            <column name="xm" length="50" />
        </property>
        <property name="bir" type="date">
            <column name="bir" length="23" />
        </property>
        <!-- 使用<subclass>标签定义子类的特有属性与数据库对应关系，并且指明用于识别该子类的值，
即指明 discriminator-value="yjs"，说明当 xsType 类型值为"yjs"时代表该子类 ，下面类同-->
          <subclass name="org.vo.one.Yjs" discriminator-value="yjs">
               <property name="researchResult" column="researchResult" type="str
ing"> </property>
          </subclass>
          <subclass name="org.vo.one.Bks" discriminator-value="bks">
               <property name="ky" column="ky" type="boolean"></property>
          </subclass>
    </class>
</hibernate-mapping>
```

④ 数据的存取也很简单，只需操作不同的类来得到想要得到的信息。

```
//插入一条记录，并且该条记录为研究生
public void saveYjs(){
        Transaction t = session.beginTransaction();
        Yjs yjs = new Yjs();
        yjs.setXh("171103");
        yjs.setXm("jack");
        yjs.setBir(new Date());
        yjs.setResearchResult("3 项成果");
        session.save(yjs);
        t.commit();
}
```

运行该段代码后，程序会根据 Yjs 类设置 Xs 表中的 xsType 值为“yjs”，并把值插入 Xs 表中。

```
//插入一条记录，并且该条记录为本科生
public void saveBks(){
        Transaction t = session.beginTransaction();
        Bks bks = new Bks();
        bks.setXh("171104");
        bks.setXm("jacy");
        bks.setBir(new Date());
        bks.setKy(true);
        session.save(bks);
        t.commit();
}
```

运行该段代码后，程序会根据 Bks 类设置 Xs 表中的 xsType 值为“bks”，并把值插入 Xs 表中。

```
//查询记录
public void query(){
        List list = session.createQuery("from Xs where xsType='yjs'").list();
        for(int i=0;i<list.size();i++){
                Yjs yjs = (Yjs)list.get(i);
                System.out.print(yjs.getXm()+"---->");
                System.out.println(yjs.getResearchResult());
        }
        List list1 = session.createQuery("from Yjs").list();
        for(int i=0;i<list1.size();i++){
                Yjs yjs = (Yjs)list1.get(i);
                System.out.print(yjs.getXm()+"---->");
                System.out.println(yjs.getResearchResult());
        }
        List list2 = session.createQuery("from Bks").list();
        for(int i=0;i<list2.size();i++){
                Bks bks = (Bks)list2.get(i);
                System.out.print(bks.getXm()+"---->");
                System.out.println(bks.getKy());
        }
}
```

该段代码体现了面向对象的查询方式，可以根据子类查询，也可以直接带条件查询父类，从而获得子类的信息。

运行程序，测试结果如图 8.3 所示。

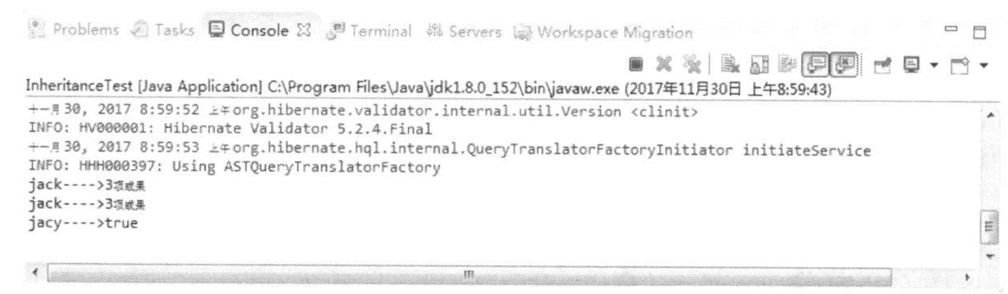

图 8.3　测试结果

8.3.2　关联关系映射

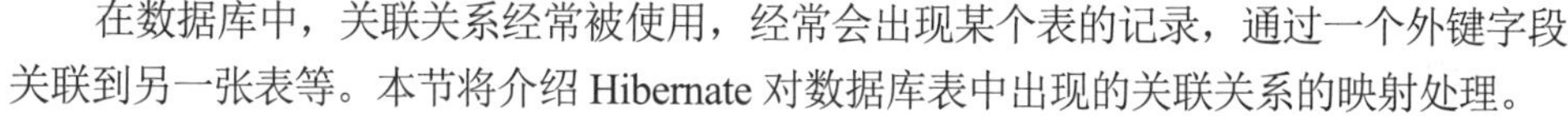

在数据库中，关联关系经常被使用，经常会出现某个表的记录，通过一个外键字段关联到另一张表等。本节将介绍 Hibernate 对数据库表中出现的关联关系的映射处理。

1．一对一关联

Hibernate 映射实体的一对一关联关系有两种实现方式：共享主键方式和唯一外键方式。所谓共享主键方式就是限制两个数据表的主键使用相同的值，通过主键形成一对一映射关系。所谓唯一外键方式就是一个表的外键和另一个表的唯一主键对应形成一对一映射关系，这种一对一的关系其实就是多对一关联关系的一种特殊情况而已。下面分别进行介绍。

（1）共享主键方式

在注册某个论坛会员的时候，往往不但要填写登录账号和密码，还要填写其他的详细信息，这两部分信息通常会放在不同的表中，如表 8.9 和表 8.10 所示。

表 8.9　登录表 login

字段名称	数据类型	主　键	自　增	允许为空	描　述
ID	int	是			id 号
USERNAME	varchar(20)				登录账号
PASSWORD	varchar(20)				登录密码

表 8.10　详细信息表 detail

字段名称	数据类型	主　键	自　增	允许为空	描　述
ID	int	是	增 1		id 号
TRUENAME	varchar(8)			是	真实姓名
EMAIL	varchar(50)			是	电子邮件

登录表和详细信息表属于典型的一对一关联关系，可按共享主键方式进行。

【实例 8.3】共享主键方式示例。

① 创建 Java 项目，命名为“Hibernate_mapping”。

② 添加 Hibernate 框架，步骤同前。HibernateSessionFactory 类同样位于 org.util 包下。

③ 生成数据库表对应的 Java 类对象和映射文件。

经过上面的操作，虽然 MyEclipse 自动生成了 Login.java、Detail.java、Login.hbm.xml 和 Detail.hbm.xml 共 4 个文件，但两表之间并未自动建立一对一关联，仍需要用户修改代码和配置，手动建立表之间的关联。具体的修改内容如下，在源代码中以加黑标识。

修改 login 表对应的 POJO 类 Login.java，代码为：

```
package org.model;
…
public class Login implements java.io.Serializable {
        private Integer id;                    //id 号
        private String username;               //登录账号
        private String password;               //登录密码
        private Detail detail;                 //添加属性字段（详细信息）
        …
        /** full constructor */
        public Login(String username, String password, Detail detail) {
                this.username = username;
                this.password = password;
                this.detail = detail;          //完善构造函数
        }
        …
        //增加 detail 属性的 get 和 set 方法
        public Detail getDetail(){
                return this.detail;
        }
        public void setDetail(Detail detail){
                this.detail = detail;
        }
}
```

修改 detail 表对应的 Detail.java，代码为：

```
…
public class Detail implements java.io.Serializable {
        private Integer id;                    //id 号
        private String truename;               //真实姓名
        private String email;                  //电子邮件
        private Login login;                   //添加属性字段（登录信息）
        …
        public Detail(String truename, String email, Login login) {
                this.truename = truename;
                this.email = email;
                this.login = login;            //完善构造函数
        }
        …
        //增加 login 属性的 get 和 set 方法
        public Login getLogin(){
                return this.login;
        }
        public void setLogin(Login login){
                this.login = login;
        }
}
```

修改 login 表与 Login 类的 ORM 映射文件 Login.hbm.xml 为：

```
…
<hibernate-mapping>
    <class name="org.model.Login" table="login" schema="dbo" catalog="TEST">
```

```
        <id name="id" type="java.lang.Integer">
            <column name="ID" />
                <!--采用 foreign 标识生成器，直接采用外键的属性值，达到共享主键的目的-->
                <generator class="foreign">
                <param name="property">detail</param>
                </generator>
        </id>
                ...
            <!-- name 表示属性名字，class 表示被关联的类的名字，
                constrained="true"表明当前的主键上存在一个外键约束-->
    <one-to-one name="detail" class="org.model.Detail" constrained="true"/>
    </class>
</hibernate-mapping>
```

修改 detail 表与 Detail 类的 ORM 映射文件 Detail.hbm.xml 为：

```
...
<hibernate-mapping>
    <class name="org.model.Detail" table="detail" schema="dbo" catalog="TEST">
        <id name="id" type="java.lang.Integer">
            <column name="ID" />
            <generator class="identity" />
        </id>
                ...
            <!-- name 表示属性名字，class 表示被关联的类的名字，cascade="all"表明主控类的所有操作，对
关联类也执行同样操作，lazy="false"表示此关联为立即加载-->
        <one-to-one name="login" class="org.model.Login" cascade="all" lazy= "fal
se"></one-to-one>
    </class>
</hibernate-mapping>
```

④ 创建测试类。

在 src 下创建包 test，在该包下建立测试类，命名为 Test.java。其代码如下：

```
package test;
import java.util.List;
import org.hibernate.Query;
import org.hibernate.Session;
import org.hibernate.Transaction;
import org.model.*;
import org.util.HibernateSessionFactory;
import java.sql.*;
public class Test {
    public static void main(String[] args) {
        //调用 HibernateSessionFactory 的 getSession 方法创建 Session 对象
        Session session=HibernateSessionFactory.getSession();
        //创建事务对象
        Transaction ts=session.beginTransaction();
        Detail detail=new Detail();
        Login login=new Login();
        login.setUsername("yanhong");
        login.setPassword("123");
        detail.setTruename("严红");
        detail.setEmail("yanhong@126.com");
        //相互设置关联
```

```
            login.setDetail(detail);
            detail.setLogin(login);
            //这样完成后，就可以通过 Session 对象调用 session.save(detail)来持久化该对象
            session.save(detail);
            ts.commit();
            HibernateSessionFactory.closeSession();
        }
}
```

⑤ 运行程序，测试结果。

因为该程序为 Java Application，所以可以直接运行。在完全没有操作数据库的情况下，程序就完成了对数据的插入。插入数据后，login 表和 detail 表的内容如图 8.4 和图 8.5 所示。

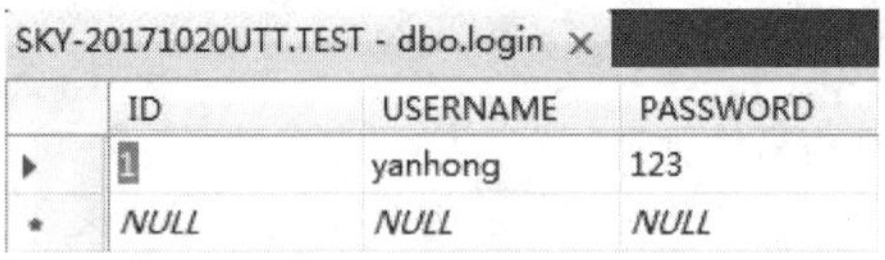

SKY-20171020UTT.TEST - dbo.login

	ID	USERNAME	PASSWORD
▶	1	yanhong	123
*	NULL	NULL	NULL

图 8.4 login 表

SKY-20171020UTT.TEST - dbo.detail

	ID	TRUENAME	EMAIL
▶	1	严红	yanhong@126.com
*	NULL	NULL	NULL

图 8.5 detail 表

（2）唯一外键方式

唯一外键的情况很多，例如，每个人对应一个房间。其实在很多情况下，可以是几个人住在同一个房间里面，就是多对一的关系，但是如果把这个多变成唯一，也就是说让一个人住一个房间，就变成了一对一的关系了，这就是前面说的一对一关系其实就是多对一关联关系的一种特殊情况。对应的 Person 表和 Room 表如表 8.11 和表 8.12 所示。

表 8.11 Person 表

字段名称	数据类型	主 键	自 增	允许为空	描 述
id	int	是	增 1		id 号
name	varchar(20)				姓名
room_id	int			是	房间号

注意：这里的 room_id 设为外键。

表 8.12 Room 表

字段名称	数据类型	主 键	自 增	允许为空	描 述
id	int	是	增 1		id 号
address	varchar(100)				地址

【实例 8.4】唯一外键方式示例。

① 在项目 Hibernate_mapping 的 org.model 包下生成表对应的 POJO 类对象和映射文件，然后按照如下的方法修改。

修改 Person 表对应的 POJO 类 Person.java，代码为：

```
…
public class Person implements java.io.Serializable {
    private Integer id;                    // id 号
    private String name;                   //姓名
    //private Integer roomId;              //注释掉外键 roomId 属性，其对应的 get/set 方法也要删除
    private Room room;                     //增加 room 属性
```

```
	…
	public Person(String name, Room room) {
		this.name = name;
		//this.roomId = roomId;
		this.room = room;			//修改构造函数
	}
	…
	//增加 room 属性的 get 和 set 方法
	public Room getRoom(){
		return this.room;
	}
	public void setRoom(Room room){
		this.room = room;
	}
}
```

修改 Room 表对应的 POJO 类 Room.java，代码为：

```
…
public class Room implements java.io.Serializable {
	private Integer id;					// id 号
	private String address;				//地址
	private Person person;				//增加 person 属性
	…
	public Room(String address, Person person) {
		this.address = address;
		this.person = person;				//修改构造函数
	}
	…
	//增加 person 属性的 get 和 set 方法
	public Person getPerson(){
		return this.person;
	}
	public void setPerson(Person person){
		this.person = person;
	}
}
```

修改 Person 表与 Person 类的 ORM 映射文件 Person.hbm.xml 为：

```
…
<hibernate-mapping>
	<class name="org.model.Person" table="Person" schema="dbo" catalog="TEST">
		<id name="id" type="java.lang.Integer">
			<column name="id" />
			<generator class="native" />
		</id>
			…
		<many-to-one name="room"				//属性名称
				column="room_id"			//充当外键的字段名
				class="org.model.Room"		//被关联的类的名称
				cascade="all"				//主控类所有操作，对关联类也执行同样操作
				unique="true"/>				//唯一性约束，实现一对一
```

```
    </class>
</hibernate-mapping>
```

修改 Room 表与 Room 类的 ORM 映射文件 Room.hbm.xml 为：

```
…
<hibernate-mapping>
    <class name="org.model.Room" table="Room" schema="dbo" catalog="TEST">
        <id name="id" type="java.lang.Integer">
            <column name="id" />
            <generator class="native" />
        </id>
                …
        <one-to-one name="person"                //属性名
                class="org.model.Person"         //被关联的类的名称
                property-ref="room"/>            //指定关联类的属性名
    </class>
</hibernate-mapping>
```

② 编写测试代码。

在 src 下的包 test 的 Test 类中加入如下代码：

```
…
Person person=new Person();
person.setName("liumin");
Room room=new Room();
room.setAddress("NJ-S1-328");
person.setRoom(room);
session.save(person);
…
```

③ 运行程序，测试结果。

因为该程序为 Java Application，所以可以直接运行（运行时把前面的测试代码注释掉）。在完全没有操作数据库的情况下，程序就完成了对数据的插入。插入数据后，Person 表和 Room 表的内容如图 8.6 和图 8.7 所示。

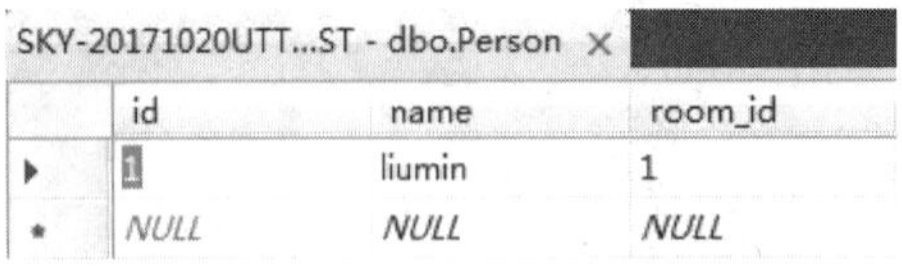

SKY-20171020UTT...ST - dbo.Person

	id	name	room_id
▶	1	liumin	1
*	NULL	NULL	NULL

图 8.6　Person 表

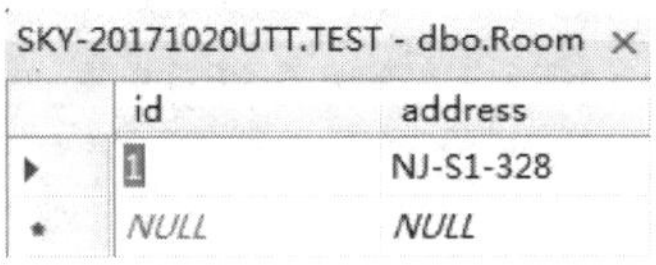

SKY-20171020UTT.TEST - dbo.Room

	id	address
▶	1	NJ-S1-328
*	NULL	NULL

图 8.7　Room 表

2．多对一单向关联

其实多对一的关联在一对一关联的唯一外键关联中已经体现了，只是在唯一外键关联中，把多的一边确定了唯一性，就变成了一对一关联。只要把上例中的一对一的唯一外键关联实例稍微修改一下，就可以变成多对一关联了。

【实例 8.5】多对一单向关联示例。

① 在【实例 8.4】基础上修改，其对应表不变，表对应的 Person 类也不变，对应的 Person.hbm.xml 文件修改如下：

```
…
<hibernate-mapping>
    <class name="org.model.Person" table="Person" schema="dbo" catalog="TEST">
```

```
        <id name="id" type="java.lang.Integer">
            <column name="Id" />
            <generator class="native" />
        </id>
            …
        <many-to-one name="room"                    //属性名称
            column="room_id"                        //充当外键的字段名
            class="org.model.Room"                  //被关联的类的名称
            cascade="all"/>                         //主控类所有操作，对关联类也执行同样操作
    </class>
</hibernate-mapping>
```

而 Room 表不变，对应的 POJO 类修改如下：

```
…
public class Room implements java.io.Serializable {
    private Integer id;                             // id 号
    private String address;                         //地址
    //private Person person;                        //删除 person 属性
    …
    /** full constructor */
    public Room(String address) {
        this.address = address;
        //this.person = person;                     //修改构造函数
    }
    //省略上述各属性的 get 和 set 方法
}
```

即删去了 person 属性及其 get 和 set 方法。

最后，在映射文件 Room.hbm.xml 中删去下面这一行：

```
<one-to-one name="person" class="org.model.Person" property-ref="room"/>
```

> **注意：**
>
> 因为是单向的多对一，所以无须在“一”的一边指明“多”的一边，这种情况也很容易理解。例如，学生和老师是多对一的关系，让学生记住一个老师是很容易的事情，但如果让老师记住所有的学生相对来说就困难多了。故有时只应用单向多对一，仅让“多”的一方控制“一”的一方。

② 编写测试代码。

在 src 下的包 test 的 Test 类中加入如下代码：

```
…
Room room=new Room();
room.setAddress("NJ-S1-328");
Person person=new Person();
person.setName("liuyanmin");
person.setRoom(room);
session.save(person);
…
```

在该例中，如果得到 Session 对象后，调用 Session 的 save 方法来完成 Person 对象的插入工作，那么在插入的同时 Room 对象也被插入到数据库中。但是反过来，如果直接插入一个 Room 对象，则对 Person 没有影响。

③ 运行程序，测试结果。

直接运行 Java Application 程序，在完全没有操作数据库的情况下，程序就完成了对数据的插入。插入数据后，Person 表和 Room 表的内容如图 8.8 和图 8.9 所示。

SKY-20171020UTT...ST - dbo.Person

	id	name	room_id
▶	1	liumin	1
	2	liuyanmin	2
*	NULL	NULL	NULL

图 8.8 Person 表

SKY-20171020UTT.TEST - dbo.Room

	id	address
▶	1	NJ-S1-328
	2	NJ-S1-328
*	NULL	NULL

图 8.9 Room 表

3. 一对多双向关联

在上面的例子中，多对一单向关联是让“多”的一方控制“一”的一方，也就是说，从“多”的一方可以知道“一”的一方，但从“一”的一方不知道“多”的一方，如果再让“一”的一方也知道“多”的一方，那么就变成了双向一对多（或多对一）关联。下面通过修改上例来完成双向多对一的实现。

【实例 8.6】一对多双向关联示例。

① 在【实例 8.5】基础上修改，Person 表对应的 POJO 及其映射文件不用改变，现在来修改 Room 表对应的 POJO 类及其映射文件。对应的 POJO 类 Room.java 如下：

```
package org.model;
import java.util.*;                              //导入用于集合操作的 Jar 包
…
public class Room implements java.io.Serializable {
    private Integer id;                          //id 号
    private String address;                      //地址
    private Set person = new HashSet();          //定义集合，存放多个 Person 对象
    …
    //增加 Person 集合的 get 和 set 方法
    public Set getPerson(){
        return person;
    }
    public void setPerson(Set person){
        this.person = person;
    }
}
```

Room 表与 Room 类的 ORM 映射文件 Room.hbm.xml 修改如下：

```
…
<hibernate-mapping>
    <class name="org.model.Room" table="Room" schema="dbo" catalog="TEST">
        <id name="id" type="java.lang.Integer">
            <column name="id" />
            <generator class="native" />
        </id>
            …
        <set name="person"           //此属性为 Set 集合类型，由 name 指定属性名字
            inverse="false"          //表示关联关系的维护工作由谁来负责，默认为 false，表示
```

```
                                    //由主控方负责；true 表示由被控方负责
                                    //由于该例是双向操作，故需要设为 false，也可不写
            cascade="all">          //级联程度
            <key column="room_id"/>                         //充当外键的字段名
            <one-to-many class="org.model.Person"/>         //被关联的类名字
        </set>
    </class>
</hibernate-mapping>
```

其中，cascade 配置的是级联程度，它有以下几种取值。

- all：表示所有操作句在关联层级上进行连锁操作。
- save-update：表示只有 save 和 update 操作进行连锁操作。
- delete：表示只有 delete 操作进行连锁操作。
- all-delete-orphan：在删除当前持久化对象时，它相当于 delete；在保存或更新当前持久化对象时，它就相当于 save-update。另外，它还可以删除与当前持久化对象断开关联关系的其他持久化对象。

② 编写测试代码。

在 src 下的包 test 的 Test 类中加入如下代码：

```
…
Person person1=new Person();
Person person2=new Person();
Room room=new Room();
room.setAddress("NJ-S1-328");
person1.setName("李方方");
person2.setName("王艳");
person1.setRoom(room);
person2.setRoom(room);
//这样完成后就可以通过 Session 对象调用 session.save(person1)和 session.save(person2)，会自动保存 room
session.save(person1);
session.save(person2);
…
```

③ 运行程序，测试结果。

因为该程序为 Java Application，所以可以直接运行。在完全没有操作数据库的情况下，程序就完成了对数据的插入。插入数据后，Person 表和 Room 表的内容如图 8.10 和图 8.11 所示。

SKY-20171020UTT...ST - dbo.Person ×

	id	name	room_id
▶	1	liumin	1
	2	liuyanmin	2
	3	李方方	3
	4	王艳	3
*	NULL	NULL	NULL

图 8.10　Person 表

SKY-20171020UTT.TEST - dbo.Room ×

	id	address
▶	1	NJ-S1-328
	2	NJ-S1-328
	3	NJ-S1-328
*	NULL	NULL

图 8.11　Room 表

由于是双向的，当然也可以从 Room 的一方来保存 Person，在 Test.java 中加入如下代码：

```
...
Person person1=new Person();
Person person2=new Person();
Room room=new Room();
person1.setName("李方方");
person2.setName("王艳");
```

```
Set persons=new HashSet();
persons.add(person1);
persons.add(person2);
room.setAddress("NJ-S1-328");
room.setPerson(persons);
//这样完成后，就可以通过 Session 对象调用 session.save(room)，会自动保存 person1 和 person2
...
```

运行程序，插入数据后，Person 表和 Room 表的内容如图 8.12 和图 8.13 所示。

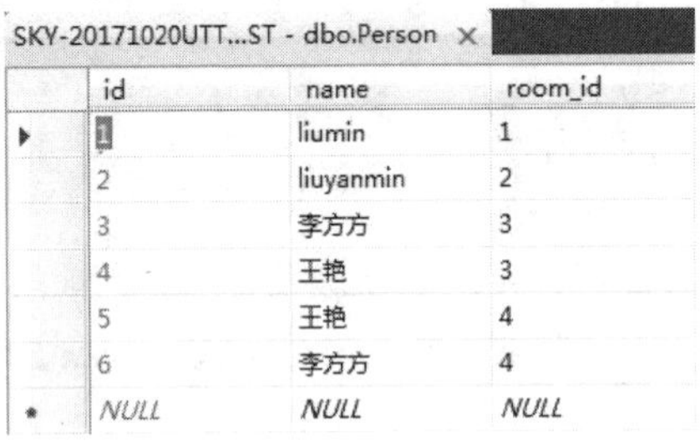

SKY-20171020UTT...ST - dbo.Person

id	name	room_id
1	liumin	1
2	liuyanmin	2
3	李方方	3
4	王艳	3
5	王艳	4
6	李方方	4
NULL	NULL	NULL

图 8.12　Person 表

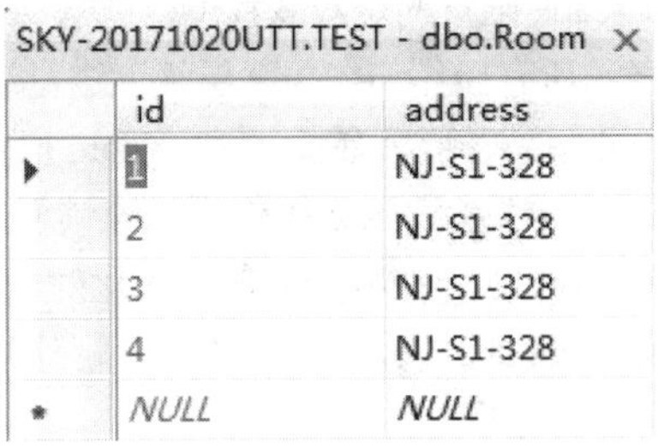

SKY-20171020UTT.TEST - dbo.Room

id	address
1	NJ-S1-328
2	NJ-S1-328
3	NJ-S1-328
4	NJ-S1-328
NULL	NULL

图 8.13　Room 表

4. 多对多关联

多对多关联可以分为两种：一种是单向多对多，另一种是双向多对多。

（1）多对多单向关联

学生和课程就是多对多的关系，一个学生可以选择多门课程，而一门课程又可以被多个学生选择。多对多关系在关系数据库中不能直接实现，还必须依赖一张连接表，如表 8.13、表 8.14 和表 8.15 所示。

表 8.13　学生表 student

字段名称	数据类型	主　键	自　增	允许为空	描　述
ID	int	是	增 1		ID 号
SNUMBER	varchar(10)				学号
SNAME	varchar(10)			是	姓名
SAGE	int			是	年龄

表 8.14　课程表 course

字段名称	数据类型	主　键	自　增	允许为空	描　述
ID	int	是	增 1		ID 号
CNUMBER	varchar(10)				课程号
CNAME	varchar(20)			是	课程名

表 8.15　连接表 stu_cour

字段名称	数据类型	主　键	自　增	允许为空	描　述
SID	int	是			学生 ID 号
CID	int	是			课程 ID 号

由于是单向的，也就是说从一方可以知道另一方，反之不行。这里就以从学生知道选择了哪些课程为例实现多对多单向关联。

【实例 8.7】单向多对多示例。

① 在项目 Hibernate_mapping 的 org.model 包下生成以上数据库表对应的 POJO 类对象和映射文件，然后进行修改。

student 表对应的 POJO 类修改如下：

```
package org.model;
import java.util.*;
…
public class Student implements java.io.Serializable {
    private Integer id;                          //id 号
    private String snumber;                      //学号
    private String sname;                        //姓名
    private Integer sage;                        //年龄
    private Set courses = new HashSet();         //定义集合，存放多个 Course 对象
    …
    // 增加 Course 集合的 get 和 set 方法
    public Set getCourses(){
        return courses;
    }
    public void setCourses(Set courses){
        this.courses = courses;
    }
}
```

student 表与 Student 类的 ORM 映射文件 Student.hbm.xml 修改如下：

```
…
<hibernate-mapping>
    <class name="org.model.Student" table="student" schema="dbo" catalog="TEST">
        <id name="id" type="java.lang.Integer">
            <column name="ID" />
            <generator class="identity" />
        </id>
            …
        <set name="courses"          //set 标签表示此属性为 Set 集合类型，由 name 指定属性名
            table="stu_cour"         //连接表的名称
            lazy="true"              //表示此关联为延迟加载，所谓延迟加载就是到了用的时候
                                     //进行加载，避免大量暂时无用的关系对象
            cascade="all">           //级联程度
            <key column="SID"></key>                      //指定参照 student 表的外键名称
            <many-to-many class="org.model.Course"        //被关联的类的名称
                column="CID"/>                            //指定参照 course 表的外键名称
        </set>
    </class>
</hibernate-mapping>
```

② 编写测试代码。

在 src 下的包 test 的 Test 类中加入如下代码：

```
…
Course cour1=new Course();
```

```
Course cour2=new Course();
Course cour3=new Course();
cour1.setCnumber("101");
cour1.setCname("计算机基础");
cour2.setCnumber("102");
cour2.setCname("数据库原理");
cour3.setCnumber("103");
cour3.setCname("计算机原理");
Set courses=new HashSet();
courses.add(cour1);
courses.add(cour2);
courses.add(cour3);
Student stu=new Student();
stu.setSnumber("171101");
stu.setSname("李方方");
stu.setSage(21);
stu.setCourses(courses);
session.save(stu);              //设置完成后就可以通过 Session 对象调用 session.save(stu)完成持久化
…
```

在向 student 表中插入学生信息的时候，也会往 course 表中插入课程信息，往连接表中插入它们的关联信息。

③ 运行程序，测试结果。

因为该程序为 Java Application，所以可以直接运行。在完全没有操作数据库的情况下，程序就完成了对数据的插入。插入数据后，student 表、course 表及连接表 stu_cour 的内容如图 8.14、图 8.15 和图 8.16 所示。

SKY-20171020UTT...ST - dbo.student

	ID	SNUMBER	SNAME	SAGE
▸	1	171101	李方方	21
*	NULL	NULL	NULL	NULL

图 8.14 student 表

SKY-20171020UTT...ST - dbo.course

	ID	CNUMBER	CNAME
▸	1	103	计算机原理
	2	102	数据库原理
	3	101	计算机基础
*	NULL	NULL	NULL

图 8.15 course 表

SKY-20171020UTT....T - dbo.stu_cour

	SID	CID
▸	1	1
	1	2
	1	3
*	NULL	NULL

图 8.16 stu_cour 表

（2）多对多双向关联

学会多对多的单向关联后，只要同时实现两个互逆的多对多单向关联便可以轻而易举地实现多对多的双向关联。在上例中只要修改课程的代码就可以了。

【实例 8.8】双向多对多示例。

在【实例 8.7】的基础上修改，首先将其 course 表所对应的 POJO 对象修改成如下代码：

```
package org.model;
import java.util.HashSet;
import java.util.Set;
```

```
public class Course implements java.io.Serializable{
    private int id;                                    // id 号
    private String cnumber;                            //课程号
    private String cname;                              //课程名
    private Set stus=new HashSet();                    //定义集合，存放多个 Student 对象
    //省略上述各属性的 get 和 set 方法
}
```

course 表与 Course 类的 ORM 映射文件 Course.hbm.xml 改为：

```
…
<hibernate-mapping>
    <class name="org.model.Course" table="course">
        <id name="id" type="java.lang.Integer">
            <column name="ID" length="4" />
            <generator class="identity"/>
        </id>
        …
        <set name="stus"   // set 标签表示此属性为 Set 集合类型，由 name 指定一个属性名称
            table="stu_cour"                           //连接表的名称
                lazy="true"                            //关联为延迟加载
                cascade="all">                         //级联操作为所有
            <key column="CID"></key>                   //指定参照 course 表的外键名称
                <many-to-many class="org.model.Student"   //被关联的类名
            column="SID"/>                             //指定参照 student 表的外键名称
        </set>
    </class>
</hibernate-mapping>
```

实际用法和单向关联用法相同，只是主控方不同而已，这里不再列举。双向关联的操作可以是双向的，也就是说，可以从任意一方操作。运行程序，运行结果与单向关联的结果相同。

8.4　动态类的使用

前面的例子中都需要使用 Java 代码来写 POJO 类作为对象模型，除此之外，Hibernate 还支持在 xml 文件中直接表示这些持久化类实体，程序员不用写持久化类，只需要创建和维护映射文件就可以了。

1．配置映射文件

使用动态类，不需要编写 POJO 类，仅需要把映射文件的 class 标签属性稍做修改。例如，在讲解 Hibernate 的第一个程序中，使用了 UserTable.java 作为持久化类，将 UserTable.hbm.xml 映射文件作为 POJO 类和持久化类的映射文件，如果使用了动态类，则不需要再编写 UserTable.java 持久类，把 class 标签的属性 name 修改为 entity-name，意思是指明由 xml 解析器生成动态类。修改为应用动态类后的 UserTable.hbm.xml 文件为：

```
…
<hibernate-mapping>
    <class entity-name="org.vo.UserTable" table="userTable" schema="dbo" catalog="TEST">
        <id name="id" type="java.lang.Integer">
            <column name="id" />
            <generator class="native" />
        </id>
        …
```

```
    </class>
</hibernate-mapping>
```

“entity-name="org.vo.UserTable"”用来指明动态类的类名（包括包名），其他配置可以不变。如果该持久化类与其他的持久化类之间有关联关系，则配置大致相同。动态类关联的实体既可以是常用的 POJO 类，也可以是动态类。

2．数据的存取

完成了映射文件的定义，接下来需要知道如何对 UserTable 对象进行数据存取操作了。在应用动态类时，对数据的存取与使用实体类不同。

默认情况下，Hibernate 的工作模式为一般的 POJO，也可以把 sessionFactory 的默认实体模式设置为动态模型。如果不设置整个 sessionFactory 的实体模式，也可以单独设置某个 Session 的实体模式，例如：

```
session=sessionFactory.openSession();
session=session.getSession(EntityMode.MAP);
```

EntityMode 是选择实体模式的类，EntityMode.POJO 代表一般的 POJO 类模式，EntityMode.MAP 代表动态类模式。实际上，即使不做实体模式的设置，Hibernate 也能识别出动态类模式，Session 对于动态类的增、删、改等一组操作，增加了一个 String 类型的参数，用于指明类的全名，所以在存取动态类调用这组方法时，Session 就可以判断是否为动态模式。

对于动态类的操作，Hibernate 是通过使用哈希表的形式来存放实体属性的。例如，保存一个 UserTable 类对象：

```
Transaction ts = session.beginTransaction();
Map user = new HashMap();
user.put("username", "yabber");
user.put("password", "123456");
session.save("org.vo.UserTable", user);                    //保存一个 UserTable 对象
ts.commit();
```

运行结果如图 8.17 所示。

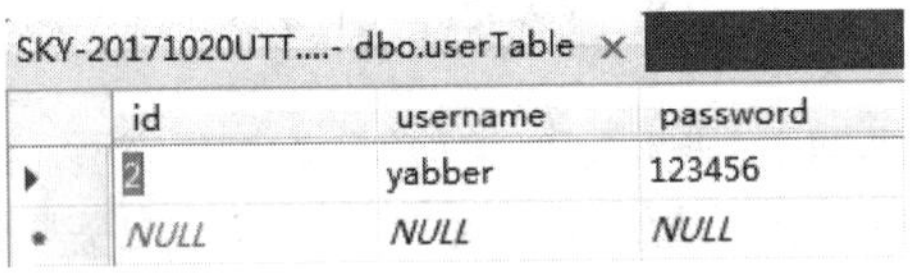

SKY-20171020UTT....- dbo.userTable ×

	id	username	password
▶	2	yabber	123456
*	NULL	NULL	NULL

图 8.17　向 userTable 表添加一条记录

使用 Map 的 put()方法成对地存入属性名和属性值，save()方法的前面一个参数表示保存的类的名称（包括包名），后面一个参数是存入的动态类属性的 Map 对象。

修改表中的一条记录的代码如下：

```
Transaction ts = session.beginTransaction();
Map user = new HashMap();
user = (Map)session.get("org.vo.UserTable", 2);            //获取 id 为 2 的记录
user.put("password", "654321");
session.update("org.vo.UserTable", user);                  //更新一个 UserTable 对象
ts.commit();
```

先获得一个对象，再应用 Map 的 put()方法来修改 password 属性的值，然后调用 update()来更新。运行结果如图 8.18 所示。

SKY-20171020UTT....- dbo.userTable ×

	id	username	password
▶	2	yabber	654321
*	NULL	NULL	NULL

图 8.18 修改 userTable 表中 id 为 2 的记录

要查询表中的记录，使用 Map 的 get()方法来获取对应属性的值。查询表中的记录的代码如下：

```
Query query = session.createQuery("from UserTable");        //查询记录
List list = query.list();
for(int i=0;i<list.size();i++){
    Map user = (Map)list.get(i);
    System.out.println(user.get("username"));                //输出查询结果
    System.out.println(user.get("password"));
}
```

删除表中的一条记录的方法是先获得一个对象，直接调用 delete()方法删除，但必须用参数指明其动态类的全名。

```
Transaction ts = session.beginTransaction();
Map user = new HashMap();
user = (Map)session.get("org.vo.UserTable", 2);
session.delete("org.vo.UserTable", user);                   //删除记录（参数必须指明动态类全名）
ts.commit();
```

习 题 8

1．Hibernate 的主键映射有哪几种？

2．举例说明实现对象关系映射的几种方式。

3．关联关系映射有哪几种情况？各举一例说明。

第 9 章 Hibernate 对持久化对象的操作

Hibernate 把数据库中的表映射成 Java 的持久化类，使得程序员直接操作持久化类而不用操作表即可完成对数据库的增、删、改、查操作。前面讲解了 Hibernate 是如何实现类的属性与表的字段之间的映射的，本章则重点讲述对持久化类的操作。

9.1 操作持久化对象的常用方法

Hibernate 是通过 Session 对象来操作持久化对象的，经常用到的操作方法有 save()、get()、load()、update()、delete()、saveOrUpdate()等。本节将详细介绍这几种方法的使用。

9.1.1 save()方法

Session 的 save()方法用来对持久化对象进行保存，对应到数据库中就是向表中插入一条记录。例如，在第一个 Hibernate 程序（【实例 7.1】）中有以下代码片段：

```
public void saveUser(){                              //插入一条记录方法
    Transaction t1 = session.beginTransaction();
    UserTable user = new UserTable();
    user.setUsername("Jack");
    user.setPassword("123456");
    session.save(user);                              // save()方法保存持久化对象
    t1.commit();
}
```

如果在 Hibernate 的核心配置文件中加入语句：

```
<property name="hibernate.show_sql">true</property>
```

运行程序时，就会在控制台显示出对应执行的 SQL 语句，该段代码对应显示的 SQL 语句为：

```
Hibernate: insert into TEST.dbo.userTable (username, password) values (?, ?)
```

完成对数据库的插入操作。其实，save()方法仅仅是将一个临时对象加载到 Session 的缓存中，并没有向数据库中插入该条信息，只有调用了事务的 commit()方法后，才真正执行了 SQL 语句，向数据库表中插入该条记录。

9.1.2 get()和 load()方法

Session 的 get()和 load()方法都是用来加载持久化类对象的，例如：

```
UserTable user = (UserTable)session.get(UserTable.class, 1);
//或 UserTable user = (UserTable)session.load(UserTable.class, 1);
```

用来获取 id 为 1 的 UserTable 对象，但两者是有区别的。

- 当数据库表中不存在 id 为 1 的值时，使用 get()方法返回 null，而用 load()方法则会抛出异常。
- load()查询会先到缓存中去查，如果没有则返回一个代理对象（不马上到数据库中查找），等到后面使用这个代理对象的时候，才到数据库中查找相应的信息。若还是没有找到就抛出异常。get()查询则是先到缓存中去查，如果没有就直接到数据库中查询，还没有的话就返回 null。

● load()查询支持延迟加载，所谓延迟加载就是用到后才到数据库中查询，从上面一条的查询方式中也可以看出，load()支持延迟加载，而 get()查询不支持。延迟加载是由映射文件中 class 标签的 lazy 属性控制的，默认值为 true，即延迟加载，如果设置该属性为 false，即立即加载。

总体来说，使用 load()方法需要确保数据库中存在相应的值，否则就会抛出异常，而 get()查询则是试探性的获取，如果没有就返回 null。

9.1.3　update()方法

Session 的 update()方法用于对持久化对象进行修改操作，对应数据库中就是修改表中的一条记录。在进行修改之前，必须先得到要修改的持久化对象。例如：

```
public void updateUser(){                                        //修改一条记录
    Transaction t2 = session.beginTransaction();
    UserTable user = (UserTable)session.get(UserTable.class, 1);
    user.setUsername("Jacy");
    session.update(user);                                        // update()方法修改持久化对象
    t2.commit();
}
```

事务提交后，执行 SQL 语句：

```
Hibernate: select usertable0_.id as id1_0_0_, usertable0_.username as username2_0_0_, usertable0_.password as password3_0_0_ from TEST.dbo.userTable usertable0_ where usertable0_.id=?
Hibernate: update TEST.dbo.userTable set username=?, password=? where id=?
```

因上段代码使用了 get()方法加载持久化对象，而刚刚说过 get()查询是“立即加载”的，即先到数据库中查询该对象（执行 select 语句），查到后再执行修改操作，故这里一共要执行两条 SQL 语句。

9.1.4　delete()方法

Session 的 delete()方法用来对持久化对象进行删除操作，对应数据库中就是删除表中的一条记录。在进行删除之前，必须先得到要删除的持久化对象。例如：

```
public void deleteUser(){                                        //删除一条记录
    Transaction t3 = session.beginTransaction();
    UserTable user = (UserTable)session.get(UserTable.class, 1);
    session.delete(user);                                        // delete()方法删除持久化对象
    t3.commit();
}
```

事务提交后，执行 SQL 语句：

```
Hibernate: select usertable0_.id as id1_0_0_, usertable0_.username as username2_0_0_, usertable0_.password as password3_0_0_ from TEST.dbo.userTable usertable0_ where usertable0_.id=?
Hibernate: delete from TEST.dbo.userTable where id=?
```

同样，先执行 select 语句查询持久化对象，再完成对数据库表记录的删除操作。

9.1.5　saveOrUpdate()方法

Session 的 saveOrUpdate()方法能根据对象的不同情况分别进行不同处理。如果指定对象是临时建立（new 创建的）一个对象，即原来数据库中没有相应记录，执行 saveOrUpdate()方法就相当于执行 save()方法；如果指定对象是游离对象，即本来在数据库中就存在，则执行 saveOrUpdate()方法相当于执行 update()方法。例如：

```
public void saveOrUpdate(){
    Transaction t4 = session.beginTransaction();
```

```
        UserTable user;
        user = (UserTable)session.get(UserTable.class, 2);
        if(user == null){
            user = new UserTable();                        //如果没有就创建一个新的，将被保存
            user.setUsername("yabber");
            user.setPassword("123456");
        }else{
            user.setPassword("654321");                    //如果有就修改密码
        }
        session.saveOrUpdate(user);
        t4.commit();
    }
```

这样，系统就会自动选择使用哪种方法来执行。

9.2 HQL 查询

HQL 是 Hibernate Query Language 的缩写，其语法很像 SQL，但 HQL 是一种面向对象的查询语言。SQL 的操作对象是表和列等数据库对象，而 HQL 的操作对象是类、实例、属性等。HQL 的查询依赖于 Query 类，每个 Query 实例对应一个查询对象。如下面的语句：

```
Query query = session.createQuery("from UserTable");
```

createQuery()方法中的字符串是 HQL 语句，其赋值方法在 Query 接口中已经详细介绍。下面介绍 HQL 的几种常用查询方式。

9.2.1 基本查询

基本查询是 HQL 中最简单的一种查询方式。下面以用户信息为例说明其几种查询情况。

1．查询所有用户信息

```
…
Transaction ts = session.beginTransaction();
Query query = session.createQuery("from UserTable");
List list = query.list();
ts.commit();
…
```

执行上面的代码片段，得到一个 List 的对象，可遍历该对象得出每个用户的信息。

2．查询某个用户信息

```
...
Transaction ts = session.beginTransaction();
//查询出所有用户，并按 id 排序
Query query = session.createQuery("from UserTable order by id desc");
query.setMaxResults(1);                              //设置最大检索数目为 1，表示查询 1 条记录
UserTable user = (UserTable)query.uniqueResult();    //装载单个对象
ts.commit();
...
```

执行上面的代码片段，得到单个对象“user”。

3．查询满足条件的用户信息

```
...
Transaction ts = session.beginTransaction();
```

```
//查询用户名为 yabber 的用户信息
Query query = session.createQuery("from UserTable where username = yabber");
List list = query.list();
ts.commit();
...
```

执行上面的代码片段，遍历 List 对象，可以查看所有满足条件的用户信息。

9.2.2 条件查询

HQL 的条件查询可根据程序员指定的查询条件来进行查询，提高了 HQL 查询的灵活性，满足各种复杂的查询情况。查询的条件有几种情况，下面举例说明。

1．按指定参数查询

```
...
Transaction ts = session.beginTransaction();
//根据用户名查询用户信息
Query query = session.createQuery("from UserTable where username = ?");
query.setParameter(0, "yabber");
List list = query.list();
ts.commit();
...
```

执行上面的代码片段，得到所有符合条件的 List 集合。

2．使用范围运算查询

```
...
Transaction ts = session.beginTransaction();
//查询这样的用户信息，用户名为 jack 或 jacy 且 id 在 1～10 之间
Query query = session.createQuery("from Usertable where (id between 1 and 10) and username in('jack','jacy')");
List list = query.list();
ts.commit();
...
```

执行上面的代码片段，得到符合条件的用户的 List 集合。

3．使用比较运算符查询

```
...
Transaction ts = session.beginTransaction();
//查询 id 大于 5 且用户名不为空的用户信息，这里假设用户名可以为空，实际情况当然是不存在的
Query query = session.createQuery("from UserTable where id>5 and username is not null");
List list = query.list();
ts.commit();
...
```

执行上面的代码片段，得到符合条件的用户的 List 集合。

4．使用字符串匹配运算查询

```
...
Transaction ts = session.beginTransaction();
//查询用户名中包含“a”字符且密码前面三个字符为“123”的所有用户信息
Query query = session.createQuery("from UserTable where username like '%a%' and password like '123%'");
List list = query.list();
ts.commit();
...
```

执行上面的代码片段，得到符合条件的用户的 List 集合。

9.2.3 分页查询

在页面上显示查询结果时，如果数据太多，一个页面无法全部展示，这时务必要对查询结果进行分页显示。为了满足分页查询的需要，Hibernate 的 Query 实例提供了两个有用的方法：setFirstResult(int firstResult)和 setMaxResults(int maxResult)。其中，setFirstResult(int firstResult)方法用于指定从哪一个对象开始查询（序号从 0 开始），默认为第一个对象，也就是序号 0；setMaxResults(int maxResult)方法用于指定一次最多查询出的对象的数目，默认为所有对象。例如，下面的代码片段：

```
...
Transaction ts = session.beginTransaction();
Query query = session.createQuery("from Kcb");
int pageNow = 1;                                    //想要显示第几页
int pageSize = 5;                                   //每页显示的条数
query.setFirstResult((pageNow-1)*pageSize);         //指定从哪一个对象开始查询
query.setMaxResults(pageSize);                      //指定一次最多查询出的对象数目
List list = query.list();
ts.commit();
...
```

通常情况下，“pageNow”与“pageSize”会作为参数传进来，这样查询出的 List 集合就是当前页面要显示的内容，遍历该集合就可以实现分页查询。

9.2.4 连接查询

HQL 查询与 JDBC 的 SQL 查询一样支持内连接、外连接及交叉连接查询。下面以 8.3.2 节中一对多双向关联的例子做连接查询，讲解该部分内容。

1．内连接查询

利用 Person 与 Room 进行内连接查询：

```
...
Transaction ts = session.beginTransaction();
Query query = session.createQuery("from Person as p inner join p.room as r");
List list = query.list();
ts.commit();
...
```

在运行时，可以在“hibernate.cfg.xml”文件中加入：

```
<property name="hibernate.show_sql">true</property>
```

这样在运行时，控制台就会出现相应的 SQL 语句。其实对对象的操作，最终还要应用到 SQL 语句的操作，只是 Hibernate 把 SQL 语句封装起来，让程序员直接操作对象而已。执行该段代码出现的 SQL 语句为：

```
Hibernate: select person0_.id as id1_3_0_, room1_.id as id1_4_1_, person0_.name as name2_3_0_, person0_.room_id as room_id3_3_0_, room1_.address as address2_4_1_ from TEST.dbo.Person person0_ inner join TEST.dbo.Room room1_ on person0_.room_id=room1_.id
```

可以看出，该语句使用的是内连接查询。

2．左外连接查询

利用 Person 与 Room 进行左外连接查询：

```
...
```

```
Transaction ts = session.beginTransaction();
Query query = session.createQuery("from Person as p left join p.room as r");
List list=query.list();
ts.commit();
...
```

执行该段代码，出现的 SQL 语句为：

```
Hibernate: select person0_.id as id1_3_0_, room1_.id as id1_4_1_, person0_.name as name2_3_0_, person0_.room_id as room_id3_3_0_, room1_.address as address2_4_1_ from TEST.dbo.Person person0_ left outer join TEST.dbo.Room room1_ on person0_.room_id=room1_.id
```

3．右外连接查询

利用 Person 与 Room 进行右外连接查询：

```
...
Transaction ts = session.beginTransaction();
Query query = session.createQuery("from Person as p right outer join p.room as r");
List list=query.list();
ts.commit();
...
```

执行该段代码，出现的 SQL 语句为：

```
Hibernate: select person0_.id as id1_3_0_, room1_.id as id1_4_1_, person0_.name as name2_3_0_, person0_.room_id as room_id3_3_0_, room1_.address as address2_4_1_ from TEST.dbo.Person person0_ right outer join TEST.dbo.Room room1_ on person0_.room_id=room1_.id
```

4．交叉连接查询

利用 Person 与 Room 进行交叉连接查询：

```
...
Transaction ts = session.beginTransaction();
Query query=session.createQuery("from Person as p ,Room as r");
List list=query.list();
ts.commit();
...
```

执行该段代码，出现的 SQL 语句为：

```
Hibernate: select person0_.id as id1_3_0_, room1_.id as id1_4_1_, person0_.name as name2_3_0_, person0_.room_id as room_id3_3_0_, room1_.address as address2_4_1_ from TEST.dbo.Person person0_ cross join TEST.dbo.Room room1_
```

交叉查询会分别根据 Person 及 Room 查询出所有的记录。

9.2.5　子查询

子查询就是在 HQL 语句中嵌套子查询，用法与 SQL 语句差不多，这里举一个简单的例子说明：

```
...
Transaction ts = session.beginTransaction();
//查询出有 2 人或以上居住的地址信息
Query query = session.createQuery("from Room as r where (select count(*) from r.person)>1");
List list = query.list();
...
```

可以看出，和 SQL 语句中的嵌套类似，只要在“where”后面做嵌套就行了，如果嵌套的子句中返回的是多个值，可以利用“all”、“any”、“some”、“in”、“exists”等来选择，这些语句的意思和 SQL 中的意思相同，就不再详细解释了。至于子查询的其他复杂用法，这里也不过多讲解，感兴趣的读者可以翻阅更多的资料阅读。

9.2.6 SQL 查询

1. SQL Query 接口

除了上面的几种查询，Hibernate 还支持原生态的 SQL 查询，SQL 查询是通过 SQL Query 接口来表示的。SQL Query 接口是 Query 接口的子接口，所以它可以调用 Query 接口的方法。

- setFirstResult()：设置返回结果集的起始点。
- setMaxResult()：设置查询获取的最大记录数。
- list()：返回查询到的结果集。

除此之外，SQL 查询还提供了自己的两个方法。

- addEntity()：将查询到的记录与指定的实体关联。
- addScalar()：将查询的记录关联成标量值。

【实例 9.1】选择查询前面用例中“Person”表中的记录，然后关联成程序中的实体类。

应用 addEntity()方法实现，代码如下：

```
...
SQLQuery sqlquery = session.createSQLQuery("select * from Person as p where id>1");
sqlquery.addEntity("p", Person.class);
List list = sqlquery.list();
…
Iterator it = list.iterator();
while(it.hasNext()){
        Person person = (Person)it.next();
        System.out.print(person.getId()+" ");
        System.out.println(person.getName());
}
...
```

上面代码是应用程序中的主要代码部分，功能是查询“id>1”的 Person 对象，运行应用程序，控制台输出查询结果及 SQL 语句，如图 9.1 所示。

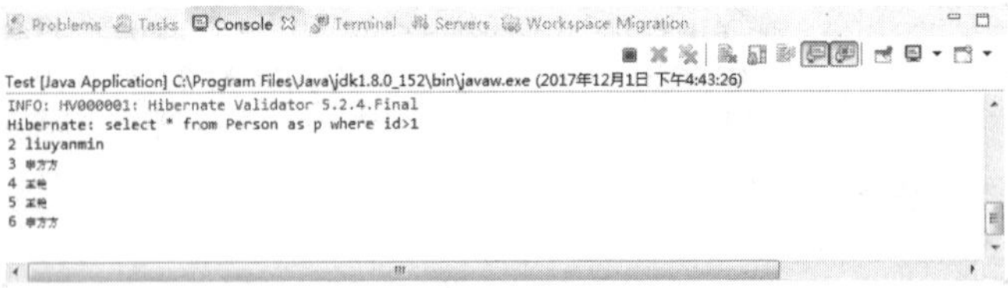

图 9.1 查询所有“id>1”的 Person 对象

如果要查询“id>1”的 Person 的第一个对象，则可以用 Query 接口中提供的方法实现为：

```
...
SQLQuery sqlquery=session.createSQLQuery("select * from Person as p where id>1");
sqlquery.addEntity("p", Person.class);
sqlquery.setMaxResults(1);
Person person=(Person)sqlquery.uniqueResult();
…
System.out.print(person.getId()+" ");
System.out.println(person.getName());
...
```

运行结果如图 9.2 所示。

```
Problems  Tasks  Web Browser  Console ✕  Servers  Project Migration

<terminated> Test (1) [Java Application] C:\Documents and Settings\Administrator\MyEclip:
INFO: HHH000400: Using dialect: org.hibernate.dialect.SQLServerDia
九月 20, 2014 3:17:37 下午 org.hibernate.engine.transaction.internal
INFO: HHH000399: Using default transaction strategy (direct JDBC t
九月 20, 2014 3:17:37 下午 org.hibernate.hql.internal.ast.ASTQueryTr
INFO: HHH000397: Using ASTQueryTranslatorFactory
Hibernate: select top 1 * from Person as p where id>1
2 liuyanmin
```

图 9.2　只查询第一个“id>1”的 Person 对象

【实例 9.2】 选择查询“Person”表中的记录，然后关联成标量值形式输出。

应用 addScalar()方法实现，定义返回值及返回值类型，输出时要用数组类型：

```
import org.hibernate.type.*;
...
SQLQuery sqlquery = session.createSQLQuery("select * from Person as p where id>1");
sqlquery.addScalar("id", IntegerType.INSTANCE);
sqlquery.addScalar("name", StringType.INSTANCE);
List list = sqlquery.list();
…
Iterator it = list.iterator();
while(it.hasNext()){
	Object[] obj = (Object[])it.next();
	System.out.println("id："+obj[0]);
	System.out.println("name："+obj[1]);
}
...
```

运行程序，控制台输出如图 9.3 所示。

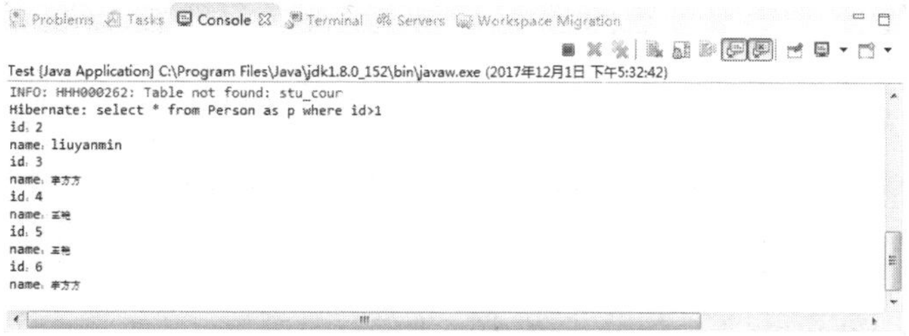

图 9.3　表记录关联成标量输出

2．调用 SQL 存储过程

既然 Hibernate 可以进行 SQL 查询，那也肯定可以调用 SQL 的存储过程，Hibernate 调用存储过程有两种方法：一种是通过配置文件“*.hbm.xml”进行配置，然后在程序中调用；另一种是绕过 Hibernate 直接操作 JDBC 进行调用。

在 SQL Server 数据库中对 student 表建立存储过程如下：

```
create procedure selectAllStudent as select * from student;
```

【实例 9.3】 通过配置文件调用存储过程。

应用 8.3.2 节多对多关联中的 student 表，对其映射文件 Student.hbm.xml 进行配置如下：

```
…
```

```
<hibernate-mapping>
        <class name="org.model.Student" table="student" schema="dbo" catalog="TEST">
                ...
        </class>
        <!-- 配置存储过程 -->
        <sql-query name="selectStudent" callable="true">
                <return alias="s" class="org.model.Student">
                        <return-property name="id" column="ID"/>
                        <return-property name="snumber" column="SNUMBER"/>
                        <return-property name="sname" column="SNAME"/>
                        <return-property name="sage" column="SAGE"/>
                </return>
                {call selectAllStudent}
        </sql-query>
</hibernate-mapping>
```

代码中的加黑部分是对存储过程的配置，下面看其在程序中的调用：

```
...
List list = session.getNamedQuery("selectStudent").list();
...
Iterator it = list.iterator();
while(it.hasNext()){
        Student stu = (Student)it.next();
        System.out.println(stu.getSname());
}
...
```

运行后查看控制台输出，如图 9.4 所示。

图 9.4　配置文件调用存储过程

【实例 9.4】绕过 Hibernate 直接使用 JDBC 调用存储过程。

Hibernate 4 起推荐采用“session.doWork()”方法实现“org.hibernate.jdbc.Work”接口的新方式来使用 JDBC API。不用修改映射文件，可以直接在程序中写代码调用存储过程，代码如下：

```
import org.hibernate.jdbc.*;
...
session.doWork(
        new Work(){                //定义一个匿名类，实现了 Work 接口
                public void execute(Connection connection)throws SQLException{
                        try{
                                CallableStatement cstmt = connection.prepareCall("{call selectAllStudent}");
                                ResultSet rs = cstmt.executeQuery();
                                while(rs.next()){
                                        System.out.println(rs.getString(3));
                                }
```

```
                }catch(Exception e){
                    e.printStackTrace();
                }
            }
        });
```

运行程序，控制台的输出结果如图 9.5 所示，可以看到，输出信息中已没有了 Hibernate 框架的消息，说明程序是成功地绕过了 Hibernate 而直接使用 JDBC 的。

```
Problems  Tasks  Console  Terminal  Servers  Workspace Migration
Test [Java Application] C:\Program Files\Java\jdk1.8.0_152\bin\javaw.exe (2017年12月2日 上午8:54:16)
十二月 02, 2017 8:54:23 上午 org.hibernate.tool.schema.extract.internal.InformationExtractorJdbcDatabaseMetaDataImpl
INFO: HHH000262: Table not found: stu_cour
十二月 02, 2017 8:54:23 上午 org.hibernate.tool.schema.extract.internal.InformationExtractorJdbcDatabaseMetaDataImpl
INFO: HHH000262: Table not found: stu_cour
十二月 02, 2017 8:54:23 上午 org.hibernate.tool.schema.extract.internal.InformationExtractorJdbcDatabaseMetaDataImpl
INFO: HHH000262: Table not found: stu_cour
李方方
```

图 9.5　直接使用 JDBC 调用存储过程

9.3　Hibernate 的批量操作

在 Hibernate 的应用过程中，难免会遇到批量处理的情况，本节就批量插入、批量更新和批量删除来讲解 Hibernate 的批量处理操作。

9.3.1　批量插入

在 Hibernate 应用中，批量处理有两种方法，一种是通过 Hibernate 的缓存，另一种是绕过 Hibernate，直接调用 JDBC API 来处理。下面就这两种方法分别说明。

1．通过 Hibernate 的缓存进行批量插入

使用这种方法时，首先要在 Hibernate 的配置文件 hibernate.cfg.xml 中设置批量尺寸属性“hibernate.jdbc.batch_size”，且最好关闭 Hibernate 的二级缓存以提高效率。例如：

```
<hibernate-configuration>
    <session-factory>
        …
        <property name="hibernate.jdbc.batch_size">50</property>                //设置批量尺寸
        <property name="hibernate.cache.use_second_level_cache">false</property>  //关闭二级缓存
    </session-factory>
</hibernate-configuration>
```

本例以对 8.3.2 节多对多关系的 student 关系表进行批量插入为例，说明批量操作的具体过程。这里假设批量插入 500 个学生到数据库中：

```
Transaction ts = session.beginTransaction();
    for(int i=0;i<500;i++){
        Student stu = new Student();
        //这里设置学号为“1711”+i，实际应用中学生对象已经放在集合或数组中，只要取出即可
        stu.setSnumber("1711"+i);
        session.save(stu);
        if(i%50==0){  //以 50 个学生为一个批次向数据库中提交，此值应与配置的批量尺寸一致
            session.flush();  //将该批量数据立即插入数据库中
            session.clear();  //清空缓存区，释放内存供下批数据使用
        }
```

```
    }
ts.commit();
```

2. 绕过 Hibernate 直接调用 JDBC 进行插入

由于 Hibernate 只是对 JDBC 进行了轻量级的封装，因此完全可以绕过 Hibernate 直接调用 JDBC 进行批量插入。因此，上例就可以改成如下代码：

```
Transaction ts = session.beginTransaction();
session.doWork(
        new Work(){
            public void execute(Connection connection)throws SQLException{
                try {
    PreparedStatement stmt = connection.prepareStatement("insert into student(SNUMBER) values(?)");
                    for (int i = 0; i < 500; i++) {
                        stmt.setString(1, "1711"+i);
                        stmt.addBatch();                //添加到批处理命令中
                    }
                    stmt.executeBatch();                //执行批处理任务
                } catch (SQLException e) {
                    e.printStackTrace();
                }
            }
        });
ts.commit();
```

在用 Hibernate 进行操作的时候，操作的是表对应的类，而在用 JDBC 进行操作的时候，操作的是数据库中的表。

9.3.2 批量更新

与批量插入类似，Hibernate 的批量更新也有两种方式，一种是由 Hibernate 直接处理，另一种则是绕过 Hibernate，直接调用 JDBC API 来处理。

1. 由 Hibernate 直接进行批量更新

为了使 Hibernate 的 HQL 直接支持 update 的批量更新语法，首先在 Hibernate 的配置文件 hibernate.cfg.xml 中设置 HQL/SQL 查询翻译器属性“hibernate.query.factory_class”。设置如下：

```
<hibernate-configuration>
    <session-factory>
    …
        <property name="hibernate.query.factory_class">
            org.hibernate.hql.internal.ast.ASTQueryTranslatorFactory
        </property>
    </session-factory>
<hibernate-configuration>
```

下面使用 HQL 批量更新把 student 表中的 SAGE 修改为 20。由于这里是用 Hibernate 操作的，故 HQL 要用类对象及其属性。

```
Transaction ts = session.beginTransaction();
//在 HQL 查询中使用 update 进行批量更新
Query query = session.createQuery("update Student set sage=20");
query.executeUpdate();
ts.commit();
```

2．绕过 Hibernate 调用 JDBC 进行批量更新

由于这里是直接操作数据库的，故要操作对应的表，而不是类。

```
Transaction ts = session.beginTransaction();
session.doWork(
        new Work(){
            public void execute(Connection connection)throws SQLException{
                try {
                    Statement stmt = connection.createStatement();
                    //调用 JDBC 的 update 进行批量更新
                    stmt.executeUpdate("update student set SAGE=30");
                } catch (SQLException e) {
                    e.printStackTrace();
                }
            }
        });
ts.commit();
```

9.3.3 批量删除

同样地，Hibernate 也提供了两种批量删除的方法，一种是由 Hibernate 直接处理，另一种则是绕过 Hibernate，调用 JDBC API 来处理。

1．由 Hibernate 直接进行批量删除

为了使 Hibernate 的 HQL 直接支持 delete 的批量删除语法，也要设置 HQL/SQL 查询翻译器“hibernate.query.factory_class”属性，设置方法和内容与批量更新完全一样，不再赘述。

下面将使用 HQL 批量删除 student 表中 ID 号大于 300 的学生。

```
Transaction ts = session.beginTransaction();
//在 HQL 查询中使用 delete 进行批量删除
Query query = session.createQuery("delete Student where id>300");
query.executeUpdate();
ts.commit();
```

2．绕过 Hibernate 调用 JDBC 进行批量删除

代码如下：

```
Transaction ts = session.beginTransaction();
session.doWork(
        new Work(){
            public void execute(Connection connection)throws SQLException{
                try {
                    Statement stmt = connection.createStatement();
                    //调用 JDBC 的 delete 进行批量删除
                    stmt.executeUpdate("delete from student where ID>300");
                } catch (SQLException e) {
                    e.printStackTrace();
                }
            }
        });
ts.commit();
```

9.4 持久对象的生命周期

持久对象的生命周期是 Hibernate 应用中的一个关键概念。对生命周期的理解和把握，不仅对 Hibernate 的正确应用颇有裨益，而且对 Hibernate 实现原理的探索也很有意义。这里的持久对象，特指 Hibernate O/R 映射关系中的域对象（即 O/R 中的“O”）。

实体对象的生命周期有以下 3 种状态。

1. transient（瞬时态）

瞬时态，即实体对象在内存中的存在与数据库中的记录无关。如下面的代码：

```
Student stu = new Student();                //这时就为 Student 分配了一个内存空间
stu.setSnumber("171101");
stu.setSname("李方方");
stu.setSage(21);
```

这里的“stu”对象与数据库中的记录没有任何关联，这时的“stu”对象处于“瞬时态”。

2. persistent（持久态）

持久态是指对象处于由 Hibernate 框架所管理的状态。在这种状态下，实体对象的引用被纳入 Hibernate 实体容器中加以管理。处于持久状态的对象，其变更将由 Hibernate 固化到数据库中。如下面的代码：

```
Student stu = new Student();
Student stu1 = new Student();
stu.setSnumber("171101");
stu.setSname("李方方");
stu.setSage(21);
stu1.setSnumber("171102");
stu1.setSname("程明");
stu1.setSage(22);          //到目前为止，stu 和 stu1 均还处于瞬时态
Transaction tx = session.beginTransaction();
session.save(stu);         //通过 save()方法，stu 对象转换为持久态，由 Hibernate 纳入实体管理容器
//而 stu1 仍然处于瞬时态
tx.commit();               //事务提交之后，库表中插入一条学生的记录，对于 stu1 则无任何操作
Transaction tx2 = session.beginTransaction();
stu.setSname("李方");
stu1.setSname("程明明");
tx2.commit();
//虽然这个事务中没有显式地调用 session.save()方法保存 stu 对象
//但是由于 stu 为持久态，事务提交后，将自动被固化到数据库中
//因此数据库中学号为“171101”的学生记录的姓名被更改为“李方”
//但此时 stu1 仍然是一个普通 Java 对象，对数据库未产生任何影响
```

处于瞬时状态的对象，可以通过 Session 的 save()方法转换成 persistent 状态。同样，如果一个实体对象是由 Hibernate 加载的，那么它也处于持久状态。如下面的代码：

```
Student stu = (Student)session.load(Student.class, new Integer(1));        //由 Hibernate 返回的持久对象
```

持久对象对应了数据库中的一条记录，可以看作是数据库记录的对象化操作接口，其状态的变更将对数据库中的记录产生影响。

3. detached（脱管状态）

处于持久状态的对象，其对应的 Session 实例关闭之后，此对象就处于脱管状态。Session 实例可

以看作是持久对象的宿主，一旦此宿主失效，其从属的持久对象就进入脱管状态。如下面的代码：

```
Student stu = new Student();
Student stu1 = new Student();
stu.setSnumber("171101");
stu.setSname("李方方");
stu.setSage(21);
stu1.setSnumber("171102");
stu1.setSname("程明");
stu1.setSage(22);                    //到目前为止，stu 仍处于瞬时态
Transaction tx = session.beginTransaction();
session.save(stu);                   // stu 对象由 Hibernate 纳入管理容器，处于持久状态
tx.commit();
session.close();                     // stu 对象状态成脱管态，因为与其关联的 session 已经关闭了
```

上面的例子中，stu 对象从瞬时态转变为持久态，又从持久态转变为脱管态。那么，这里的脱管态和瞬时态又有什么区别呢？区别在于，脱管对象可以再次与某个 Session 实例相关联而重新成为持久对象。更为重要的是，当瞬时对象执行 session.save 方法时，stu 对象的内容已经发生了变化。Hibernate 对 stu 对象持久化，并为其赋予了主键值，这个 stu 对象自然可以与库表中具备相同 id 值的记录相关联。瞬时状态的 stu 对象与库表中的数据缺乏对应关系，而脱管状态的 stu 对象，却在库表中存在相对应的记录，只不过由于脱管对象脱离 Session 这个数据操作平台，其状态的改变无法更新到库表中的对应记录。

有时候，为了方便，将处于瞬时和脱管状态的对象统称为值对象（Value Object，VO），将处于持久状态的对象称为持久对象（Persistent Object，PO）。这是由“实体对象是否被纳入 Hibernate 实体管理容器”来区分的，不被管理的持久对象统称 VO，而被管理的称为 PO。

习 题 9

1．Hibernate 通过什么来操作持久化对象？有哪几种常用方法？
2．试举例说明实现 HQL 查询的几种情况。
3．应用实例完成 Hibernate 的批量操作。
4．简述持久对象的生命周期。

第 10 章 Hibernate 高级特性

前面章节中讲解了 Hibernate 的一些常用功能，本章将进一步介绍 Hibernate 的一些高级特性，包括 Hibernate 的事务管理、并发处理及拦截器的功能。

10.1 Hibernate 事务管理

在前面的例子中，事务已经被广泛应用了，但是并没有详细介绍，这节着重讲解事务的概念及其应用。

10.1.1 事务的概念

事务是工作中的基本逻辑单元，一个事务可能包含一系列的数据库操作，而一个完整的事务保证这些操作都被正确地同步到数据库中，不会受到干扰而发生数据不完整或错误。如果事务中的某个 SQL 语句执行失败，就必须撤销整个工作单元，称之为事务回滚，因为对事务中某一点执行的所有更改都会回到上一个保存点或事务的起始点，成功完成事务称为提交。

事务有 4 个重要特性。

- 原子性：即作为一个事务，它是一个不可分割的整体，只有全部操作都完成了，才算结束；其中任何一个操作执行失败，整个事务都要撤销。
- 一致性：即事务不能破坏数据库的完整性和业务逻辑的一致性。事务不管成功还是失败，事务结束时，整个数据库内部数据都是正确的。
- 隔离性：即在并发数据库操作中，不同事务操作相同的数据时，每个事务都有自己完整的数据空间。一个事务不会看到或拿到另一个事务正修改到一半的数据，这些数据要么是一个事务修改前的，要么是另一个事务修改后提交的。拥有这个特性，是为了保证所有并发操作的正确性。
- 持久性：即事务成功提交后，数据就被永久地保存到数据库，重新启动数据库系统后，数据仍然保存在数据库系统中。

10.1.2 Hibernate 的事务

Hibernate 是 JDBC 的轻量级封装，本身并不具备事务管理能力。在事务管理层，Hibernate 将其委托给底层的 JDBC 或者 JTA（Java Transaction API），以实现事务管理和调度功能。

1. 基于 JDBC 的事务管理

在 JDBC 的数据库操作中，一项事务是由一条或多条表达式组成的不可分割的工作单元，通过提交 commit()或回滚 rollback()来结束事务的操作。JDBC 事务默认是自动提交，即一条对数据库的更新表达式代表一项事务操作。操作成功后，系统将自动调用 commit()提交，否则，调用 rollback()回滚。也可以通过调用 setAutoCommit(false)禁止自动提交，之后即可把多个数据库操作的表达式作为一个事务，在操作完成后调用 commit()进行整体提交。

将事务管理委托给 JDBC 进行处理是最简单的实现方式，Hibernate 对于 JDBC 事务的封装也比较简单。如下面的代码：

```
Session session = sessionFactory.openSession();
Transaction tx=session.beginTransaction();
...
tx.commit();
```

从 JDBC 层面而言，上面的代码实际上对应着：

```
Connection cn = getConnection;
cn.setAutoCommit(false);
// JDBC 调用相关的 SQL 语句
cn.commit();
```

在 sessionFactory.openSession()语句中，Hibernate 会初始化数据库连接。与此同时，将其 AutoCommit 设为关闭状态（false），即一开始从 SessionFactory 获得的 session，其自动提交属性已经被关闭。下面的代码不会对数据库产生任何效果：

```
session session = sessionFactory.openSession();
session.save(user);
session.close();
```

这实际上相当于 JDBC Connection 的 AutoCommit 属性被设为 false，执行了若干 JDBC 操作之后却并没有调用 commit 操作。如果要使代码真正作用到数据库，就必须显式地调用 Transaction 指令，如下面的代码：

```
Session session = sessionFactory.openSession();
Transaction tx = session.beginTransaction();
session.save(user);
tx.commit();
session.close();
```

Hibernate 的事务应用一般分为下面几个步骤。

① 通过 SessionFactoy 获得 Session 对象，如下面的代码：

```
Session session = sessionFactory.openSession();
```

② 通过 Session 对象开始一个事务，如下面的代码：

```
Transaction t = session.beginTransaction();
```

③ 进行相关的数据操作。

④ 事务提交，如下面的代码：

```
t.commit();
```

⑤ 如果事务处理出现异常，则撤销事务（通常称为事务回滚），如下面的代码：

```
t.rollback();
```

⑥ 关闭 Session，结束操作，如下面的代码：

```
session.close();
```

综上，一个完整的应用 Hibernate 事务的实例如下：

```
...
Configuration cfg = new Configuration().configure();
SessionFactory sessionFactory = cfg.buildSessionFactory();
Session session = sessionFactory.openSession();
Transaction t = session.beginTransaction();
try{
    UserTable user = new UserTable();
    user.setUsername("Jack");
    user.setPassword("123456");
    session.save(user);
    t.commit();
```

```
    }catch(Exception e){
        if(t!=null){
            t.rollback();
        }
        e.printStackTrace();
    }finally{
        session.close();
    }
    ...
```

2. 基于 JTA 的事务管理

JTA（Java Transaction API）是由 Java EE Transaction Manager 管理的事务，其最大的特点是调用 UserTransaction 接口的 begin()、commit()和 rollback()方法来完成事务范围的界定、事务的提交和回滚。JTA 可以实现同一事务对应不同的数据库。

JTA 主要用于分布式多个数据源的两阶段提交的事务，而 JDBC 的 Connection 提供单个数据源的事务，后者因为只涉及一个数据源，所以其事务可以由数据库自己单独实现，而 JTA 事务因为其分布式和多数据源的特性，不可能由任何一个数据源实现事务。因此，JTA 中的事务是由“事务管理器”来实现的，它会在多个数据源之间统筹事务，具体使用的技术就是所谓的“两阶段提交”。

JTA 提供了跨 Session 的事务管理能力，这一点是与 JDBC Transaction 最大的差异。JDBC 事务由 Connection 管理，即事务管理实际上是在 JDBC Connection 中实现的，事务周期限于 Connection 的生命周期之内。同样，对于基于 JDBC Transaction 的 Hibernate 事务管理机制而言，事务管理在 Session 所依托的 JDBC Connection 中实现，事务周期限于 Session 的生命周期。

JTA 事务管理由 JTA 容器实现，JTA 容器对当前加入事务的众多 Connection 进行调度，实现事务性要求。JTA 的事务周期可横跨多个 JDBC Connection 生命周期。同样，对基于 JTA 事务的 Hibernate 而言，JTA 事务横跨多个 Session。

10.2 Hibernate 并发处理

在数据库读/写过程中，读/写的并发性问题是不可避免的。这样一来，同时运行的事务对数据库中的相同数据产生并发访问的可能性会很大，如果没有良好的隔离机制，则很容易出现各种并发带来的问题。

10.2.1 并发产生的问题

一般情况下，数据库并发产生的问题可以分为 4 种：更新丢失、脏读、虚读及不可重复读。下面分别介绍这 4 种问题。

1. 更新丢失

当多个事务同时操作同一数据时，由于事务之间完全没有进行隔离，撤销其中一个事务，结果覆盖了其他事务已经提交并成功更新的数据，对其他事务而言造成了数据丢失。例如，在存款和取款的情况下，如果没有采取措施，很容易出现如表 10.1 所示的并发问题带来的情况。

表 10.1 更新丢失

阶 段	取 款	存 款
1	事务开始	
2	查询账户余额 1000 元	

续表

阶　段	取　款	存　款
3		事务开始
4		查询账户余额 1000 元
5	取走 100 元，剩余 900 元	
6		存入 100 元，账户中应为 1100 元
7		提交事务
8	撤销事务，账户余额回滚为事务开始时的 1000 元，事务结束	

通过该表的操作后，账户余额为 1000 元，但实际上账户余额应该是 1100 元，这种情况就属于更新丢失问题。

2. 脏读

当多个事务同时操作同一数据时，如果事务 A 读到事务 B 尚未提交的更新数据，且对其进行操作，当事务 B 撤销了更新后，事务 A 所操作的数据便成了无效数据（脏数据）。同样以存款取款问题为例，如表 10.2 所示。

表 10.2　脏读

阶　段	取　款	存　款
1	事务开始	
2	查询账户余额 1000 元	
3		事务开始
4	取走 100 元，剩余 900 元	
5		查询账户余额 900 元
6		存入 100 元，账户中应为 1000 元
7		提交事务
8	撤销事务，账户余额回滚为事务开始时的 1000 元，事务结束	

通过上表的步骤操作后，账户余额为 1000 元，但实际上应为 1100 元。

3. 虚读

当多个事务同时操作同一数据时，如果事务 A 在操作过程中进行两次查询，很有可能第二次查询的结果包含了第一次查询中未出现的数据（这里并不要求两次查询的 SQL 语句相同）。这是因为，在两次查询过程中由事务 B 插入了新数据造成的，如表 10.3 所示。

表 10.3　虚读

阶　段	存　款	查　询
1	事务开始	
2		事务开始
3		查询账户余额 1000 元
4	存入 100 元，账户中应为 1100 元	
5	提交事务	

续表

阶　段	存　款	查　询
6		再次查询，账户余额为 1100 元
7		不知到底是 1100 元还是 1000 元

在两次查询过程中，得出了不同的结果，导致不知道账户中到底是 1100 元还是 1000 元。

4. 不可重复读

当多个事务同时操作同一数据时，如果事务 A 对同一行数据重复读取两次，却得到了不同的结果，有可能在事务 A 两次读取的过程中，由事务 B 对该行数据进行了修改，并成功提交，如表 10.4 所示。

表 10.4　不可重复读

阶　段	取　款	存　款
1	事务开始	
2	查询账户余额 1000 元	
3		事务开始
4		查询账户余额 1000 元
5	存入 100 元，余额应为 1100 元	
6		存入 100 元，账户中应为 1100 元
7	提交事务，账户余额为 1100 元	
8		提交事务，账户余额为 1100 元

若按照上面的步骤操作后，账户余额为 1100 元，但实际上应该是 1200 元。

10.2.2　解决方案

为避免出现上面的几种情况，Hibernate 为应用程序提供了设置隔离级别及锁的功能。

1. 隔离级别

标准 SQL 规范中提供了 4 种事务隔离级别，可以通过 Hibernate 的配置文件来设置。

- 串行化（Serializable）：提供严格的事务隔离。它要求各事务串行化执行，事务只能一个接着一个地串行执行，不能并发执行。当数据库采用此隔离级别时，只要有一个事务在操作某个数据，其他欲操作此数据的事务必须停下来等待，直至那个事务结束，有效地防止了所有可能出现的并发问题，但并发性能较低。
- 可重复读取（Repeatable Read）：当数据库采用此隔离级别时，一个事务在执行过程中可以访问其他事务成功提交的新插入的数据，但不能访问成功修改的数据，因而有效地防止了不可重复读取和脏读两类并发问题的发生。
- 读已提交数据（Read Committed）：当数据库采用此隔离级别时，一个事务在执行过程中既可以访问其他事务成功提交的新插入的数据，又可以访问成功修改的数据，因而有效地防止了脏读。
- 读未提交数据（Read Uncommitted）：当数据库采用此隔离级别时，一个事务在执行过程中既可以访问其他事务未提交的新插入的数据，又可以访问未提交的修改数据，因而仅仅防止了更新丢失的发生。

在实际应用中，隔离级别越高，越能保证数据的完整性和一致性，但对并发性能的影响也越大。

对于大多数应用程序，可以优先考虑把隔离级别设为“读已提交数据”，它能够避免脏读，且具有较好的并发性能。尽管它会导致不可重复读、虚读和更新丢失等问题，但在可能出现这类问题的个别场合下，可在应用程序中采用“锁”来加以控制。下面简单介绍。

2. 锁

业务逻辑的实现过程中，往往需要保证数据访问的排他性，如在金融系统的日终结算处理中，希望对某个结算时间点的数据进行处理，而不希望在结算过程中（可能是几秒，也可能是几个小时）数据再发生变化。此时，需要通过一些机制来保证这些数据在某个操作过程中不会被外界修改，这样的机制就是所谓的“锁”，即给选定的目标数据上锁，使其无法被其他程序修改。

Hibernate 支持两种锁机制：悲观锁（Pessimistic Locking）和乐观锁（Optimistic Locking）。悲观锁是指对数据被外界修改持保守态度。假定任何时刻存取数据时，都可能有一个客户也正在存取同一数据，为了保持数据被操作的一致性，于是对数据采取了数据库层次的锁定状态，依靠数据库提供的锁机制来实现。

乐观锁则乐观地认为数据很少发生同时存取的问题，因而不做数据库层次上的锁定。为了维护正确的数据，乐观锁采用应用程序上的逻辑实现版本控制的方法。Hibernate 中以通过版本号检索来实现更新为主（Hibernate 推荐的方式）。在数据库中假如有一个 Version 记录，在读取数据时连带版本号一同读取，并在更新数据时递增版本号，然后比较此版本号和数据库中的版本号，如果大于数据库中的版本号，则给予更新，否则就报错误。

比如，有两个客户端，A 客户先读取了账户余额为 200 元，之后 B 客户也读取了账户余额为 200 元的数据，在并发情况下，A 客户提取了 100 元，对数据做了变更，此时数据库中的数据余额为 100 元；B 客户也要提取 80 元，根据所取得的资料，(200-80) 将为 120 元，再对数据库进行变更，最后的余额肯定不正确。

若采用乐观锁，A 客户读取账户余额 200 元，并连带读取版本号为 5，B 客户此时也读取账号余额为 200 元，版本号也为 5。A 客户在领款后账号余额为 100，此时将版本号变为 6，而数据库中的版本号为 5，所以准予更新，更新后的余额为 100，版本号为 6。B 客户领款后要变更数据库，其版本号为 5，但是数据库中的版本号为 6，则不予更新。如果 B 客户试图更新数据，将会引发异常，可以捕捉这个异常，在处理数据时重新读取数据库中的数据。

10.3 Hibernate 的拦截器

Hibernate 的拦截器是指应用程序可以为 Session 或 SessionFactory 设置拦截器，Hibernate 会自动在某些特定事件发生时，先调用这些拦截器。Hibernate 拦截器的实现需要实现 org.hibernate.Interceptor 接口。下面先介绍该接口中一些方法的含义，然后再进行实际应用举例。

10.3.1 Interceptor 接口

前面说过，可以通过实现 Interceptor 接口实现自己的拦截器，在应用中，可以为整个 SessionFactory 提供 Interceptor 实例，也可以为单独的 Session 创建一个 Interceptor 实例。Interceptor 接口中定义了各种事件对应的方法，不同的方法在对应的事件发生时将会被 Hibernate 自动调用。下面分别介绍这些方法的含义及执行阶段。

- afterTransactionBegin(Transaction tx)：当 Hibernate 事务被调用后，该方法将被调用。
- afterTransactionCompletion(Transaction tx)：当事务被提交或回滚后，该方法被调用。

- beforeTransactionCompletion(Transaction tx)：该方法在一个事务提交前被调用，但是回滚前不被调用。
- findDirty(Object entity,Serializable id, Object[] currentState, Object[] previousState,String[] property Names, Type[] types)：当调用 flush()方法刷新缓存时会自动调用这个方法检查缓存中是否有脏数据（缓存中有与数据库不一致的数据）。返回的数组是对象脏属性的索引。如果该数组不为空，说明这个对象需要被更新；如果是空的数组，说明这个对象不必被更新，默认返回 null。Hibernate 会自动使用默认的方式检查对象是否是脏数据。
- onDelete(ObjectSerializable id,Object[] state, String[] propertyName,Type[] types)：在对象删除前被调用。不建议使用给“state”参数赋值来修改要被删除实体的属性值。
- onFlushDirty(Object entity,Serializable id, Object[] currentState, Object[] previousState, String[] propertyNames, Type[] types)：如果一个对象在 flush 执行时被发现是脏数据，则这个方法会被调用。可以给“currentState”参数赋值，这个赋值既会修改持久化类对象的属性值，也会修改数据库表对应的列值。不建议使用给“previousState”赋值来修改实体更新前的属性值。返回值是 boolean 类型，true 说明在方法体中修改了对象的属性值“currentState”，false 说明没有修改其当前属性值。
- onLoad(Object entity,Serializable id,Object[] state,String[] propertyNames,Typ[]types)：当一个对象从数据库中载入时被调用。修改“state”参数，就可以修改持久化类对象的属性值。返回值是 boolean 类型，true 说明在方法体中修改了对象的属性值 state，false 表示没有修改。
- onSave(Object entity,Serializable id,Object[] state,String[] propertyNames,Type[]types)：在一个方法保存之前被调用。如果给相应的“state”赋值，这个值能够被 insert 语句保存到数据库中，同时也更改持久化类对象的属性值。返回 boolean 类型，true 代表用户在其中修改了属性值 state，false 表示没有修改。
- onCollectionRecreate(Object collection, Serializable key)：在集合被创建或再次创建时被调用。如果一个持久化类中使用了 Java 集合属性，那么保存这个持久化类时，这个集合属性中的元素也被同时保存，这个 onCollectionRecreate()方法会被自动调用。
- onCollectionRemove(Object collection, Serializable key)：在集合被删除时被调用。
- onCollectionUpdate(Object collection, Serializable key)：在集合被更新时被调用。
- isTransient(Objectentity)：调用这个方法可以判断一个实体是持久态还是脱管态。返回值是 boolean 类型，如果返回 true，代表这个实体是持久态；如果返回 false，代表这个实体是脱管态；如果返回 null，说明 Hibernate 使用映射文件中的 unsaved-value 或者其他方法来判断，这个实体还没有被保存，是瞬时态。
- getEntity(String entityName, Serializable id)：以对象名字和 id 为参数，可以返回持久化对象实体。
- getEntityName(Objectobject)：以持久态和脱管态的实体类对象为参数，可以返回实体的名字。
- instantiate(String entityName, EntityMode entityMode, Serializable id)：这个方法可以显式地让 Hibernate 实例化一个实体类。参数 entityName 是实体对象的名字，entityMode 是返回实体实例的类型，参数 id 将作为新实体对象的 id。
- onPrepareStatement(String arg0)：这个方法可以返回要执行的 SQL 语句，参数 arg0 即是要执行的 SQL 语句。
- postFlush(Iterator arg0)：该方法在持久化所做修改同步完成后会执行。
- preFlush(Iterator arg0)：该方法在同步持久化所做修改之前会执行。

10.3.2 应用举例

本节将举例说明 Hibernate 拦截器的应用。

【实例 10.1】Hibernate 拦截器应用示例。

1．创建 Hibernate 程序

创建 Java 项目，命名为 Hibernate_Interceptor。添加 Hibernate 框架，步骤同【实例 7.1】第 3 步。本例实现对数据库 TEST 中 userTable 表的操作，对表“反向工程”生成 POJO 类及映射文件，步骤同【实例 7.1】第 4 步。类文件 UserTable.java 和映射文件 UserTable.hbm.xml 存放于项目 org.vo 包下。

2．实现拦截器

下面编写拦截器，代码如下：

```
package org.inteceptor;
import java.io.*;
import java.util.*;
import org.hibernate.*;
import org.hibernate.type.*;
public class MyInterceptor implements Interceptor, Serializable{
	public void afterTransactionBegin(Transaction arg0) {
		System.out.println("该语句在事务开始之后执行！");
	}
	public void afterTransactionCompletion(Transaction arg0) {
		System.out.println("该语句在事务提交或回滚后执行！");
	}
	public void beforeTransactionCompletion(Transaction arg0) {
		System.out.println("该语句在事务提交前被执行！回滚前不执行！");
	}
	public int[] findDirty(Object arg0, Serializable arg1, Object[] arg2,
			Object[] arg3, String[] arg4, Type[] arg5) {
		return null;
	}
	public Object getEntity(String arg0, Serializable arg1)
			throws CallbackException {
		return null;
	}
	public String getEntityName(Object arg0) throws CallbackException {
		return null;
	}
	public Object instantiate(String arg0, EntityMode arg1, Serializable arg2)throws CallbackException
	{
		return null;
	}
	public Boolean isTransient(Object arg0) {
		return null;
	}
	public void onCollectionRecreate(Object arg0, Serializable arg1)throws CallbackException {}
	public void onCollectionRemove(Object arg0, Serializable arg1)throws CallbackException {}
	public void onCollectionUpdate(Object arg0, Serializable arg1)throws CallbackException {}
	public void onDelete(Object arg0, Serializable arg1, Object[] arg2,
```

```
            String[] arg3, Type[] arg4) throws CallbackException {
        System.out.println("当删除实体时调用该方法");
    }
    public boolean onFlushDirty(Object arg0, Serializable arg1, Object[] arg2,
            Object[] arg3, String[] arg4, Type[] arg5) throws CallbackException {
        System.out.println("当把持久化实体的状态同步到数据库时，执行该方法");
        return false;
    }
    public boolean onLoad(Object arg0, Serializable arg1, Object[] arg2,
            String[] arg3, Type[] arg4) throws CallbackException {
        System.out.println("加载持久化实体时,调用该方法");
        return false;
    }
    public String onPrepareStatement(String arg0) {
        System.out.println("这里返回要执行的 SQL 语句");
        return arg0;
    }
    public boolean onSave(Object arg0, Serializable arg1, Object[] arg2,
            String[] arg3, Type[] arg4) throws CallbackException {
        System.out.println("保存持久化实例时调用该方法");
        return false;
    }
    public void postFlush(Iterator arg0) throws CallbackException {
        System.out.println("持久化所做修改同步完成后,调用该方法");
    }
    public void preFlush(Iterator arg0) throws CallbackException {
        System.out.println("在同步持久化所做修改之前调用该方法");
    }
}
```

3. 测试拦截器

修改 HibernateSessionFactory 类代码（只需做少许改动），创建拦截器实例，代码如下：

```
package org.util;
…
import org.inteceptor.*;
…
public class HibernateSessionFactory {
    …
    static {
    try {
            configuration.configure().setInterceptor(new MyInterceptor());
            try {
                sessionFactory = configuration.configure().buildSessionFactory();
            } catch (Exception e) {
                ...
            }
        } catch (Exception e) {
            …
        }
    }
    …
```

```
}
```

编写测试类 Test.java，代码如下：

```
package org.test;
import org.hibernate.*;
import org.vo.*;
import org.util.*;
public class Test {
    public static void main(String [] args){
        Session session = HibernateSessionFactory.getSession();
        Transaction ts = null;
        try{
            ts = session.beginTransaction();
            UserTable user = new UserTable();
            user.setUsername("jack");
            user.setPassword("123456");
            session.save(user);
            ts.commit();
        }catch(Exception e){
            if(ts!=null){
                ts.rollback();
            }
            e.printStackTrace();
        }finally{
            session.close();
        }
    }
}
```

运行该测试程序，结果如图 10.1 所示。

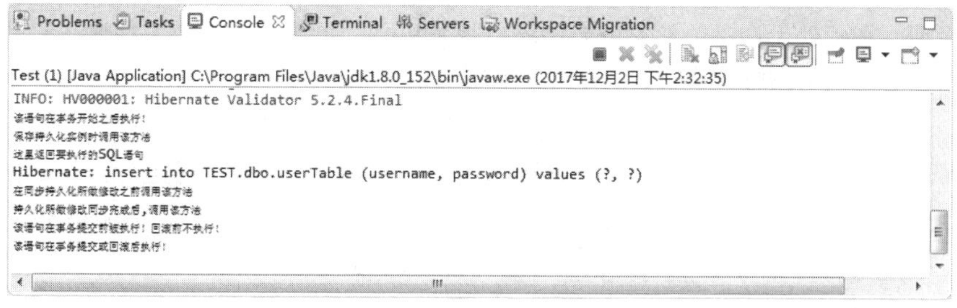

图 10.1　Hibernate 拦截器测试

可以看出，在事务的前后分别都输出了很多语句。本例仅仅是输出一些语句，在实际应用中会在需要的地方执行一些业务逻辑操作。

习　题　10

1．简述 Hibernate 事务管理的两种方法。

2．简述 Hibernate 并发所产生的几个问题。

3．举例说明 Hibernate 拦截器的应用。

第 11 章　Hibernate 与 Struts 2 整合应用案例

在 Java EE 的应用中，Struts 2 都是作为一个表示层技术，而对于持久层一般用 Hibernate 这个优秀的持久层框架来实现。本章介绍 Struts 2 与 Hibernate 的整合应用，仍以第 6 章的“图书管理系统”为例，将 Hibernate 整合进来作为项目的持久层，在此基础上修改重新做“借书”和“图书管理”两个功能。主要是让读者能够进行对比，观察 Hibernate 到底做了哪些工作，体验 Hibernate 带来的方便之处。

11.1　Hibernate 与 Struts 2 系统的整合

应用 Hibernate 框架的项目需要程序员专门开发一个持久化层，其中用到了 DAO 接口技术，本节先来简要介绍一下这个技术，然后给出整合了 Hibernate 框架的 Struts 2 系统的原理和结构。

1. DAO 技术

DAO（Data Access Object）即数据访问对象，是程序员定义的一种接口，它介于数据库资源和业务逻辑之间，其意图是将底层数据访问操作与高层的业务逻辑完全分开。

我们知道，数据源不同，访问方式也不同。根据存储的类型（关系数据库、面向对象数据库、文件等）和供应商的不同，持久性存储的访问差别也很大。例如，在一个应用系统中使用 JDBC 对 SQL Server 数据库进行连接和访问，这些 JDBC API 与 SQL 语句分散在系统各个程序文件中，当更换其他 RDBMS（如 MySQL 或 Oracle）时，就需要全部重写数据库连接和访问数据库的模块。一个软件模块（类、方法、代码块等）在扩展性方面应该是开放的，而在更改性方面则必须是封闭的（开闭原则）。要实现这个原则，在软件设计时就要充分考虑接口封装机制、抽象机制和多态技术，将软件模块的功能部分和不同的实现细节清晰地分开，在 DAO 中所运用的正是这个原则。

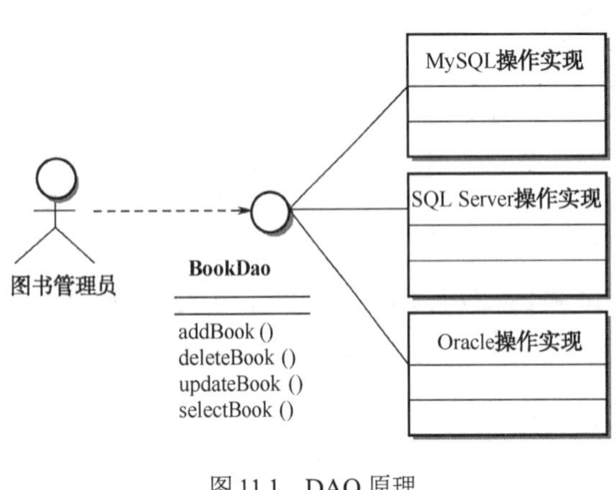

图 11.1　DAO 原理

以“图书管理系统”为例：“图书管理”功能的数据访问模块，里面的操作方法有 addBook（图书追加）、deleteBook（图书删除）、updateBook（图书修改）、selectBook（图书查询）等，对于不同数据库其实现的细节是不同的。因此，不太可能针对每种类型的数据库做一个通用的对象来实现这些操作。这时候，就可以定义一个用户数据访问对象的接口 BookDao，提供抽象的方法。不同类型数据库的用户访问对象只要实现这个接口就可以了，如图 11.1 所示。

本书由于采用 SQL Server 2014 作为后台数据库，故本章案例程序的 DAO 接口实现的是针对 SQL Server 2014 的访问操作。

2. 整合原理

Hibernate 框架的作用在于：自动生成所需的 JavaBean，对 JDBC 进行了封装，使开发者可以在程序代码中操作持久化类，以面向对象（OO）的方式访问数据库。简言之，Hibernate 生成并管理持久化的 JavaBean，也取代了原 JDBC 的功能！读者可形象地理解为：Hibernate＝JavaBean＋JDBC。同时，Struts 2 的 Action 模块不再直接执行 JDBC 操作，而是通过 DAO 接口的方式间接地访问数据库。整合进 Hibernate 的系统与原来仅使用 Struts 2 的系统，两者在结构上的区别与联系，如图 11.2 所示。

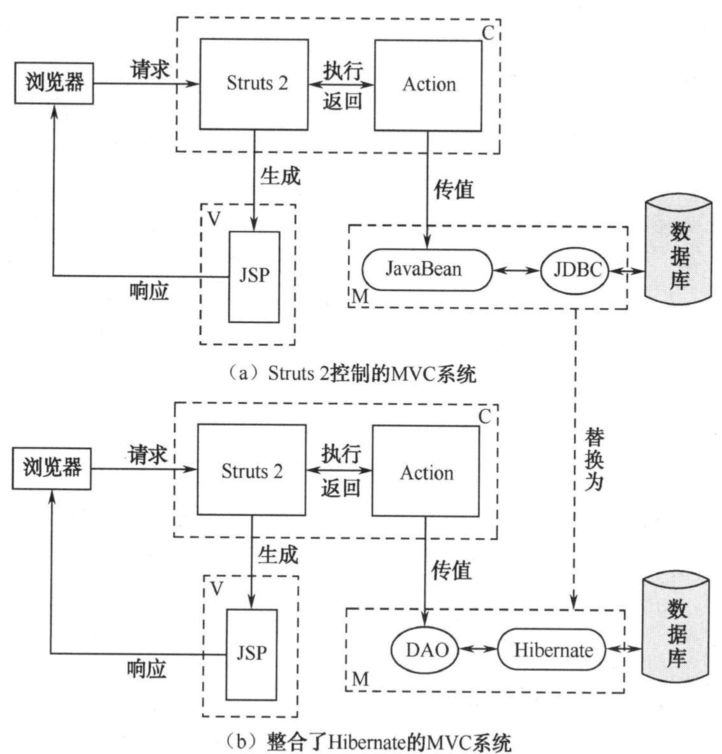

图 11.2　将 Hibernate 整合进 Struts 2 系统

可以看到，这样整合以后，前端程序模块与后台数据库彻底解耦了！当更换后台 DBMS 时，Action 模块的代码完全不用改变，只须针对新的数据库编写相应 DAO 的实现即可。

11.2　添加 Hibernate 及开发持久层

由图 11.2 可见，本章程序可在第 6 章已做好的项目基础上添加 Hibernate 框架修改而成。

1．修改原项目

启动 MyEclipse 2017，导入项目 bookManage，删除原程序 org.dao 包下全部内容，删除 org.db、org.model 包及其中的全部内容，另新创建 org.vo 和 org.util 两个包。

说明：原 org.dao 包下存放的 DAO 类，本章改用 DAO 接口实现；原 org.db 下存放 JDBC 类，因本章要用 Hibernate，它本身就封装了 JDBC，故不用程序员自己编写 JDBC 了；Hibernate 能自动生成 JavaBean，故不再使用原 org.model 包下的 JavaBean，生成的 JavaBean 置于新的 org.vo 包；新建 org.util 包则用于存放 Hibernate 框架的 HibernateSessionFactory 类。

2．添加 Hibernate 框架

右击项目名，选择菜单【Configure Facets...】→【Install Hibernate Facet】，启动向导。按照向导指引逐步添加 Hibernate 框架。具体操作见【实例 7.1】的第 3 步，略。

3. Hibernate 反向工程

接下来就可以利用反向工程生成数据库表对应的POJO类及映射文件了。打开“MyEclipse Database Explorer”视图，打开sqlsrv连接，依次选择展开“MBOOK”→“dbo”→“TABLE”，这时MBOOK数据库中的表就展现出来了，选中这些表（一次全选），右击选择【Hibernate Reverse Engineering…】……具体操作见【实例7.1】的第4步，略。

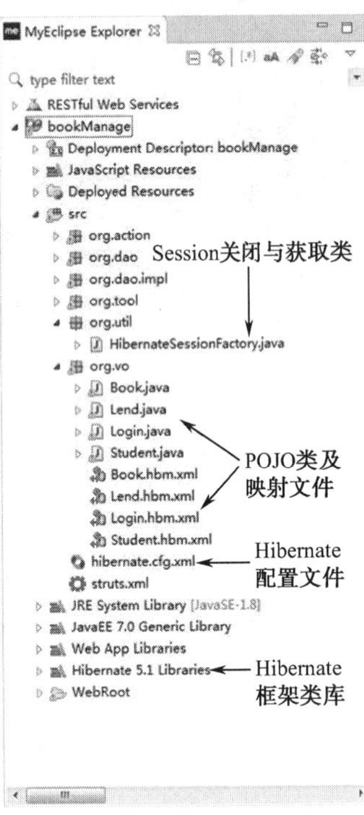

图 11.3 反向工程后的项目目录

经过以上步骤，此时的项目工程目录树呈现如图11.3所示的状态。

可以看出，利用Hibernate的反向工程，很方便地生成了POJO类、映射文件、hibernate.cfg.xml配置文件及Session关闭与获取类。在一般情况下，生成的POJO类与映射文件大致符合我们的要求，但有时候根据自己的需要也要进行一些小小的改动。例如，本例的Login.hbm.xml文件中主键的生成策略是“assigned”，而该主键在数据库中是自增的，故需要改成“identity”。下面简要列举这几个文件的代码，其中改动的部分加黑标出。

Login.java 代码为：

```
package org.vo;
…
public class Login implements java.io.Serializable {
    // Fields
    private Integer id;              //用户 id
    private String name;             //用户名
    private String password;         //密码
    private Boolean role;            //角色，true 为管理员，false 为读者
    // Constructors                  //构造方法
    …
    // Property accessors
    //省略上面属性的 get 和 set 方法
    …
}
```

Login.hbm.xml 文件代码为：

```
…
<hibernate-mapping>
    <class name="org.vo.Login" table="login" schema="dbo" catalog="MBOOK">
        <id name="id" type="java.lang.Integer">
            <column name="id" />
            <generator class="identity" />
        </id>
        <property name="name" type="java.lang.String">
            <column name="name" length="20" not-null="true" />
        </property>
        <property name="password" type="java.lang.String">
            <column name="password" length="20" not-null="true" />
        </property>
        <property name="role" type="java.lang.Boolean">
            <column name="role" not-null="true" />
        </property>
    </class>
</hibernate-mapping>
```

Student.java 代码为：

```
package org.vo;
import java.util.Date;
…
public class Student implements java.io.Serializable {
        private String readerId;                        //借书证号
        private String name;                            //姓名
        private Boolean sex;                            //性别
        private Date born;                              //出生时间
        private String spec;                            //专业名
        private Integer num;                            //借书量
        private byte[] photo;                           //照片
        // Constructors                                 //构造方法
        …
        public Student(String readerId, String name, Boolean sex, Date born,
                        String spec, Integer num) {     …     }
        /** full constructor */
        public Student(String readerId, String name, Boolean sex, Date born,
                        String spec, Integer num, byte[] photo) {  …   }
        // Property accessors
        //省略上面属性的 get 和 set 方法
        …
}
```

Student.hbm.xml 代码为：

```
…
<hibernate-mapping>
    <class name="org.vo.Student" table="student" schema="dbo" catalog="MBOOK">
        <id name="readerId" type="java.lang.String">
                …
        </id>
          …
        <property name="born" type="java.util.Date">
            <column name="born" length="23" not-null="true" />
        </property>
          …
        <property name="photo">
            <column name="photo" />
        </property>
    </class>
</hibernate-mapping>
```

Book.java 的代码为：

```
package org.vo;
…
public class Book implements java.io.Serializable {
        private String ISBN;            // ISBN 号（Hibernate 自动生成小写，这里改为大写与程序代码一致）
        private String bookName;        //图书名
        private String author;          //作译者
        private String publisher;       //出版社
        private Double price;           //价格
        private Integer cnum;           //复本量
```

```
    private Integer snum;              //库存量
    private String summary;            //内容简介
    private byte[] photo;              //封面照片，设置为字节数组
    // Constructors                    //构造方法
    …
    public Book(String ISBN, String bookName, String author, String publisher,
            Double price, Integer cnum, Integer snum) {
        this.ISBN = ISBN;
        …
    }
    /** full constructor */
    public Book(String ISBN, String bookName, String author, String publisher,
            Double price, Integer cnum, Integer snum, String summary, byte[] photo) {
        this.ISBN = ISBN;
        …
    }
    // Property accessors
    //属性 ISBN 名为大写，相应 get 和 set 方法名也要变
    public String getISBN() {
        return this.ISBN;
    }
    public void setISBN(String ISBN) {
        this.ISBN = ISBN;
    }
    //省略其余属性的 get 和 set 方法
    …
}
```

Book.hbm.xml 文件代码为：

```
…
<hibernate-mapping>
    <class name="org.vo.Book" table="book" schema="dbo" catalog="MBOOK">
        <id name="ISBN" type="java.lang.String">
            <column name="ISBN" length="20" />
            <generator class="assigned" />
        </id>
        …
        <property name="photo">
            <column name="photo" />
        </property>
    </class>
</hibernate-mapping>
```

Lend.java 代码为：

```
package org.vo;
import java.util.Date;
…
public class Lend implements java.io.Serializable {
    private String bookId;             //图书 ID
    private String readerId;           //借书证号
    private String ISBN;               // ISBN 号（Hibernate 自动生成小写，这里改为大写与程序代码一致）
```

```
        private Date ltime;                //借书时间

        // Constructors                    //构造方法
        …
        public Lend(String bookId, String readerId, String ISBN, Date ltime) {
                this.bookId = bookId;
                this.readerId = readerId;
                this.ISBN = ISBN;
                this.ltime = ltime;
        }
        // Property accessors
        //省略其余属性的 get 和 set 方法
        …
        //属性 ISBN 名为大写，相应 get 和 set 方法名也要变
        public String getISBN() {
                return this.ISBN;
        }
        public void setISBN(String ISBN) {
                this.ISBN = ISBN;
        }
}
```

Lend.hbm.xml 代码为：

```
…
<hibernate-mapping>
    <class name="org.vo.Lend" table="lend" schema="dbo" catalog="MBOOK">
        <id name="bookId" type="java.lang.String">
                …
        </id>
          …
        <property name="ISBN" type="java.lang.String">
            <column name="ISBN" length="20" not-null="true" />
        </property>
        <property name="ltime" type="java.util.Date">
            <column name="LTime" length="23" not-null="true" />
        </property>
    </class>
</hibernate-mapping>
```

4．编写 DAO 接口及实现类

前面已经说过，Hibernate 在项目中是以持久层技术出现的，Hibernate 通过 Session 接口实现数据访问。为了项目的可扩展性及易维护性，一般会在项目中先建立 DAO 接口，然后编写其实现类。DAO 接口中放置了各种功能的实现方法，在 Struts 2 的 Action 中直接调用这些方法，即可完成系统要实现的功能。下面就开始 DAO 的编写工作。

（1）登录功能用 DAO

“登录”的 DAO 接口 LoginDao.java 代码为：

```
package org.dao;
import org.vo.Login;
public interface LoginDao {
        public Login checkLogin(String name,String password);                //方法：验证用户信息
```

```
}
```

LoginDao 的实现类 LoginDaoImpl.java 代码为：

```
package org.dao.impl;
import org.dao.LoginDao;
import org.hibernate.Query;
import org.hibernate.Session;
import org.hibernate.Transaction;
import org.util.HibernateSessionFactory;
import org.vo.Login;
public class LoginDaoImpl implements LoginDao{
	public Login checkLogin(String name,String password) {			//实现：验证用户信息
		Session session=null;
		Transaction tx=null;
		Login login=null;
		try{
			session=HibernateSessionFactory.getSession();		//获取会话
			tx=session.beginTransaction();				//创建事务
			Query query=session.createQuery("from Login where name=? and password=?");
			query.setParameter(0, name);
			query.setParameter(1, password);
			login=(Login) query.uniqueResult();			//执行查询
			tx.commit();						//提交事务
		}catch(Exception e){
			if(tx!=null)tx.rollback();
			e.printStackTrace();
		}
		return login;
	}
}
```

可以看出，在 DAO 的实现类中应用了 Hibernate 的事务管理，从而保证了数据的完整性及一致性。

（2）与“图书”相关操作用 DAO

“图书”的 DAO 接口 BookDao.java 代码为：

```
package org.dao;
import org.vo.Book;
public interface BookDao {
	public void addBook(Book book);				//方法：追加图书信息
	public void deleteBook(String ISBN);			//方法：删除图书信息
	public void updateBook(Book book);			//方法：修改图书信息
	public Book selectBook(String ISBN);			//方法：查询图书信息
}
```

BookDao 的实现类 BookDaoImpl.java 代码为：

```
package org.dao.impl;
import org.dao.BookDao;
import org.hibernate.Query;
import org.hibernate.Session;
import org.hibernate.Transaction;
import org.util.HibernateSessionFactory;
import org.vo.Book;
public class BookDaoImpl implements BookDao{
	public void addBook(Book book) {			//实现：追加图书信息
```

```
        Session session=null;
        Transaction tx=null;
        try{
            session=HibernateSessionFactory.getSession();         //获取会话
            tx=session.beginTransaction();                        //创建事务
            session.save(book);                                   //持久化保存对象
            tx.commit();                                          //提交事务
        }catch(Exception e){
            if(tx!=null)tx.rollback();
            e.printStackTrace();
        }finally{
            session.close();                                      //关闭会话
        }
    }
    public void deleteBook(String ISBN) {                         //实现：删除图书信息
        Session session=null;
        Transaction tx=null;
        try{
            Book book=this.selectBook(ISBN);                      //由 ISBN 号取得要删的图书
            session=HibernateSessionFactory.getSession();         //获取会话
            tx=session.beginTransaction();                        //创建事务
            session.delete(book);                                 //删除操作
            tx.commit();                                          //提交事务
        }catch(Exception e){
            if(tx!=null)tx.rollback();
            e.printStackTrace();
        }finally{
            session.close();                                      //关闭会话
        }
    }
    public Book selectBook(String ISBN) {                         //实现：查询图书信息
        Session session=null;
        Transaction tx=null;
        Book book=null;
        try{
            session=HibernateSessionFactory.getSession();         //获取会话
            tx=session.beginTransaction();                        //创建事务
            Query query=session.createQuery("from Book where ISBN=?");
            query.setParameter(0, ISBN);                          //根据 ISBN 号查图书信息
            book=(Book) query.uniqueResult();                     //返回查询结果对象
            tx.commit();                                          //提交事务
        }catch(Exception e){
            if(tx!=null)tx.rollback();
            e.printStackTrace();
        }finally{
            session.close();                                      //关闭会话
        }
        return book;                                              //返回查到的图书
    }
    public void updateBook(Book book) {                           //实现：修改图书信息
        Session session=null;
```

```
            Transaction tx=null;
            try{
                  session=HibernateSessionFactory.getSession();          //获取会话
                  tx=session.beginTransaction();                         //创建事务
                  session.update(book);                                  //执行修改操作
                  tx.commit();                                           //提交事务
            }catch(Exception e){
                  if(tx!=null)tx.rollback();
                  e.printStackTrace();
            }finally{
                  session.close();                                       //关闭会话
            }
      }
}
```

由于在项目的功能中应用了图书的增、删、改、查操作，故 DAO 中都有相应的功能实现，以便在表示层调用。

（3）与“读者”相关的 DAO

“读者”的 DAO 接口 StudentDao.java 代码为：

```
package org.dao;
import org.vo.Student;
public interface StudentDao {
      public Student selectStudent(String readerId);                     //方法：查询读者信息
}
```

StudentDao 接口的实现类 StudentDaoImpl.java 代码为：

```
package org.dao.impl;
import org.dao.StudentDao;
import org.hibernate.Session;
import org.hibernate.Transaction;
import org.util.HibernateSessionFactory;
import org.vo.Student;
public class StudentDaoImpl implements StudentDao{
      public Student selectStudent(String readerId) {                    //实现：查询读者信息
            Session session=null;
            Transaction tx=null;
            Student stu=null;
            try{
                  session=HibernateSessionFactory.getSession();          //获取会话
                  tx=session.beginTransaction();                         //创建事务
                  stu=(Student) session.get(Student.class, readerId);    //根据借书证号获取读者信息
                  tx.commit();                                           //提交事务
            }catch(Exception e){
                  if(tx!=null)tx.rollback();
                  e.printStackTrace();
            }finally{
                  session.close();                                       //关闭会话
            }
            return stu;                                                  //返回查询结果
      }
}
```

本例设置的两个功能中仅仅应用了读者的根据借书证号查询功能，故读者 DAO 中只实现了该功能，若要扩展其他功能，只需在 DAO 中加入其他功能的实现即可。

（4）与“借书”相关操作用 DAO

“借书”接口 LendDao.java 代码为：

```
package org.dao;
import java.util.List;
import org.vo.Book;
import org.vo.Lend;
import org.vo.Student;
public interface LendDao {
    //方法：分页查询指定借书证号的读者所借图书的信息
    public List selectBook(String readerId,int pageNow,int pageSize);
    //方法：查询指定借书证号的读者所借图书的总数
    public int selectBookSize(String readerId);
    //方法：借书
    public void addLend(Lend lend,Book book,Student student);
    //方法：根据图书 ID 查询 Lend 信息
    public Lend selectByBookId(String bookId);
    //方法：根据图书 ISBN 查询 Lend 信息
    public Lend selectByBookISBN(String ISBN);
}
```

LendDao 接口的实现类 LendDaoImpl.java 代码为：

```
package org.dao.impl;
import java.util.List;
import org.dao.LendDao;
import org.hibernate.Query;
import org.hibernate.Session;
import org.hibernate.Transaction;
import org.util.HibernateSessionFactory;
import org.vo.Book;
import org.vo.Lend;
import org.vo.Student;
public class LendDaoImpl implements LendDao{
    //实现：分页查询指定借书证号的读者所借图书的信息
    public List selectBook(String readerId,int pageNow,int pageSize) {
        Session session=null;
        Transaction tx=null;
        List list=null;
        try{
            session=HibernateSessionFactory.getSession();        //获取会话
            tx=session.beginTransaction();                       //创建事务
            //查询指定的列的信息
            Query query=session.createQuery("select l.bookId,l.ISBN,b.bookName,b.publisher,
                b.price,l.ltime from Lend as l,Book as b where l.readerId=? and b.ISBN=l.ISBN");
            query.setParameter(0, readerId);
            list=query.list();                                   //返回查询结果
            tx.commit();                                         //提交事务
        }catch(Exception e){
            if(tx!=null)tx.rollback();
            e.printStackTrace();
```

```
        }finally{
            session.close();                                          //关闭会话
        }
        return list;
    }
    //实现：查询指定借书证号的读者所借图书的总数
    public int selectBookSize(String readerId) {
        Session session=null;
        Transaction tx=null;
        int size=0;
        try{
            session=HibernateSessionFactory.getSession();             //获取会话
            tx=session.beginTransaction();                            //创建事务
            Query query=session.createQuery("from Lend where readerId=?");
            query.setParameter(0, readerId);                          //按借书证号查询
            size=query.list().size();                                 //返回结果
            tx.commit();                                              //提交事务
        }catch(Exception e){
            if(tx!=null)tx.rollback();
            e.printStackTrace();
        }finally{
            session.close();                                          //关闭会话
        }
        return size;
    }
    //实现：借书
    public void addLend(Lend lend,Book book,Student student) {
        Session session=null;
        Transaction tx=null;
        try{
            session=HibernateSessionFactory.getSession();             //获取会话
            tx=session.beginTransaction();                            //创建事务
            session.save(lend);                                       //添加借书信息
            session.update(book);                                     //修改图书信息，库存量-1
            session.update(student);                                  //修改学生信息，借书量+1
            tx.commit();                                              //提交事务
        }catch(Exception e){
            if(tx!=null)tx.rollback();                                //若失败则回滚所有事务操作
            e.printStackTrace();
        }finally{
            session.close();                                          //关闭会话
        }
    }
    //实现：根据图书 ID 查询 Lend 信息
    public Lend selectByBookId(String bookId) {
        Session session=null;
        Transaction tx=null;
        Lend lend=null;
        try{
            session=HibernateSessionFactory.getSession();             //获取会话
```

```
            tx=session.beginTransaction();                    //创建事务
            lend=(Lend)session.get(Lend.class, bookId);       //根据图书 ID 获取 Lend 信息
            tx.commit();                                      //提交事务
        }catch(Exception e){
            if(tx!=null)tx.rollback();
            e.printStackTrace();
        }
        finally{
            session.close();                                  //关闭会话
        }
        return lend;
    }
    //实现：根据图书 ISBN 查询 Lend 信息
    public Lend selectByBookISBN(String ISBN) {
        Session session=null;
        Transaction tx=null;
        Lend lend=null;
        try{
            session=HibernateSessionFactory.getSession();     //获取会话
            tx=session.beginTransaction();                    //创建事务
            Query query=session.createQuery("from Lend where ISBN=?");
            query.setParameter(0, ISBN);                      //根据 ISBN 号查询
            lend=(Lend) query.uniqueResult();                 //返回查询结果
            tx.commit();                                      //提交事务
        }catch(Exception e){
            if(tx!=null)tx.rollback();
            e.printStackTrace();
        }
        finally{
            session.close();                                  //关闭会话
        }
        return lend;
    }
}
```

在根据借书证号查询读者所借书籍时，HQL 语句比较长，其实大家可以根据 SQL 语句的理解方式理解它，即一个稍微复杂一点的 SQL 语句，很容易理解。在借书功能中，“读者”借一本书，则该书籍的库存量应该减 1，而读者的借书量则应该加 1，故在这个功能中，事务的应用是必需的，这样才能保证数据的一致性，要么全部成功，要么就回滚所有操作。

11.3　功 能 实 现

持久层开发好后，接下来就可以实现功能了。因本项目是在第 6 章项目基础上修改而成的，实现功能是一样的，只是在持久层应用了 Hibernate 技术，故页面大致上是一样的，后面用的页面如有变动会说明改变的地方。本项目的 head.jsp、login.jsp、admin.jsp 等页面均保持不变，也就是说，项目运行主界面的实现和第 6 章中所讲的案例完全一样，这里就不再重复列举，下面直接从“登录”功能开始讲解。

11.3.1 “登录”功能

修改 Action 类 LoginAction.java 实现为：

```
package org.action;
import java.util.*;
import org.vo.*;                                    //导入 POJO 类
import org.dao.*;
import org.dao.impl.*;                              //导入 DAO 接口的实现类
import com.opensymphony.xwork2.*;
public class LoginAction extends ActionSupport{
	private Login login;
	private String message;
	public String execute() throws Exception{
		//创建 DAO 接口对象，通过调用接口中的 checkLogin 方法执行登录验证
		LoginDao loginDao = new LoginDaoImpl();
		Login l = loginDao.checkLogin(login.getName(), login.getPassword());
		if(l!=null){                                //如果登录成功
			Map session = ActionContext.getContext().getSession();
			session.put("login", l);                //登录成功，则把登录信息保存在 Session 中
			//登录成功，判断角色为管理员还是学生，true 表示管理员，false 表示学生
			if(l.getRole()){
				return "admin";                     //管理员身份登录
			}else{
				return "student";                   //学生身份登录
			}
		}else{
			return ERROR;                           //验证失败，返回字符串 ERROR
		}
	}
	//验证登录名和密码是否为空
	public void validate() { … }
	//省略属性 login 的 get/set 方法
	…
	//省略属性 message 的 get/set 方法
	…
}
```

其中，加黑部分代码为要修改的内容，可见这里只是在原项目的基础上，改用持久层已开发好的 LoginDao 接口中的 checkLogin()方法来实现登录验证功能的。LoginDao 接口对应的实现类为 LoginDaoImpl，程序中只需实例化创建它的对象即可。除此之外，struts.xml 文件中 action 的配置、前端 JSP 页面均不用改变。

运行程序，登录后根据不同用户身份（管理员或读者）跳转到不同主页，与第 6 章的程序运行效果完全一样。

11.3.2 “查询已借图书”功能

要“查询已借图书”，首先要进入到“借书”功能的页面，如图 11.4 所示，界面实现代码见 6.3.1

节的 lend.jsp。

图 11.4　借书的主界面

在输入借书证号后，单击【查询】按钮，查询出该读者的所有借书信息，如输入“171101”，出现如图 11.5 所示的界面。

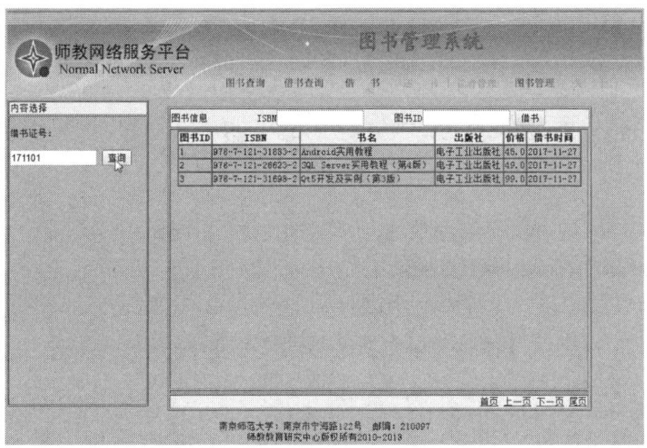

图 11.5　查询已借图书页面

该功能的页面提交借书证号代码为（完整代码见 6.3.2 节的 search.jsp）：

```
<s:form action="selectBook" method="post" theme="simple">
    <table border="1" width="200" cellspacing=1 class="font1">
        <tr bgcolor="#E9EDF5">
            <td>内容选择</td>
        </tr>
        <tr>
            <td align="left" valign="top" height="400">
                <br>借书证号：<br><br>
                <s:textfield name="lend.readerId" size="15"/>
                <s:submit value="查询"/>
            </td>
        </tr>
    </table>
</s:form>
```

提交到了名为“selectBook”的 Action，相应地在 LendAction.java 中实现的方法是 selectAllLend()，

其代码为：

```
package org.action;
import java.util.*;
import org.dao.*;
import org.dao.impl.*;                                    //导入 DAO 接口的实现类
import org.vo.*;                                          //导入 POJO 类
import org.tool.Pager;
import com.opensymphony.xwork2.*;
public class LendAction extends ActionSupport{
    private int pageNow=1;                                //初始页面为第 1 页
    private int pageSize=4;                               //每页显示 4 天记录
    private Lend lend;
    private String message;
    //这里省略上面属性的 get 和 set 方法
    …
    LendDao lendDao=new LendDaoImpl();                    //创建 lendDao 对象
    public String selectAllLend() throws Exception{
        //判断借书证号是否为空，如果为空则设置信息，直接返回
        if(lend.getReaderId()==null||lend.getReaderId().equals("")){
            this.setMessage("请输入借书证号！");
            return SUCCESS;
        }else if(new StudentDaoImpl().selectStudent(lend.getReaderId())==null){
            //这里判断输入的借书证号是否存在对应的读者
            this.setMessage("不存在该学生！");
            return SUCCESS;
        }
        //调用 LendDao 的查询已借图书方法，查询，这里用到了分页查询
        List list=lendDao.selectBook(lend.getReaderId(),this.getPageNow(),this.getPageSize());
        //根据当前页及一共多少条记录创建 Pager 对象，用于分页
        Pager page=new Pager(pageNow,lendDao.selectBookSize(lend.getReaderId()));
        Map request=(Map) ActionContext.getContext().get("request");
        request.put("list", list);                        //保存查询的记录
        request.put("page", page);                        //保存分页记录
        request.put("readerId", lend.getReaderId());      //保存借书证号
        return SUCCESS;
    }
}
```

其中，加黑部分代码为在原项目基础上修改的内容。这里使用到了“借书”接口（LendDao）中的 selectBook()和 selectBookSize()方法，以及“读者”接口（StudentDao）中的 selectStudent()方法。

在第 6 章中，查询出来的结果在页面中遍历后，利用“lend.java”模型来输出，代码为（完整代码见 6.3.2 节的 lendbookinfo.jsp）：

```
<table  border="1" align="center" width="570" cellspacing="0"  bgcolor="#71CABF" class="font1">
    <tr bgcolor="#E9EDF5">
    <th>图书 ID</th><th>ISBN</th><th>书名</th><th>出版社</th><th>价格</th><th>借书时间</th>
    </tr>
    <s:iterator value="#request.list" var="lend">
    <tr>
        <td><s:property value="#lend.bookId"/></td>
        <td><s:property value="#lend.ISBN"/></td>
        <td><s:property value="#lend.bookName"/></td>
        <td><s:property value="#lend.publisher"/></td>
```

```
            <td><s:property value="#lend.price"/></td>
            <td><s:date name="#lend.lTime" format="yyyy-MM-dd"/></td>
        </tr>
        </s:iterator>
</table>
```

由于在第 6 章中，我们定义了“Lend.java”的模型类，而本例中“Lend.java”是以 POJO 类存在，与表一一对应的，故在遍历我们取出的 List 时，没有一个模型与其每条记录对应。这里有两种处理方法，一种是再定义一个模型类，里面的属性如同在第 6 章例子中的“Lend.java”，这样就可以采用第 6 章的老方法来遍历输出；第二种方法更简单（也是本例所采用的方法），即修改上面的代码。如下所示：

```
<table  border="1" align="center" width="570" cellspacing="0"  bgcolor="#71CABF" class="font1">
    <tr bgcolor="#E9EDF5">
    <th>图书 ID</th><th>ISBN</th><th>书名</th><th>出版社</th><th>价格</th><th>借书时间</th>
    </tr>
    <s:iterator value="#request.list" var="lend">
    <tr>
        <td><s:property value="#lend[0]"/></td>
        <td><s:property value="#lend[1]"/></td>
        <td><s:property value="#lend[2]"/></td>
        <td><s:property value="#lend[3]"/></td>
        <td><s:property value="#lend[4]"/></td>
        <td><s:date name="#lend[5]" format="yyyy-MM-dd"/></td>
    </tr>
    </s:iterator>
</table>
```

这样做同样可以取出值来，相对来说方便了不少。

注意：

该页面的其他部分与第 6 章中的 lendbookinfo.jsp 相同，只有上面讲解的这一小段代码不同。

11.3.3 “借书”功能

在某读者查询过已借的图书信息后，就可以继续借书了，输入正确的 ISBN 及图书 ID 后，单击【借书】按钮，即可完成借书操作，如图 11.6 所示。

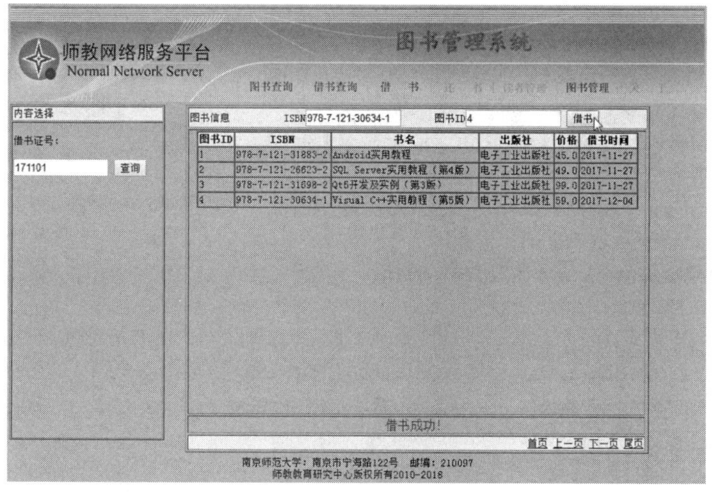

图 11.6　借书成功页面

“借书”功能在 LendAction.java 中的方法实现为：

```
public String lendBook()throws Exception{
    BookDao bookDao=new BookDaoImpl();
    /* 这里为了方便把判断都放在一起，主要是为了表达这个意思
        在实际的应用中是否为空会在页面判断，不会传到后台；
        后面两个是根据 ISBN 查询图书，如果不存在不行，如果库存量<1 也不行
    */
    if(lend.getISBN()==null || lend.getISBN().equals("")||bookDao.selectBook(lend.getISBN())==null||
(bookDao.selectBook(lend.getISBN()).getSnum())<1){
        //若失败，也要查询出以前的借书信息，让页面一直出现该读者的借书信息，下同
        List list=lendDao.selectBook(lend.getReaderId(),this.getPageNow(),this.getPageSize());
        Pager page=new Pager(pageNow,lendDao.selectBookSize(lend.getReaderId()));
        Map request=(Map) ActionContext.getContext().get("request");
        request.put("list", list);
        request.put("page", page);
        request.put("readerId", lend.getReaderId());
        setMessage("ISBN 不能为空或者不存在该 ISBN 的图书或者该 ISBN 的图书没有库存量！");
        return SUCCESS;
    }else if(lend.getBookId()==null||lend.getBookId().equals("")||
        lendDao.selectByBookId(lend.getBookId())!=null){
        //判断图书 ID 是否为空，后面是判断图书 ID 是否已经存在
        List list=lendDao.selectBook(lend.getReaderId(),this.getPageNow(),this.getPageSize());
        Pager page=new Pager(pageNow,lendDao.selectBookSize(lend.getReaderId()));
        Map request=(Map) ActionContext.getContext().get("request");
        request.put("list", list);                          //原来查出的已借图书
        request.put("page", page);                          //分页
        request.put("readerId", lend.getReaderId());        //借书证号
        this.setMessage("该图书 ID 已经存在或图书 ID 为空！");
        return SUCCESS;
    }
    Lend l=new Lend();                                      //创建 Lend 对象
    l.setBookId(lend.getBookId());                          //设置图书 id
    l.setISBN(lend.getISBN());                              //设置图书 ISBN
    l.setReaderId(lend.getReaderId());                      //设置借书证号
    l.setLtime(new Date());                                 //设置借书时间为当前时间
    Book book=bookDao.selectBook(lend.getISBN());           //根据 ISBN 查询出图书信息
    book.setSnum(book.getSnum()-1);                         //把图书的库存量-1
    StudentDao studentDao=new StudentDaoImpl();
    //根据借书证号查询出读者信息
    Student stu=studentDao.selectStudent(lend.getReaderId());
    stu.setNum(stu.getNum()+1);                             //把读者的借书量+1
    lendDao.addLend(l, book, stu);                          //调用方法添加借书信息
    this.setMessage("借书成功！");
    //完成借书后，还要查询出借书信息，这里将把刚刚借得的图书信息也查询出来
    List list=lendDao.selectBook(lend.getReaderId(),this.getPageNow(),this.getPageSize());
    Pager page=new Pager(pageNow,lendDao.selectBookSize(lend.getReaderId()));
    Map request=(Map) ActionContext.getContext().get("request");
    request.put("list", list);
    request.put("page", page);
    request.put("readerId", lend.getReaderId());
```

```
        return SUCCESS;
    }
```

同样，这里也只需按照加黑部分代码内容修改原项目 LendAction 的代码即可，前端 JSP 页面以及 struts.xml 配置皆不用改变。

11.3.4 “图书管理”功能

图书管理的界面如图 11.7 所示，页面实现代码与 6.4.1 节中给出的 bookmanage.jsp 相同。

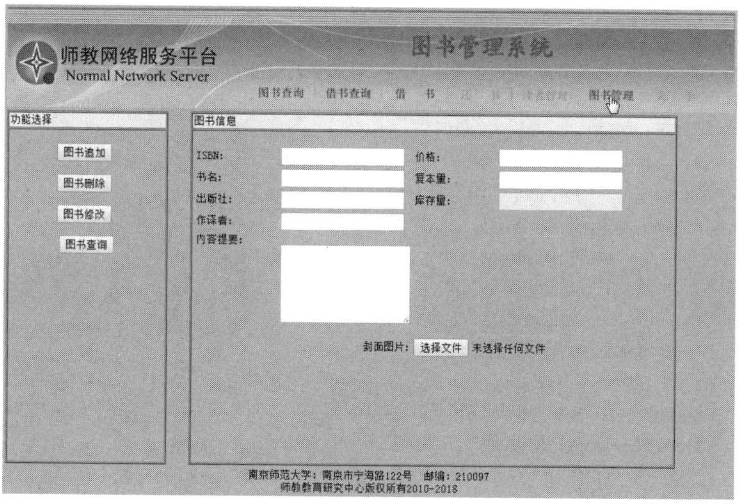

图 11.7　图书管理界面

1. 图书追加

图书追加是向数据库中添加数据，页面的提交代码为：

```
<s:submit value="图书追加" method="addBook"/>
```

在提交标签中定义了“method”属性，指定了该请求应用的 Action 类中的方法为“addBook”，故当【图书追加】按钮提交给“book.action”时，在指定的 Action 类中就可以找到相应的方法进行处理。

BookActon.java 中相应的处理方法的代码为：

```
package org.action;
import java.io.*;
import java.util.Map;
import javax.servlet.ServletOutputStream;
import javax.servlet.http.HttpServletResponse;
import org.apache.struts2.ServletActionContext;
import org.dao.*;
import org.dao.impl.*;
import org.vo.*;
import com.opensymphony.xwork2.*;
public class BookAction extends ActionSupport{
        private String message;
        private File photo;
        private Book book;
        //省略上面属性的 get 和 set 方法
        …
        BookDao bookDao=new BookDaoImpl();
```

```
        public String addBook() throws Exception{
            Book bo=bookDao.selectBook(book.getISBN());
            if(bo!=null){                    //首先要判断输入的 ISBN 是否已经存在
                this.setMessage("ISBN 已经存在！");
                return SUCCESS;
            }
            Book b=new Book();
            b.setISBN(book.getISBN());
            b.setBookName(book.getBookName());
            b.setAuthor(book.getAuthor());
            b.setPublisher(book.getPublisher());
            b.setPrice(book.getPrice());
            b.setCnum(book.getCnum());
            b.setSnum(book.getCnum());
            b.setSummary(book.getSummary());
            if(this.getPhoto()!=null){
                FileInputStream fis=new FileInputStream(this.getPhoto());
                byte[] buffer=new byte[fis.available()];
                fis.read(buffer);
                b.setPhoto(buffer);
            }
            bookDao.addBook(b);
            this.setMessage("添加成功！");
            return SUCCESS;
        }
}
```

2．图书删除

图书删除也是提交给“book.action”，在提交标签中定义使用的方法：

```
<s:submit value="图书删除" method="deleteBook"/>
```

直接在 BookAction.java 中编写方法即可：

```
public String deleteBook() throws Exception{
    //判断要删除的 ISBN 是否存在，即是否存在该书籍
    if(book.getISBN()==null||book.getISBN().equals("")){
        this.setMessage("请输入 ISBN 号");
        return SUCCESS;
    }
    Book bo=bookDao.selectBook(book.getISBN());
    if(bo==null){                //首先判断是否存在该图书
        this.setMessage("要删除的图书不存在！");
        return SUCCESS;
    }else if(new LendDaoImpl().selectByBookISBN(book.getISBN())!=null){
        this.setMessage("该图书已经被借出,故不能删除图书信息！");
        return SUCCESS;
    }
    bookDao.deleteBook(book.getISBN());
    this.setMessage("删除成功！");
    return SUCCESS;
}
```

3．图书查询

同样，图书查询也是提交到“book.action”，提交标签中定义为：

```
<s:submit value="图书查询" method="selectBook"/>
```

对应的 BookAction.java 中的方法为：

```
public String selectBook() throws Exception{
        Book onebook=bookDao.selectBook(book.getISBN());
        if(onebook==null){
                this.setMessage("不存在该图书！");
                return SUCCESS;
        }
        Map request=(Map) ActionContext.getContext().get("request");
        request.put("onebook", onebook);
        return SUCCESS;
}
```

当然，由于查询中要读取照片，所以在 BookAction 中还要定义读取照片的“getImage”方法，其实现代码与原项目完全相同，略。

4．图书修改

图书修改和图书追加差不多，区别在于图书修改一般要先根据 ISBN 查询出对应的图书信息，然后在其基础上再进行修改，提交按钮的代码为：

```
<s:submit value="图书修改" method="updateBook"/>
```

对应的 BookAction.java 中的方法为：

```
public String updateBook() throws Exception{
        Book b=bookDao.selectBook(book.getISBN());
        if(b==null){
                this.setMessage("要修改的图书不存在,请先查看是否存在该图书！");
                return SUCCESS;
        }
        b.setBookName(book.getBookName());
        b.setAuthor(book.getAuthor());
        b.setPublisher(book.getPublisher());
        b.setPrice(book.getPrice());
        b.setCnum(book.getCnum());
        b.setSnum(book.getSnum());
        b.setSummary(book.getSummary());
        if(this.getPhoto()!=null){
                FileInputStream fis=new FileInputStream(this.getPhoto());
                byte[] buffer=new byte[fis.available()];
                fis.read(buffer);
                b.setPhoto(buffer);
        }
        bookDao.updateBook(b);
        this.setMessage("修改成功！");
        return SUCCESS;
}
```

在图书追加及图书修改时，为了防止提交空数据，应用了验证框架对其进行验证，“BookAction-validation.xml”文件代码同第 6 章原项目，略。

至此，用 Struts 2+Hibernate 设置的这两个功能基本完成了，读者可以进行对比，它们的界面都是相同的，所以本章并没有给出过多的界面展示，读者可自行参考第 6 章的界面。将 Hibernate 整合进 Struts 2 项目，要增加开发的是 DAO 接口及其实现类，这些底层工作完成后，主要就是修改 Action 类中调用 DAO 方法的语句，而前端所有的 JSP 页面以及 struts.xml 的配置基本都不要动。使用 Hibernate 作为持久层比普通 JavaBean+JDBC 的系统更容易维护，也更能适应复杂、异构的数据库环境。

习 题 11

1．完成本章程序，然后对照程序代码理解 11.1 节所讲述的 DAO 技术及 Struts 2 与 Hibernate 整合的原理。

2．根据 11.2 节中的内容，试着整合 Hibernate 框架并完成 Hibernate 的反向工程。

3．简述 Struts 2 与 Hibernate 整合中 Hibernate 框架完成的工作。

第12章 MyBatis基础

第7章我们讲了Hibernate，当时提到持久层开发还有另一个著名框架MyBatis，本章就来讲这个框架的使用。

12.1 MyBatis简介

MyBatis是一款优秀的持久层框架，它支持定制化SQL、存储过程以及高级映射。MyBatis可以使用简单的XML或注解来配置和映射原生信息，将接口和Java的POJO（Plain Old Java Object，普通Java对象）映射成数据库中的记录。

MyBatis与Hibernate同属于ORM（Object/Relational Mapping，对象关系映射）框架，两者在基本功能上相似，但也存在着一些显著的不同，主要体现在：

① MyBatis是一个半自动映射框架，它需要用户手工匹配提供POJO、SQL和映射关系，并熟练地掌握SQL语言的编写，而不像Hibernate那种全表映射能自动地生成对应的SQL语句。

② MyBatis可以通过配置动态SQL并优化SQL语句来优化数据库操作性能，它还支持存储过程，而Hibernate无法做到这些。

③ MyBatis以第三方包的形式提供，不像Hibernate本身是集成在Java EE开发的MyEclipse环境中的，故只能以.jar包的形式引入项目来使用。

综上所述，虽然MyBatis在使用上不如Hibernate方便，但比之Hibernate来说它在编程上具有高度的灵活性、可优化性和易维护性，故对于那些复杂的和需要性能优化的项目来说，MyBatis更具优势。目前，Hibernate主要用于一般的Java EE企业应用，而MyBatis则受到了广大互联网企业的青睐，是大型互联网项目的首选。学习Java EE，应当同时掌握好这两种主流的持久层框架。

12.2 第一个MyBatis程序

学习MyBatis最好的方式是与Hibernate类比着学，两个框架无论在功能上还是开发方式上都有很多类同之处，学习的时候加以比照，有助于初学者快速上手。下面就使用MyBatis来重新实现在第7章已由Hibernate实现的程序【实例7.1】，学习过程中，请读者翻回第7章，与那个程序比照着看。

【实例12.1】 开发一个简单的MyBatis程序，演示MyBatis框架的基本使用方法。

本例仍然使用SQL Server 2014中建好的数据库“TEST”及其中的表“userTable”。

1. 创建Java项目

在MyEclipse 2017中，创建Java项目，项目名为MybatisDemo。

2. 加载MyBatis包

MyEclipse 2017并未集成MyBatis框架，因此，需要用户自己去下载并加载到项目的类路径中，步骤如下。

① 访问MyBatis官网，网址为https://github.com/mybatis/mybatis-3/releases，如图12.1所示，选择

下载 MyBatis 最新的 3.4.5 版。

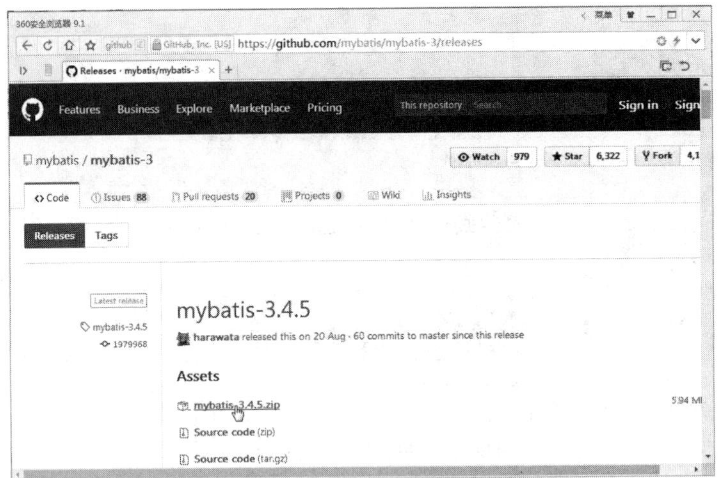

图 12.1　下载 MyBatis

② 下载得到文件 mybatis-3.4.5.zip，解压，得到目录如图 12.2 所示。

名称	修改日期	类型	大小
lib	2017/8/20 18:57	文件夹	
LICENSE	2017/7/10 13:16	文件	12 KB
mybatis-3.4.5	2017/8/20 18:57	Executable Jar File	1,586 KB
mybatis-3.4.5	2017/8/20 18:57	看图王 PDF 文件	250 KB
NOTICE	2017/7/10 13:16	文件	4 KB

图 12.2　MyBatis 目录结构

在该目录下首先看到的是 MyBatis 的核心包：

```
mybatis-3.4.5.jar
```

进一步点击进入 lib 子目录，可看到 MyBatis 框架的一些依赖包：

```
ant-1.9.6.jar
ant-launcher-1.9.6.jar
asm-5.2.jar
cglib-3.2.5.jar
commons-logging-1.2.jar
javassist-3.22.0-CR2.jar
log4j-1.2.17.jar
log4j-api-2.3.jar
log4j-core-2.3.jar
ognl-3.1.15.jar
slf4j-api-1.7.25.jar
slf4j-log4j12-1.7.25.jar
```

作为一个持久层框架，MyBatis 最终还是要操作底层数据库的，故使用 MyBatis 的项目必然离不开数据库驱动包，本书操作 SQL Server 2014 的驱动包：

```
sqljdbc4.jar
```

这样合在一起一共是 14 个包，在项目下建立 lib 目录，将它们复制进去。

③ 发布到类路径。

右击项目名，选择【Build Path】→【Configure Build Path...】，进入【Properties for MybatisDemo】

窗口，单击【Add JARs...】按钮，从弹出的【JAR Selection】对话框中展开项目的目录树，选中 lib 目录下的全部.jar 包，单击【OK】按钮，返回【Properties for MybatisDemo】窗口，再次单击【OK】按钮回到集成开发环境，如图 12.3 所示。

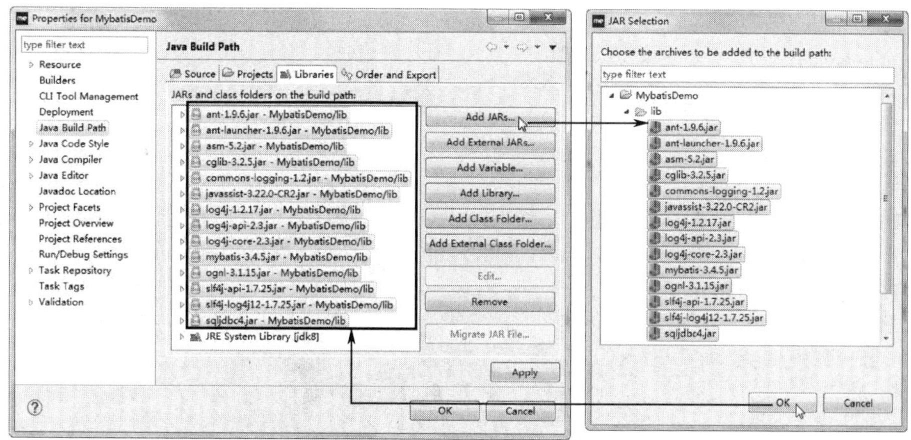

图 12.3　将 MyBatis 包发布到项目的类路径

完成以上步骤后，项目中增加了一个“Referenced Libraries”目录，展开可看到所有 MyBatis 的包都已被载入进来，此时项目的目录树呈现如图 12.4 所示的状态，表明该项目已成功添加了 MyBatis 框架。

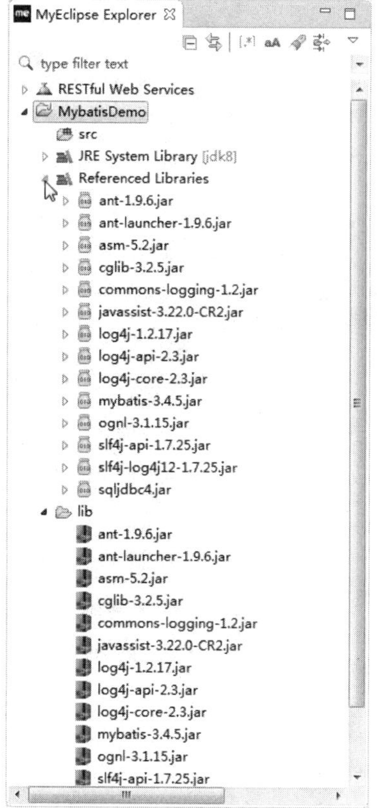

图 12.4　添加了 MyBatis 框架的项目

3. 编写 POJO 类和映射文件

MyBatis 不支持自动地反向工程操作，只能由用户自己创建和编写表所对应的 POJO 类和映射文件。在项目 src 下创建 org.vo 包，其中创建数据库表所对应的 POJO 类和映射文件。

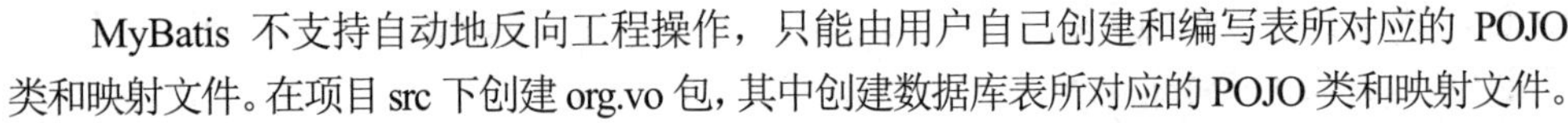

（1）编写 POJO 类

UserTable.java 代码为：

```
package org.vo;

public class UserTable {                                    //无须序列化 POJO 类
	// Fields                                               //属性
	private Integer id;                                     //对应表中 id 字段
	private String username;                                //对应表中 username 字段
	private String password;                                //对应表中 password 字段

	// Constructors
	/** default constructor */
	public UserTable() {
	}

	/** full constructor */
	public UserTable(String username, String password) {
		this.username = username;
		this.password = password;
	}

	// Property accessors                                   //上述各属性的 get 和 set 方法
	public Integer getId() {
		return this.id;
	}
	public void setId(Integer id) {
		this.id = id;
	}

	public String getUsername() {
		return this.username;
	}
	public void setUsername(String username) {
		this.username = username;
	}

	public String getPassword() {
		return this.password;
	}
	public void setPassword(String password) {
		this.password = password;
	}
}
```

可直接由【实例 7.1】中 Hibernate 反向工程自动生成的 POJO 类 UserTable.java 修改得到，只要去掉类声明后的 Java 序列化语句“implements java.io.Serializable”即可。

（2）创建映射文件

映射文件 UserTableMapper.xml 内容为：

```
<?xml version="1.0" encoding="utf-8"?>
<!DOCTYPE mapper PUBLIC "-//mybatis.org//DTD Mapper 3.0//EN"
"http://mybatis.org/dtd/mybatis-3-mapper.dtd">
<mapper namespace="org.vo.UserTableMapper">
    <select id="fromUserTable" parameterType="Integer" resultType="org.vo.UserTable">
        select * from userTable
    </select>
    <insert id="intoUserTable" parameterType="org.vo.UserTable">
        insert into userTable(username, password) values(#{username}, #{password})
    </insert>
    <update id="updtUserTable" parameterType="org.vo.UserTable">
        update userTable set username=#{username}, password=#{password} where id = #{id}
    </update>
    <delete id="deltUserTable" parameterType="Integer">
        delete from userTable where id = #{id}
    </delete>
</mapper>
```

此文件中通过<select>、<insert>、<update>和<delete>这四种基本元素，定义了对数据库表增删改查操作的 SQL 语句，可以由用户根据应用性能需要进行优化编程。

4．创建 mybatis-config.xml 核心配置文件

在项目 src 下创建 MyBatis 框架的核心配置文件 mybatis-config.xml，内容为：

```
<?xml version="1.0" encoding="UTF-8"?>
<!DOCTYPE configuration PUBLIC "-//mybatis.org//DTD Config 3.0//EN"
"http://mybatis.org/dtd/mybatis-3-config.dtd">
<configuration>
    <environments default="sqlsrv">
        <environment id="sqlsrv">
            <transactionManager type="JDBC"/>
            <dataSource type="POOLED">
                <property name="driver" value="com.microsoft.sqlserver.jdbc.SQLServerDriver"/>
                <property name="password" value="njnu123456"/>
                <property name="username" value="sa"/>
                <property name="url" value="jdbc:sqlserver://localhost:1433;databaseName=TEST"/>
            </dataSource>
        </environment>
    </environments>
    <mappers>
        <mapper resource="org/vo/UserTableMapper.xml"/>
    </mappers>
</configuration>
```

此文件配置了 MyBatis 工作的环境（即底层数据源）以及映射文件所在的位置。

5．编写测试类

在 src 下创建包 org.test，在该包下建立测试类，命名为 MybatisTest.java，其代码如下：

```
package org.test;
import java.util.List;
import java.io.InputStream;
```

```
import org.apache.ibatis.io.Resources;
import org.apache.ibatis.session.SqlSession;
import org.apache.ibatis.session.SqlSessionFactory;
import org.apache.ibatis.session.SqlSessionFactoryBuilder;
import org.vo.UserTable;

public class MybatisTest {
    public SqlSession session;                              // MyBatis 的 session 对象
    public static void main(String[] args) {
        MybatisTest mt = new MybatisTest();                 //创建类对象
        mt.getCurrentSession();                             //获得 session 对象
        mt.saveUser();                                      //插入一条记录
        System.out.println("增加一条记录后结果=====");
        mt.queryUser();                                     //查看数据库结果
        mt.updateUser();                                    //修改该条记录
        System.out.println("修改该条记录后结果=====");
        mt.queryUser();                                     //查看数据库结果
        mt.deleteUser();                                    //删除该条记录
        System.out.println("删除该条记录后结果=====");
        mt.queryUser();                                     //查看数据库结果
        mt.closeSession();                                  //关闭 session
    }

    //获得 session 方法
    public void getCurrentSession() {
        try {
            //指定 MyBatis 核心配置文件的位置
            String resource = "mybatis-config.xml";
            //用输入流读取 MyBatis 配置文件
            InputStream stream = Resources.getResourceAsStream(resource);
            SqlSessionFactory sessionFactory = new SqlSessionFactoryBuilder().
build(stream);                                              //根据配置文件构建 SqlSessionFactory
            //借助 SqlSessionFactory 创建 SqlSession
            session = sessionFactory.openSession();
        } catch(Exception e) {
            e.printStackTrace();
        }
    }

    //关闭 session 方法
    public void closeSession(){
        if(session != null) {
            session.close();                                //关闭 SqlSession
        }
    }

    //插入一条记录方法
    public void saveUser() {
        UserTable user = new UserTable();
        user.setUsername("Jack");
```

```
            user.setPassword("123456");
            session.insert("org.vo.UserTableMapper.intoUserTable", user);
            session.commit();                                   //提交事务
        }

        //修改这条记录方法
        public void updateUser() {
            UserTable user = new UserTable();
            user.setId(1);
            user.setUsername("Jacy");
            user.setPassword("123456");
            session.update("org.vo.UserTableMapper.updtUserTable", user);
            session.commit();
        }

        //查询数据库结果方法
        public void queryUser() {
            try {
                List list = session.selectList("org.vo.UserTableMapper.fromUserTable");
                for(int i=0; i<list.size(); i++) {
                    UserTable user = (UserTable)list.get(i);
                    System.out.println(user.getUsername());
                    System.out.println(user.getPassword());
                }
            } catch(Exception e) {
                e.printStackTrace();
            }
        }

        //删除该条记录方法
        public void deleteUser(){
            session.delete("org.vo.UserTableMapper.deltUserTable", 1);
            session.commit();
        }
    }
```

以上代码中的加黑语句是关键之处。本例首先通过 getCurrentSession()方法获取 session 对象，MyBatis 的 session 对象为 SqlSession（位于框架的 org.apache.ibatis.session 包中），它是程序与持久层之间执行交互操作的一个单线程对象，该对象包含了数据库中所有执行 SQL 操作的方法，其底层已经封装了 JDBC，可以直接使用其实例来执行映射文件中的 SQL 语句。将本例代码中执行数据库操作的各条语句列出如下：

```
session.insert("org.vo.UserTableMapper.intoUserTable", user);             //插入
session.update("org.vo.UserTableMapper.updtUserTable", user);             //更新
List list = session.selectList("org.vo.UserTableMapper.fromUserTable");   //查询
session.delete("org.vo.UserTableMapper.deltUserTable", 1);                //删除
```

其中，每条语句都至少必须带一个字符串参数（加黑处），形如“映射文件完整路径名.方法名”，因本例映射文件名为 UserTableMapper.xml，位于 org.vo 包下，故其完整的路径名为“org.vo.UserTableMapper”，方法名则是映射文件中由各元素 id 属性指定的值。

6. 运行

该测试类也是包含主函数的类，可以直接按“Java Application”程序运行，运行后，控制台输出结果如图 12.5 所示。

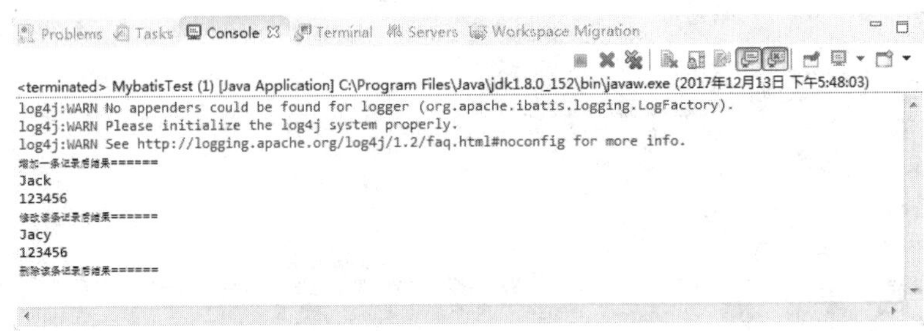

图 12.5 程序运行后控制台输出结果

该结果与【实例 7.1】是完全一样的，只不过是改用了 MyBatis 框架实现的对数据库操作。

12.3 MyBatis 原理及工作流程

为了使读者能够更加清晰地理解上面这个 MyBatis 程序，有必要再深入了解一下 MyBatis 的原理和工作流程，如图 12.6 所示。

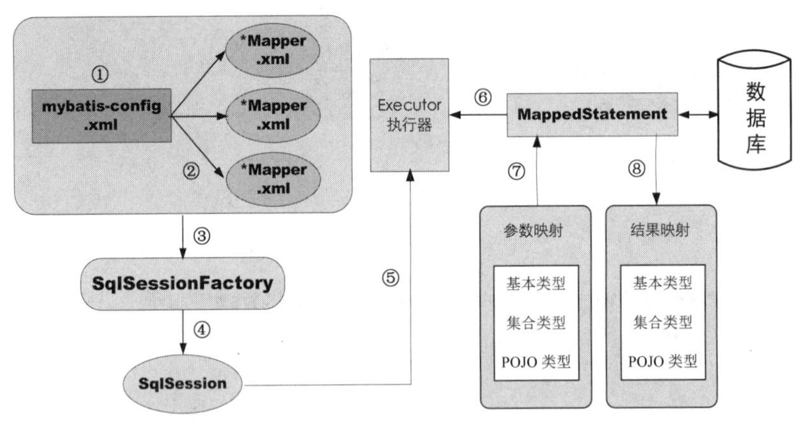

图 12.6 MyBatis 工作流程

从上图可以看出，MyBatis 在操作数据库时，大致经历了 8 个阶段，说明如下。

① MyBatis 框架读取系统的核心配置文件 mybatis-config.xml。mybatis-config.xml 中配置了 MyBatis 运行环境相关的信息，比如数据源连接的各项参数、映射文件的位置等。

② 加载映射文件*Mapper.xml。框架根据核心配置文件中的信息找到映射文件，核心配置文件中可以注册多个映射文件的位置信息，每个映射文件对应数据库中的一张表，其中有操作表的 SQL 语句。

③ 构建会话工厂。会话工厂 SqlSessionFactory 是 MyBatis 框架的核心对象，MyBatis 通过核心配置文件中的环境信息来构建该对象。

④ 创建会话对象。SqlSession 是 MyBatis 的核心会话对象，它由会话工厂创建，其中包含了执行 SQL 的所有方法。

⑤ 调用执行器。在 MyBatis 框架的底层定义了一个 Executor 接口来操作数据库，它相当于一个

SQL 命令执行器，会根据 SqlSession 传递过来的参数动态地生成需要执行的 SQL 语句。

⑥ 传递映射参数。在 Executor 接口的方法中，包含一个 MappedStatement 类型的参数，该参数是映射信息的封装，用于存储要映射的 SQL 语句的 id、参数等。

⑦ 输入参数映射。在执行方法时，MappedStatement 对象会对将要执行的 SQL 语句的输入参数进行定义，Executor 执行器会在执行 SQL 前，将输入的 Java 对象映射到 SQL 语句中。这个过程有点类似于 JDBC 编程中对 PreparedStatement 对象预设参数的过程。

⑧ 输出结果映射。在执行完 SQL 语句后，MappedStatement 又会对 SQL 执行输出的结果进行定义，Executor 执行器则将输出结果映射至 Java 对象中。同样地，该过程也类似于 JDBC 编程中对结果的解析处理过程。

12.4 MyBatis 配置入门

下面结合【实例 12.1】详解 MyBatis 框架的基本配置使用方法。

12.4.1 MyBatis 的映射文件

和 Hibernate 一样，MyBatis 的映射文件与其对应的 POJO 类处于同一包下，通过映射文件将 POJO 类与数据库表关联起来。

MyBatis 的映射文件名形如“*Mapper.xml”，其中“*”定义为要映射的 POJO 类名，在【实例 12.1】中，POJO 类名为 UserTable，故映射文件名就是 UserTableMapper.xml，内容如下：

```
<?xml version="1.0" encoding="utf-8"?>
<!DOCTYPE mapper PUBLIC "-//mybatis.org//DTD Mapper 3.0//EN"
"http://mybatis.org/dtd/mybatis-3-mapper.dtd">
<mapper namespace="org.vo.UserTableMapper">
    <select id="fromUserTable" parameterType="Integer" resultType="org.vo.UserTable">
        select * from userTable
    </select>
    <insert id="intoUserTable" parameterType="org.vo.UserTable">
        insert into userTable(username, password) values(#{username}, #{password})
    </insert>
    <update id="updtUserTable" parameterType="org.vo.UserTable">
        update userTable set username=#{username}, password=#{password} where id = #{id}
    </update>
    <delete id="deltUserTable" parameterType="Integer">
        delete from userTable where id = #{id}
    </delete>
</mapper>
```

与 Hibernate 的映射文件类似，在文件开头 3 行声明了“dtd”文件等约束配置信息，其余是需要用户编写的映射信息。

其中，<mapper>是根元素，它包含一个 namespace 属性，该属性指定了命名空间，也就是此映射文件所在的完整包路径，本例的映射文件置于项目 org.vo 包下，故 namespace 属性值为“org.vo.UserTableMapper”。

根元素中配置了 4 个子元素，子元素中的信息就是用于执行 SQL 语句的配置，其 id 属性是每个子元素的唯一标识，也就是在主程序中传递给会话对象执行操作的字符串参数中的方法名；parameterType 属性用来指定该子元素执行 SQL 时需要传入参数的类型，比如删除用户记录需要指定要删用户的 id，该 id 以一个整型参数传入，故<delete>元素的 parameterType 属性值为 Integer；resultType 属性用于指定返回结果的类型，比如查询用户得到的结果是以 POJO 对象的形式返回的，故<select>元素的 resultType 属性为 org.vo.UserTable（即用户 POJO 类）类型。

在每个元素所定义的 SQL 语句中，“#{}”用于表示一个占位符，相当于“?”，如“#{username}”表示该占位符待接收参数的名称为 username，这要与数据库表中的字段名相一致。

12.4.2 MyBatis 核心配置文件

使用 MyBatis 必须配置它，需要用户手动创建 MyBatis 核心配置文件 mybatis-config.xml。【实例 12.1】中该文件的内容为：

```
<?xml version="1.0" encoding="UTF-8"?>
<!DOCTYPE configuration PUBLIC "-//mybatis.org//DTD Config 3.0//EN"
"http://mybatis.org/dtd/mybatis-3-config.dtd">
<configuration>
    <!-- 使用的数据库的连接，即我们创建的 sqlsrv -->
    <environments default="sqlsrv">
        <environment id="sqlsrv">
            <!-- 使用 JDBC 的事务管理 -->
            <transactionManager type="JDBC"/>
            <!-- 数据库连接池 -->
            <dataSource type="POOLED">
                <!-- 数据库 JDBC 驱动程序 -->
                <property name="driver" value="com.microsoft.sqlserver.jdbc.SQLServerDriver"/>
                <!-- 数据库连接的密码 -->
                <property name="password" value="njnu123456"/>
                <!-- 数据库连接的用户名，此处为自己数据库的用户名 -->
                <property name="username" value="sa"/>
                <!-- 数据库连接的 URL -->
                <property name="url" value="jdbc:sqlserver://localhost:1433;databaseName=TEST"/>
            </dataSource>
        </environment>
    </environments>
    <mappers>
        <!-- 表和类对应的映射文件，如果有多个，都要在这里一一注册 -->
        <mapper resource="org/vo/UserTableMapper.xml"/>
    </mappers>
</configuration>
```

头 3 行是 MyBatis 配置文件的约束信息，下面<configuration>元素中的内容是需要用户自己编写的配置信息。该文件的配置信息分为两部分：第 1 部分，即<environments>子元素中的内容，是 MyBatis 框架所要运行的环境（主要是数据源）；第 2 部分，即<mappers>子元素的内容，指明了映射文件所在的位置。运行时 MyBatis 正是根据用户配置的这两部分信息去连接上后台数据库，并且顺利地找到映射文件的。

12.4.3 与 Hibernate 类比

我们将 MyBatis 与 Hibernate 这两种持久层框架放在一起来看一看，会发现它们二者在使用和配置上存在着很大的相似性，如图 12.7 所示。

显而易见，MyBatis 的 mybatis-config.xml 文件的作用相当于 Hibernate 的 hibernate.cfg.xml，而 MyBatis 的映射文件*Mapper.xml 则相当于 Hibernate 中*.hbm.xml 的作用。理解了这一点，相信熟悉

Hibernate 的用户就能很容易地入门 MyBatis 应用。

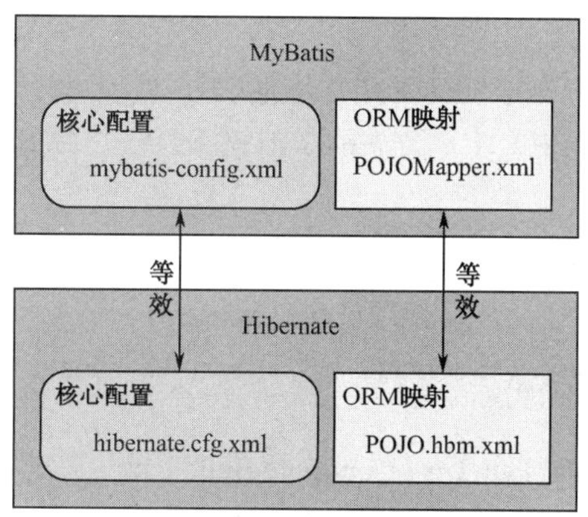

图 12.7　MyBatis 与 Hibernate 类比

12.5　MyBatis 与 Struts 2 整合应用

在第 11 章，我们把 Hibernate 与 Struts 2 整合实现了“图书管理系统”，由前面的介绍可知，MyBatis 与 Hibernate 在功能作用上有着同等地位，不仅如此，两者在使用上也存在很多相似之处。那么一个基于 Hibernate 的应用系统可否移植到 MyBatis 上呢？当然可以！本节就来实现这种移植，在第 11 章应用案例的基础上，将持久层改用 MyBatis 实现，下面给出整合了 MyBatis 框架的 Struts 2 系统的原理结构。

12.5.1　整合原理

只需将原来系统中的 Hibernate 替换为 MyBatis 框架即可，前端 Struts 2 系统的结构无须改变，整合的原理如图 12.8 所示。

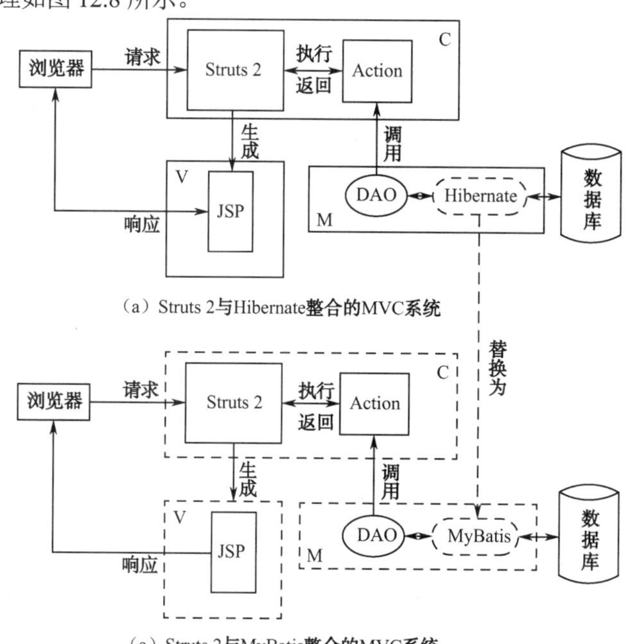

图 12.8　将 MyBatis 整合进 Struts 2 系统

12.5.2 应用案例

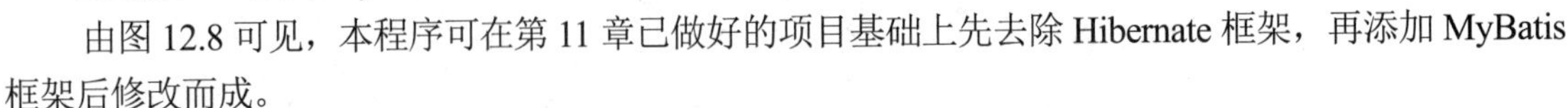

【实例 12.2】用 MyBatis 框架与 Struts 2 相整合的方式，实现图书管理功能。

由图 12.8 可见，本程序可在第 11 章已做好的项目基础上先去除 Hibernate 框架，再添加 MyBatis 框架后修改而成。

1. 清除 Hibernate 框架

① 启动 MyEclipse 2017，导入第 11 章项目 bookManage。

② 删除 org.vo 下的所有映射文件、org.util 下的 HibernateSessionFactory.java 以及原 Hibernate 的核心配置文件 hibernate.cfg.xml。

③ 右击项目名，选择【Build Path】→【Configure Build Path...】，进入【Properties for bookManage】窗口，选中“Hibernate 5.1 Libraries”条目，单击【Remove】按钮删除 Hibernate 的库目录，如图 12.9 所示。

2. 添加 MyBatis 框架

将 MyBatis 框架的类库复制到项目的\WebRoot\WEB-INF\lib 路径下。在工作区视图中，右击项目名，从弹出菜单中选择【Refresh】刷新。打开项目树，展开“Web App Libraries”目录可看到原 Struts 2 与 MyBatis 的所有.jar 包（一共是 20 个），如图 12.10 所示，表明 MyBatis 框架加载成功。

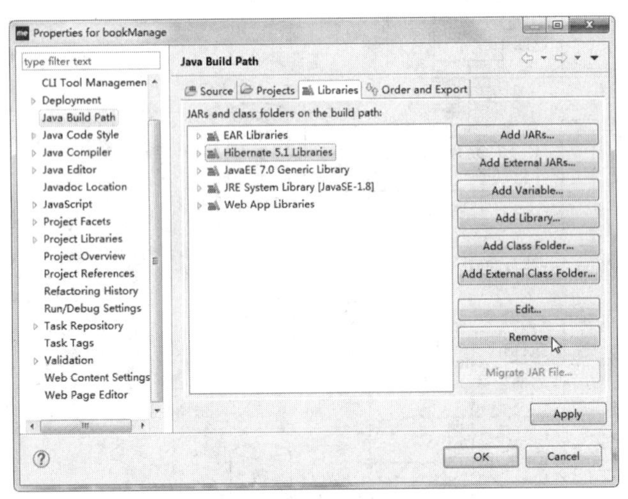

图 12.9 删除 Hibernate 库目录

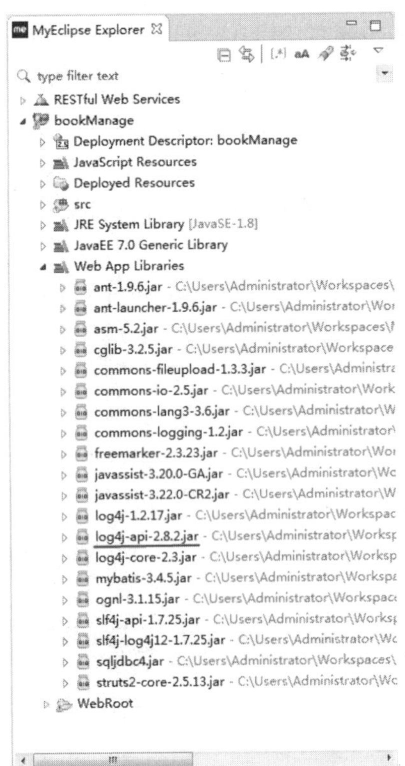

图 12.10 Struts 2 与 MyBatis 的全部.jar 包

说明： 原 MyBatis 库中有一个 log4j-api-2.3 包在 Struts 2 中也有，且版本比 MyBatis 的要高，为 log4j-api-2.8.2（如图 12.10 中加下画线的），故在添加的时候只保留一个即可，本例我们保留较高版本

（即 Struts 2 中）的包。

3．改写 POJO 类、创建映射文件

① 对 org.vo 下的所有 POJO 类进行修改，非常简单，只需去掉每个 POJO 类名后的序列化语句“implements java.io.Serializable”即可。

② MyBatis 的映射文件必须由用户手工创建和编写，如下。

本例我们仅用 MyBatis 实现系统的“图书管理”功能，与之相关的两个 POJO 类为 Login.java 和 Book.java，故这里只创建两个映射文件。

Login.java 对应的映射文件 LoginMapper.xml 内容为：

```
<?xml version="1.0" encoding="utf-8"?>
<!DOCTYPE mapper PUBLIC "-//mybatis.org//DTD Mapper 3.0//EN"
"http://mybatis.org/dtd/mybatis-3-mapper.dtd">
<mapper namespace="org.vo.LoginMapper">
	<select id="fromLoginbyName" parameterType="String" resultType="org.vo.Login">
		select * from login where name = #{name}
	</select>
</mapper>
```

其中 SQL 语句用于从登录表中根据用户名查询用户记录。

Book.java 对应的映射文件 BookMapper.xml 内容为：

```
<?xml version="1.0" encoding="utf-8"?>
<!DOCTYPE mapper PUBLIC "-//mybatis.org//DTD Mapper 3.0//EN"
"http://mybatis.org/dtd/mybatis-3-mapper.dtd">
<mapper namespace="org.vo.BookMapper">
	<select id="fromBookbyIsbn" parameterType="String" resultType="org.vo.Book">
		select * from book where ISBN = #{ISBN}
	</select>
	<insert id="intoBook" parameterType="org.vo.Book">
		insert into book(ISBN, bookName, author, publisher, price, cnum, snum, summary, photo)
values(#{ISBN}, #{bookName}, #{author}, #{publisher}, #{price}, #{cnum}, #{snum}, #{summary}, #{photo})
	</insert>
	<update id="updtBook" parameterType="org.vo.Book">
		update book set bookName=#{bookName}, author=#{author}, publisher=#{publisher}, price=#{price},
cnum=#{cnum}, snum=#{snum}, summary=#{summary} where ISBN = #{ISBN}
	</update>
	<delete id="deltBook" parameterType="String">
		delete from book where ISBN = #{ISBN}
	</delete>
</mapper>
```

这里定义的 4 个子元素分别用于实现图书记录的查询、添加、修改和删除操作。

4．创建 mybatis-config.xml 核心配置文件

在项目 src 下创建 MyBatis 框架的核心配置文件 mybatis-config.xml，内容为：

```
<?xml version="1.0" encoding="UTF-8"?>
<!DOCTYPE configuration PUBLIC "-//mybatis.org//DTD Config 3.0//EN"
"http://mybatis.org/dtd/mybatis-3-config.dtd">
<configuration>
	<environments default="sqlsrv">
		<environment id="sqlsrv">
			<transactionManager type="JDBC"/>
```

```
            <dataSource type="POOLED">
                <property name="driver" value="com.microsoft.sqlserver.jdbc.SQLServerDriver"/>
                <property name="password" value="njnu123456"/>
                <property name="username" value="sa"/>
                <property name="url" value="jdbc:sqlserver://localhost:1433;databaseName=MBOOK"/>
            </dataSource>
        </environment>
    </environments>
    <mappers>
        <mapper resource="org/vo/BookMapper.xml"/>
        <mapper resource="org/vo/LoginMapper.xml"/>
    </mappers>
</configuration>
```

其中，指定要连接访问的数据库名为 MBOOK，并且注册了刚刚创建的两个映射文件。

5．创建会话管理工具类

在项目 org.util 下编写 MyBatisSessionFactory.java，代码如下：

```
package org.util;
import java.io.InputStream;
import org.apache.ibatis.io.Resources;
import org.apache.ibatis.session.SqlSession;
import org.apache.ibatis.session.SqlSessionFactory;
import org.apache.ibatis.session.SqlSessionFactoryBuilder;

public class MyBatisSessionFactory {
    private static SqlSessionFactory sessionFactory = null;
    static{
        try {
            //根据配置文件生成 SqlSessionFactory 工厂
            String resource = "mybatis-config.xml";
            InputStream stream = Resources.getResourceAsStream(resource);
            sessionFactory = new SqlSessionFactoryBuilder().build(stream);
        } catch(Exception e) {
            e.printStackTrace();
        }
    }

    public static SqlSession getSession() {
        return sessionFactory.openSession();                    //返回获取的会话对象
    }
}
```

在实际项目开发中，为了提高代码的复用度，一般都会将获取会话对象的功能封装于一个通用的工具类中，主程序则通过工具类来获取 SqlSession，使得代码结构清晰、避免了冗余。这里的工具类 MyBatisSessionFactory 也就是之前在【实例 12.1】程序中 getCurrentSession()方法的功能，它在作用上等效于 Hibernate 程序的 HibernateSessionFactory 类，只不过 Hibernate 中的类由框架自动生成代码，而 MyBatis 需要用户自己编写实现而已。

6．修改持久层实现

修改 org.dao.impl 下的 DAO 实现类，这里要修改两个类。

① LoginDaoImpl.java 代码修改如下：

```
package org.dao.impl;
import org.dao.LoginDao;
import org.apache.ibatis.session.SqlSession;
import org.util.MyBatisSessionFactory;
import org.vo.Login;

public class LoginDaoImpl implements LoginDao {
	public Login checkLogin(String name, String password) {
		Login login = null;
		try {
			//通过工具类 MyBatisSessionFactory 获取会话对象
			SqlSession session = MyBatisSessionFactory.getSession();
			//通过会话对象执行查询
			login = session.selectOne("org.vo.LoginMapper.fromLoginbyName", name);
			session.commit();
			session.close();
			if(!login.getPassword().equals(password)) login = null;
		} catch(Exception e) {
			e.printStackTrace();
		}
		return login;
	}
}
```

② BookDaoImpl.java 代码修改如下：

```
package org.dao.impl;
import org.dao.BookDao;
import org.apache.ibatis.session.SqlSession;
import org.util.MyBatisSessionFactory;
import org.vo.Book;

public class BookDaoImpl implements BookDao {
	//保存图书信息
	public void addBook(Book book) {
		try {
			SqlSession session = MyBatisSessionFactory.getSession();
			//通过会话插入图书记录
			session.insert("org.vo.BookMapper.intoBook", book);
			session.commit();
			session.close();
		}catch(Exception e){
			e.printStackTrace();
		}
	}

	//删除图书信息
	public void deleteBook(String ISBN) {
```

```
        try {
            Book book = this.selectBook(ISBN);
            SqlSession session = MyBatisSessionFactory.getSession();
            //通过会话删除图书
            session.delete("org.vo.BookMapper.deltBook", ISBN);
            session.commit();
            session.close();
        } catch(Exception e) {
            e.printStackTrace();
        }
    }

    //查询图书信息
    public Book selectBook(String ISBN) {
        Book book = null;
        try {
            SqlSession session = MyBatisSessionFactory.getSession();
            //通过会话查询图书信息，需要传入 ISBN 作为参数
            book = session.selectOne("org.vo.BookMapper.fromBookbyIsbn", ISBN);
            session.commit();
            session.close();
        } catch(Exception e) {
            e.printStackTrace();
        }
        return book;
    }

    //修改图书信息
    public void updateBook(Book book) {
        try {
            SqlSession session = MyBatisSessionFactory.getSession();
            //通过会话修改图书信息
            session.update("org.vo.BookMapper.updtBook", book);
            session.commit();
            session.close();
        } catch(Exception e) {
            e.printStackTrace();
        }
    }
}
```

可以看到，以上代码的结构十分清晰、简洁。在进行数据库操作前，都是先通过工具类获取会话对象：

```
SqlSession session = MyBatisSessionFactory.getSession();
```

然后调用会话对象的相应方法来实现对底层数据库的操作，在需要时还会传入特定类型的参数，参数类型要与映射文件中对应元素 parameterType 属性设定的类型相一致。

完成后，部署运行程序，就可实现对图书的增删改查操作，如图 12.11 所示。

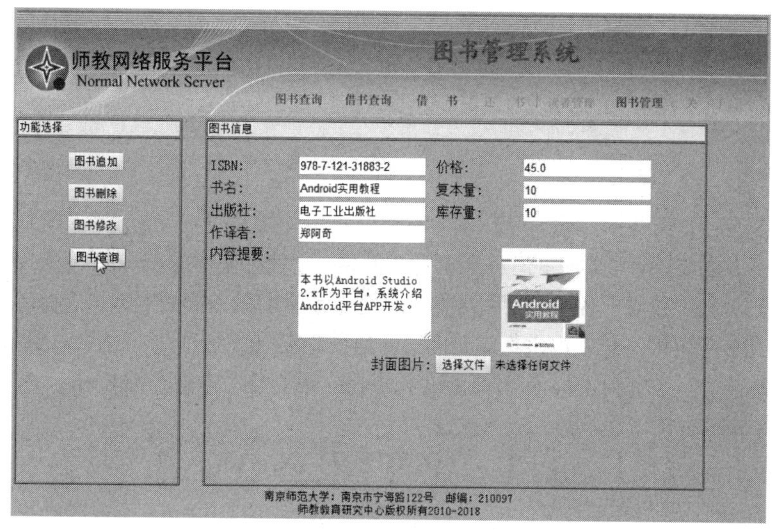

图 12.11　MyBatis 实现持久层对图书管理操作

习　题　12

1．简述 MyBatis 框架的功能和优点。
2．通过 12.2 节的实例，掌握 MyBatis 核心配置文件的配置、POJO 类的创建及映射文件的配置。
3．简述 MyBatis 框架的工作原理和基本流程。
4．用 MyBatis 框架取代 Hibernate 作为应用的持久层，需要对程序进行哪些修改？

第13章 Spring基础

传统 Java EE 应用的开发效率低，应用服务器厂商对各种技术的支持并没有真正统一。Spring 就是为解决企业应用开发的复杂性而创建的，作为开源中间件，它使用基本的 JavaBean 来完成以前只可能由 EJB 完成的事情。Spring 独立于各种应用服务器，甚至无须应用服务器的支持也能提供应用服务器的功能，同时为 Java EE 应用程序开发提供集成的框架，是企业应用开发的“一站式”选择。Spring 的用途不仅限于服务器端的开发，任何 Java 应用都可以从 Spring 中受益。本章介绍 Spring 的基础知识。

13.1 Spring 开发入门

13.1.1 Spring 概述

Spring 框架是由世界著名的 Java EE 大师罗德・约翰逊（Rod Johnson）发明的，起初是为解决经典企业级 Java EE 开发中 EJB 的臃肿、低效和复杂性而设计的，2004 年 3 月 24 日发布 Spring 1.0 正式版，之后竟引发了 Java EE 应用框架的轻量化革命！Spring 是一个开源框架，它的功能都是从实际开发中抽取出来的，完成了大量 Java EE 开发的通用步骤。其主要优势之一是采用分层架构，整个框架由 7 个定义良好的模块（组件）构成，它们都统一构建于核心容器之上，如图 13.1 所示，分层架构允许用户选择使用任意一个模块。

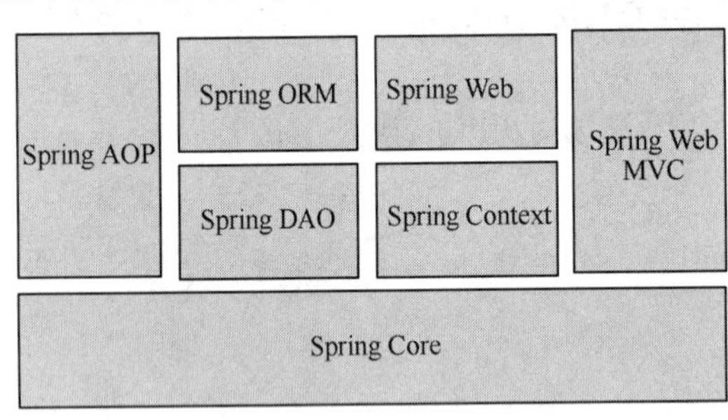

图 13.1　Spring 框架结构

组成 Spring 框架的每个模块都可以单独存在，也可与其他一个或多个模块联合起来使用，由图 13.1 可以看到，之前学过的 ORM、DAO、MVC 等在 Spring 中都有与之对应的模块实现！各个模块的功能如下。

- Spring Core：核心容器提供 Spring 框架的基本功能，其主要组件 BeanFactory 是工厂模式的实现。它通过控制反转（IOC）机制，将应用程序配置和依赖性规范与实际的程序代码分离开。
- Spring Context：向 Spring 框架提供上下文信息，包括企业服务，如 JNDI、EJB、电子邮件、国际化、校验和调度等。
- Spring AOP：直接将 AOP（面向方面编程）功能集成到 Spring 框架中，通过配置管理特性，可以很容易地使 Spring 框架管理的任何对象支持 AOP。它为基于 Spring 应用程序的对象提供了事务管理服务。通过它，不用依赖 EJB 就可以将声明性事务管理集成到应用程序中。
- Spring DAO：JDBC DAO 抽象层提供了有用的异常层次结构，用来管理异常处理和不同数据库供应商抛出的错误消息。异常层次结构简化了错误处理，并且极大地降低了需要编写的异常代码数量（如打开和关闭连接）。Spring DAO 的面向 JDBC 的异常也符合通用的 DAO 异常层次结构。
- Spring ORM：Spring 框架插入了若干 ORM 框架，提供 ORM 的对象关系工具，其中包括 JDO、Hibernate 和 iBatis SQL Map，并且都遵从 Spring 的通用事务和 DAO 异常层次结构。

● Spring Web：为基于 Web 的应用程序提供上下文。它建立在应用程序上下文模块之上，支持与 Jakarta Struts 的集成，还简化了处理多份请求及将请求参数绑定到域对象的工作。

● Spring Web MVC：一个全功能构建 Web 应用程序的 MVC 实现，通过策略接口实现高度可配置，容纳了大量视图技术，包括 JSP、Velocity、Tiles、iText 和 POI。

Spring 的理念：不去重新发明轮子！Spring 并不想取代那些已有的框架（如 Struts 2、Hibernate 等），而是与它们无缝地整合，旨在为 Java EE 应用开发提供一个集成的容器（框架），换言之，它其实就是所有这些开源框架的集大成者，为集成各种开源成果创造了一个非常理想的平台。现实开发中，也经常用它来整合其他的框架。

13.1.2　Spring 简单应用

先来看这样一个简单的 Java 程序。

建立 Java 项目，命名为 SpringDemo。在项目 src 下创建 org.model 包，其中建立一个模型类 HelloWorld.java，代码如下：

```
package org.model;
public class HelloWorld {
    private String message;
    public String getMessage() {
        return message;
    }
    public void setMessage(String message) {
        this.message = message;
    }
}
```

该类主要是输出信息的 get 和 set 方法，用于为属性赋值。

然后在 src 下创建 org.test 包，其中创建测试类 Test，编写测试代码如下：

```
package org.test;
import org.model.HelloWorld;
public class Test {
    public static void main(String [] args){
        HelloWorld helloWorld=new HelloWorld();
        helloWorld.setMessage("Hello World!");          //设置 message 值
        System.out.println(helloWorld.getMessage());
    }
}
```

运行该测试类，在控制台就可以输出“Hello World!”了，如图 13.2 所示。

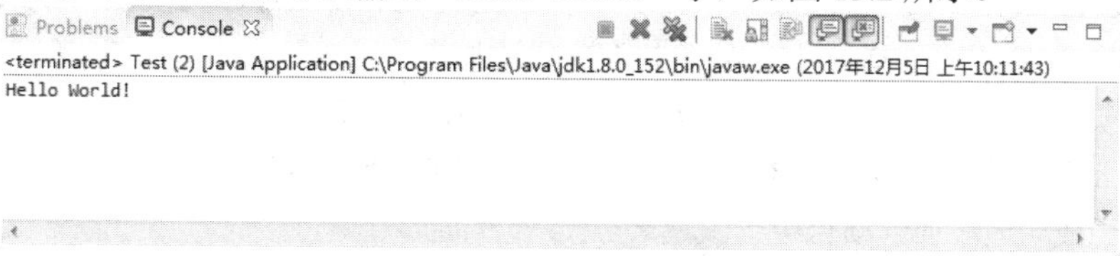

```
Problems  Console
<terminated> Test (2) [Java Application] C:\Program Files\Java\jdk1.8.0_152\bin\javaw.exe (2017年12月5日 上午10:11:43)
Hello World!
```

图 13.2　控制台输出

但是，如果现在要改变输出内容（如输出“Hello Yabber!”），就必须修改程序代码，把设置 message 值的语句改为：

```
helloWorld.setMessage("Hello Yabber!");
```

若日后还要变更输出其他内容，如“Hello Tom!”、“Hello Jack!”、“Hello Jacy!”……就要不断地

反复修改程序源代码。如果项目很庞大，程序中涉及这一输出的语句不止一处，有很多处，且分散在整个项目的源码（往往有成千上万行）中，如此大动干戈地改程序，对于一个软件系统的维护来说将是灾难性的！

下面用 Spring 来解决这一问题。

【实例 13.1】在以上这个 HelloWorld 程序的基础上，用 Spring 实现程序输出内容的灵活改变，演示 Spring 框架的基本使用。

1. 为项目添加 Spring 开发能力

① 右击项目 SpringDemo，选择菜单【Configure Facets...】→【Install Spring Facet】，在弹出对话框中单击【Yes】按钮，启动【Install Spring Facet】向导，在“Project Configuration”页“Spring version”栏后的下拉列表中选择要添加到项目中的 Spring 版本。为了最大限度地使用 MyEclipse 2017 集成的 Spring 工具，这里选择版本号为最高的 Spring 4.1，如图 13.3 所示，单击【Next】按钮。

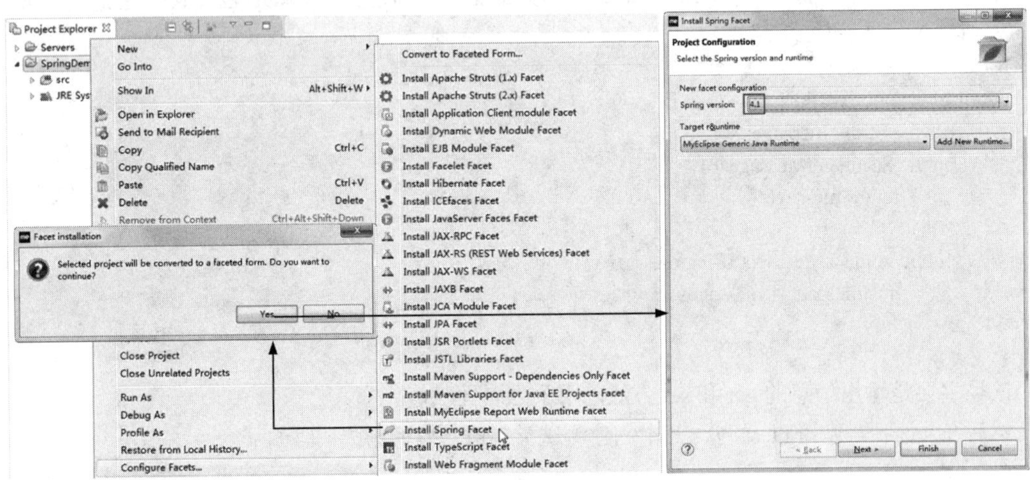

图 13.3　选择 Spring 版本

② 在“Add Spring Capabilities”页中创建 Spring 的配置文件，如图 13.4 所示，勾选“Specify new or existing Spring bean configuration file?”复选框，在“Bean configuration type”栏中选中“New”单选按钮（表示新建一个 Spring 配置文件），“Folder”栏的内容为“src”（表示配置文件位于项目 src 目录下），“File”栏的内容为“applicationContext.xml”（这是配置文件名），皆保持默认状态。单击【Next】按钮。

③ 在“Configure Project Libraries”页中选择要应用的 Spring 类库。在图 13.5 的树状列表里选中 Spring 4.1 的核心类库 Core，单击【Finish】按钮完成添加。

此时，在项目的 src 下会出现一个名为“applicationContext.xml”的文件（这个就是 Spring 的核心配置文件），同时出现名为“Spring Beans”和“Spring 4.1.0 Libraries”的两个目录，如图 13.6 所示，说明 Spring 已经成功地添加到项目中了。

2. 修改配置文件

打开配置文件 applicationContext.xml，对其进行如下修改：

```
<?xml version="1.0" encoding="UTF-8"?>
<beans
    xmlns="http://www.springframework.org/schema/beans"
```

```
        xmlns:xsi="http://www.w3.org/2001/XMLSchema-instance"
        xmlns:p="http://www.springframework.org/schema/p"
        xsi:schemaLocation="http://www.springframework.org/schema/beans
http://www.springframework.org/schema/beans/spring-beans-4.1.xsd">
        <bean id="HelloWorld" class="org.model.HelloWorld">
            <property name="message">
                <value>Hello World!</value>
            </property>
        </bean>
    </beans>
```

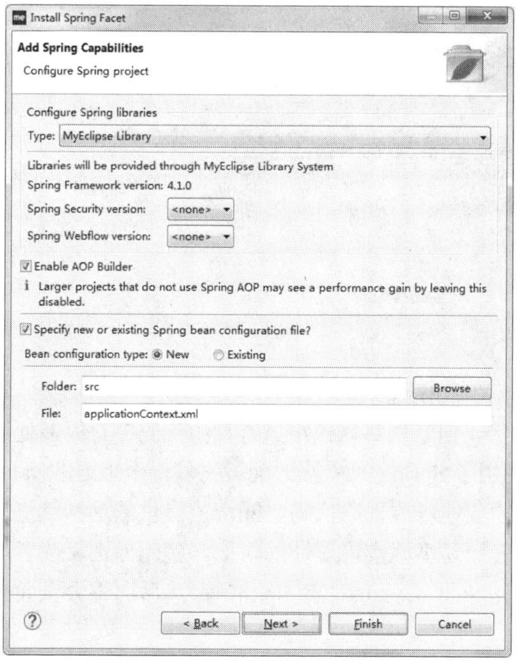

图 13.4 创建 Spring 配置文件

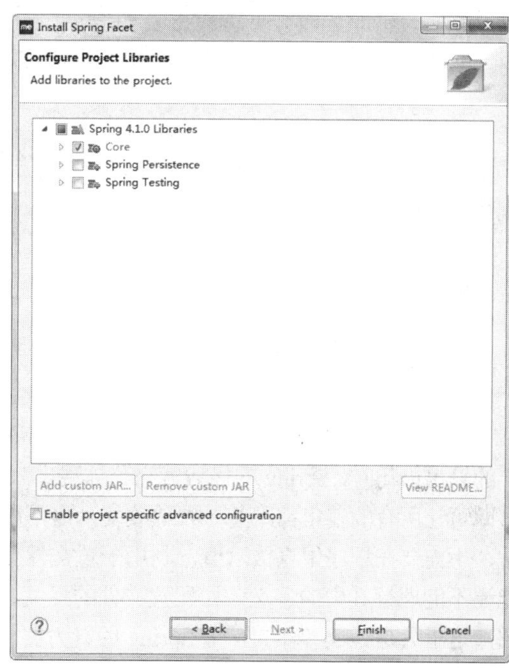

图 13.5 添加 Spring 类库

其中加黑部分代码为修改添加的内容。该文件的具体解释会在后面的章节中给出，这里只进行简单介绍。<bean>中的 id 属性指定为“HelloWorld”，该名称是自定义的，class 属性指定要应用的类（含包名），property 里面的 name 指定类中的属性名（这里是 HelloWorld 类的 message 属性），value 即是该属性值。

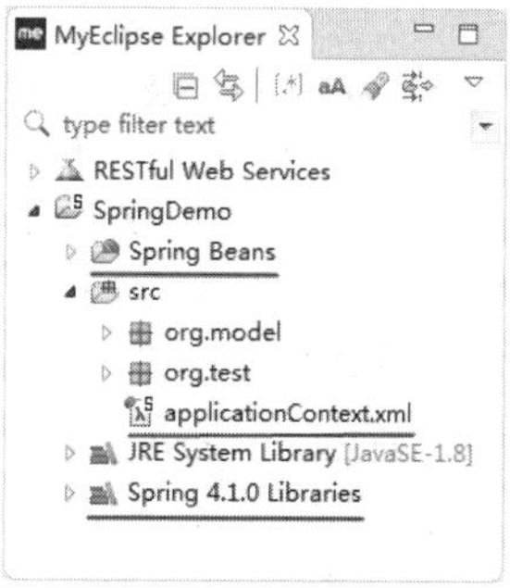

图 13.6 添加 Spring 后的项目目录树

3. 修改测试类

配置完成后，修改测试用 Test 类，代码如下：

```
    package org.test;
    import org.model.HelloWorld;
    import org.springframework.context.ApplicationContext; //导入 Spring 框架的应用上下文
    import org.springframework.context.support.FileSystemXmlApplicationContext;
    public class Test {
        public static void main(String [] args){
            //获取 ApplicationContext 对象
```

```
            ApplicationContext ac = new FileSystemXmlApplicationContext("src/appli
cationContext. xml");
            //通过 ApplicationContext 获得 HelloWorld 对象
            //getBean 方法中的参数即为配置文件中 Bean 的 id 值
            HelloWorld helloWorld = (HelloWorld)ac.getBean("HelloWorld");
            System.out.println(helloWorld.getMessage());                    //输出
        }
    }
```

运行测试类，结果与之前的相同。若要程序输出“Hello Yabber!”，则只需修改配置文件中的“value”值即可，即：

```
<value>Hello Yabber!</value>
```

修改配置后，程序输出结果如图 13.7 所示。

```
Problems  Tasks  Console  Terminal  Servers  Workspace Migration
<terminated> Test (2) [Java Application] C:\Program Files\Java\jdk1.8.0_152\bin\javaw.exe (2017年12月5日 上午11:12:14)
log4j:WARN No appenders could be found for logger (org.springframework.core.env.StandardEnvironment).
log4j:WARN Please initialize the log4j system properly.
log4j:WARN See http://logging.apache.org/log4j/1.2/faq.html#noconfig for more info.
Hello Yabber!
```

图 13.7　修改配置后的输出结果

本例程序极为简单，尚无法看出使用 Spring 的优势，但当项目规模很大，且源代码中有很多处这样的输出语句时，Spring 的优势就充分体现出来。因为用了 Spring 只需修改配置文件一个地方的 value 值即可让所有的输出都跟着一致地改变，而不用逐处烦琐地修改程序代码。Spring 提供的这种赋值方法，不需要在程序中直接赋值，利用配置文件就可以轻而易举地实现属性的赋值。到此为止，读者可能还不能理解其中的含义（如配置文件的意义、ApplicationContext 对象的获取等），后面将会全面介绍，这里只是让读者体验一下 Spring 的魅力罢了。

13.2　Spring 的核心机制——依赖注入

13.2.1　依赖注入的概念

Spring 的核心机制是依赖注入（Dependency Injection，DI），也称为控制反转（Inversion of Control，IoC）。本书先从一个简单的例子入手，通过分析这个例子来阐述什么是依赖注入。

【实例 13.2】简单的依赖注入程序。

新建一个 Java 项目，名称为 Spring_DI，为其添加 Spring 开发能力，步骤见【实例 13.1】第 1 步。

（1）定义接口

创建包“org.interfaces”，在该包中新建 Person 接口，代码如下：

```
package org.interfaces;
/**定义 Person 接口*/
public interface Person {
    //接口中定义一个吃食物方法
    public void eatFood();
}
```

继续在该包中定义 Food 接口，代码如下：

```
package org.interfaces;
/**定义 Food 接口*/
public interface Food {
        //在接口中定义一个吃的方法，返回吃的东西
        public String eat();
}
```

（2）接口实现类

创建包“org.interfaces.impl”，在该包中定义 Person 的实现类 Man，代码如下：

```
package org.interfaces.impl;
import org.interfaces.Food;
import org.interfaces.Person;
/** Person 接口的具体实现类*/
public class Man implements Person {
                //定义 Food 接口私有属性，面向 Food 接口编程，而不是具体的实现类
                private Food food;
                //构建 setter 方法，必须有，后面会讲解为什么
                public void setFood(Food food) {
                        this.food = food;
                }
                //实现 Person 接口 eatFood 方法
                public void eatFood() {
                        System.out.println(food.eat());
                }
}
```

定义 Food 的一个实现类 Apple，代码如下：

```
package org.interfaces.impl;
import org.interfaces.Food;
public class Apple implements Food {
                public String eat() {
                        return "正在吃苹果...";
                }
}
```

（3）修改配置文件

修改 src 下 Spring 的配置文件 applicationContext.xml，将 Person 实例和 Food 实例组织在一起，配置的内容如下：

```
<?xml version="1.0" encoding="UTF-8"?>
<beans
        xmlns="http://www.springframework.org/schema/beans"
        xmlns:xsi="http://www.w3.org/2001/XMLSchema-instance"
        xmlns:p="http://www.springframework.org/schema/p"
        xsi:schemaLocation="http://www.springframework.org/schema/beans
http://www.springframework.org/schema/beans/spring-beans-4.1.xsd">
        <!-- 定义一个 bean，该 bean 的 id 是 man，class 指定该 bean 实例的实现类 -->
        <bean id="man" class="org.interfaces.impl.Man">
                <!-- property 元素用来指定需要容器注入的属性，food 属性需要容器注入，此处是设值注入，因
此 Man 类中必须拥有 setFood 方法 -->
                <property name="food">
                        <!-- 此处将另一个 bean 的引用注入给 man bean -->
```

```
                <ref bean="apple"/>
            </property>
        </bean>
        <!-- 定义 apple bean，Food 接口的实现类 -->
        <bean id="apple" class="org.interfaces.impl.Apple"></bean>
</beans>
```

（4）编写测试类

下面就可以编写测试类了，代码如下：

```
package org.test;
import org.interfaces.Person;
import org.springframework.context.ApplicationContext;
import org.springframework.context.support.FileSystemXmlApplicationContext;
public class Test {
        public static void main(String[] args) {
                //创建 ApplicationContext 对象，参数为配置文件放置的位置
        ApplicationContext context = new FileSystemXmlApplicationContext("src/applicationContext.xml");
                //通过 Person bean 的 id 来获取 bean 实例，面向接口编程，因此此处强制类型转换为接口类型
                Person p = (Person)context.getBean("man");
                //直接执行 Person 的 eatFood()方法
                p.eatFood();
        }
}
```

运行主程序，输出结果如图 13.8 所示。

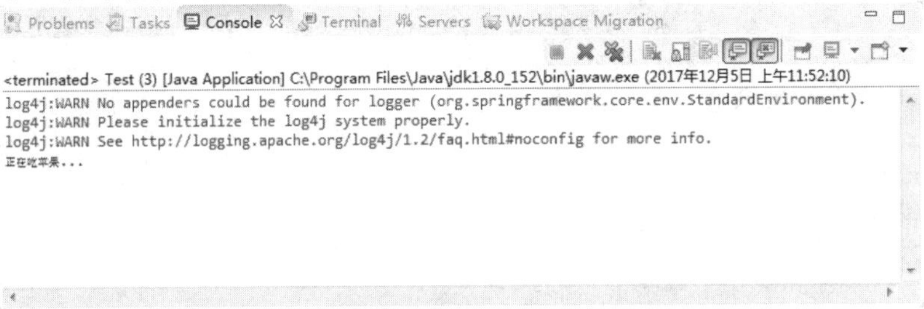
Problems Tasks Console Terminal Servers Workspace Migration
<terminated> Test (3) [Java Application] C:\Program Files\Java\jdk1.8.0_152\bin\javaw.exe (2017年12月5日 上午11:52:10)
log4j:WARN No appenders could be found for logger (org.springframework.core.env.StandardEnvironment).
log4j:WARN Please initialize the log4j system properly.
log4j:WARN See http://logging.apache.org/log4j/1.2/faq.html#noconfig for more info.
正在吃苹果...

图 13.8 输出结果

（5）程序分析

在主程序中，调用了 Person 的 eatFood()方法，该方法的方法体内需要使用 Food 的实例，按照通常的方式，在 Person 实例的 eatFood()方法中，应该这样实现：

```
//创建 Food 实例
food = new Apple ();
//获得 Food 实例的 eat 方法返回值
System.out.println(food.eat());
```

然而，我们在程序中没有看到任何地方将特定的 Person 实例和 Food 实例耦合在一起。也就是说，程序没有在 Person 实例中新创建一个 Food 实例，Food 实例是由 Spring 在运行期间动态“注入”到 Person 实例中的。Person 实例不仅不需要了解 Food 实例的具体实现，甚至无须“知晓”Food 究竟是个什么食物！当程序运行到需要 Food 实例的时候，由 Spring 创建它，然后注入给需要它的调用者。当 Person 实例运行到需要 Food 实例的地方，自然就产生了 Food 实例来供其使用。这种产生实例的方式就称为依赖注入。可以发现，在 Person 中应用 Food 时，生成了其实例的 setter 方法，Spring 正是通过这个 setter 方法为 Food 创建实例的。

如果需要改写 Food 的实现类，或者提供另一个实现类（另一种食物）给 Person 实例使用，Person

接口和 Man 实现类都无须改变，只需提供另一个 Food 的实现，然后对配置文件进行简单修改即可。例如，我们现在新建另一个 Food 的实现类 Orange，代码如下：

```
package org.interfaces.impl;
import org.interfaces.Food;
/**定义 Orange 类，实现 Food 接口*/
public class Orange implements Food {
        /**实现接口吃的方法*/
        public String eat() {
            return "正在吃橘子...";

        }
}
```

修改配置文件 applicationContext.xml，增加 orange 的 Bean，代码如下：

```
<!-- 定义 orange bean ,Food 接口的实现类 -->
<bean id="orange" class="org.interfaces.impl.Orange"></bean>
```

这里重新定义了一个 Food 的实现，即 orange，然后修改 man 的 bean 配置，将原来传入 apple 的地方改为传入 orange。也就是将

```
<ref bean="apple" />
```

改成：

```
<ref bean="orange" />
```

再次运行主程序，输出的结果变为如图 13.9 所示。

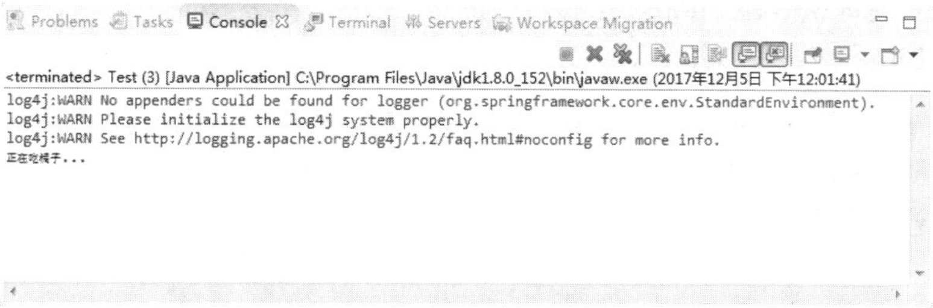

图 13.9 输出结果

Person 与 Food 之间没有任何代码耦合关系，bean 与 bean 之间的依赖关系由 Spring 管理。如此一来，业务对象的更换就变得相当简单，对象与对象之间的依赖关系从代码中分离出来，通过配置文件实现动态管理。在【实例 13.1】中，HelloWorld.java 类中属性 message 生成 setter 方法，并在 Spring 的配置文件中进行注入设置，其实也是用了 Spring 的依赖注入机制。

13.2.2 依赖注入的两种方式

前面讲解了依赖注入的概念，本节将介绍依赖注入的两种方式：set 注入和构造注入。

1. set 注入

这种方式已经在入门 HelloWorld 程序及上面的程序中应用过了，使用方法非常简单，需要为被注入的属性或类构建 setter 方法，例如，在 HelloWorld.java 中：

```
package org.model;
public class HelloWorld {
    private String message;
    public String getMessage() {
        return message;
```

```
    }
    public void setMessage(String message) {
        this.message = message;
    }
}
```

然后通过配置文件的 Bean 来为其注入值：

```
<bean id="HelloWorld" class="org.model.HelloWorld">
    <!-- 这里在注入值的时候必须保证 HelloWorld 类中有 message 的 setter 方法 -->
    <property name="message" >
        <value>Hello World!</value>
    </property>
</bean>
```

这样设置后就可以通过 HelloWorld 的对象来调用 getter 方法，获取为 message 注入的值了。

同样地，在 Man.java 中：

```
package org.interfaces.impl;
import org.interfaces.Food;
import org.interfaces.Person;
/** Person 接口的具体实现类*/
public class Man implements Person {
    //定义 Food 接口私有属性，面向 Food 接口编程，而不是具体的实现类
    private Food food;
    //设置依赖注入所需的 setter 方法，这就解释了为什么必须有 setter 方法
    public void setFood(Food food) {
        this.food = food;
    }
    //实现 Person 接口 eatFood 方法
    public void eatFood() {
        System.out.println(food.eat());
    }
}
```

通过配置文件对 food 进行依赖注入：

```
…
<!-- 定义第一个 bean，该 bean 的 id 是 man，class 指定该 bean 实例的实现类 -->
<bean id="man" class="org.interfaces.impl.Man">
        <!-- property 元素用来指定需要容器注入的属性，food 属性需要容器注入，此处是设值注入，因
此 Man 类中必须拥有 setFood 方法 -->
        <property name="food">
            <!-- 此处将另一个 bean 的引用注入给 man bean -->
            <ref bean="apple" />
        </property>
</bean>
<!-- 定义 apple bean、Food 接口的实现类 -->
<bean id="apple" class="org.interfaces.impl.Apple"></bean>
…
```

set 注入非常简单，也是应用得最广的一种注入方式，读者一定要熟练掌握。

2. 构造注入

构造注入是指在接受注入的类中定义一个构造方法，并在构造方法的参数中定义需要注入的元素。下面就把 HelloWorld 实例修改为应用构造注入来为元素设值。具体步骤是：首先，修改

HelloWorld.java 类，在该类中增加一个构造方法，然后再修改配置文件 applicationContext.xml，最后测试程序。

HelloWorld.java 类修改为：

```
package org.model;
public class HelloWorld {
        private String message;
        public HelloWorld(String message){                    //构造方法
                this.message=message;                         //构造注入
        }
        public String getMessage() {
                return message;
        }
}
```

applicationContext.xml 修改为：

```
…
        <bean id="HelloWorld" class="org.model.HelloWorld">
                <constructor-arg index="0">
                        <value>Hello World!</value>
                </constructor-arg>
        </bean>
…
```

其中，“constructor-arg”表示通过构造方式来进行依赖注入，“index="0"”表示构造方法中的第一个参数，如果只有一个参数，可省略不写；如果有多个参数，就直接重复配置“constructor-arg”即可，不过要改变“index”的值。例如，如果在“HelloWorld”类中还有一个参数“mess”，并且通过构造方法为其注入值：

```
public HelloWorld(String message,String mess){
        this.message=message;
        this.mess=mess;
}
```

那么，只需在配置文件 applicationContext.xml 中加上一个“constructor-arg”：

```
<constructor-arg index="1">
        <value>Hello Yabber!</value>
</constructor-arg>
```

这样即完成设值，最后可以运行“Test”类测试结果，同样会输出“Hello World!”。

3. 两种注入方式的比较

在开发过程中，set 注入和构造注入都是会经常用到的，这两种依赖注入的方式并没有绝对的好坏，只是使用的场合有所不同而已。使用构造注入可以在构建对象的同时一并完成依赖关系的建立，所以如果要建立的对象的关系很多，使用构造注入就会在构造方法上留下很多的参数，方法可读性差，这时建议使用 set 注入。然而，用 set 注入由于提供了 setXx()方法，所以不能保证相关的数据在执行时不被更改设定，因此，如果想要让一些数据变为只读或私有，使用构造注入会是个好的选择。

在一般情况下，set 注入应用的还是比较多的，笔者建议采用 set 注入为主、构造注入为辅的策略来开发项目。对于依赖关系无须变换的数据采用构造注入，而其他的采用 set 注入。

13.3　Spring 容器中的 Bean

Spring 是作为一个容器存在的，应用中的所有组件都处于容器的管理之下，都被 Spring 以 Bean

的方式管理。Spring 负责创建 Bean 的实例，并管理其生命周期。Spring 有两个核心接口：BeanFactory 和 ApplicationContext，其中 ApplicationContext 是 BeanFactory 的子接口，它们都可代表 Spring 容器。Spring 容器是生成 Bean 的工厂，所有的组件都被当成 Bean 处理，如数据源、Hibernate 的 SessionFactory、事务管理器等。Bean 是 Spring 容器的基本单位，所以本节就来详细讲解 Bean 的基本知识及相关应用。

13.3.1 Bean 的定义和属性

Bean 是描述 Java 软件组件的模型，其定义在 Spring 配置文件的根元素<beans>下，<bean>元素是<beans>元素的子元素，在根元素<beans>下可以包含多个<bean>子元素。每个<bean>可以完成一个简单的功能，也可以完成一个复杂的功能，<bean>之间可以协作，形成复杂的关系。

1. id 属性

在 HelloWorld 实例中，applicationContext.xml 中 Bean 的配置如下：

```
<bean id="HelloWorld" class="org.model.HelloWorld">
    <property name="message" >
        <value>Hello Yabber!</value>
    </property>
</bean>
```

在 Bean 中有一个 id 属性，这个 id 唯一标识了该 Bean。在配置文件中，不能有重复 id 的 Bean，因为在代码中通过 BeanFactory 或 ApplicationContext 获取 Bean 的实例时，都要用它来作为唯一索引，例如：

```
HelloWorld helloWorld = (HelloWorld)ac.getBean("HelloWorld");
```

id 属性具有唯一性，而且是一个真正的 XML ID 属性，因此其他 XML 元素在引用该 id 时，可以利用 XML 解析器的验证功能。XML 规范严格地限定了在 XML ID 中的合法字符必须由字母和数字组成，且只能以字母开头，但在一些特殊情况下，要为控制器 Bean 指定特殊的标识名，此时就必须为 Bean 指定别名。

2. name 属性

为 Bean 指定别名可以用 name 属性来完成，如果需要为 Bean 指定多个别名，可以在 name 属性中使用逗号（,）、分号（;）或空格来分隔多个别名，在程序中可以通过任意一个别名访问该 Bean 实例。例如，id 为“HelloWorld”的 Bean，其别名为：

```
<bean id="HelloWorld" name="a;b;c" class="org.model.HelloWorld">
    <property name="message" >
        <value>Hello Yabber!</value>
    </property>
</bean>
```

则在程序中可以采用“a”、“b”、“c”任意一个来获取 Bean 的实例：

```
HelloWorld helloWorld = (HelloWorld) ac.getBean("a");
HelloWorld helloWorld = (HelloWorld) ac.getBean("b");
HelloWorld helloWorld = (HelloWorld) ac.getBean("c");
```

以上三行代码均可完成 Bean 实例的获取。

3. class 属性

可以看出，每个 Bean 都会指定 class 属性，class 属性指明了 Bean 的来源，即 Bean 的实际路径。注意，这里要写出完整的包名+类名。例如：

```
<bean id="HelloWorld" name="a;b;c" class="org.model.HelloWorld">
```

class 属性非常简单，这里就不过多介绍了。

4. scope 属性

scope 属性用于指定 Bean 的作用域，Spring 支持 5 种作用域，如下所述。

● singleton：单例模式，当定义该模式时，在容器分配 Bean 的时候，它总是返回同一个实例。该模式是默认的，即不定义 scope 时的模式。

● prototype：原型模式，即每次通过容器的 getBean 方法获取 Bean 的实例时，都将产生新的 Bean 实例。

● request：对于每次 HTTP 请求中，使用 request 定义的 Bean 都将产生一个新实例，即每次 HTTP 请求都会产生不同的 Bean 实例。只有在 Web 应用中使用 Spring 时，该作用域才有效。

● session：对于每次 HTTP Session 请求中，使用 session 定义的 Bean 都将产生一个新实例，即每次 HTTP Session 请求将会产生不同的 Bean 实例。只有在 Web 应用中使用 Spring 时，该作用域才有效。

● globalSession：每个全局的 HTTP Session 对应一个 Bean 实例。典型情况下，仅在使用 portlet context 时有效。只有在 Web 应用中使用 Spring 时，该作用域才有效。

比较常用的是前两种作用域，即 singleton 和 prototype。下面举例说明这两种作用域的差别。

【实例 13.3】Bean 的两种作用域差别。

仍然是对 HelloWorld 程序进行修改，在配置文件 applicationContext.xml 中这样配置：

```
…
        <bean id="HelloWorld1" class="org.model.HelloWorld"></bean>
        <bean id="HelloWorld2" class="org.model.HelloWorld" scope="prototype"></bean>
…
```

在“HelloWorld1”Bean 中没有定义“scope”属性，即默认的“singleton”单例模式。在“HelloWorld2”Bean 中指定作用域为“prototype”，即原型模式。

HelloWorld.java 类不变，编写测试类代码：

```
package org.test;
import org.model.HelloWorld;
import org.springframework.context.ApplicationContext;
import org.springframework.context.support.FileSystemXmlApplicationContext;
public class BeanTest {
        public static void main(String[] args) {
                ApplicationContext ac=
                                new FileSystemXmlApplicationContext("src/applicationContext.xml");
                HelloWorld helloWorld1=(HelloWorld) ac.getBean("HelloWorld1");
                HelloWorld helloWorld2=(HelloWorld) ac.getBean("HelloWorld1");
                HelloWorld helloWorld3=(HelloWorld) ac.getBean("HelloWorld2");
                HelloWorld helloWorld4=(HelloWorld) ac.getBean("HelloWorld2");
                System.out.println(helloWorld1==helloWorld2);
                System.out.println(helloWorld3==helloWorld4);
        }
}
```

运行该应用程序，控制台输出如图 13.10 所示。

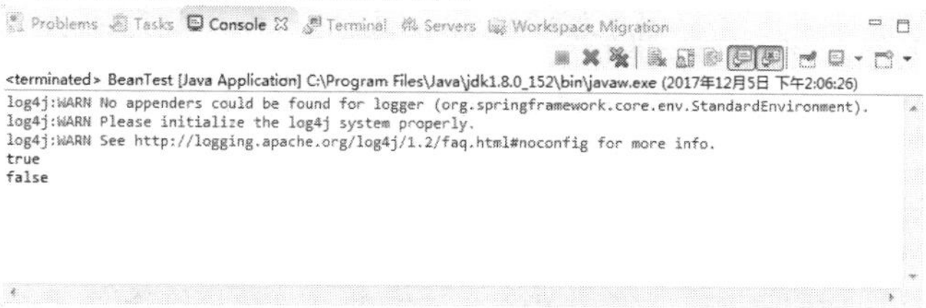

```
<terminated> BeanTest [Java Application] C:\Program Files\Java\jdk1.8.0_152\bin\javaw.exe (2017年12月5日 下午2:06:26)
log4j:WARN No appenders could be found for logger (org.springframework.core.env.StandardEnvironment).
log4j:WARN Please initialize the log4j system properly.
log4j:WARN See http://logging.apache.org/log4j/1.2/faq.html#noconfig for more info.
true
false
```

图 13.10　控制台输出

从输出内容可以发现，应用单例模式得到的 Bean 实例永远是同一实例，而原型模式则是不同的实例。

5. Property 属性

在 Spring 的依赖注入中，是应用 Bean 的子元素<property>来为属性注入值的：

```
<bean id="HelloWorld" class="org.model.HelloWorld">
    <property name="message" >
        <value>Hello World!</value>
    </property>
</bean>
```

<property>元素有个 name 属性，用于指定要注入的类中的属性名，其 value 子元素用于指定要注入的值。这里还可以应用<ref>子元素引用其他 Bean 的值，后面会专门讲解<ref>的应用，这里暂不展开。

如果要为属性设置空值，有两种方法。第一种直接用 value 元素指定：

```
<bean id="HelloWorld" class="org.model.HelloWorld">
    <property name="message" >
        <value>null</value>
    </property>
</bean>
```

第二种方法直接用<null/>：

```
<bean id="HelloWorld" class="org.model.HelloWorld">
    <property name="message" >
        <null/>
    </property>
</bean>
```

这两种方法都相当于在程序中直接使用“this.message=null”赋值。

13.3.2 Bean 的生命周期

Spring 可以管理 singleton 作用域的 Bean 的生命周期，Spring 可以精确地知道该 Bean 何时被创建、何时被初始化完成、容器何时准备销毁该 Bean 实例。而对于 prototype 作用域的 Bean，Spring 容器仅仅负责创建，当容器创建了 Bean 实例之后，就完全交给客户端代码管理，容器不再跟踪其生命周期。

Bean 的生命周期包括 Bean 的定义、Bean 的初始化、Bean 的使用和 Bean 的销毁。对于 singleton 作用域的 Bean，Spring 容器知道何时实例化结束以及何时销毁，故 Spring 可以管理实例化结束之后和销毁之前的行为。

1. Bean 的定义

Bean 的定义在前面的实例中已经应用很多了，从 HelloWorld 程序中就可以基本看出 Bean 的定义，这里不再列举其定义的形式，但值得一提的是，在一个大的应用中，会有很多的 Bean 需要在配置文件中定义，这样配置文件就会很大，变得不易阅读及维护，这时可以把相关的 Bean 放置在一个配置文件中，并创建多个配置文件。

2. Bean 的初始化

当 Bean 完成全部属性的设置后，Spring 中 bean 的初始化回调有两种方法，一种是在配置文件中声明“init-method="init"”，然后在 HelloWorld 类中写一个 init()方法来初始化；另一种是实现

InitializingBean 接口，然后覆盖其 afterPropertiesSet()方法。知道了初始化过程中会应用这两种方法，就可以在 Bean 的初始化过程中让其执行特定行为。

下面介绍这两种方法的使用方式。

【实例 13.4】 Bean 的初始化方式一。

① 在 HelloWorld 类中增加一个 init()方法。代码如下：

```
package org.model;
public class HelloWorld {
        private String message;
        public String getMessage() {
                return message;
        }
        public void setMessage(String message) {
                this.message = message;
        }
        public void init(){
                this.setMessage("Hello Yabber!");                    //用 init()方法修改 message 的值
        }
}
```

② 修改配置文件，指定 Bean 中要初始化的方法为 init()，如下：

```
…
        <bean id="HelloWorld" class="org.model.HelloWorld" init-method="init">
                <property name="message">
                        <value>Hello World!</value>
                </property>
        </bean>
…
```

③ 编写测试类，输出 HelloWorld 中 message 的值，代码如下：

```
package org.test;
import org.model.HelloWorld;
import org.springframework.context.ApplicationContext;
import org.springframework.context.support.FileSystemXmlApplicationContext;
public class Test {
        public static void main(String[] args) {
                ApplicationContext ac=
                        new FileSystemXmlApplicationContext("src/applicationContext.xml");
                HelloWorld helloWorld=(HelloWorld) ac.getBean("HelloWorld");
                System.out.println(helloWorld.getMessage());
        }
}
```

运行该程序，控制台输出如图 13.11 所示。

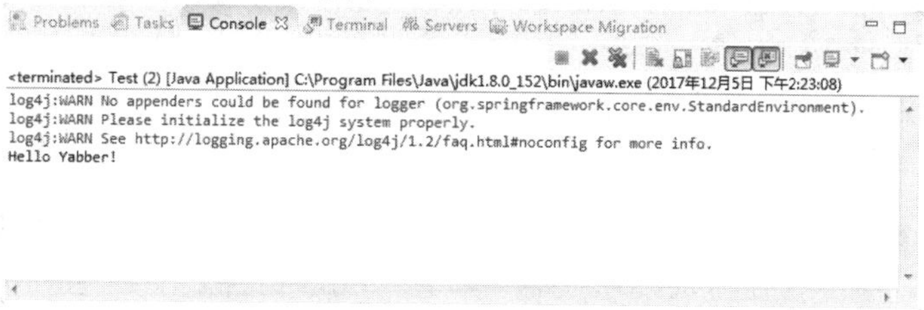

```
Problems  Tasks  Console  Terminal  Servers  Workspace Migration
<terminated> Test (2) [Java Application] C:\Program Files\Java\jdk1.8.0_152\bin\javaw.exe (2017年12月5日 下午2:23:08)
log4j:WARN No appenders could be found for logger (org.springframework.core.env.StandardEnvironment).
log4j:WARN Please initialize the log4j system properly.
log4j:WARN See http://logging.apache.org/log4j/1.2/faq.html#noconfig for more info.
Hello Yabber!
```

图 13.11　控制台输出

可以发现，初始化方法的调用是在 Bean 初始化的后期执行的，改变了 message 的赋值，故输出为“Hello Yabber!”。

【实例 13.5】Bean 的初始化方式二。

① 修改 HelloWorld.java，让其实现 InitializingBean 接口，并覆盖其 afterPropertiesSet()方法。代码实现为：

```
package org.model;
import org.springframework.beans.factory.InitializingBean;
public class HelloWorld implements InitializingBean{                    //实现 InitializingBean 接口
        private String message;
        public String getMessage() {
                return message;
        }
        public void setMessage(String message) {
                this.message = message;
        }
        public void afterPropertiesSet() throws Exception {              //覆盖 afterPropertiesSet()方法
                this.setMessage("Hello Yabber!");
        }
}
```

② 修改配置文件，代码如下：

```
…
        <bean id="HelloWorld" class="org.model.HelloWorld">
                <property name="message">
                        <value>Hello World!</value>
                </property>
        </bean>
…
```

测试程序不变，运行结果相同，都会在控制台输出“Hello Yabber!”（非“Hello World!”）。

3. Bean 的应用

Bean 的应用非常简单，在 Spring 中有两种使用 Bean 的方式。

第一种，使用 BeanFactory：

```
//在 ClassPath 下寻找，由于配置文件就放在 ClassPath 下，故可以直接找到
ClassPathResource res = new ClassPathResource("applicationContext.xml");
XmlBeanFactory factory = new XmlBeanFactory(res);
HelloWorld helloWorld = (HelloWorld)factory.getBean("HelloWorld");
System.out.println(helloWorld.getMessage());
```

第二种，使用 ApplicationContext：

```
ApplicationContext ac = new FileSystemXmlApplicationContext("src/applicationContext.xml");
HelloWorld helloWorld = (HelloWorld) ac.getBean("HelloWorld");
System.out.println(helloWorld.getMessage());
```

4. Bean 的销毁

在 Bean 实例被销毁之前，也会先调用一些方法。一种方法是在配置文件中声明“destroy-method="close"”，然后在 HelloWorld 类中写一个 cleanup()方法来销毁；另一种是实现 DisposableBean 接口，然后覆盖其 destroy()方法。知道了 Bean 实例在销毁前会应用这两种方法，就可以在 Bean 实例销毁之前让其执行特定行为。

首先介绍第一种方式。

【实例 13.6】 Bean 的销毁方式一。

① 在 HelloWorld 类中增加一个 cleanup()方法。代码如下：

```
package org.model;
public class HelloWorld{
    private String message;
    public String getMessage() {
        return message;
    }
    public void setMessage(String message) {
        this.message = message;
    }
    public void cleanup(){
        this.setMessage("Hello World!");
        System.out.println("销毁之前要调用！ ");
    }
}
```

② 修改配置文件，代码如下：

```
…
    <bean id="HelloWorld" class="org.model.HelloWorld" destroy-method="cleanup">
        <property name="message">
            <value>HelloWorld</value>
        </property>
    </bean>
…
```

③ 编写测试类，输出 message 的值，代码如下：

```
package org.test;
import org.model.HelloWorld;
import org.springframework.context.support.AbstractApplicationContext;
import org.springframework.context.support.FileSystemXmlApplicationContext;
public class Test {
    public static void main(String[] args) {
        AbstractApplicationContext ac = new FileSystemXmlApplicationContext("src/applicationContext.xml
");
        HelloWorld helloWorld = (HelloWorld) ac.getBean("HelloWorld");
        System.out.println(helloWorld.getMessage());
        //为 Spring 容器注册关闭钩子，程序将会在退出 JVM 之前关闭 Spring 容器
        ac.registerShutdownHook();
    }
}
```

运行程序，控制台输出结果如图 13.12 所示。

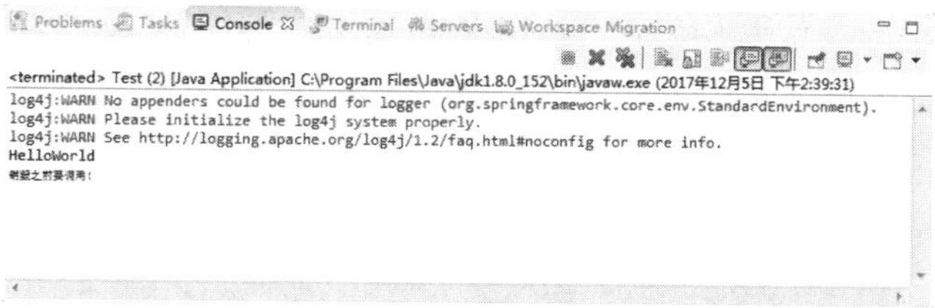

```
Problems  Tasks  Console  Terminal  Servers  Workspace Migration
<terminated> Test (2) [Java Application] C:\Program Files\Java\jdk1.8.0_152\bin\javaw.exe (2017年12月5日 下午2:39:31)
log4j:WARN No appenders could be found for logger (org.springframework.core.env.StandardEnvironment).
log4j:WARN Please initialize the log4j system properly.
log4j:WARN See http://logging.apache.org/log4j/1.2/faq.html#noconfig for more info.
HelloWorld
销毁之前要调用！
```

图 13.12　控制台输出结果

第二种方式，实现 DisposableBean 接口，并覆盖其 destroy()方法。

【实例 13.7】Bean 的销毁方式二。

① 修改 HelloWorld.java，让其实现 DisposableBean 接口，并覆盖其 destroy()方法。代码实现为：

```
package org.model;
import org.springframework.beans.factory.DisposableBean;
public class HelloWorld implements DisposableBean{                    //实现 DisposableBean 接口
        private String message;
        public String getMessage() {
                return message;
        }
        public void setMessage(String message) {
                this.message = message;
        }
        public void destroy() throws Exception {                    //覆盖 destroy ()方法
                System.out.println("该句在销毁之前要显示！");
        }
}
```

② 配置文件修改为：

```
…
        <bean id="HelloWorld" class="org.model.HelloWorld">
                <property name="message">
                        <value>HelloWorld</value>
                </property>
        </bean>
…
```

测试程序不变，运行结果如图 13.13 所示。

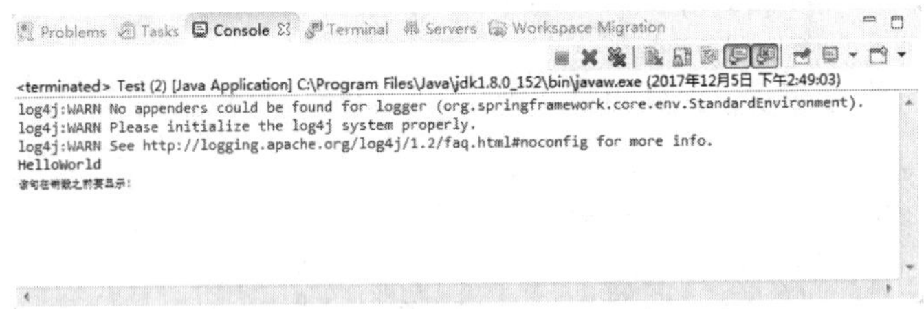

图 13.13 控制台输出结果

由于 Spring 可以管理 singleton 作用域的 Bean 的生命周期，所以可以在 Bean 的初始化及销毁之前做一些工作，这样能更好地控制 Bean。

13.3.3 Bean 的管理

前面讲解了 Bean 的配置及生命周期，本节将介绍 Bean 的管理。Spring 对 Bean 的管理有两种方式，分别是使用 BeanFactory 管理 Bean 和使用 ApplicationContext 管理 Bean。

1. 使用 BeanFactory 管理

BeanFactory 采用了工厂设计模式，这个接口负责创建和分发 Bean，但与其他工厂模式的实现不同，其他工厂模式只分发一种类型的对象，而 BeanFactory 是一个通用的工厂，可以创建和分发各种类型的 Bean。

在 Spring 中有几种 BeanFactory 的实现，最新的 Spring 4.x 采用 org.springframework.beans.factory.support.DefaultListableBeanFactory 取代之前常用的 XmlBeanFactory，它根据 XML 文件中的定义装载 Bean，代码如下：

```
//在 ClassPath 下寻找，由于配置文件就放在 ClassPath 下，故可以直接找到
Resource resource = new ClassPathResource("applicationContext.xml");
DefaultListableBeanFactory beanFactory = new DefaultListableBeanFactory();
BeanDefinitionReader reader = new XmlBeanDefinitionReader(beanFactory);
reader.loadBeanDefinitions(resource);
```

以上代码创建了 XmlBeanDefinitionReader 的实例，并调用其 loadBeanDefinitions 方法，由 loadBeanDefinitions 方法负责加载 bean 配置并把 bean 配置注册到 DefaultListableBeanFactory 中。但是现在 BeanFactory 并没有实例化 Bean，Bean 被延迟载入到 BeanFactory 中，也就是说，BeanFactory 会立即把 Bean 定义信息载入进来，但是 Bean 只有在需要的时候才被实例化。

为了从 BeanFactory 得到 Bean，只要简单地调用 getBean()方法，把需要的 Bean 的名字当作参数传递进去即可。由于得到的是 Object 类型，所以要进行强制类型转换：

```
HelloWorld helloWorld = (HelloWorld) beanFactory.getBean("HelloWorld");
```

当 getBean()方法被调用的时候，工厂就会实例化 Bean，并使用依赖注入开始设置 Bean 的属性。这样，就在 Spring 容器中开始了 Bean 的生命周期。

2. 使用 ApplicationContext 管理

BeanFactory 对简单应用来说已经很好了，但是为了获得 Spring 框架的强大功能，需要使用 Spring 更加高级的容器 ApplicationContext（应用上下文）。从表面上看，ApplicationContext 和 BeanFactory 差不多，两者都是载入 Bean 的定义信息，装配 Bean，根据需要分发 Bean，但是 ApplicationContext 提供了如下更多的功能：

- 提供了文本信息解析工具，包括对国际化的支持；
- 提供了载入文本资源的通用方法，如载入图片；
- 可以向注册为监听器的 Bean 发送事件。

由于它提供了附加功能，几乎所有的应用系统都选择 ApplicationContext，而不是 BeanFactory。在 ApplicationContext 的诸多实现中，有三个常用的实现。

① ClassPathXmlApplicationContext：从类路径中的 XML 文件载入上下文定义信息，把上下文定义文件当成类路径资源。

② FileSystemXmlApplicationContext：从文件系统中的 XML 文件载入上下文定义信息。

③ XmlWebApplicationContext：从 Web 系统中的 XML 文件载入上下文定义信息。

例如：

```
ApplicationContext context = new FileSystemXmlApplicationContext ("c:/server.xml");
ApplicationContext context = new ClassPathXmlApplicationContext ("server.xml ");
ApplicationContext context = WebApplicationContextUtils.getWebApplicationContext(
                                        request.getSession().getServletContext());
```

FileSystemXmlApplicationContext 和 ClassPathXmlApplicationContext 的区别是：前者只能在指定的路径中寻找 server.xml 文件，而后者可以在整个类路径中寻找 server.xml。

除了附加的功能外，ApplicationContext 与 BeanFactory 的另一个重要区别是单实例 Bean 的加载方式。BeanFactory 延迟载入所有的 Bean，直到 getBean()方法被调用时，Bean 实例才被创建。而 ApplicationContext 则“聪明”一点，它会在上下文启动后预载入所有的单实例 Bean，通过预载入，确保当需要用的时候相应实例已经准备好了，应用程序不需要等待实例的创建。

13.3.4 Bean 的引用

当为一个 Bean 的属性赋值时要用到另外的 Bean，这种情况称为 Bean 的引用。

【实例 13.8】 Bean 的依赖关系示例。

例如，有这样的一个类 DateClass.java：

```
package org.model;
import java.util.Date;
public class DateClass {
	private Date date;
	public Date getDate() {
		return date;
	}
	public void setDate(Date date) {
		this.date = date;
	}
}
```

在配置文件中为其注入“date”值时，引用了其他 Bean，代码如下：

```
…
	<bean id="getDate" class="org.model.DateClass">
		<property name="date">
			<ref bean="d"/>
		</property>
	</bean>
	<bean id="d" class="java.util.Date"></bean>
…
```

编写测试程序 Test.java，代码如下：

```
package org.test;
import org.model.DateClass;
import org.springframework.context.ApplicationContext;
import org.springframework.context.support.FileSystemXmlApplicationContext;
public class Test {
	public static void main(String[]args){
		ApplicationContext ac=
			new FileSystemXmlApplicationContext("src/applicationContext.xml");
		DateClass dc=(DateClass)ac.getBean("getDate");
		System.out.println(dc.getDate());
	}
}
```

运行程序，控制台输出结果如图 13.14 所示。

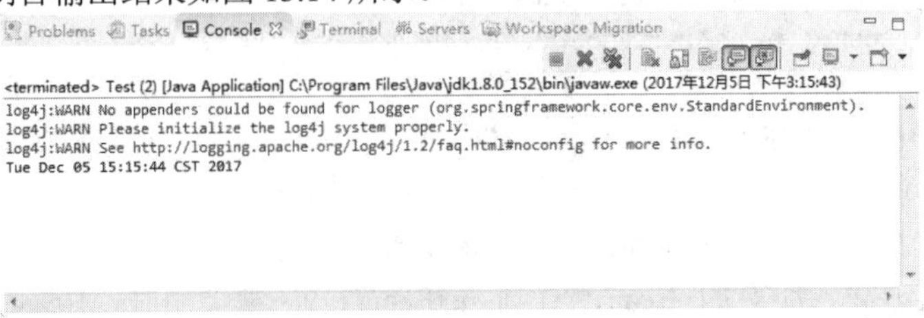

```
Problems  Tasks  Console  Terminal  Servers  Workspace Migration
<terminated> Test (2) [Java Application] C:\Program Files\Java\jdk1.8.0_152\bin\javaw.exe (2017年12月5日 下午3:15:43)
log4j:WARN No appenders could be found for logger (org.springframework.core.env.StandardEnvironment).
log4j:WARN Please initialize the log4j system properly.
log4j:WARN See http://logging.apache.org/log4j/1.2/faq.html#noconfig for more info.
Tue Dec 05 15:15:44 CST 2017
```

图 13.14 控制台输出结果

控制台打印出了本机的当前时间，在“getDate”的 Bean 中引用了“d”Bean，也就为 DateClass

类中的属性“date”赋值为“d”Bean，即该 Bean 的对象，故打印出了当前时间。

从本例可以看出，Spring 中是用“ref”来指定依赖关系的，还可以直接应用 property 中的 ref 属性，这样本例就可以修改为：

```
…
    <bean id="getDate" class="org.model.DateClass">
        <property name="date" ref="d"/>
    </bean>
    <bean id="d" class="java.util.Date"></bean>
…
```

运行结果不变。

13.4　Spring 对集合属性的注入

前面所讲的例子都是对简单类型属性的配置，对于集合（如 List、Set 及 Map）则有不同的配置方式，本节讲述 Spring 是如何对集合进行注入的。

13.4.1　对 List 的注入

对 List 集合的注入非常简单，如果类中有 List 类型的属性，在为其依赖注入值时就需要在配置文件中的<property>元素下应用其子元素<list>。下面举例说明。

【实例 13.9】对 List 的注入示例。

创建类 ListBean.java，其有一个 List 类型的属性，代码如下：

```
package org.model;
import java.util.List;
public class ListBean {
    private List list;
    public List getList() {
        return list;
    }
    public void setList(List list) {
        this.list = list;
    }
}
```

配置文件中 Bean 的配置为：

```
<bean id="listBean" class="org.model.ListBean">
    <property name="list">
        <list>
            <value>java</value>
            <value>c++</value>
            <value>php</value>
        </list>
    </property>
</bean>
```

编写测试类，对 ListBean 类的“list”属性进行注入，测试是否注入成功。

```
package org.test;
import java.util.Iterator;
import java.util.List;
import org.model.ListBean;
```

```
import org.springframework.context.ApplicationContext;
import org.springframework.context.support.FileSystemXmlApplicationContext;
public class Test {
	public static void main(String[]args){
		ApplicationContext ac = new FileSystemXmlApplicationContext("src/applicationContext.xml");
		ListBean listbean = (ListBean)ac.getBean("listBean");
		List l = listbean.getList();
		System.out.println(l);
	}
}
```

运行程序，控制台输出信息如图 13.15 所示，说明注入成功！

```
<terminated> Test (2) [Java Application] C:\Program Files\Java\jdk1.8.0_152\bin\javaw.exe (2017年12月5日 下午3:24:20)
log4j:WARN No appenders could be found for logger (org.springframework.core.env.StandardEnvironment).
log4j:WARN Please initialize the log4j system properly.
log4j:WARN See http://logging.apache.org/log4j/1.2/faq.html#noconfig for more info.
[java, c++, php]
```

图 13.15　控制台输出信息

13.4.2　对 Set 的注入

对 Set 的注入与 List 相似，仅仅是使用元素不同而已，对 Set 注入需要使用<set>子元素。下面举例说明。

【实例 13.10】对 Set 的注入示例。

创建类 SetBean.java，代码编写为：

```
package org.model;
import java.util.Set;
public class SetBean {
	private Set set;
	public Set getSet() {
		return set;
	}
	public void setSet(Set set) {
		this.set = set;
	}
}
```

配置文件中 Bean 的配置为：

```
<bean id="setbean" class="org.model.SetBean">
	<property name="set">
		<set>
			<value>java</value>
			<value>c++</value>
			<value>php</value>
		</set>
	</property>
</bean>
```

编写测试类，代码如下：

```
package org.test;
import org.model.SetBean;
import org.springframework.context.ApplicationContext;
import org.springframework.context.support.FileSystemXmlApplicationContext;
public class Test {
    public static void main(String[]args){
        ApplicationContext ac = new FileSystemXmlApplicationContext("src/applicationContext.xml");
        SetBean setbean = (SetBean)ac.getBean("setbean");
        System.out.println(setbean.getSet());
    }
}
```

运行程序，输出结果同【实例 13.9】，说明注入成功。

13.4.3　对 Map 的注入

对 Map 的注入与 List 及 Set 有所不同，由于 Map 是由 key-value 对组成的，故在为其注入时需要分别指定 key 和对应的 value。下面举例说明。

【实例 13.11】对 Map 的注入示例。

创建类 MapBean.java，代码编写为：

```
package org.model;
import java.util.Map;
public class MapBean {
    private Map map;
    public Map getMap() {
        return map;
    }
    public void setMap(Map map) {
        this.map = map;
    }
}
```

配置文件中 Bean 的配置为：

```
<bean id="mapbean" class="org.model.MapBean">
    <property name="map">
        <map>
            <entry key="java">
                <value>Java EE 实用教程（第 3 版）</value>
            </entry>
            <entry key="c++">
                <value>Visual C++实用教程（第 5 版）</value>
            </entry>
            <entry key="php">
                <value>PHP 实用教程（第 3 版）</value>
            </entry>
        </map>
    </property>
</bean>
```

编写测试类：

```
package org.test;
import java.util.Map;
```

```
import org.model.MapBean;
import org.springframework.context.ApplicationContext;
import org.springframework.context.support.FileSystemXmlApplicationContext;
public class Test {
    public static void main(String[]args){
        ApplicationContext ac = new FileSystemXmlApplicationContext("src/applicationContext.xml");
        MapBean mapbean = (MapBean)ac.getBean("mapbean");
        Map map = mapbean.getMap();
        System.out.println(map);
    }
}
```

运行程序，控制台输出结果如图 13.16 所示，说明注入成功。

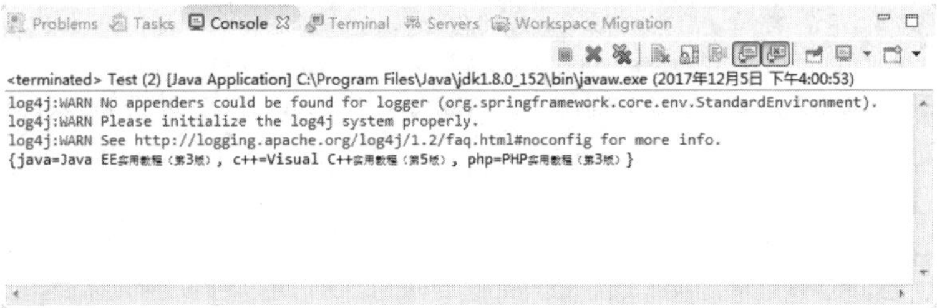
Problems
Tasks
Console
Terminal
Servers
Workspace Migration
<terminated> Test (2) [Java Application] C:\Program Files\Java\jdk1.8.0_152\bin\javaw.exe (2017年12月5日 下午4:00:53)
log4j:WARN No appenders could be found for logger (org.springframework.core.env.StandardEnvironment).
log4j:WARN Please initialize the log4j system properly.
log4j:WARN See http://logging.apache.org/log4j/1.2/faq.html#noconfig for more info.
{java=Java EE实用教程（第3版）, c++=Visual C++实用教程（第5版）, php=PHP实用教程（第3版）}

图 13.16 控制台输出结果

习 题 13

1. Spring 框架由哪 7 个模块构成？
2. 完成一个简单的应用 Spring 框架的程序。
3. 依赖注入有哪两种方式？
4. 简述 Bean 的基本属性、生命周期及依赖关系，并简述 Spring 是如何管理 Bean 的。
5. 自己写个例子，实现 Bean 中对集合的注入。

第 14 章 Spring MVC 基础

在第 2 章讲 MVC 基本思想及实现方式时提及，Java Web 开发除 Struts 2 外，还有另一种主流的 MVC 框架——Spring MVC，本章就来介绍这个框架。

14.1 Spring MVC 概述

Spring MVC 是 Spring 框架的一个子模块，是一款极为优秀的实现了 MVC 设计模式的轻量级应用框架。它在性能上甚至比传统的 Struts 2 更加优异，Spring MVC 具备以下优点：

① 高度可配置。作为 Spring 的一部分，可以方便地集成 Spring 的其他功能，而且包含多种视图技术供用户选择，如 JSP、Velocity、Tiles、iText 和 POI 等，且 Spring MVC 并不“知道”使用的视图，所以不会强迫开发者只使用 JSP。

② 灵活性强，易于与其他框架集成。在持久层可与 MyBatis、Hibernate 分别整合，这一点本章 14.5 节有详细实例介绍。

③ Spring MVC 分离了控制器、模型对象、过滤器及处理程序对象的角色，这种分离让它们更容易进行定制。

④ 无须额外引入第三方包。由于 Spring MVC 是 Spring 框架的一部分，而 Spring 本身就集成在 MyEclipse 环境中，故要使用 Spring MVC 只需往项目中添加 Spring 开发能力就可以了，Spring MVC 的包自动包含其中，不像 Struts 2 那样需要另外加载。

基于以上几点，凡是 Struts 2 控制的 MVC 系统，原则上都可以用 Spring MVC 替代，两者在结构上的区别如图 14.1 所示。

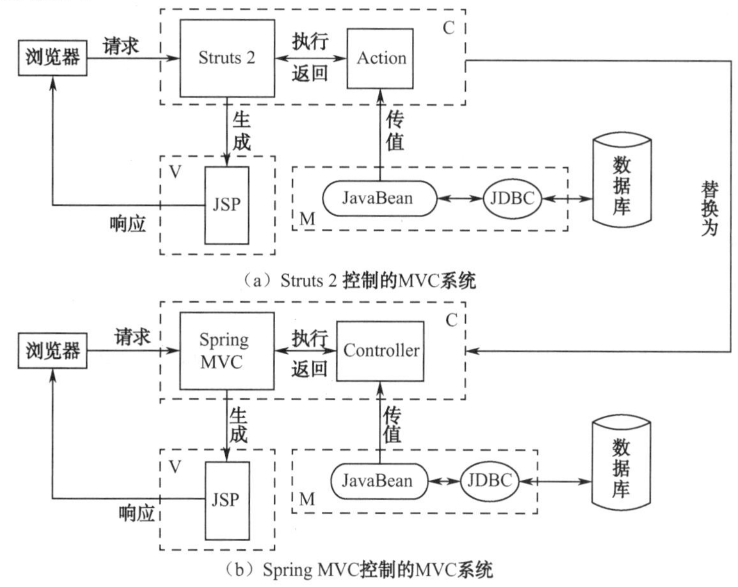

（a）Struts 2 控制的MVC系统

（b）Spring MVC控制的MVC系统

图 14.1　用 Spring MVC 替代 Struts 2 实现控制

可见，Spring MVC 的解决方案是：用 Spring MVC 模块代替了原 Struts 2 部分作为控制器，而具体的控制功能由用户自定义编写 Controller 去实现，这里的 Controller 与 Struts 2 系统中的 Action 在功能和作用上是等效的。

14.2 第一个 Spring MVC 程序

本节先通过一个简单程序让读者快速上手，学会 Spring MVC 的应用。

【实例 14.1】 开发一个与【实例 2.1】功能完全一样的程序，改用 Spring MVC 实现表示层的控制功能，即用 Spring MVC 模块替换原程序中由 Struts 2 承担的程序流程控制职能，编写 Controller 实现登录功能。

启动 MyEclipse 2017，创建 Java EE 项目，项目名为 bookManage，下面开始开发过程。

1. 添加 Spring 开发能力

右击项目名，选择菜单【Configure Facets...】→【Install Spring Facet】菜单项，添加 Spring 框架，操作细节同【实例 13.1】的第 1 步，略。因为这是一个 Web 项目，所以在选择 Spring 类库的界面时，也要增加勾选“Spring Web”项，如图 14.2 所示。

添加 Spring 之后的项目工程目录树如图 14.3 所示，其中加下画线的为 Spring 框架中与 Spring MVC 模块相关的.jar 包。

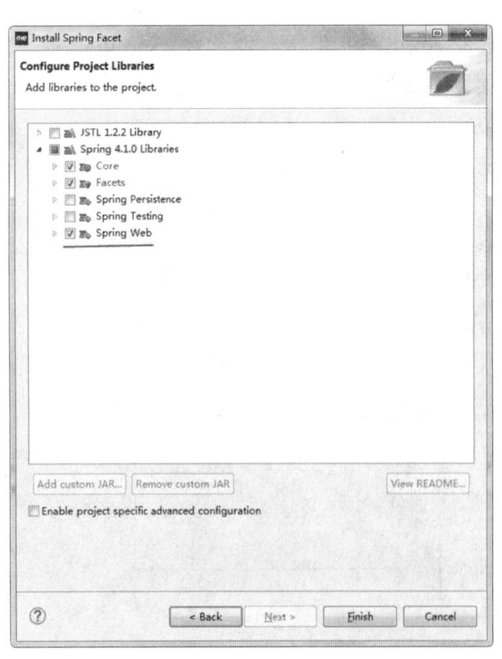

图 14.2 勾选“Spring Web”库

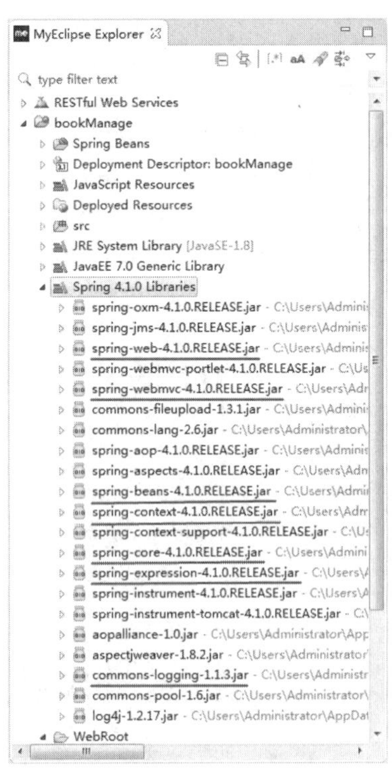

图 14.3 与 Spring MVC 相关的.jar 包

2. 配置 web.xml

Spring MVC 模块需要在项目 web.xml 文件中配置，代码如下：

```
<?xml version="1.0" encoding="UTF-8"?>
```

```
<web-app xmlns:xsi="http://www.w3.org/2001/XMLSchema-instance" xmlns="http://xmlns.jcp.org/xml/ns/javaee" xsi:schemaLocation="http://xmlns.jcp.org/xml/ns/javaee http://xmlns.jcp.org/xml/ns/javaee/web-app_3_1.xsd" id="WebApp_ID" version="3.1">
    <display-name>bookManage</display-name>
    <welcome-file-list>
        <welcome-file>login.jsp</welcome-file>
    </welcome-file-list>
    <listener>
        <listener-class>org.springframework.web.context.ContextLoaderListener</listener-class>
    </listener>
    <context-param>
        <param-name>contextConfigLocation</param-name>
        <param-value>classpath:applicationContext.xml</param-value>
    </context-param>
    <servlet>
        <!-- 配置前端控制器 -->
        <servlet-name>springmvc</servlet-name>
        <servlet-class>
            org.springframework.web.servlet.DispatcherServlet
        </servlet-class>
        <!-- 初始化时加载配置文件 -->
        <init-param>
            <param-name>contextConfigLocation</param-name>
            <param-value>classpath:springmvc-config.xml</param-value>
        </init-param>
        <!-- 表示容器在启动时立即加载 Spring MVC 的控制器-->
        <load-on-startup>1</load-on-startup>
    </servlet>
    <servlet-mapping>
        <servlet-name>springmvc</servlet-name>
        <url-pattern>/</url-pattern>
    </servlet-mapping>
</web-app>
```

这其实是在配置 Spring MVC 的前端控制器，它在功能上等效于 Struts 2 的过滤器，对应 Spring MVC 的 org.springframework.web.servlet.DispatcherServlet 类。通过子元素<init-param>指定了 Spring MVC 核心配置文件的名称和位置，可见 Spring MVC 的核心配置文件名为 springmvc-config.xml。在<servlet-mapping>中，通过<url-pattern>元素的“/”，会将所有 URL 拦截，交由 Spring MVC 的前端控制器 DispatcherServlet 类处理。

3. 实现控制器 Controller

基于 Spring MVC 模块的 Java EE 应用程序使用自定义的 Controller（控制器）来处理深层控制逻辑，完成用户想要完成的功能。本例定义名为“loginController”的控制器，判断登录用户名和密码的正确性。在项目 src 下建立包 org.controller，其中创建 LoginController 类。

LoginController.java 代码如下：

```
package org.controller;
import org.model.*;
import org.dao.*;
import javax.servlet.http.*;
import org.springframework.web.servlet.*;
import org.springframework.web.servlet.mvc.*;
public class LoginController implements Controller {
```

```
        //处理用户请求的 handleRequest 方法
        public ModelAndView handleRequest(HttpServletRequest request, HttpServletResponse response)
throws Exception {
                request.setCharacterEncoding("gb2312");
                ModelAndView mav = new ModelAndView();
                //该类为项目与数据的接口（DAO 接口），用于处理数据与数据库表的一些操作
                LoginDao loginDao = new LoginDao();
                Login l = loginDao.checkLogin(request.getParameter("name"), request.getParameter("password"));
                if(l != null) {                                                    //如果登录成功
                        mav.addObject("lgn", l.getName());
                        mav.setViewName("/main.jsp");
                }else {
                        mav.setViewName("/error.jsp");
                }
                return mav;
        }
}
```

其中，handleRequest()是 Controller 接口的实现方法，LoginController 类会调用该方法来处理请求，并返回一个包含视图名和模型的 ModelAndView 对象。本例中通过 addObject()方法向模型对象中添加了一个名为 lgn 的字符串对象，设置登录成功时返回的视图路径为/main.jsp，这样若登录成功，请求就会被转发到 main.jsp 页，而 lgn 的字符串会随 ModelAndView 对象一起被回送到成功页，显示对应该用户名的欢迎信息。

4. 配置 springmvc-config.xml

在编写好 Controller（控制器）的代码之后，还需要进行配置才能让 Spring MVC 识别 Controller。在 src 下创建文件 springmvc-config.xml（注意文件位置和大小写），输入如下的配置代码：

```
<?xml version="1.0" encoding="UTF-8"?>
<beans
        xmlns="http://www.springframework.org/schema/beans"
        xmlns:xsi="http://www.w3.org/2001/XMLSchema-instance"
        xmlns:p="http://www.springframework.org/schema/p"
        xsi:schemaLocation="http://www.springframework.org/schema/beans
http://www.springframework.org/schema/beans/spring-beans-4.1.xsd">
        <bean name="/loginController" class="org.controller.LoginController"/>
</beans>
```

这里定义了一个名称为“/loginController”的 Bean，该 Bean 将控制器类 LoginController 映射到“/loginController”请求中，表示凡是请求名为“loginController”的都要用 LoginController 类来处理。

5. 编写 Java 代码

在项目 src 下创建 org.dao、org.db 和 org.model 三个包，其中源文件及代码都与本书**【实例 1.1】** Servlet 项目对应的完全一样。将数据库驱动 sqljdbc4.jar 复制到项目的\WebRoot\WEB-INF\lib 路径下，刷新项目。

6. 编写 JSP

登录页 login.jsp，代码如下：

```
<%@ page language="java" pageEncoding="gb2312"%>
<html>
<head>
        <title>图书管理系统</title>
```

```
</head>
<body bgcolor="#71CABF">
<form action="loginController" method="post">
        <table>
                <caption>用户登录</caption>
                <tr>
                        <td>登录名</td>
                        <td><input name="name" type="text" size="20"/></td>
                </tr>
                <tr>
                        <td>密码</td>
                        <td><input name="password" type="password" size="21"/></td>
                </tr>
        </table>
        <input type="submit" value="登录"/>
        <input type="reset" value="重置"/>
</form>
</body>
</html>
```

加黑处表示该页面表单提交给的对象是“loginController”（Controller 控制器名）。

欢迎主页 main.jsp，代码如下：

```
<%@ page language="java" pageEncoding="gb2312" import="org.model.Login"%>
<html>
<head>
        <title>欢迎使用</title>
</head>
<body>
        ${lgn}，您好！欢迎使用图书管理系统。
</body>
</html>
```

其中加黑部分代码用到了 EL 表达式来获取保存在 ModelAndView 对象中的用户名信息。

JSP 文件 error.jsp（出错处理页）代码不变，从略。

最后，部署运行程序，效果与【实例 2.1】完全一样。

14.3　Spring MVC 内部工作原理

通过 14.2 节的程序实例，相信大家对 Spring MVC 的使用已经有了一个初步的了解，但是 Spring MVC 框架的内部究竟是如何工作的呢？请看图 14.4 所示。

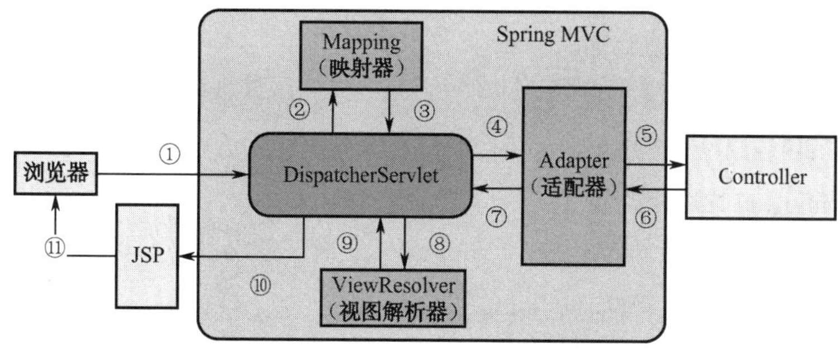

图 14.4　Spring MVC 内部原理

按照图 14.4 中所标注的序号，Spring MVC 框架的完整工作流程如下。

① 用户通过浏览器向服务器发送请求，请求会被 Spring MVC 的前端控制器 DispatcherServlet 所拦截。

② DispatcherServlet 拦截到请求后，会调用处理器映射器。

③ 映射器根据请求 URL 找到具体的处理器，生成处理器对象返回给 DispatcherServlet。

④ DispatcherServlet 通过返回的信息选择合适的处理器适配器。

⑤ 适配器调用并执行控制功能模块，也就是用户程序中所编写的 Controller 类，或称后端控制器。

⑥ Controller 执行完成后，会返回一个 ModelAndView 对象，其中会包含视图和模型数据。

⑦ 适配器将 ModelAndView 对象返回给 DispatcherServlet。

⑧ DispatcherServlet 会根据 ModelAndView 对象选择一个合适的 ViewResolver（视图解析器）。

⑨ ViewResolver 对其解析后，再向 DispatcherServlet 返回具体的视图。

⑩ DispatcherServlet 对视图进行渲染，将模型数据填充至视图中。

⑪ 视图渲染的结果返回给客户端浏览器显示。

在实际开发中，程序员并不需要关心以上这些对象的内部交互过程，只需要配置好前端控制器 DispatcherServlet，再完成 Controller 中的业务处理，并在视图中展示相应信息即可。

14.4 基于注解的控制器实现

14.2 节所开发的 Spring MVC 程序是基于原始 Controller 接口的，用户编写的 Controller 类要求必须实现该接口，即强制实现其中的 handleRequest()方法，代码形如：

```
public class *Controller implements Controller {
    public ModelAndView handleRequest(HttpServletRequest request, HttpServletResponse response)
throws Exception {
        ...
        ModelAndView mav = new ModelAndView();
        ...
        return mav;
    }
}
```

并且程序还必须返回一个 ModelAndView 类型的对象，但该对象中同时包含有模型和视图，显然不符合 MVC 将模型与视图相隔离的理念，而且这种生硬地实现接口方法的编程方式不够灵活，它一次只能处理一个单一的请求动作，无法同时处理多个请求。

为克服以上弊端，Spring MVC 同时支持另一种基于注解的编程方式，用这种方式开发的程序代码更为简洁，大大减少了程序员的工作量，并且在控制功能的实现上更加方便自如，目前实际的 Spring MVC 开发大多是采用注解方式进行的。

【实例 14.2】在【实例 14.1】程序基础上改用注解方式实现控制器编程。

1. 修改 springmvc-config.xml

springmvc-config.xml 内容修改如下：

```
<?xml version="1.0" encoding="UTF-8"?>
<beans
    xmlns="http://www.springframework.org/schema/beans"
    xmlns:xsi="http://www.w3.org/2001/XMLSchema-instance"
    xmlns:context="http://www.springframework.org/schema/context"
```

```
        xmlns:p="http://www.springframework.org/schema/p"
        xsi:schemaLocation="http://www.springframework.org/schema/beans http://www.springframework.org/schema/ beans/
spring-beans-4.1.xsd http://www.springframework.org/schema/context http://www.springframework.
org/ schema/context/spring-context-4.1.xsd">
        <context:component-scan base-package="org.controller"/>
        <bean id="viewResolver" class="org.springframework.web.servlet.view.Internal
ResourceViewResolver">
            <!-- 设置路径前缀 -->
            <property name="prefix" value="/"/>
            <!-- 设置文件名后缀 -->
            <property name="suffix" value=".jsp"/>
        </bean>
    </beans>
```

其中，文件头部声明中加入这样几行信息：

```
xmlns:context="http://www.springframework.org/schema/context"
http://www.springframework.org/schema/context
http://www.springframework.org/schema/context/spring-context-4.1.xsd
```

是为了保证 Spring MVC 能够找到控制器类，此外，还需要在配置文件中添加相应的扫描配置信息。

使用<context:component-scan>元素指定需要扫描的类包，其 base-package 属性指定了需要扫描的包为 org.controller，这样在运行时，此包及其下所有标注了注解的类都会被 Spring MVC 所处理。

上面的配置文件中还使用<bean>重新定制了 Spring MVC 内部的视图解析器 InternalResourceViewResolver，其 prefix 属性设置视图资源所在路径的通用前缀，由于本例所有的视图 JSP 文件都放在项目 WebRoot 根目录下，故此值设为“/”。如果在实际应用中，视图页面存放在某个比较深的子目录下，例如，放在\WebRoot\WEB-INF\jsp\bookManage\MyBook 中，那么将 prefix 属性设为“/WEB-INF/jsp/bookManage/MyBook”就避免了在控制器程序代码中返回视图页的时候多次重复书写这一冗长的路径，简化了代码，也提高了程序的可读性。同理，suffix 属性设置视图页面文件的后缀名，如果用户项目中的所有页面都为同一类型（如全都是 JSP 页），这样配置可省去程序代码中页面名称的后缀，同样起到简化程序的作用。

2. 改写控制器 Controller

LoginController.java 代码改写如下：

```
package org.controller;
import org.model.*;
import org.dao.*;
import javax.servlet.http.*;
import org.springframework.stereotype.*;
import org.springframework.ui.*;
import org.springframework.web.bind.annotation.*;
@Controller
public class LoginController {
    //处理用户请求的 handleRequest 方法
    @RequestMapping("/loginController")
    public String handleRequest(HttpServletRequest request, HttpServletResponse response, Model model)
throws Exception {
        request.setCharacterEncoding("gb2312");
        //该类为项目与数据的接口（DAO 接口），用于处理数据与数据库表的一些操作
        LoginDao loginDao = new LoginDao();
```

```
            Login l = loginDao.checkLogin(request.getParameter("name"), request.getParameter("password"));
            if(l != null) {                                                    //如果登录成功
                model.addAttribute("lgn", l.getName());
                return "main";
            }else {
                return "error";
            }
        }
    }
```

其中，@Controller 是控制器注解，将它标注在用户定义的类上，运行时 Spring MVC 就能通过自动扫描机制找到该类，并将它识别为一个控制器类，而用户类无须再实现 Controller 接口及其 handleRequest()方法，增强了编程的灵活性。上段代码中的方法 handleRequest 就不再是属于 Controller 接口的，而是用户自定义的方法，故能传入所需的模型参数“Model model”，专用于存储模型数据，而通过 return 语句返回的就仅仅是标识视图的字符串，如此实现了模型与视图的分离，很好地贯彻了 MVC 理念。由于事先在配置文件中定制了视图解析器，故这里视图也只需简单地返回“return "main"”、“return "error"”即可，代码逻辑变得极为清晰、易读。

@RequestMapping 注解用于映射一个请求或方法，标注在方法 handleRequest 上，使之成为一个请求处理方法，它会在程序接收到对应的 URL 请求时被调用，如本例中@RequestMapping ("/loginController")就表示页面表单提交的名为 loginController 的请求交由 handleRequest 方法处理。通过这种方式，Spring MVC 框架的注解可以为不同的请求指定不同的处理方法，其作用类同于 Struts 2 的 struts.xml 文件中所配置<action>的 method 属性。

最后，部署运行程序，效果与【实例 14.1】完全一样。

14.5 与持久层框架的整合应用

之前提到 Spring MVC 框架的优点之一就是灵活性强，可与不同的持久层框架，如 MyBatis、Hibernate 等分别整合，下面通过实例来看一看具体的应用方法。

14.5.1 Spring MVC 与 MyBatis 整合

1. 整合原理

原理如图 14.5 所示。

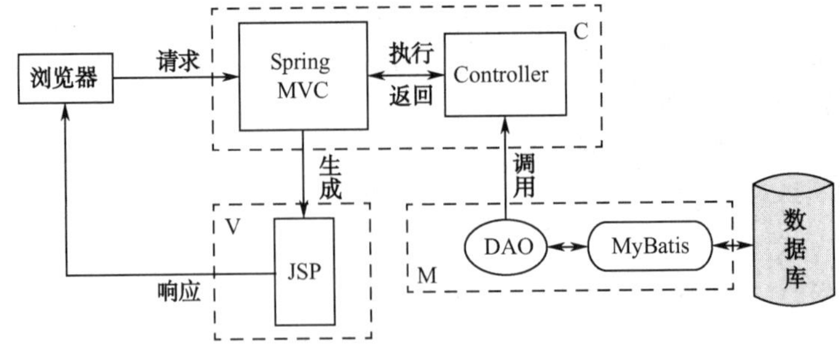

图 14.5 Spring MVC 与 MyBatis 整合原理

由图可见，由于严格遵循了 MVC 设计模式和使用 DAO 接口封装，系统的 M 层与 C 层实际上是相互隔离的，持久层框架的改变并不会影响到控制器层的操作，故这种整合在技术上十分简单。

2. 应用实例

【实例 14.3】在基于注解的程序基础上修改，由于要使用持久层框架取代 JDBC，故先删除原项目 org.db 包及其下的源文件。

（1）加载 MyBatis 包

将 MyBatis 框架的类库复制到项目的\WebRoot\WEB-INF\lib 路径下。在工作区视图中，右击项目名，从弹出菜单中选择【Refresh】刷新即可。

（2）创建映射文件

在 org.model 下编写映射文件 LoginMapper.xml，内容如下：

```
<?xml version="1.0" encoding="utf-8"?>
<!DOCTYPE mapper PUBLIC "-//mybatis.org//DTD Mapper 3.0//EN"
"http://mybatis.org/dtd/mybatis-3-mapper.dtd">
<mapper namespace="org.model.LoginMapper">
	<select id="fromLoginbyName" parameterType="String" resultType="org.model.Login">
		select * from login where name = #{name}
	</select>
</mapper>
```

定义了根据姓名字段查询用户记录的 SQL 语句。

（3）创建 mybatis-config.xml 核心配置文件

在项目 src 下创建 MyBatis 框架的核心配置文件 mybatis-config.xml，内容为：

```
<?xml version="1.0" encoding="UTF-8"?>
<!DOCTYPE configuration PUBLIC "-//mybatis.org//DTD Config 3.0//EN"
"http://mybatis.org/dtd/mybatis-3-config.dtd">
<configuration>
	<environments default="sqlsrv">
		<environment id="sqlsrv">
			<transactionManager type="JDBC"/>
			<dataSource type="POOLED">
				<property name="driver" value="com.microsoft.sqlserver.jdbc.SQLServerDriver"/>
				<property name="password" value="njnu123456"/>
				<property name="username" value="sa"/>
				<property name="url" value="jdbc:sqlserver://localhost:1433;databaseName=MBOOK"/>
			</dataSource>
		</environment>
	</environments>
	<mappers>
		<mapper resource="org/model/LoginMapper.xml"/>
	</mappers>
</configuration>
```

其中注册了 LoginMapper.xml 映射文件的位置。

（4）创建会话管理工具类

MyBatis 框架的会话管理功能是通用的，故只要将**【实例 12.2】**项目的 org.util 包及其下的 MyBatisSessionFactory.java 类复制到本项目 src 下刷新就可以了。

（5）修改持久层实现

修改 LoginDao.java，代码如下：

```
package org.dao;
import org.apache.ibatis.session.SqlSession;
```

```
import org.util.MyBatisSessionFactory;
import org.model.*;

public class LoginDao {
    public Login checkLogin(String name, String password) {            //验证登录用户名和密码
        Login login = null;
        try {
            SqlSession session = MyBatisSessionFactory.getSession();
            login = session.selectOne("org.model.LoginMapper.fromLoginbyName", name);
            session.commit();
            session.close();
            if(!login.getPassword().equals(password)) login = null; //无此用户，验证失败，返回 null
        }catch(Exception e) {
            e.printStackTrace();
        }
        return login;
    }
}
```

代码很简单，先是通过会话管理工具类获取 SqlSession 对象，然后调用其 selectOne 方法查询登录表中的用户信息。

最后，部署运行程序，效果同前。

14.5.2 Spring MVC 与 Hibernate 整合

1. 整合原理

原理如图 14.6 所示。

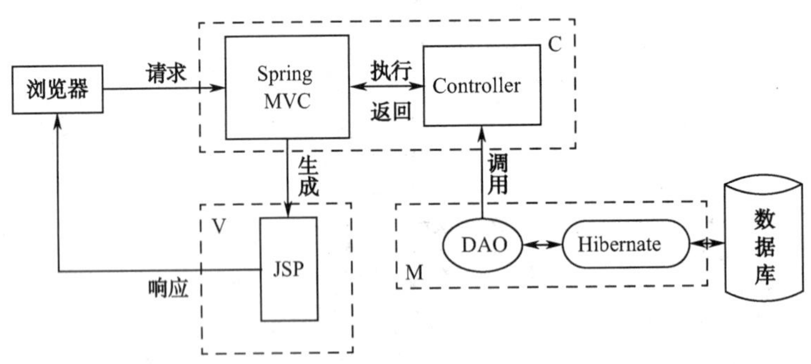

图 14.6 Spring MVC 与 Hibernate 整合原理

只需将持久层框架更换为 Hibernate 就可以了。

2. 应用实例

【实例 14.4】在【实例 14.3】程序的基础上修改。

（1）清理原项目

因持久层框架由 MyBatis 改为了 Hibernate，故首先要对原项目进行清理，如下。

① 删除原项目\WebRoot\WEB-INF\lib 路径下的全部包，刷新项目。

② 删除 org.util 包下的 MyBatisSessionFactory.java 类（注意 org.util 包不要删，稍后要用来放置 Hibernate 框架的 HibernateSessionFactory.java 类）。

③ 删除 mybatis-config.xml 核心配置文件。

④ 删除 org.model 下的 POJO 类及映射文件。

（2）加载 Hibernate 框架

基本操作过程参见【实例 7.1】的第 3 步，这里特别强调一下两个不一样的地方。

① 在选择 Hibernate 版本的时候，考虑到与已有 Spring 框架的兼容性，只能选择 Hibernate 4.1 版，如图 14.7 所示。

② 在第一个“Hibernate Support for MyEclipse”页，取消勾选“Create/specify hibernate.cfg.xml file”复选框，即暂不生成配置文件（稍后手工创建），如图 14.8 所示。

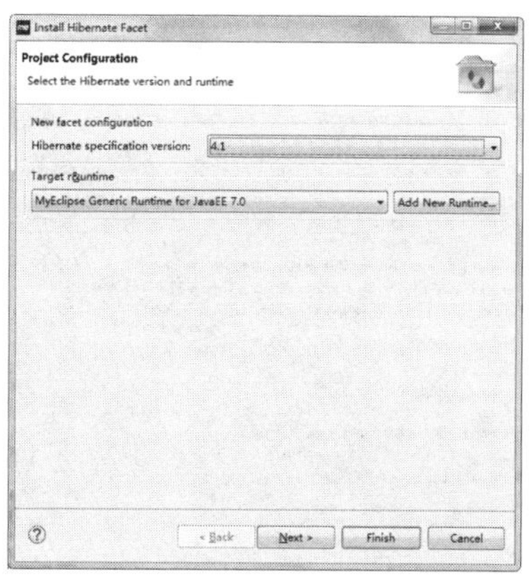

图 14.7　选择与已有 Spring 兼容的 Hibernate 版本

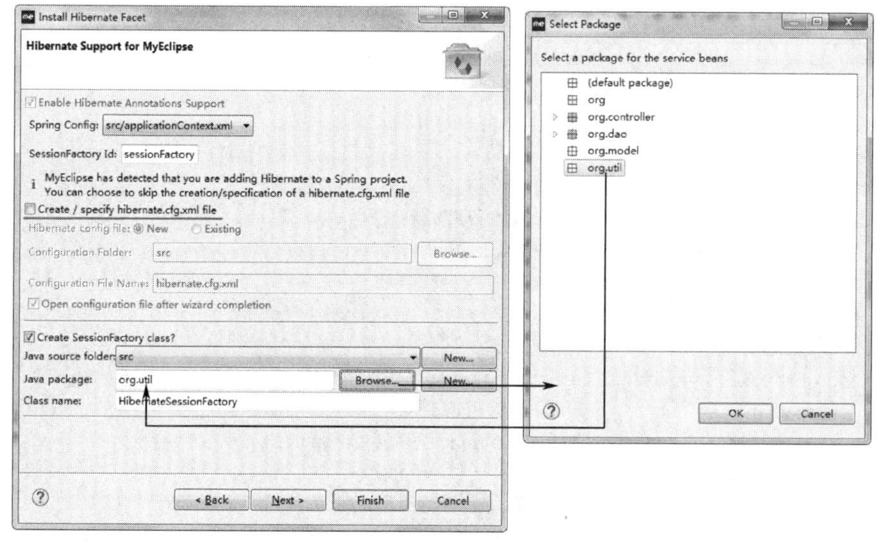

图 14.8　暂不生成 Hibernate 配置文件

（3）配置数据库驱动

在 applicationContext.xml 中配置数据库驱动，如下：

```
<?xml version="1.0" encoding="UTF-8"?>
<beans
    ...>
    <bean id="dataSource"
        class="org.apache.commons.dbcp.BasicDataSource">
        <property name="driverClassName"
            value="com.microsoft.sqlserver.jdbc.SQLServerDriver">
        </property>
        <property name="url" value="jdbc:sqlserver://localhost:1433"></property>
        <property name="username" value="sa"></property>
        <property name="password" value="njnu123456"></property>
    </bean>
    <bean id="sessionFactory"
```

```
            class="org.springframework.orm.hibernate4.
LocalSessionFactoryBean">
            ...
        </bean>
        ...
    </beans>
```

（4）反向工程

运用 Hibernate 的反向工程功能对 MBOOK 数据库的 login 表生成 POJO 类及映射文件，详细操作见【实例 7.1】的第 4 步。生成的类及映射文件位于项目的 org.model 包下，如图 14.9 所示。

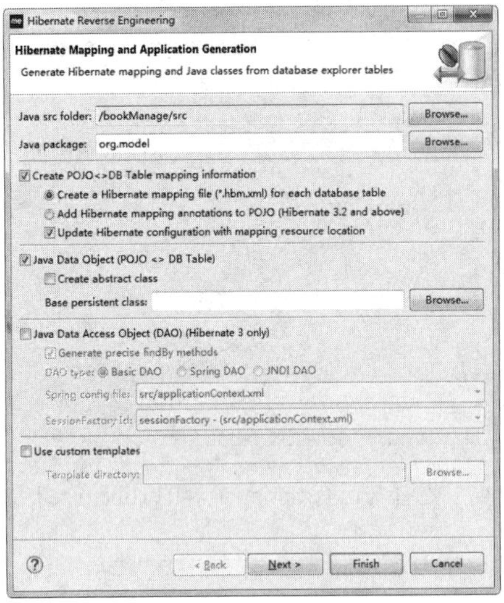

图 14.9 在 org.model 下生成 POJO 及映射文件

（5）创建 Hibernate 配置文件

在项目 src 下创建 hibernate.cfg.xml 文件，由于 Hibernate 框架自动生成的配置文件都一样，因此这里简便的做法是：从别的已经开发好的 Hibernate 项目中复制过来用即可。但必须修改其中的映射配置，如下加黑处：

```
<?xml version='1.0' encoding='UTF-8'?>
<!DOCTYPE hibernate-configuration PUBLIC
          "-//Hibernate/Hibernate Configuration DTD 3.0//EN"
          "http://www.hibernate.org/dtd/hibernate-configuration-3.0.dtd">
<!-- Generated by MyEclipse Hibernate Tools.                   -->
<hibernate-configuration>
    <session-factory>
        <property name="myeclipse.connection.profile">sqlsrv</property>
        <property name="dialect">org.hibernate.dialect.SQLServerDialect</property>
        <property name="connection.password">njnu123456</property>
        <property name="connection.username">sa</property>
        <property name="connection.url">jdbc:sqlserver://localhost:1433</property>
        <property name="connection.driver_class">com.microsoft.sqlserver.jdbc.SQLServerDriver</property>
        <mapping resource="org/model/Login.hbm.xml" />
    </session-factory>
</hibernate-configuration>
```

（6）修改持久层实现

修改 LoginDao.java，代码如下：

```
package org.dao;
import org.hibernate.*;
import org.util.HibernateSessionFactory;
import org.model.*;

public class LoginDao {
    public Login checkLogin(String name, String password) {          //验证登录用户名和密码
        Session session = null;
        Transaction tx = null;
        Login login = null;
        try {
            session = HibernateSessionFactory.getSession();
            tx = session.beginTransaction();
```

```
                Query query = session.createQuery("from Login where name=? and pass
word=?");
                query.setParameter(0, name);
                query.setParameter(1, password);
                login = (Login)query.uniqueResult();
                tx.commit();
            }catch(Exception e) {
                if(tx != null) tx.rollback();
                e.printStackTrace();
            }
            return login;
        }
    }
```

对比 Spring MVC 与 MyBatis 整合实例的持久层实现，这里改用了 Hibernate 框架的 HibernateSessionFactory 类来获取会话，使用 Hibernate 的 Query 接口中的 createQuery 方法执行查询。

习　题　14

1．简述 Spring MVC 及其优点。

2．如何用 Spring MVC 替代 Struts 2 实现控制？

3．简述 Spring MVC 内部的工作原理。

4．Spring MVC 是如何分别实现与当前主流的两种持久层框架——MyBatis 和 Hibernate 进行整合的？

第 15 章　Spring 的其他功能

Spring 框架除了前面讲的基础内容外，还有一些扩展的功能，例如，Spring 允许通过两种后处理器对 IoC 容器进行扩展、提供了丰富完善的 AOP 支持以及可以定制定时器等。本章将讲述这些方面的内容。

15.1　Spring 后处理器

15.1.1　Bean 后处理器

Bean 后处理器是一个特殊的 Bean，该 Bean 不对外提供服务，所以无须定义 id 属性，它主要是对容器中的其他 Bean 执行后处理。

Bean 后处理器必须实现 BeanPostProcessor 接口，并覆盖该接口中的两个方法：

```
Object postProcessAfterInitialization(Object bean, String beanname) throws BeansException
Object postProcessBeforeInitialization(Object bean, String beanname) throws BeansException
```

这两种方法中的第一个参数是系统即将进行后处理的 Bean 实例，第二个参数是该 Bean 实例的名称。其中，第一个方法在目标 Bean 初始化之前被调用，第二个方法在初始化之后被调用。

下面举例说明 Bean 后处理器的应用。

【实例 15.1】 Bean 后处理器应用示例。

① 建立项目 SpringProcessor，添加 Spring 开发能力后，在 src 下建立包 org.beanpost，在该包下建立类 MyBeanPost.java，代码编写如下：

```
package org.beanpost;
import org.springframework.beans.BeansException;
import org.springframework.beans.factory.config.BeanPostProcessor;
public class MyBeanPost implements BeanPostProcessor{
        public Object postProcessAfterInitialization(Object bean, String beanname)
                    throws BeansException {
                System.out.println("Bean 后处理器在初始化之前对"+beanname+"进行处理");
                return bean;
        }
        public Object postProcessBeforeInitialization(Object bean, String beanname)
                    throws BeansException {
                System.out.println("Bean 后处理在初始化之后对"+beanname+"进行处理");
                return bean;
        }
}
```

② 编写 HelloWorld.java 类，代码如下：

```
package org.model;                                        //该类放在 org.model 包中
public class HelloWorld {
        private String message;
        public String getMessage() {
```

```
            return message;
        }
        public void setMessage(String message) {
            this.message = message;
        }
        //该方法会在初始化过程中被执行
        public void init(){
            System.out.println("该句在 Bean 初始化过程中执行");
        }
}
```

③ 编写配置文件 applicationContext.xml，代码如下：

```
…
        <!-- 配置初始化方法属性，在初始化过程中就会执行 init 方法 -->
        <bean id="HelloWorld" class="org.model.HelloWorld" init-method="init">
            <property name="message" >
                <value>Hello World!</value>
            </property>
        </bean>
        <!-- 该 Bean 可以配置 id 属性，也可以不配置 id 属性 -->
        <bean class="org.beanpost.MyBeanPost"></bean>
…
```

④ 编写测试类，完成 Bean 的实例化，代码如下：

```
package org.test;
import org.model.HelloWorld;
import org.springframework.context.ApplicationContext;
import org.springframework.context.support.FileSystemXmlApplicationContext;
public class HelloWorldTest {
    public static void main(String[] args) {
        ApplicationContext ac = new FileSystemXmlApplicationContext("src/applicationContext.xml");
        HelloWorld helloWorld=(HelloWorld) ac.getBean("HelloWorld");
        System.out.println(helloWorld.getMessage());
    }
}
```

使用 ApplicationContext 作为容器，无须手动注册 BeanPostProcessor，因此如需要使用 Bean 后处理器，Spring 容器建议使用 ApplicationContext 容器。

运行程序，控制台输出信息如图 15.1 所示。

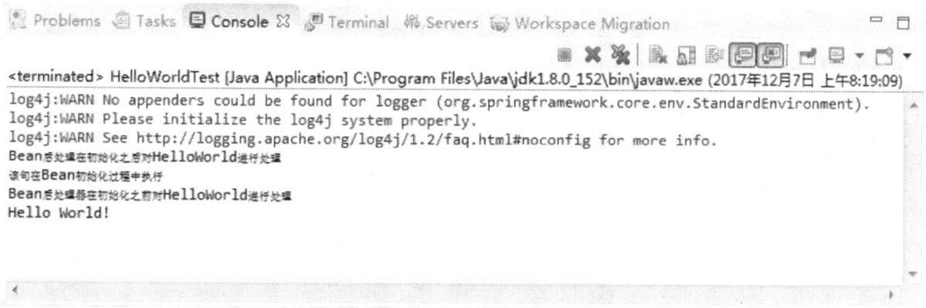

```
Problems  Tasks  Console  Terminal  Servers  Workspace Migration
<terminated> HelloWorldTest [Java Application] C:\Program Files\Java\jdk1.8.0_152\bin\javaw.exe (2017年12月7日 上午8:19:09)
log4j:WARN No appenders could be found for logger (org.springframework.core.env.StandardEnvironment).
log4j:WARN Please initialize the log4j system properly.
log4j:WARN See http://logging.apache.org/log4j/1.2/faq.html#noconfig for more info.
Bean后处理在初始化之后对HelloWorld进行处理
该句在Bean初始化过程中执行
Bean后处理器在初始化之前对HelloWorld进行处理
Hello World!
```

图 15.1　控制台输出信息

可以看出，Bean 后处理器的两个方法会在目标 Bean 的初始化前后被调用，所以程序员可以在 Bean 的初始化前后做一些工作，提高容器的扩展性。Spring 提供了如下两个常用的后处理器。

- BeanNameAutoProxyCreator：根据 Bean 实例的 name 属性，创建 Bean 实例的代理。

● DefaultAdvisorAutoProxyCreator：根据提供的 Advisor，对容器中所有的 Bean 实例创建代理。

15.1.2 容器后处理器

Bean 后处理器负责处理容器中的所有 Bean 实例，而容器后处理器则负责处理容器本身。容器后处理器必须实现 BeanFactoryPostProcessor 接口，并覆盖其 postProcessBeanFactory (ConfigurableListableBeanFactory beanFactory) throws BeansException 方法。下面在 Bean 后处理器实例的基础上修改，说明容器后处理器的应用。

【实例 15.2】容器后处理器应用示例。

① 编写 MyBeanFactoryPostProcessor.java，实现 BeanFactoryPostProcessor 接口，并覆盖 postProcessBeanFactory 方法：

```
package org.beanpost;
import org.springframework.beans.BeansException;
import org.springframework.beans.factory.config.BeanFactoryPostProcessor;
import org.springframework.beans.factory.config.ConfigurableListableBeanFactory;
public class MyBeanFactoryPostProcessor implements BeanFactoryPostProcessor{
        public void postProcessBeanFactory(ConfigurableListableBeanFactory beanFactory)
                        throws BeansException {
                System.out.println("程序同意 Spring 所做的 BeanFactory 的初始化");
        }
}
```

② 修改 applicationContext.xml 配置文件：

```
…
        <!-- 配置初始化方法属性，在初始化过程中就会执行 init()方法 -->
        <bean id="HelloWorld" class="org.model.HelloWorld" init-method="init">
                <property name="message" >
                        <value>Hello World!</value>
                </property>
        </bean>
        <!-- 该 Bean 可以配置 id 属性，也可以不配置 id 属性 -->
        <bean class="org.beanpost.MyBeanPost"></bean>
        <bean id="beanfactorypost" class="org.beanpost.MyBeanFactoryPostProcessor"/>
…
```

完成后，测试程序不变，控制台输出结果如图 15.2 所示。

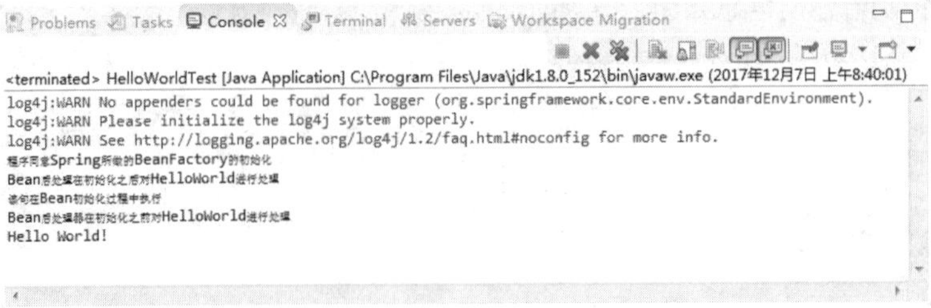

```
Problems  Tasks  Console  Terminal  Servers  Workspace Migration
<terminated> HelloWorldTest [Java Application] C:\Program Files\Java\jdk1.8.0_152\bin\javaw.exe (2017年12月7日 上午8:40:01)
log4j:WARN No appenders could be found for logger (org.springframework.core.env.StandardEnvironment).
log4j:WARN Please initialize the log4j system properly.
log4j:WARN See http://logging.apache.org/log4j/1.2/faq.html#noconfig for more info.
程序同意Spring所做的BeanFactory的初始化
Bean后处理器在初始化之后对HelloWorld进行处理
该句在Bean初始化过程中执行
Bean后处理器在初始化之前对HelloWorld进行处理
Hello World!
```

图 15.2 控制台输出结果

由于使用了 ApplicationContext 作为容器，容器会自动调用 BeanFactoryPostProcessor 来处理 Spring 容器。但是如果使用 BeanFactory 作为 Spring 容器，则必须手动调用容器后处理器来处理 Spring 容器。例如，若用 BeanFactory 作为 Spring 容器，测试程序需改为：

```
package org.test;
```

```
import org.model.HelloWorld;
import org.springframework.beans.factory.support.DefaultListableBeanFactory;
import org.springframework.beans.factory.config.BeanFactoryPostProcessor;
import org.springframework.beans.factory.xml.*;
import org.springframework.core.io.*;
public class HelloWorldTest {
        public static void main(String[] args) {
                Resource resource = new ClassPathResource("applicationContext.xml");
                DefaultListableBeanFactory beanFactory = new DefaultListableBeanFactory();
                XmlBeanDefinitionReader reader = new XmlBeanDefinitionReader(beanFactory);
                reader.loadBeanDefinitions(resource);
                BeanFactoryPostProcessor prr = (BeanFactoryPostProcessor)beanFactory.getBean("beanfactorypost");
                prr.postProcessBeanFactory(beanFactory);
                HelloWorld helloWorld = (HelloWorld)beanFactory.getBean("HelloWorld");
                System.out.println(helloWorld.getMessage());
        }
}
```

运行该程序，控制台输出结果如图 15.3 所示。

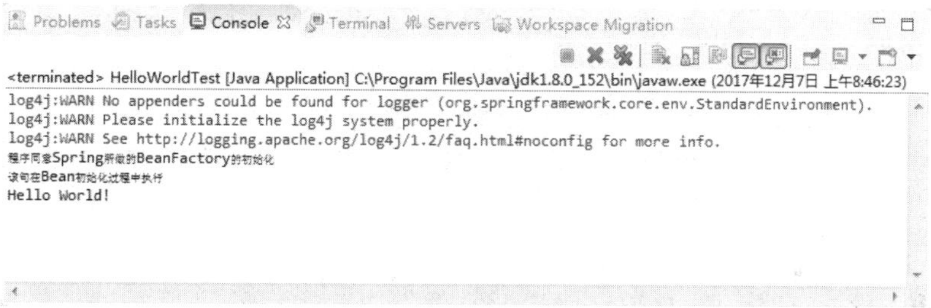

```
Problems  Tasks  Console  Terminal  Servers  Workspace Migration
<terminated> HelloWorldTest [Java Application] C:\Program Files\Java\jdk1.8.0_152\bin\javaw.exe (2017年12月7日 上午8:46:23)
log4j:WARN No appenders could be found for logger (org.springframework.core.env.StandardEnvironment).
log4j:WARN Please initialize the log4j system properly.
log4j:WARN See http://logging.apache.org/log4j/1.2/faq.html#noconfig for more info.
程序同意Spring所做的BeanFactory的初始化
该句在Bean初始化过程中执行
Hello World!
```

图 15.3　控制台输出结果

可以看出，由于没有手动调用 Bean 后处理器，故 Bean 后处理没有起任何作用。

Spring 提供了如下几个常用的容器后处理器。

- PropertyPlaceHolderConfigurer：属性占位符配置器。
- PropertyOverrideConfigurer：重写占位符配置器。
- CustomAutowireConfigurer：自定义自动装配的配置器。
- CustomScopeConfigurer：自定义作用域的配置器。

从上面的实例可以看出，容器后处理器通常用于对 Spring 容器进行处理，并且总是在容器实例化任何其他的 Bean 之前进行。

通过这两种后处理器，可以对 IoC 容器进行扩展，提高了开发的灵活性。

15.2　Spring 的 AOP

AOP（Aspect-Oriented Programming），中文翻译为“面向切面编程”（也有译成“面向方面编程”），近年来已经成为一种比较成熟的编程思想，在 Java EE 开发中，使用 AOP 可以灵活地处理一些具有横切性质的系统级服务，如安全检查、缓存及事务处理等。AOP 功能也是 Spring 框架的一大亮点，它从动态角度考虑程序运行过程，专门用于处理程序中分布于各个模块中的交叉关注点问题，能更好地分离出各模块的交叉关注点。

下面将从代理机制入手介绍 AOP。

15.2.1 代理机制

先从一个例子开始，假如有一个业务，里面有 3 个方法，代码如下：

```
package org.spring.proxy;
public class Hello {
        public void sayHello1(){
                System.out.println("sayHello1...");
        }
        public void sayHello2(){
                System.out.println("sayHello2...");
        }
        public void sayHello3(){
                System.out.println("sayHello3...");
        }
}
```

这个业务很简单，就是输出“sayHello*...”，现在有一个需求就是在执行每一个方法之前都要验证用户是否登录，假设有一个验证方法为“validateUser()”可供我们调用，这时代码就必须修改为：

```
package org.spring.proxy;
public class Hello {
        public void sayHello1(){
                validateUser();
                System.out.println("sayHello1...");
        }
        public void sayHello2(){
                validateUser();
                System.out.println("sayHello2...");
        }
        public void sayHello3(){
                validateUser();
                System.out.println("sayHello3...");
        }
}
```

3 个方法中必须同时增加同样的代码，如果一个大型的程序中有成千上万个这样的方法，那么就会出现成千上万个同样的代码，这并不是我们想要的结果。更有甚者，万一需求改变，例如，不是验证用户信息，而是在每个方法执行之前加上日志，就又需要把每个方法的验证方法去掉，换成增加日志的方法，若方法很多，则工作量可想而知！这个问题可以用代理机制来解决，代理又分为静态和动态两种，下面分别介绍。

1. 静态代理

【实例 15.3】静态代理的实现。

创建一个 Java 项目，名为 StaticProxy。

（1）定义接口

在使用静态代理时，代理对象和被代理对象实现同一接口，所以在应用代理时首先要编写一个接口：

```
package org.proxy.interfaces;
public interface IHello {
        public void sayHello1();
        public void sayHello2();
        public void sayHello3();
```

```
}
```

（2）编写代理类

代理对象和被代理对象一样实现接口 IHello.java，只不过在代理对象中增加需要的服务，代理类 ProxyHello.java 代码如下：

```
package org.proxy.proxyClass;
import org.proxy.interfaces.IHello;
public class ProxyHello implements IHello{
    private IHello hello;
    public ProxyHello(IHello hello){
        this.hello=hello;
    }
    public void validateUser(){
        System.out.println("验证用户...");
    }
    public void sayHello1() {
        validateUser();
        hello.sayHello1();
    }
    public void sayHello2() {
        validateUser();
        hello.sayHello2();
    }
    public void sayHello3() {
        validateUser();
        hello.sayHello3();
    }
}
```

这里使用构造方法来传递实现接口 IHello 的任意一个类，而在 IHello 的几个业务方法中调用的是传递进去的类的方法，在各个方法中增加相应的服务，这就是前面说的代理。

（3）编写被代理类

该类实现 IHello 接口，代码如下：

```
package org.proxy.interfaces.impl;
import org.proxy.interfaces.IHello;
public class Hello implements IHello{
    public void sayHello1() {
        System.out.println("sayHello1...");
    }
    public void sayHello2() {
        System.out.println("sayHello2...");
    }
    public void sayHello3() {
        System.out.println("sayHello3...");
    }
}
```

这个就是被代理类，该类仅仅实现 IHello 接口，没有其他的任何服务。

（4）编写测试类

测试类 StaticTest.java，代码如下：

```
package test;
```

```
import org.proxy.interfaces.IHello;
import org.proxy.interfaces.impl.Hello;
import org.proxy.proxyClass.ProxyHello;
public class StaticTest{
        public static void main(String[] args) {
                //创建接口对象时应用代理类对象，并传递了被代理类对象作为构造方法的参数
                IHello hello=new ProxyHello(new Hello());
                hello.sayHello1();
                hello.sayHello2();
                hello.sayHello3();
        }
}
```

运行该测试程序，控制台输出信息如图 15.4 所示。

```
Problems  Tasks  Console  Terminal  Servers  Workspace Migration
<terminated> StaticTest [Java Application] C:\Program Files\Java\jdk1.8.0_152\bin\javaw.exe (2017年12月7日 上午10:01:48)
验证用户...
sayHello1...
验证用户...
sayHello2...
验证用户...
sayHello3...
```

图 15.4　控制台输出信息

可以看出，达到了预期的目的，在每个方法执行前都进行验证。

2. 动态代理

静态代理要求每一个代理对象都要有自己的被代理对象，在程序规模很大的时候就不能胜任了，这时就需要用到动态代理。动态代理是根据静态代理的机制，抽象出一个泛类代理。它不依赖任何被代理对象的代理实现，该动态代理类需要实现 InvocationHandler 接口，例如，实现动态代理类 DynamicProxy 的代码如下：

```
package org.proxy.proxyClass;
import java.lang.reflect.InvocationHandler;
import java.lang.reflect.Method;
import java.lang.reflect.Proxy;
public class DynamicProxy implements InvocationHandler{
        private Object obj;
        public Object bind(Object obj){
                this.obj=obj;
                return Proxy.newProxyInstance(obj.getClass().getClassLoader(),
                                obj.getClass().getInterfaces(), this);
        }
        public Object invoke(Object proxy, Method method, Object[] objs)
                        throws Throwable {
                Object result=null;
                try{
                        validateUser();
                        result=method.invoke(obj, objs);
                }catch(Exception e){
                        e.printStackTrace();
```

```
            }
            return result;
        }
        public void validateUser(){
            System.out.println("验证用户...");
        }
}
```

该类的 bind()方法中使用 Proxy 的静态方法 newProxyInstance 建立一个代理对象，该方法中有 3 个参数，第 1 个参数指定代理类的类加载器，第 2 个参数指定被代理类的实现接口，第 3 个参数指定方法调用的处理程序，这里即本程序。调用 invoke()方法会传入被代理对象的方法名与参数，也就是说，通过 method.invoke(obj，objs)调用被代理类对象中的方法，返回结果也就是被代理对象中方法的返回结果。接口和接口实现类（被代理类）不变，编写测试类代码如下：

```
package test;
import org.proxy.interfaces.IHello;
import org.proxy.interfaces.impl.Hello;
import org.proxy.proxyClass.DynamicProxy;
public class DynamicTest {
        public static void main(String args[]){
            DynamicProxy proxy=new DynamicProxy();
            IHello hello=(IHello) proxy.bind(new Hello());
            hello.sayHello1();
            hello.sayHello2();
            hello.sayHello3();
        }
}
```

运行该程序，结果和前面一样，也达到了验证的效果。

通过这两种代理可以看出，原本需要在每个程序中出现的代码片段被提取出来，并将这个片段用在了任意的程序中而丝毫未修改原程序，这就是 AOP 的思想。被提取的片段就是 AOP 中的横切关注面（Aspect），片段中的验证用户的方法称为横切关注点（Cross-cutting concern）。在 AOP 编程中，Aspect 通过设定一定的规则在程序需要的时候介入应用程序，为它们提供服务，在不需要的时候，由于其独立性又可以非常方便地剥离出来。

15.2.2 AOP 的术语与概念

本节先大致介绍一下 AOP 的一些术语及概念，后面将会详细地举例说明。读者如有疑惑，不用着急，学完后面的内容问题就迎刃而解了。

1. 横切关注点 Cross-cutting concern

在介绍代理机制的例子中，验证用户方法在一个应用程序中常被安排到各个处理流程之中，这些方法在 AOP 的术语中称为横切关注点。如图 15.5 所示，原来的业务流程是很单纯的，横切关注点如果直接写在负责某业务的类的流程中（如直接写到 Hello.java 中），使得程序的维护变得困难。如果以后要修改类的记录功能或移除这些服务，则必须修改所有曾撰写记录服务的程序，然后重新编译。另一方面，横切关注点混杂在业务逻辑之中，使得业务类本身的逻辑或程序的撰写更为复杂。为了加入日志与安全检查等服务，类的程序代码中就必须写入相关的 Logging、Security 等程序片段，如图 15.6 所示。

2. 横切关注面 Aspect

将散落在各个业务类中的横切关注点收集起来，设计为各个独立可重用的类，这种类称为横切关注面（Aspect）。对于应用程序中可重用的组件来说，以 AOP 的设计方式，它不用知道处理提供服务的类的存在，与服务相关的 API 不会出现在可重用的应用组件中，因而可提高这些组件的重用性，可以将这些组件应用到其他的应用程序中，不会因为加入了某个服务而与目前的应用框架发生耦合。

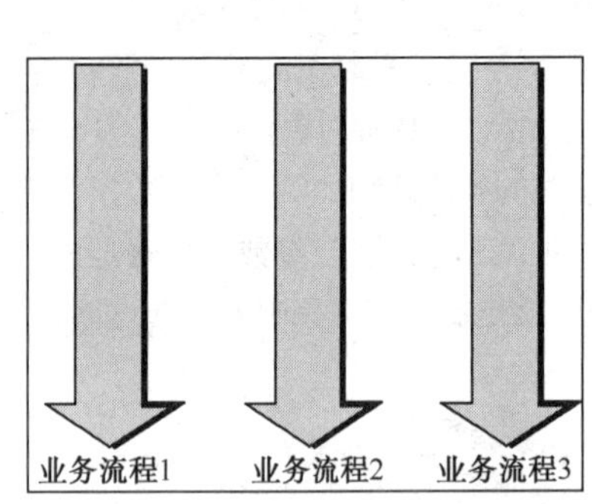

图 15.5　原来的业务流程

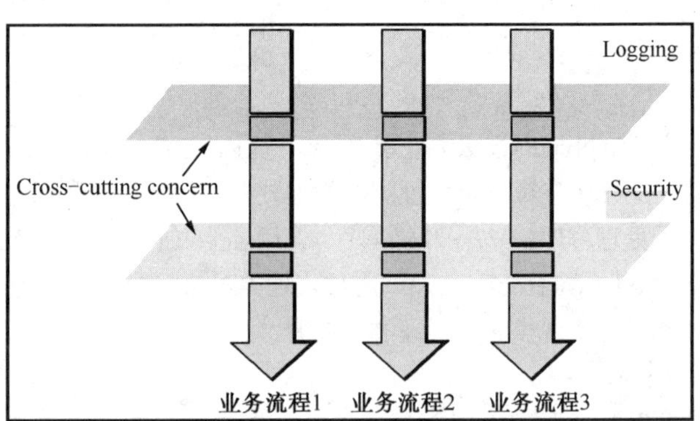

图 15.6　加入各种服务的业务流程

不同的 AOP 框架对 AOP 概念有不同的实现方式，其主要差别在于所提供的 Aspect 的丰富程度，以及它们如何被缝合（Weave）到应用程序中。

3. 连接点 Join point

连接点是指程序中的某一个点，它分得非常细致，如对象加载、构造方法可以是连接点，一个方法、一个属性、一条语句也可以是连接点。AspectJ 中的连接点主要有如下几种形式。

- 方法调用：方法被调用时。
- 方法执行：方法体的内容执行时。
- 构造方法调用：构造方法被调用时。
- 构造方法执行：构造方法体的内容执行时。
- 静态初始化部分执行：类中的静态部分内容初始化时。
- 对象预初始化：主要是指执行构造方法中的 this()及 super()时。
- 对象初始化：在初始化一个类时。
- 属性引用：引用属性时。
- 属性设置：设置属性时。
- 异常执行：异常执行时。
- 通知执行：当一个 AOP 通知执行时。

连接点使用系统提供的关键字来表示，例如，用 call 来表示方法调用连接点，用 execution 表示方法执行连接点。连接点不能单独存在，需要与一定的上下文结合。

4. 切入点 Pointcuts

切入点是连接点的集合，它是程序中需要注入 Advice 的位置的集合，指明 Advice 要在什么条件下被触发。

5. 通知 Advice

不同的参考资料对 Advice 的翻译不尽相同，有的翻译成通知，有的翻译成建议或增强等，不管翻译成什么，其实并不重要，因为相信大家重视的都是其应用性，本书就用“通知”这一说法。

通知定义了切面中的实际实现，是指在定义好的切入点处所有执行的程序代码。Spring 提供 3 种通知（Advice）类型。

- 前置通知（Before Advice）：指在连接点之前，先执行通知中的代码。
- 后置通知（After Advice）：指在连接点执行后，再执行通知中的代码。后置通知一般分为连接点正常返回通知及连接点异常返回通知等类型。
- 环绕通知（Throw Advice）：环绕通知是一种功能强大的通知，可以自由地改变程序的流程、连接点返回值等。除了可以自由添加需要的横切功能外，还需要负责主动调用连接点。

6. 拦截器 Interceptor

拦截器用来实现对连接点进行拦截，从而在连接点前后加入自定义的切面模块功能。在大多数 Java 的 AOP 框架中，基本上都是用拦截器来实现字段访问及方法调用的拦截。

7. 目标对象 Target object

目标对象是指在基本拦截器机制实现的 AOP 框架中，位于拦截器链上最末端的对象实例，一般情况下，拦截器末端包含的目标对象就是实际业务对象。

8. AOP 代理

AOP 代理是指在基于拦截器机制实现的 AOP 框架中，实际业务对象的代理对象。Spring 中的 AOP 代理可以使用 JDK 动态代理，也可以使用 CGLib 代理。前者为实现接口的目标对象的代理，后者为不实现接口的目标对象的代理。一般情况下都会应用到接口，故使用 JDK 动态代理。

15.2.3 Spring 的 AOP 基础支持

不同的 AOP 框架对 AOP 的实现方式不同，Spring 是用 Java 语言编写的，不同于其他任何的 AOP 语言，自 Spring 1.x 开始就提供了对 AOP 的基础支持，它主要针对不同类型的拦截使用 XML 配置文件通过代理来完成，有 4 种通知：前置通知、后置通知、环绕通知和异常通知。

1. 前置通知 Before Advice

前置通知，顾名思义是在目标对象方法执行前被调用，应用前置通知需要先设计一个接口，然后编写这个接口的实现类，接着编写前置通知的逻辑代码，该代码要实现 MethodBeforeAdvice 接口，并覆盖其 before()方法。该逻辑代码主要是编写一些需要前置的服务，最后通过配置 XML 文件来实现 AOP 的前置通知。下面举例说明。

【实例 15.4】前置通知示例。

建立 Java 项目，命名为 Spring_AOP1，添加 Spring 开发能力。

（1）定义接口

编写接口 IHello.java，代码如下：

```
package org.aop.interfaces;
public interface IHello {
        public void sayHello1();
        public void sayHello2();
        public void sayHello3();
}
```

（2）接口实现类

接口实现类 Hello.java 代码如下：

```
package org.aop.interfaces.impl;
import org.aop.interfaces.IHello;
```

```
public class Hello implements IHello{
        public void sayHello1() {
                System.out.println("sayHello1...");
        }
        public void sayHello2() {
                System.out.println("sayHello2...");
        }
        public void sayHello3() {
                System.out.println("sayHello3...");
        }
}
```

（3）实现前置通知类

下面编写前置通知的逻辑代码，该类要实现 MethodBeforeAdvice 接口，并覆盖其 before()方法。本例只是在控制台打印一句话，在实际的应用中可以将要做的前置服务放在 before()方法体内。本例前置通知类 AdviceBeforeHello.java 代码如下：

```
package org.aop.advice;
import java.lang.reflect.Method;
import org.springframework.aop.MethodBeforeAdvice;
public class AdviceBeforeHello implements MethodBeforeAdvice{
        public void before(Method method, Object[] args, Object target)
                        throws Throwable {
                System.out.println("验证用户...");
        }
}
```

（4）配置前置通知

修改 applicationContext.xml 文件，添加如下内容：

```
…
<!--注册前置通知类 -->
<bean id="beforeAdvice" class="org.aop.advice.AdviceBeforeHello"/>
<!-- 注册代理类 -->
<bean id="proxy" class="org.springframework.aop.framework.ProxyFactoryBean">
        <!-- 指定应用的接口 -->
        <property name="proxyInterfaces">
                <value>org.aop.interfaces.IHello</value>
        </property>
        <!-- 目标对象，本例即为 Hello 对象 -->
        <property name="target" ref="hello"></property>
        <!-- 应用的前置通知，拦截器名称 -->
        <property name="interceptorNames">
                <list>
                        <value>beforeAdvice</value>
                </list>
        </property>
    </bean>
    <!-- 注册接口实现类 -->
    <bean id="hello" class="org.aop.interfaces.impl.Hello"></bean>
…
```

配置文件中主要配置了一个代理 Bean，并定义了该 Bean 应用的接口属性、目标对象及拦截器名称。在测试类中获取该 Bean 的对象，即可调用其中的方法来达到目的。

（5）测试程序

编写测试类 Test.java，代码如下：

```
package test;
import org.aop.interfaces.IHello;
import org.springframework.context.ApplicationContext;
import org.springframework.context.support.ClassPathXmlApplicationContext;
public class Test {
        public static void main(String args[]){
                ApplicationContext ac=new ClassPathXmlApplicationContext("applicationContext.xml");
                IHello hello=(IHello) ac.getBean("proxy");
                hello.sayHello1();
                hello.sayHello2();
                hello.sayHello3();
        }
}
```

运行该测试类，结果如图 15.7 所示。

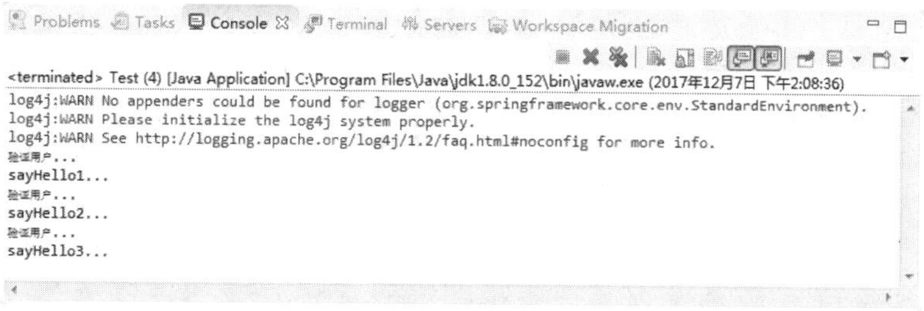

```
Problems  Tasks  Console  Terminal  Servers  Workspace Migration
<terminated> Test (4) [Java Application] C:\Program Files\Java\jdk1.8.0_152\bin\javaw.exe (2017年12月7日 下午2:08:36)
log4j:WARN No appenders could be found for logger (org.springframework.core.env.StandardEnvironment).
log4j:WARN Please initialize the log4j system properly.
log4j:WARN See http://logging.apache.org/log4j/1.2/faq.html#noconfig for more info.
验证用户...
sayHello1...
验证用户...
sayHello2...
验证用户...
sayHello3...
```

图 15.7　前置通知输出

可以发现，达到了想要的目的。

> **注意：**
>
> 该测试类中 ApplicationContext 对象的获得应用了 ClassPathXmlApplicationContext 类，该类会从 ClassPath 中寻找配置文件 “applicationContext.xml”，因为配置文件在 src 下，也即在 ClassPath 下，故直接加载即可。

2. 后置通知 After Advice

后置通知与前置通知相似，不同的是在目标对象的方法执行完成后才被调用。后置通知的逻辑代码类需实现 AfterReturningAdvice 接口，并覆盖其 afterReturning()方法。

【实例 15.5】后置通知示例。

后置通知类 AdviceAfterHello.java 代码编写如下：

```
package org.aop.advice;
import java.lang.reflect.Method;
import org.springframework.aop.AfterReturningAdvice;
public class AdviceAfterHello implements AfterReturningAdvice{
                public void afterReturning(Object arg0, Method arg1, Object[] arg2,
                        Object arg3) throws Throwable {
                        System.out.println("方法执行完成...");
                }
}
```

在该通知中也仅仅输出一句话，实际应用中的增强服务会在 afterReturning()方法中定义。

修改配置文件，在上例的配置文件中添加后置通知的注册，代码修改如下：

```
<!-- 注册后置通知类 -->
<bean id="afterAdvice" class="org.aop.advice.AdviceAfterHello"></bean>
<!-- 注册代理类 -->
<bean id="proxy" class="org.springframework.aop.framework.ProxyFactoryBean">
        <!-- 指定应用的接口 -->
        <property name="proxyInterfaces">
            <value>org.aop.interfaces.IHello</value>
        </property>
        <!-- 目标对象 -->
        <property name="target" ref="hello"></property>
        <!-- 应用的后置通知，拦截器名-->
        <property name="interceptorNames">
            <list>
                <value>afterAdvice</value>
            </list>
        </property>
    </bean>
    <!-- 注册接口实现类 -->
    <bean id="hello" class="org.aop.interfaces.impl.Hello"></bean>
```

代码中，加黑部分代码是添加修改的内容，可以看出，注册了后置通知 Bean 及在拦截器名中加入了该 Bean。

测试类代码不变，运行结果如图 15.8 所示。

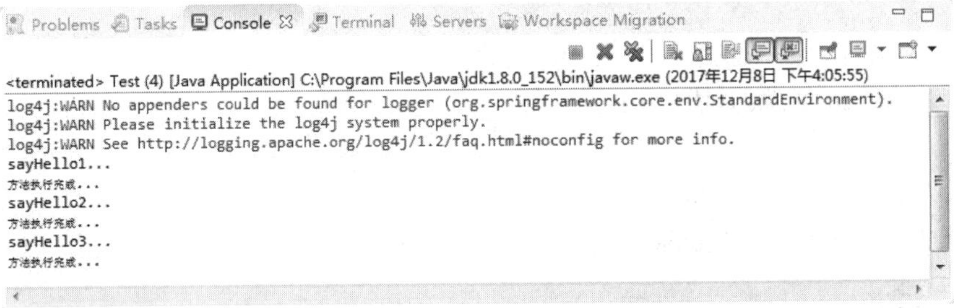

```
Problems  Tasks  Console  Terminal  Servers  Workspace Migration
<terminated> Test (4) [Java Application] C:\Program Files\Java\jdk1.8.0_152\bin\javaw.exe (2017年12月8日 下午4:05:55)
log4j:WARN No appenders could be found for logger (org.springframework.core.env.StandardEnvironment).
log4j:WARN Please initialize the log4j system properly.
log4j:WARN See http://logging.apache.org/log4j/1.2/faq.html#noconfig for more info.
sayHello1...
方法执行完成...
sayHello2...
方法执行完成...
sayHello3...
方法执行完成...
```

图 15.8　后置通知输出

在方法执行完成后进行了通知服务。

3. 环绕通知 Around Advice

环绕通知相当于前置通知和后置通知的结合使用，建立一个环绕通知类需要实现 MethodInterceptor 接口，并覆盖其 invoke()方法。

【实例 15.6】环绕通知示例。

仍以上面例子为基础，环绕通知类 AdviceAroundHello.java 代码如下：

```
package org.aop.advice;
import org.aopalliance.intercept.MethodInterceptor;
import org.aopalliance.intercept.MethodInvocation;
public class AdviceAroundHello implements MethodInterceptor{
    public Object invoke(MethodInvocation arg0) throws Throwable {
        System.out.println("验证用户...");
        Object result=null;
        try{
```

```
                result=arg0.proceed();
            }finally{
                System.out.println("方法执行完成...");
            }
            return result;
        }
}
```

该程序中调用了 methodInvocation 的 preceed()方法，即调用了目标对象 Hello 的 sayHello*()等一些方法，在这个方法的前后分别增加了验证和通知方法。

修改配置文件，注册该类，代码如下：

```
<!-- 注册环绕通知 -->
<bean id="rondAdvice" class="org.aop.advice.AdviceAroundHello"/>
<!-- 注册代理类-->
<bean id="proxy" class="org.springframework.aop.framework.ProxyFactoryBean">
    <!-- 指定应用的接口 -->
    <property name="proxyInterfaces">
        <value>org.aop.interfaces.IHello</value>
    </property>
    <!-- 目标对象 -->
    <property name="target" ref="hello"></property>
    <!-- 应用的环绕通知 -->
    <property name="interceptorNames">
        <list>
            <value>rondAdvice</value>
        </list>
    </property>
</bean>
<!-- 注册接口实现类 -->
<bean id="hello" class="org.aop.interfaces.impl.Hello"></bean>
```

可见，配置情况和前面两种相似，测试类不变，运行后在方法执行前后（环绕的）都有通知信息输出，如图 15.9 所示。

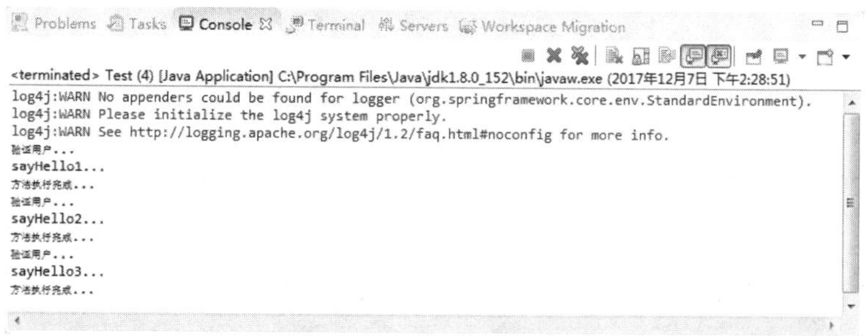

图 15.9　环绕通知输出

4. 异常通知 Throw Advice

异常通知就是程序发生异常时执行相关的服务。为了造成异常发生，可以人为地抛出异常以便演示该功能。

【实例 15.7】异常通知示例。

编写接口 IHelloException.java，使其有异常抛出，代码如下：

```
package org.aop.interfaces;
```

```
public interface IHelloException {
        public void sayHello1() throws Throwable;
        public void sayHello2() throws Throwable;
        public void sayHello3() throws Throwable;
}
```

接口实现类 HelloException.java，代码如下：

```
package org.aop.interfaces.impl;
import org.aop.interfaces.IHelloException;
public class HelloException implements IHelloException{
    public void sayHello1() throws Throwable {
        System.out.println("sayHello1...");
        throw new Exception("异常...");
    }
    public void sayHello2() throws Throwable {
        System.out.println("sayHello2...");
        throw new Exception("异常...");
    }
    public void sayHello3() throws Throwable {
        System.out.println("sayHello3...");
        throw new Exception("异常...");
    }
}
```

编写异常通知类，该类要实现 ThrowAdvice 接口，代码如下：

```
package org.aop.advice;
import org.springframework.aop.ThrowsAdvice;
public class AdviceThrow implements ThrowsAdvice{
    public void afterThrowing(Throwable throwable){
        System.out.println("有异常抛出...");
    }
}
```

修改配置文件，注册该类，代码如下：

```
<!-- 注册异常通知 -->
<bean id="throwAdvice" class="org.aop.advice.AdviceThrow"/>
<!-- 注册代理类-->
<bean id="proxy" class="org.springframework.aop.framework.ProxyFactoryBean">
<!-- 指定应用的接口 -->
<property name="proxyInterfaces">
        <value>org.aop.interfaces.IHelloException</value>
    </property>
    <!-- 目标对象 -->
    <property name="target" ref="hello"></property>
    <!-- 应用的异常通知 -->
    <property name="interceptorNames">
        <list>
            <value>throwAdvice</value>
        </list>
    </property>
</bean>
<!-- 注册接口实现类 -->
<bean id="hello" class="org.aop.interfaces.impl.HelloException"></bean>
```

编写测试类代码：

```
package test;
import org.aop.interfaces.IHelloException;
import org.springframework.context.ApplicationContext;
import org.springframework.context.support.ClassPathXmlApplicationContext;
public class Test {
    public static void main(String args[]){
        ApplicationContext ac=new ClassPathXmlApplicationContext("applicationContext.xml");
        IHelloException hello=(IHelloException) ac.getBean("proxy");
        try{
            hello.sayHello1();
            hello.sayHello2();
            hello.sayHello3();
        }catch(Throwable t){
            System.out.println(t);
        }
    }
}
```

运行该程序，结果如图 15.10 所示。

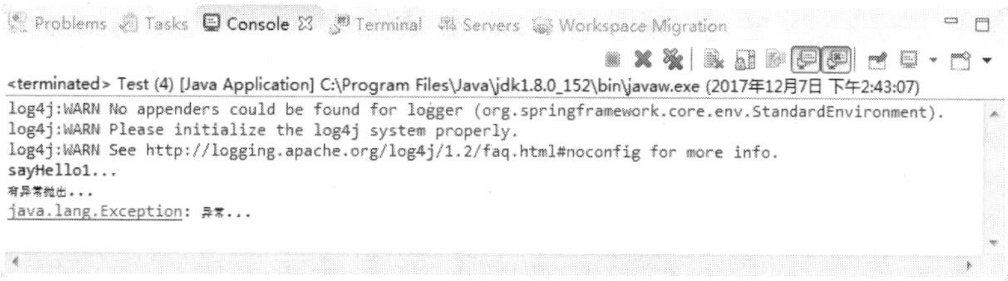
Problems Tasks Console Terminal Servers Workspace Migration
<terminated> Test (4) [Java Application] C:\Program Files\Java\jdk1.8.0_152\bin\javaw.exe (2017年12月7日 下午2:43:07)
log4j:WARN No appenders could be found for logger (org.springframework.core.env.StandardEnvironment).
log4j:WARN Please initialize the log4j system properly.
log4j:WARN See http://logging.apache.org/log4j/1.2/faq.html#noconfig for more info.
sayHello1...
有异常抛出...
java.lang.Exception: 异常...

图 15.10　异常通知输出

可以看出，虽然执行了异常通知方法，但是异常仍然抛出了，故后面的两个方法并没有继续执行。异常通知主要是告诉用户异常的所在，通常都是自定义一些异常，通过异常通知来抛出，这样便于用户查找异常抛出的问题所在，便于解决问题。

在前面讲解的通知方式中，大家可以发现，都是针对一个整体实体类的，如果只想针对某个类中的某些方法执行相关的通知时，应用前面的方式就不能完成了。在 Spring 中提供了两种方法来解决这个问题，第一种是使用 NameMatchMethodPointAdvisor；第二种是使用 RegexpMethodPointAdvisor，即使用正则表达式来定义要执行通知的方法。下面分别介绍。

5. NameMatchMethodPointAdvisor

下面通过修改前置通知的实例来讲解如何应用 NameMatchMethodPointAdvisor 来完成仅仅对 Hello.java 中的“sayHello2()”方法进行前置通知，而其他方法不进行通知。这里仅修改配置文件即可，代码修改如下：

```
…
    <!-- 注册前置通知类 -->
    <bean id="beforeAdvice" class="org.aop.advice.AdviceBeforeHello"/>
    <!-- 注册 NameMatchMethodPointAdvisor 的 Bean -->
    <bean id="helloAdvice" class="org.springframework.aop.support.
NameMatchMethodPointcutAdvisor">
        <!-- 配置要执行通知的方法 -->
        <property name="mappedName" value="*2"></property>
```

```
        <!-- 指定使用的通知类，这里是前置通知 -->
        <property name="advice" ref="beforeAdvice"></property>
    </bean>
    <!-- 注册代理类 -->
    <bean id="proxy" class="org.springframework.aop.framework.ProxyFactoryBean">
        <!-- 指定应用的接口 -->
        <property name="proxyInterfaces">
            <value>org.aop.interfaces.IHello</value>
        </property>
        <!-- 目标对象，本例即为 Hello 对象 -->
        <property name="target" ref="hello"></property>
        <!-- 应用的前置通知，拦截器名称 -->
        <property name="interceptorNames">
            <list>
                <value>helloAdvice</value>
            </list>
        </property>
    </bean>
    <!-- 注册接口实现类 -->
    <bean id="hello" class="org.aop.interfaces.impl.Hello"></bean>
…
```

其他内容不变，运行测试程序，结果如图 15.11 所示。

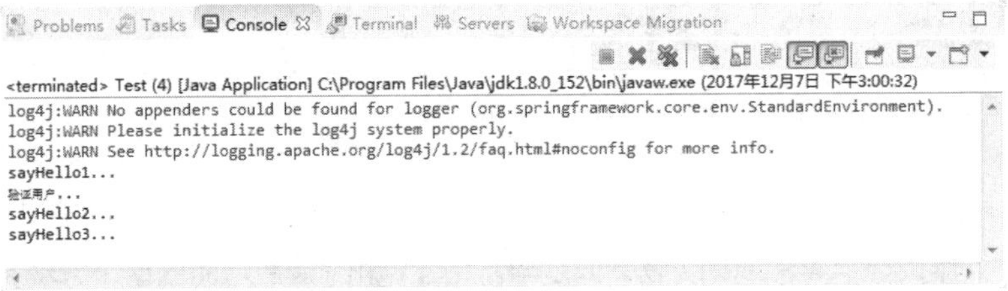

```
Problems  Tasks  Console  Terminal  Servers  Workspace Migration
<terminated> Test (4) [Java Application] C:\Program Files\Java\jdk1.8.0_152\bin\javaw.exe (2017年12月7日 下午3:00:32)
log4j:WARN No appenders could be found for logger (org.springframework.core.env.StandardEnvironment).
log4j:WARN Please initialize the log4j system properly.
log4j:WARN See http://logging.apache.org/log4j/1.2/faq.html#noconfig for more info.
sayHello1...
验证用户...
sayHello2...
sayHello3...
```

图 15.11 NameMatchMethodPointAdvisor 输出

可以看出，达到了效果，仅对“sayHello2()”方法进行了前置通知。

6. RegexpMethodPointAdvisor

将上面的 NameMatchMethodPointAdvisor 例子用 RegexpMethodPointAdvisor 来完成，其他文件也不用修改，只需修改配置文件即可，代码修改如下：

```
…
    <!-- 注册前置通知类 -->
    <bean id="beforeAdvice" class="org.aop.advice.AdviceBeforeHello"/>
    <!-- 注册 RegexpMethodPointAdvisor 的 Bean -->
    <bean id="regExpAdvisor" class="org.springframework.aop.support.
RegexpMethodPointcutAdvisor">
        <property name="pattern" value=".*2"></property>
        <property name="advice" ref="beforeAdvice"></property>
    </bean>
    <!-- 注册代理类 -->
    <bean id="proxy" class="org.springframework.aop.framework.ProxyFactoryBean">
        <!-- 指定应用的接口 -->
        <property name="proxyInterfaces">
            <value>org.aop.interfaces.IHello</value>
```

```
        </property>
        <!-- 目标对象，本例即为 Hello 对象 -->
        <property name="target" ref="hello"></property>
        <!-- 应用的前置通知，拦截器名称 -->
        <property name="interceptorNames">
            <list>
                <value>regExpAdvisor</value>
            </list>
        </property>
    </bean>
    <!-- 注册接口实现类 -->
    <bean id="hello" class="org.aop.interfaces.impl.Hello"></bean>
...
```

其他的程序都不变，运行测试程序，输出结果同前图 15.11。

15.2.4 Spring 的 AOP 扩展支持

从 Spring 2.x 开始，对基础 AOP 功能进行了扩展，增加提供了如下两种实现 AOP 的方式，使 AOP 编程更加简单、快捷，既能缩短开发周期，而且性能也非常可观。

- 基于 XML 的配置，使用基于 Schema 的 XML 配置来完成 AOP，而且 Advice 也不用再实现任何其他特定的接口。
- 使用 JDK 5 的注释来完成 AOP 的实现，只需一个简单的标签就完成了 AOP 的整个过程。

下面通过实例讲解这两种方式的使用方法。

1. 基于 XML Schema 的前置通知

通过改写 AOP 基础中前置通知的例子来完成应用 XML Schema 的前置通知。

【实例 15.8】基于 XML Schema 的前置通知示例。

首先，接口及其实现类不变，编写通知的逻辑代码 AdviceBeforeHello.java，这里不用实现 MethodBeforeAdvice 接口，它就是一个普通的 Java 类，代码如下：

```
package org.aop.advice;
public class AdviceBeforeHello{
    public void before(){
        System.out.println("验证用户...");
    }
}
```

该代码中定义了 before()方法，其实该方法名是任意定义的，但这里为了表示前置通知，故命名为 before()。

下面修改 Spring 的核心配置文件 applicationContext.xml，代码如下：

```
<?xml version="1.0" encoding="UTF-8"?>
<beans
    xmlns="http://www.springframework.org/schema/beans"
    xmlns:xsi="http://www.w3.org/2001/XMLSchema-instance"
    xmlns:p="http://www.springframework.org/schema/p"
    xmlns:aop="http://www.springframework.org/schema/aop"
    xsi:schemaLocation="http://www.springframework.org/schema/beans
    http://www.springframework.org/schema/beans/spring-beans-4.1.xsd
    http://www.springframework.org/schema/aop
    http://www.springframework.org/schema/aop/spring-aop-4.1.xsd">
```

```
        <!-- 注册前置通知类 -->
        <bean id="beforeAdvice" class="org.aop.advice.AdviceBeforeHello"/>
        <!-- 定义 aop:config，后面将会详细解释 -->
        <aop:config>
            <aop:pointcut id="beforePointcut" expression="execution(* org.aop. interfaces.
IHello.*(..))"/>
            <aop:aspect id="before" ref="beforeAdvice">
                <aop:before pointcut-ref="beforePointcut" method="before"/>
            </aop:aspect>
        </aop:config>
        <!-- 注册接口实现类 -->
        <bean id="hello" class="org.aop.interfaces.impl.Hello"></bean>
    </beans>
```

该配置文件在 Beans 的属性中加入了 schema 的命名空间：

```
xmlns:aop="http://www.springframework.org/schema/aop"
http://www.springframework.org/schema/aop
http://www.springframework.org/schema/aop/spring-aop-4.1.xsd">
```

接着，最重要的就是配置<aop:config>标签来配置一个 aop 片段，下面来详细讲解该片段中各标签的含义。

首先来看<aop:config>的配置规则：

```
<aop:config>
    <aop:pointcut id="pointcutName" expression="匹配的正则表达式"/>
    <aop:advisor id="AdvisorName " pointcut-ref="pointcut 的 Bean Id">
    <aop:aspect id="aspectName" ref="songBean">
        <aop:adviceType pointcut-ref="应用的 pointcutName" method="methodName"/>
    </aop:aspect>
</aop:config>
```

下面介绍配置内容。

● <aop:pointcut>：用来配置 AOP 的正则表达式，其他标签可以直接根据该标签的 id 属性来引用。这里需要注意的是，在配置正则表达式时，“*”与后面的接口之间要有一个空格，否则会提示正则表达式错误。

● <aop:advisor>：用来配置 AOP 的切面，与 pointcut 相同，可以直接使用 advisor 的 id 来引用该切面。

● <aop:aspect>：用来配置一个切面，ref 指定要应用的通知类，<aop:adviceType>用来配置通知的类型，adviceType 有多种类型，可以是<aop:before>表示前置通知、<aop:after>表示后置通知、<aop:around>表示环绕通知、<aop:after-throwing>表示异常通知，pointcut-ref 属性用来引用一个 pointcut，method 属性用来指定要应用的通知类中的方法。

编写测试类 Test.java，代码如下：

```
package test;
import org.aop.interfaces.IHello;
import org.springframework.context.ApplicationContext;
import org.springframework.context.support.ClassPathXmlApplicationContext;
public class Test {
    public static void main(String args[]){
        ApplicationContext ac=new ClassPathXmlApplicationContext("applicationContext.xml");
        IHello hello=(IHello) ac.getBean("hello");
        hello.sayHello1();
```

```
            hello.sayHello2();
            hello.sayHello3();
        }
}
```

运行程序，结果同前图 15.7。

可以看出，该例是对 IHello.java 中所有方法进行了前置通知，如果要对其中一个方法匹配，例如只对其“sayHello1()”方法进行匹配，则只需将正则表达式改为“execution(* org.aop.interfaces.IHello.sayHello1(..))”。

2. 基于 Annotation 的前置通知

Spring 结合 JDK 5 及以上版本，提供了 Annotation 设置 AOP 的通知，简化了 XML 的配置，更加简化了 AOP 实现。下面将上面的例子修改为应用 Annotation 来配置 AOP。

【实例 15.9】基于 Annotation 的前置通知示例。

首先要修改通知类 AdviceBeforeHello.java，代码修改如下：

```
package org.aop.advice;
import org.aspectj.lang.annotation.Aspect;
import org.aspectj.lang.annotation.Before;
@Aspect
public class AdviceBeforeHello{
    @Before("execution(* org.aop.interfaces.IHello.*(..))")
        public void before(){
            System.out.println("验证用户...");
        }
}
```

使用@Aspect 标签表示该类是一个 Aspect，@Before 标签表示该方法是一个前置通知，里面的“execution(* org.aop.interfaces.IHello.*(..))”是正则表达式，和前面例子的表达式意义相同，下面的 before()方法也是自定义的方法。

接下来修改 XML 配置文件，代码修改如下：

```
<?xml version="1.0" encoding="UTF-8"?>
<beans
    xmlns="http://www.springframework.org/schema/beans"
    xmlns:xsi="http://www.w3.org/2001/XMLSchema-instance"
    xmlns:p="http://www.springframework.org/schema/p"
    xmlns:aop="http://www.springframework.org/schema/aop"
    xsi:schemaLocation="http://www.springframework.org/schema/beans
    http://www.springframework.org/schema/beans/spring-beans-4.1.xsd
    http://www.springframework.org/schema/aop
    http://www.springframework.org/schema/aop/spring-aop-4.1.xsd">
    <aop:aspectj-autoproxy/>
    <!-- 注册前置通知类 -->
    <bean id="beforeAdvice" class="org.aop.advice.AdviceBeforeHello"/>
    <!-- 注册接口实现类 -->
    <bean id="hello" class="org.aop.interfaces.impl.Hello"></bean>
</beans>
```

可以看出，配置文件中仅仅加入了一句简单的“<aop:aspectj-autoproxy/>”，表示自动进行代理，Spring 就会管理一切操作了。程序测试代码不变，运行结果和前面相同。同样地，如果需要匹配某个方法，只需改变正则表达式即可。

3. 基于 XML Schema 的后置通知

通过改写 AOP 基础中后置通知的例子来完成应用 XML Schema 的后置通知。

【实例 15.10】基于 XML Schema 的后置通知示例。

后置通知和前置通知相似，通知类也不使用 AfterReturningAdvice 接口，可以使用任意类中的任意方法作为后置通知，接口 IHello.java 及其实现类 Hello.java 不变，编写通知类代码如下：

```
package org.aop.advice;
public class AdviceAfterHello{
        public void after(){
                System.out.println("方法执行完成...");
        }
}
```

修改配置文件，代码如下：

```
<?xml version="1.0" encoding="UTF-8"?>
<beans
        xmlns="http://www.springframework.org/schema/beans"
        xmlns:xsi="http://www.w3.org/2001/XMLSchema-instance"
        xmlns:p="http://www.springframework.org/schema/p"
        xmlns:aop="http://www.springframework.org/schema/aop"
        xsi:schemaLocation="http://www.springframework.org/schema/beans
        http://www.springframework.org/schema/beans/spring-beans-4.1.xsd
        http://www.springframework.org/schema/aop
        http://www.springframework.org/schema/aop/spring-aop-4.1.xsd">
        <!-- 注册后置通知类 -->
        <bean id="afterAdvice" class="org.aop.advice.AdviceAfterHello"/>
        <!-- 定义 aop:config-->
        <aop:config>
                <aop:pointcut id="afterPointcut" expression="execution(* org.aop.
interfaces.IHello.* (..))"/>
                <aop:aspect id="after" ref="afterAdvice">
                        <aop:after pointcut-ref="afterPointcut" method="after"/>
                </aop:aspect>
        </aop:config>
        <!-- 注册接口实现类 -->
        <bean id="hello" class="org.aop.interfaces.impl.Hello"></bean>
</beans>
```

配置文件的配置方法和前置通知相似，仅仅修改了通知类型以及通知类的 Bean 和一些 Bean 的 id 而已。修改测试程序，加载 applicationContext.xml 文件，运行结果同前图 15.8。

4. 基于 Annotation 的后置通知

应用 Annotation 来标注后置通知也非常简单，大体上和基于 Annotation 的前置通知相似。

【实例 15.11】基于 Annotation 的后置通知示例。

对前面程序进行修改，修改 AdviceAfterHello.java 代码如下：

```
package org.aop.advice;
import org.aspectj.lang.annotation.AfterReturning;
import org.aspectj.lang.annotation.Aspect;
@Aspect
public class AdviceAfterHello{
```

```
        @AfterReturning("execution(* org.aop.interfaces.IHello.*(..))")
        public void after(){
                System.out.println("方法执行完成...");
        }
}
```

配置文件也同样是加入如下一句（加黑部分代码），并删掉原<aop:config>定义，如下：

```
…
        <aop:aspectj-autoproxy/>
        <!-- 注册后置通知类 -->
        <bean id="afterAdvice" class="org.aop.advice.AdviceAfterHello"/>
        <!-- 注册接口实现类 -->
        <bean id="hello" class="org.aop.interfaces.impl.Hello"></bean>
…
```

测试程序不变，可以观察运行结果，和【实例 15.10】相同。

5. 基于 XML Schema 的环绕通知

同样的思路，接口 IHello.java 及实现类 Hello.java 代码不用改变，修改 AdviceAroundHello.java，在环绕通知类的自定义方法中需要设置一个 ProceedingJoinPoint 类型的参数，环绕通知在执行完前置服务后需要使用该参数来激活 AOP 目标对象的相关方法，然后再执行环绕通知中的后置服务。

【实例 15.12】基于 XML Schema 的环绕通知示例。

AdviceAroundHello.java 代码修改如下：

```
package org.aop.advice;
import org.aspectj.lang.ProceedingJoinPoint;
public class AdviceAroundHello{
        public Object around(ProceedingJoinPoint joinPoint) throws Throwable {
                System.out.println("验证用户...");
                Object result=joinPoint.proceed();
                System.out.println("方法执行完成...");
                return result;
        }
}
```

修改配置文件，代码如下：

```
<?xml version="1.0" encoding="UTF-8"?>
<beans
        xmlns="http://www.springframework.org/schema/beans"
        xmlns:xsi="http://www.w3.org/2001/XMLSchema-instance"
        xmlns:p="http://www.springframework.org/schema/p"
        xmlns:aop="http://www.springframework.org/schema/aop"
        xsi:schemaLocation="http://www.springframework.org/schema/beans
        http://www.springframework.org/schema/beans/spring-beans-4.1.xsd
        http://www.springframework.org/schema/aop
        http://www.springframework.org/schema/aop/spring-aop-4.1.xsd">
        <!-- 注册环绕通知 -->
        <bean id="rondAdvice" class="org.aop.advice.AdviceAroundHello"/>
        <!-- 定义 aop:config -->
        <aop:config>
                <aop:pointcut id="aroundPointcut" expression="execution(* org.aop.
interfaces.IHello.*(..))"/>
                <aop:aspect id="around" ref="rondAdvice">
```

```
            <aop:around pointcut-ref="aroundPointcut" method="around"/>
        </aop:aspect>
    </aop:config>
    <!-- 注册接口实现类 -->
    <bean id="hello" class="org.aop.interfaces.impl.Hello"></bean>
</beans>
```

测试程序稍作修改，运行结果同前图 15.9。

6. 基于 Annotation 的环绕通知

同样的思路，通过修改上例来完成基于 Annotation 的环绕通知。

【实例 15.13】基于 Annotation 的环绕通知示例。

通知类 AdviceAroundHello.java 代码修改如下：

```
package org.aop.advice;
import org.aspectj.lang.ProceedingJoinPoint;
import org.aspectj.lang.annotation.Around;
import org.aspectj.lang.annotation.Aspect;
@Aspect
public class AdviceAroundHello{
    @Around("execution(* org.aop.interfaces.IHello.*(..))")
    public Object around(ProceedingJoinPoint joinPoint) throws Throwable {
        System.out.println("验证用户...");
        Object result=joinPoint.proceed();
        System.out.println("方法执行完成...");
        return result;
    }
}
```

配置文件加入如下一句（加黑部分代码），并删掉原<aop:config>定义，成为：

```
...
    <aop:aspectj-autoproxy/>
    <!-- 注册环绕通知 -->
    <bean id="rondAdvice" class="org.aop.advice.AdviceAroundHello"/>
    <!-- 注册接口实现类 -->
    <bean id="hello" class="org.aop.interfaces.impl.Hello"></bean>
...
```

测试程序不变，运行结果同【实例 15.12】。

7. 基于 XML Schema 的异常通知

下面通过修改 AOP 基础的异常通知实例来讲解基于 XML Schema 的异常通知。

【实例 15.14】基于 XML Schema 的异常通知示例。

接口 IHelloException.java 及实现类 HelloException.java 不变，修改异常通知类 AdviceThrow.java，代码如下：

```
package org.aop.advice;
public class AdviceThrow{
    public void afterThrowing(){
        System.out.println("有异常抛出...");
    }
}
```

该类无须再实现任何接口。

修改配置文件，代码如下：

```
<?xml version="1.0" encoding="UTF-8"?>
<beans
        xmlns="http://www.springframework.org/schema/beans"
        xmlns:xsi="http://www.w3.org/2001/XMLSchema-instance"
        xmlns:p="http://www.springframework.org/schema/p"
        xmlns:aop="http://www.springframework.org/schema/aop"
        xsi:schemaLocation="http://www.springframework.org/schema/beans
        http://www.springframework.org/schema/beans/spring-beans-4.1.xsd
        http://www.springframework.org/schema/aop
        http://www.springframework.org/schema/aop/spring-aop-4.1.xsd">
        <!-- 注册异常通知 -->
        <bean id="throwAdvice" class="org.aop.advice.AdviceThrow"/>
        <!-- 定义 aop:config-->
        <aop:config>
                <aop:pointcut id="throwPointcut" expression="execution(* org.aop.
interfaces.IHelloException.*(..))"/>
                <aop:aspect id="throw" ref="throwAdvice">
                        <aop:before pointcut-ref="throwPointcut" method="afterThrowing"/>
                </aop:aspect>
        </aop:config>
        <!-- 注册接口实现类 -->
        <bean id="hello" class="org.aop.interfaces.impl.HelloException"></bean>
</beans>
```

测试程序稍作修改，运行结果如图 15.12 所示。

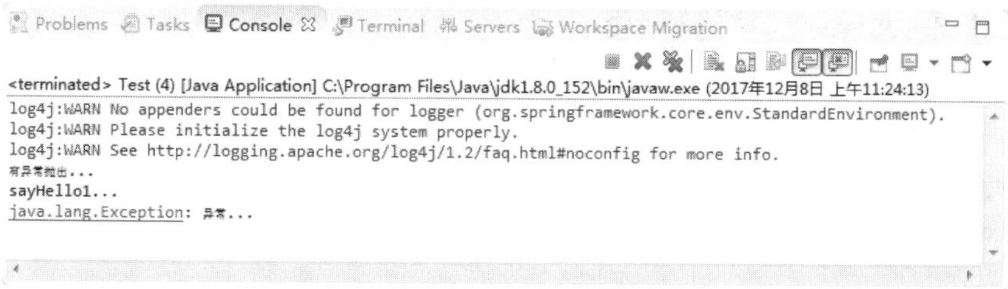

```
Problems Tasks Console Terminal Servers Workspace Migration
<terminated> Test (4) [Java Application] C:\Program Files\Java\jdk1.8.0_152\bin\javaw.exe (2017年12月8日 上午11:24:13)
log4j:WARN No appenders could be found for logger (org.springframework.core.env.StandardEnvironment).
log4j:WARN Please initialize the log4j system properly.
log4j:WARN See http://logging.apache.org/log4j/1.2/faq.html#noconfig for more info.
有异常抛出...
sayHello1...
java.lang.Exception: 异常...
```

图 15.12 基于 XML Schema 的异常通知输出

8. 基于 Annotation 的异常通知

基于 Annotation 的异常通知使用@AfterThrowing。

【实例 15.15】基于 Annotation 的异常通知示例。

异常通知类代码修改如下：

```
package org.aop.advice;
import org.aspectj.lang.annotation.AfterThrowing;
import org.aspectj.lang.annotation.Aspect;
@Aspect
public class AdviceThrow{
        @AfterThrowing("execution(* org.aop.interfaces.IHellException.*(..))")
        public void afterThrowing(){
                System.out.println("有异常抛出...");
        }
}
```

配置文件加入如下一句（加黑部分代码），并删掉原<aop:config>定义，成为：

```
…
        <aop:aspectj-autoproxy/>
        <!-- 注册异常通知 -->
        <bean id="throwAdvice" class="org.aop.advice.AdviceThrow"/>
        <!-- 注册接口实现类 -->
        <bean id="hello" class="org.aop.interfaces.impl.HelloException"></bean>
…
```

测试程序不变，程序运行结果与上面的相同。

15.3 定时器的应用

在实际 Web 应用中，有时候需要定时实现服务，这就需要用到 Java 的定时器。定时器的实现有很多方式，本节将介绍应用 Timer 实现定时器。使用 Timer 实现定时器也有两种方式：一种是程序直接启动方式，另一种是 Web 监听方式。

15.3.1 使用程序直接启动方式

创建定时器非常简单，首先创建一个任务类，实现定时要执行的任务，然后创建一个主方法类，来定时执行任务。例如，在程序中有这样一个任务类：

```
package org.time;
import java.util.TimerTask;
public class MainTask extends TimerTask{
        public void run() {
                //这里只输出一句话，在程序中该处就编写要定时执行的任务
                System.out.println("该句是定时执行的");
        }
}
```

然后编写主方法类，代码如下：

```
package org.time;
import java.util.Timer;
public class MainTest {
        public static void main(String[] args){
                Timer timer=new Timer();
                timer.schedule(new MainTask(), 0,1*1000);
        }
}
```

该主方法中创建了 Timer 对象，并调用了其“schedule()”方法，该方法的第一个参数表示要执行的定时任务类，第二个参数表示首次启动的时间，第三个参数表示执行任务的间隔时间，单位为毫秒，这里为每隔 1s 执行一次。

运行主程序，查看控制台，会每隔 1s 输出在任务类中要输出的语句，效果如图 15.13 所示。

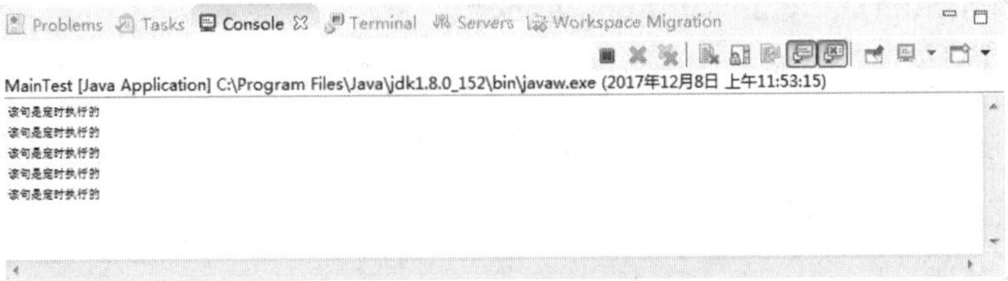

图 15.13 程序直接启动输出

15.3.2　使用 Web 监听方式

使用 Web 监听方式不用运行固定的程序，只需启动 Web 服务器，就会自动启用定时器。这种方式下任务类不变，不用创建主方法类，只需创建一个监听类即可，代码如下：

```
package org.time;
import java.util.Timer;
import javax.servlet.ServletContextEvent;
import javax.servlet.ServletContextListener;
public class ListenerTest implements ServletContextListener{
        Timer timer=null;
        //监听器停止执行事件
        public void contextDestroyed(ServletContextEvent arg0) {
            timer.cancel();
        }
        //监听器初始化执行事件
        public void contextInitialized(ServletContextEvent arg0) {
            timer=new Timer();
            timer.schedule(new MainTask(),0,1000);
        }
}
```

监听类编写完成后，需要在 web.xml 中注册该监听类，代码如下（改）：

```
<?xml version="1.0" encoding="UTF-8"?>
<web-app  xmlns:xsi="http://www.w3.org/2001/XMLSchema-instance"  xmlns="http://xmlns.jcp.org/xml/ns/javaee"
xsi:schemaLocation="http://xmlns.jcp.org/xml/ns/javaee                    http://xmlns.jcp.org/xml/ns/javaee/web-app_3_1.xsd"
id="WebApp_ID" version="3.1">
  <listener>
    <listener-class>org.time.ListenerTest</listener-class>
  </listener>
  <display-name>TimeListener</display-name>
  <welcome-file-list>
    <welcome-file>index.jsp</welcome-file>
  </welcome-file-list>
</web-app>
```

完成后，部署该项目，启动 Tomcat 服务器，观察控制台，也会每隔 1s 输出任务类中指定的语句，效果如图 15.14 所示。

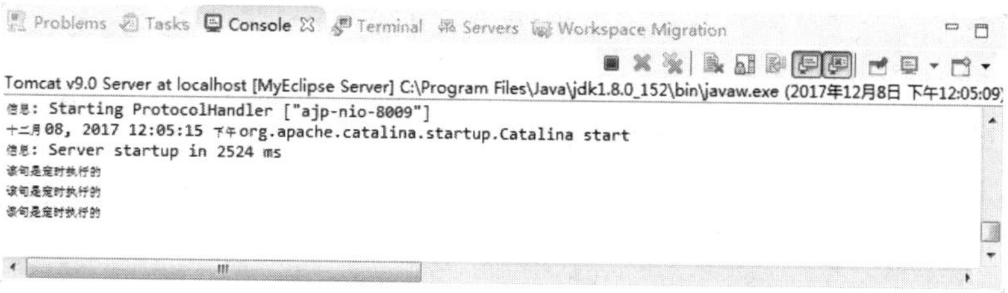

图 15.14　Web 监听输出

15.3.3　Spring 定制定时器

Spring 框架对定时器提供了支持，并且通过配置文件很好地实现了定时器。下面就来介绍如何通过 Spring 的配置文件来完成定时器的配置。

【实例 15.16】 Spring 定制定时器示例。

首先，建立一个 Web 项目，添加 Spring 框架。

定时器的任务类 MainTask.java 不变，代码如下：

```
package org.time;
import java.util.TimerTask;
public class MainTask extends TimerTask{
    public void run() {
        //这里只输出一句话，在程序中该处就编写要定时执行的任务
        System.out.println("该句是定时执行的");
    }
}
```

应用 Spring 定制定时器，不需要编写监听类，只需在配置文件中进行配置即可，在 WEB-INF 下创建配置文件 config.xml，代码如下：

```
<?xml version="1.0" encoding="UTF-8"?>
<beans
    xmlns="http://www.springframework.org/schema/beans"
    xmlns:xsi="http://www.w3.org/2001/XMLSchema-instance"
    xmlns:p="http://www.springframework.org/schema/p"
    xsi:schemaLocation="http://www.springframework.org/schema/beans    http://www.springframework.org/schema/
beans/spring-beans-4.1.xsd">
    <!-- 注册任务类 -->
    <bean id="mainTask" class="org.time.MainTask"></bean>
    <!-- 注册定时器信息 -->
    <bean id="springTask" class="org.springframework.scheduling.timer.ScheduledTimerTask">
        <!-- 首次执行任务前需要延迟 2 秒 -->
        <property name="delay">
            <value>2000</value>
        </property>
        <!-- 每隔 3 秒执行一次任务 -->
        <property name="period">
            <value>3000</value>
        </property>
        <!-- 具体执行的任务 -->
        <property name="timerTask">
            <ref bean="mainTask"/>
        </property>
    </bean>
    <!-- 配置任务调度器 -->
    <bean id="timerFactory" class="org.springframework.scheduling.timer.TimerFactoryBean">
        <property name="scheduledTimerTasks">
            <list>
                <ref bean="springTask"/>
            </list>
        </property>
    </bean>
</beans>
```

Spring 配置文件配置完成后，还需要在 web.xml 中进行注册，代码如下：

```
<?xml version="1.0" encoding="UTF-8"?>
<web-app xmlns:xsi="http://www.w3.org/2001/XMLSchema-instance" xmlns="http://xmlns.jcp.org/xml/ ns/javaee"
```

```
xsi:schemaLocation="http://xmlns.jcp.org/xml/ns/javaee                    http://xmlns.jcp.org/xml/ns/javaee/web-app_3_1.xsd"
id="WebApp_ID" version="3.1">
        <display-name>SpringTimer</display-name>
        <welcome-file-list>
          <welcome-file>index.jsp</welcome-file>
        </welcome-file-list>
        <listener>
          <listener-class>org.springframework.web.context.ContextLoaderListener</listener-class>
        </listener>
        <context-param>
          <param-name>contextConfigLocation</param-name>
          <!-- 初始化加载文件 -->
          <param-value>/WEB-INF/config.xml</param-value>
        </context-param>
      </web-app>
```

完成后，部署项目，启动 Tomcat 服务器，观察控制台的输出结果，会在启动 2s 后，每隔 3s 输出信息。

习　题　15

1．了解 Spring 的两种后处理器的使用。
2．掌握 Java 动态代理机制的实现原理。
3．理解 AOP 的相关术语与概念。
4．简述 Spring 支持的基础 AOP 功能中，几种通知方式的实现。
5．简述 Spring 支持的扩展 AOP 功能中，几种通知方式的实现。
6．举例实现应用 Spring 定制定时器。

第 16 章　用 Spring 整合各种 Java EE 框架

通过前面的学习，大家已经知道了框架对于开发一个 Java EE 应用的重要性，但每个框架各有其专长，现实开发中往往要用到不止一种框架，如何有效地组织这些框架，将它们整合为一个高效运作的整体？这一般要借助 Spring 来实现。本章将以实例的方式直观讲解它们之间是如何整合的。

16.1　Spring 与 Struts 2 整合

16.1.1　整合原理

我们知道，实际开发中 Spring 可作为容器使用，以 Bean 的方式管理 Java EE 组件。那么 Struts 2 的控制器（Action 模块）可否交给它管理呢？当然可以！Spring 与 Struts 2 整合的基本思路是：在已经开发好的 Struts 2 项目中，添加 Spring 框架，把用户自己编写的 Action 模块交给 Spring 容器管理，如图 16.1 所示。

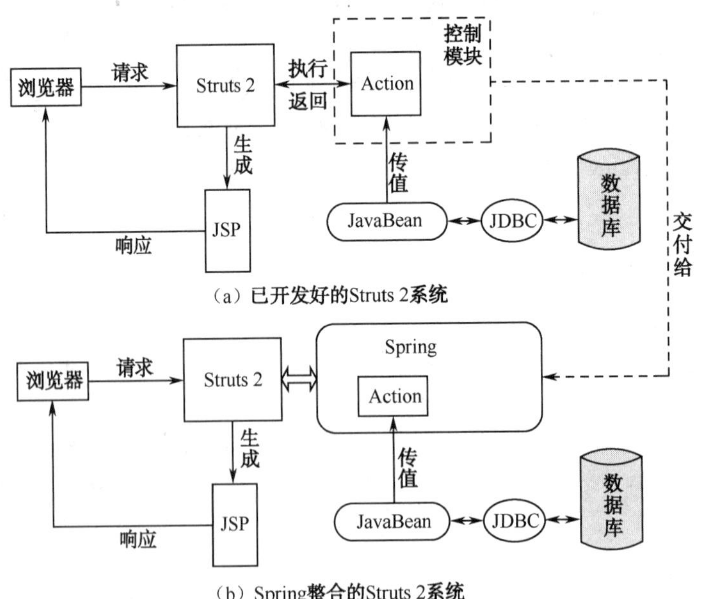

图 16.1　Spring 整合 Struts 2 系统

从图 16.1 可见，由 Spring 来实现对前端各个 Action 控制模块的统一管理和部署，使得 Struts 2 与 Action 之间完全解耦了！这也是将 Struts 2 与 Spring 整合起来使用的初衷。

16.1.2　应用实例

本节以 Spring 整合一个简单的登录程序（Struts 2 项目）为例，介绍 Spring 是如何与 Struts 2 进行整合的。

【实例 16.1】用 Spring 整合【实例 2.1】采用 Struts 2 开发的登录程序，实现同样的“图书管理系统”登录功能。

启动 MyEclipse 2017，导入第 2 章已开发好的 bookManage 项目，这只是一个单纯的 Struts 2 程序，下面介绍如何将 Spring 融入该项目。

1. 添加 Spring 开发能力

右击项目名，选择菜单【Configure Facets...】→【Install Spring Facet】菜单项，添加 Spring 框架，操作细节同【实例 13.1】的第 1 步，略。因为这是一个 Web 项目，在选择 Spring 类库的界面时，也要增加勾选“Spring Web”项，如图 16.2 所示。

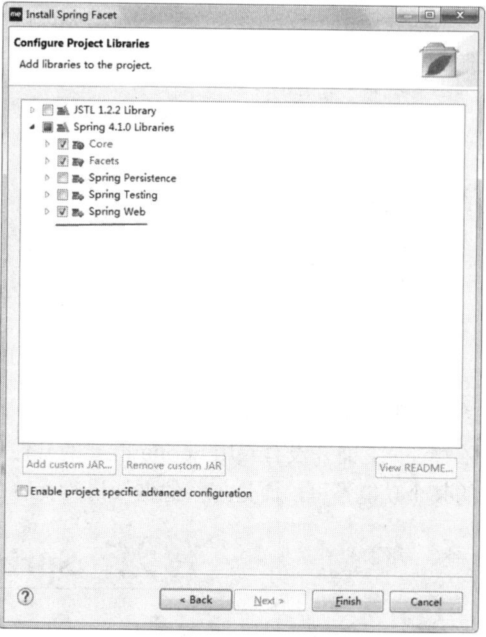

图 16.2 勾选“Spring Web”库

2. 集成 Spring 与 Struts 2

（1）添加 Spring 支持包

要使得 Struts 2 与 Spring 这两个框架能集成在一起，就要在项目的\WebRoot\WEB-INF\lib 目录下添加一个 Spring 支持包，其 Jar 文件名为 struts2-spring-plugin-2.5.13.jar，位于\struts-2.5.13-all\struts-2.5.13\lib（位于 Struts 2 完整版软件包内）目录下。将此包复制到项目\WebRoot\WEB-INF\lib 路径下，右击项目名，从弹出菜单中单击【Refresh】刷新即可。

（2）指定 Spring 为容器

在项目 src 下创建 struts.properties 文件，把 Struts 2 的类的生成交给 Spring 去完成。文件内容如下：

```
struts.objectFactory =spring
```

3. 注册 Action 组件

修改 Spring 的配置文件 applicationContext.xml，在其中注册 Action 组件，代码如下：

```
<?xml version="1.0" encoding="UTF-8"?>
<beans
        xmlns="http://www.springframework.org/schema/beans"
        xmlns:xsi="http://www.w3.org/2001/XMLSchema-instance"
        xmlns:p="http://www.springframework.org/schema/p"
        xsi:schemaLocation="http://www.springframework.org/schema/beans
http://www.springframework.org/schema/beans/spring-beans-4.1.xsd">
        <bean id="login" class="org.action.LoginAction"/>
</beans>
```

经注册后的 Action 组件会在运行时由 Spring 框架自动生成，原来的 struts.xml 文件要进行如下修改：

```
…
<struts>
        <package name="default" extends="struts-default">
                <!-- 用户登录 -->
                <!-- 这里 class 属性只要给出 bean 的 id 即可，无须再指明所用 Action 类的全名 -->
                <action name="login" class="login">
```

```
                <result name="success">main.jsp</result>
                <result name="error">error.jsp</result>
            </action>
        </package>
        <constant name="struts.i18n.encoding" value="gb2312"/>
</struts>
```

这里元素<action…/>的 class 属性设为 login（bean 的 id 值），就无须再指明其所对应的 Action 类名，从而实现了 Struts 2 与 Action 间的解耦，这也是使用 Spring 容器带来的好处。

部署应用程序，启动测试，会得到同样的登录效果，如图 16.3 所示。

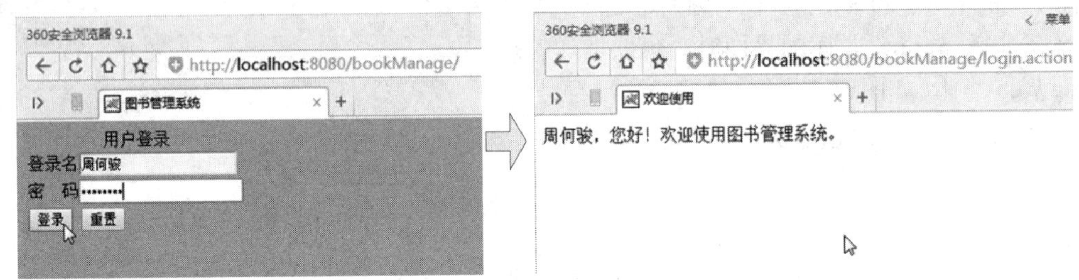

图 16.3 登录功能测试

这样就完成了 Spring 与 Struts 2 的整合。可以看出，Spring 与 Struts 2 的整合中只用到了 Spring 的依赖注入，而并没有应用 Spring 框架的其他任何功能，这就是 Spring 的好处——它并不强求非要用它的某个功能不可，而是与其他框架进行无缝的整合，从而完成特定需求的项目。

16.2 Spring 与 Hibernate 整合

上节讲解了 Spring 与 Struts 2 的整合，本节将介绍 Spring 是如何与 Hibernate 整合的。

16.2.1 整合原理

应用 Hibernate 框架的 Java 程序一般都会通过 DAO 接口操作数据库，如图 16.4 所示，DAO 实现类以及 Hibernate 本身都是构成软件持久层的组件，当然它们也都可以交由 Spring 容器来管理。

由图 16.4 可见，Spring 与 Hibernate 整合的基本思路是：把 DAO 类连同 Hibernate 框架一起置于 Spring 容器中，Spring 就像一个“工厂”，向前台 Java 应用程序（或 JSP 程序）提供所需的 DAO，同时管理 Hibernate 对数据库的操作。Spring 提供了对数据源及 SessionFactory 的注入，有效地管理了 Hibernate 的配置文件。

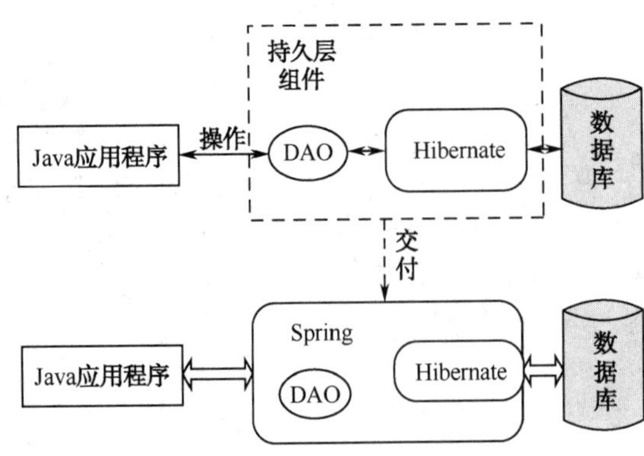

图 16.4 Spring 整合 Hibernate 原理

16.2.2 应用实例

下面以一个简单的实例说明 Spring 与 Hibernate 的整合操作，本例仍旧使用第 1 章就建好的图书管理数据库 MBOOK 及 sqlsrv 连接。

【实例 16.2】用 Spring 整合 Hibernate 开发一个 Java 程序，实现对数据库中图书信息的增、删、改、查操作。

1. 创建项目

首先，创建 Java 项目，命名为 Spring_Hibernate。

2. 添加 Spring 开发能力

右击项目名，选择菜单【Configure Facets...】→【Install Spring Facet】菜单项，在弹出对话框中单击【Yes】按钮启动向导，操作细节同【实例 13.1】的第 1 步，略。因本例中的 Spring 要能整合 Hibernate 持久化层，故在选择 Spring 核心类库时还要补充勾选“Spring Persistence”，如图 16.5 所示。

其余的操作完全一样。

3. 添加 Hibernate 框架

由于 Hibernate 5 需要 Spring 4.2 及以上版本，而 MyEclipse 2017 最高只支持到 Spring 4.1，故本例用的 Hibernate 版本也只能降低到 4.1 版。在 Spring 项目中加载 Hibernate 框架的步骤如下。

① 右击项目名，选择菜单【Configure Facets...】→【Install Hibernate Facet】，启动【Install Hibernate Facet】向导对话框，在“Project Configuration”页的“Hibernate specification version”栏后的下拉列表中选择要添加到项目中的 Hibernate 版本 4.1，如图 16.6 所示，单击【Next】按钮。

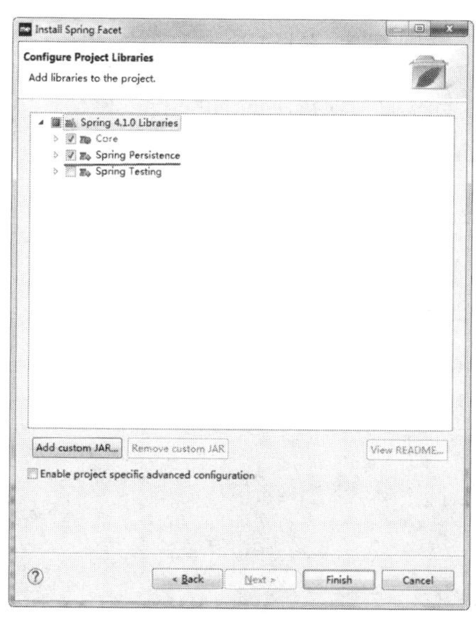

图 16.5　勾选“Spring Persistence”库

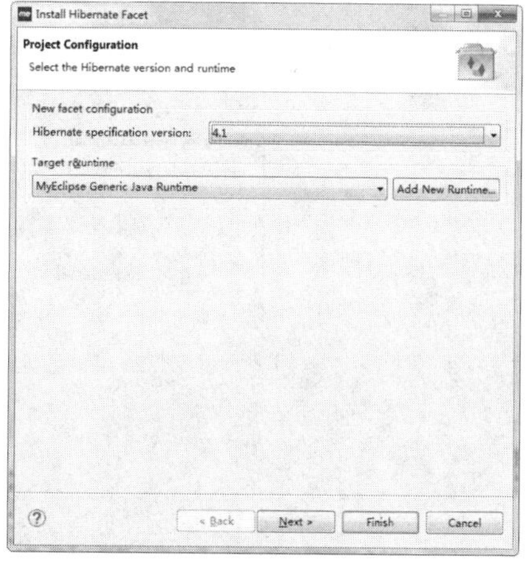

图 16.6　选择匹配的 Hibernate 版本

② 在第一个“Hibernate Support for MyEclipse”页中，向导提示用户是用 Hibernate 的配置文件还是用 Spring 的配置文件进行 SessionFactory 的配置。取消勾选“Create/specify hibernate.cfg.xml file”复选框就表示使用 Spring 来对 Hibernate 进行管理，如图 16.7 所示。

这样配置后，上方“Spring Config:”后的下拉列表会自动选中刚刚生成的 Spring 配置文件的路径（为“src/applicationContext.xml”）；“SessionFactory Id:”栏的内容就是为 Hibernate 注入的一个新 ID（此处取默认“sessionFactory”）。如此一来，最后生成的工程中将不包含 hibernate.cfg.xml，在同一个地方就可对 Hibernate 进行管理了。

由于本程序 Spring 为注入 sessionfactory，所以不用创建“SessionFactory”类，取消选择“Create

SessionFactory class?”复选框，单击【Next】按钮。

③ 在第二个“Hibernate Support for MyEclipse”页上配置 Hibernate 所用数据库连接的细节。这里选择创建好的 sqlsrv 连接，如图 16.8 所示，系统自动载入其他各栏内容，单击【Next】按钮。

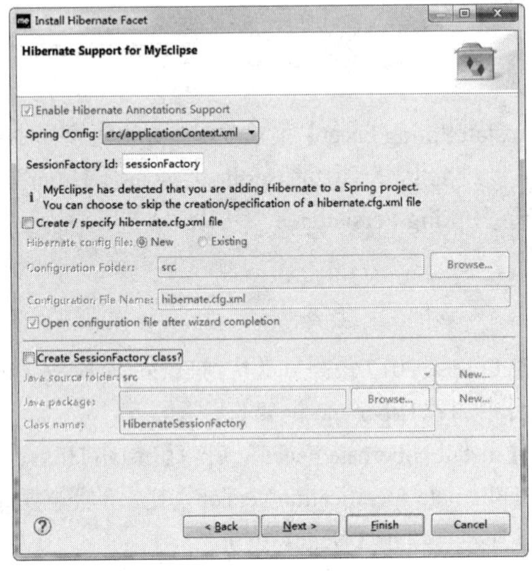

图 16.7　将 Hibernate 交由 Spring 管理

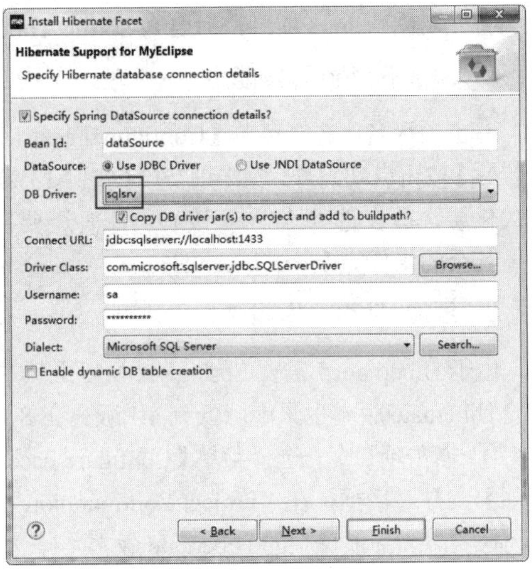

图 16.8　选择 Hibernate 所用的连接

④ 在弹出的“Configure Project Libraries”页中选择要添加到项目中的 Hibernate 框架类库，这里仅勾选最基本的核心库“Hibernate 4.1.4 Libraries”→“Core”，如图 16.9 所示。

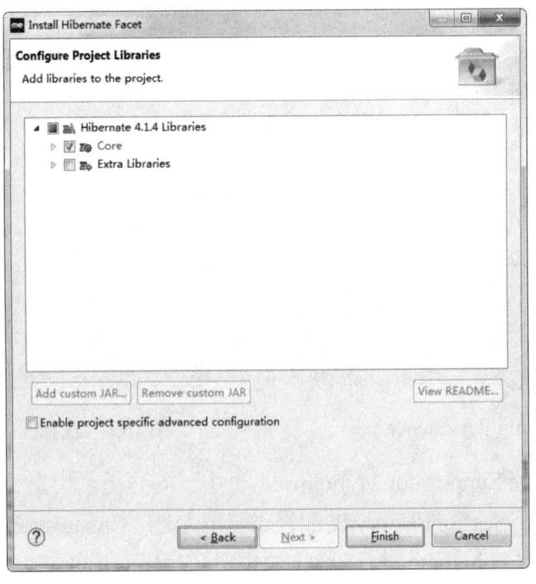

图 16.9　添加 Hibernate 类库

单击【Finish】按钮，完成加载。

⑤ 完成后，还要在 applicationContext.xml 中配置数据库驱动，代码如下：

```
<?xml version="1.0" encoding="UTF-8"?>
<beans
    …
```

```
    <bean id="dataSource"
        class="org.apache.commons.dbcp.BasicDataSource">
        <property name="driverClassName"
            value="com.microsoft.sqlserver.jdbc.SQLServerDriver">
        </property>
        <property name="url" value="jdbc:sqlserver://localhost:1433"></property>
        <property name="username" value="sa"></property>
        <property name="password" value="njnu123456"></property>
    </bean>
    …
</beans>
```

4. Hibernate 反向工程

用 Hibernate 的反向工程功能生成与数据库表对应的 POJO 类和映射文件。在 MyEclipse 2017 的数据库视图下打开 sqlsrv 连接，依次选择“MBOOK”→“dbo”→“TABLE”展开数据库表，本项目选择对“book”表的增、删、改、查操作来讲解 Spring 与 Hibernate 的整合，故只需生成“book”表的 POJO 类及对应的映射文件。右击该表名，选择【Hibernate Reverse Engineering】菜单项，出现如图 16.10 所示的界面，选择要生成的文件及文件存放的包。

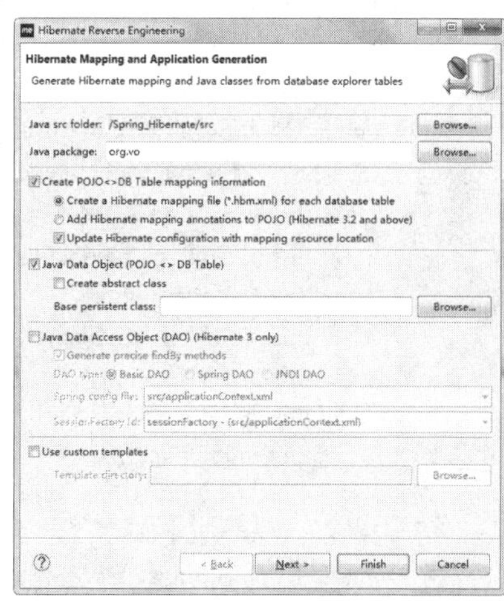

图 16.10　Hibernate 映射文件和 POJO 类

单击【Next】按钮，出现选择主键生成方式的对话框，在“Id Generator”中选择“assigned”，如图 16.11 所示，直接单击【Finish】按钮完成。此时项目目录树呈现如图 16.12 所示的状态。

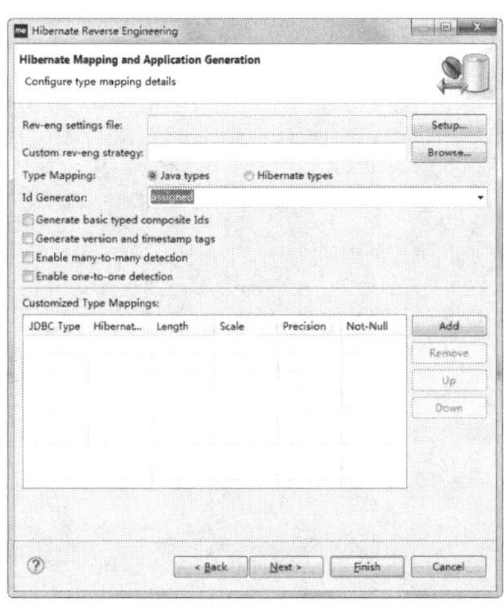

图 16.11　选择主键生成方式

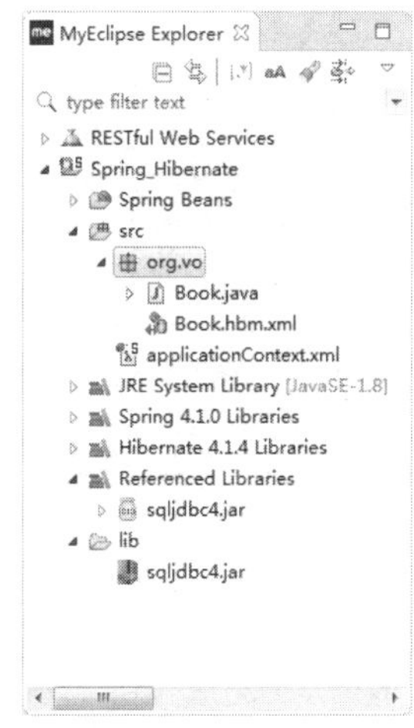

图 16.12　整合后的项目目录树

查看项目的目录结构，在 org.vo 包中出现了“Book.java”，代码如下：

```
package org.vo;
…
public class Book implements java.io.Serializable {
    //属性
```

```
	private String ISBN;                  //修改为大写形式，以与程序代码保持一致
	private String bookName;
	private String author;
	private String publisher;
	private Float price;                  //修改为单精度浮点型，用于表示图书价格
	private Integer cnum;
	private Integer snum;
	private String summary;
	private byte[ ] photo;                //修改为字节数组，用于存放照片
	//构造方法
	/** default constructor */
	public Book() {
	}
	/** minimal constructor */
	public Book(String ISBN, String bookName, String author, String publisher,
			Float price, Integer cnum, Integer snum) {
		this.ISBN = ISBN;
		this.bookName = bookName;
		this.author = author;
		this.publisher = publisher;
		this.price = price;
		this.cnum = cnum;
		this.snum = snum;
	}
	/** full constructor */
	public Book(String ISBN, String bookName, String author, String publisher,
			Float price, Integer cnum, Integer snum, String summary,
			byte[ ] photo) {
		this.ISBN = ISBN;
		this.bookName = bookName;
		this.author = author;
		this.publisher = publisher;
		this.price = price;
		this.cnum = cnum;
		this.snum = snum;
		this.summary = summary;
		this.photo = photo;
	}
	//省略上面属性的 get 和 set 方法
	…
}
```

还有一个映射文件 Book.hbm.xml，代码如下：

```
<?xml version="1.0" encoding="utf-8"?>
<!DOCTYPE hibernate-mapping PUBLIC "-//Hibernate/Hibernate Mapping DTD 3.0//EN"
"http://www.hibernate.org/dtd/hibernate-mapping-3.0.dtd">
<!--
	Mapping file autogenerated by MyEclipse Persistence Tools
-->
<hibernate-mapping>
	<class name="org.vo.Book" table="book" schema="dbo" catalog="MBOOK">
		<id name="ISBN" type="java.lang.String">
```

```
            <column name="ISBN" length="20" />
            <generator class="assigned" />
        </id>
        <property name="bookName" type="java.lang.String">
            <column name="bookName" length="40" not-null="true" />
        </property>
        <property name="author" type="java.lang.String">
            <column name="author" length="8" not-null="true" />
        </property>
        <property name="publisher" type="java.lang.String">
            <column name="publisher" length="20" not-null="true" />
        </property>
        <property name="price" type="java.lang.Float">
            <column name="price" precision="53" scale="0" not-null="true" />
        </property>
        <property name="cnum" type="java.lang.Integer">
            <column name="cnum" not-null="true" />
        </property>
        <property name="snum" type="java.lang.Integer">
            <column name="snum" not-null="true" />
        </property>
        <property name="summary" type="java.lang.String">
            <column name="summary" length="200" />
        </property>
        <!-- 这里也要略做修改，type 不再是 String 类型 -->
        <property name="photo">
            <column name="photo" />
        </property>
    </class>
</hibernate-mapping>
```

一般情况下，用 Hibernate 的反向工程生成 POJO 类及映射文件后，如果不符合程序的需要可以略做修改，例如，上面就修改了图书号 ISBN、图书价格和照片的数据类型。

5. 定义、实现并注册 DAO 组件

在项目 src 下创建包 org.dao，在此包下建立一个基类（BaseDAO）和一个接口（BookDao）。

基类 BaseDAO 的代码如下：

```
package org.dao;
import org.hibernate.*;
public class BaseDAO {
    private SessionFactory sessionFactory;
    public SessionFactory getSessionFactory(){
        return sessionFactory;
    }
    public void setSessionFactory(SessionFactory sessionFactory){
        this.sessionFactory=sessionFactory;
    }
    public Session getSession(){
        Session session=sessionFactory.openSession();
        return session;
    }
}
```

接口 BookDao 的定义代码如下：

```
package org.dao;
import org.vo.Book;
public interface BookDao {
        public void save(Book book);                    //插入图书
        public void delete(String ISBN);                //删除图书
        public void update(Book book);                  //修改图书
        public Book select(String ISBN);                //查询图书
}
```

在 src 文件夹下建立包 org.dao.impl，在该包下建立类，命名为“BookDaoImpl”，代码如下：

```
package org.dao.impl;
import org.dao.*;
import org.hibernate.*;
import org.vo.*;
public class BookDaoImpl extends BaseDAO implements BookDao{
       public void delete(String ISBN) {                 //接口方法实现：删除图书
              try{
                     Session session = getSession();
                     Transaction ts = session.beginTransaction();
                     Book b = this.select(ISBN);
                     session.delete(b);
                     ts.commit();
                     session.close();
              }catch(Exception e){
                     e.printStackTrace();
              }
       }
       public void save(Book book) {                     //接口方法实现：插入图书
              try{
                     Session session = getSession();
                     Transaction ts = session.beginTransaction();
                     session.save(book);
                     ts.commit();
                     session.close();
              }catch(Exception e){
                     e.printStackTrace();
              }
       }
       public Book select(String ISBN) {                 //接口方法实现：查询图书
              try{
                     Session session = getSession();
                     Transaction ts = session.beginTransaction();
                     Query query = session.createQuery("from Book where ISBN =?");
                     query.setParameter(0, ISBN);
                     query.setMaxResults(1);
                     Book b = (Book)query.uniqueResult();
                     ts.commit();
                     session.clear();
                     return b;
              }catch(Exception e){
```

```
                e.printStackTrace();
                return null;
            }
        }
        public void update(Book book) {                    //接口方法实现：修改图书
            try{
                Session session = getSession();
                Transaction ts = session.beginTransaction();
                session.update(book);
                ts.commit();
                session.close();
            }catch(Exception e){
                e.printStackTrace();
            }
        }
    }
```

从加黑部分的语句可见，本例是从基类 BaseDAO 继承的方法中获得会话对象，而不是由 HibernateSessionFactory 获得。

最后要将以上编写的 BaseDAO、BookDaoImpl 组件都注册到 Spring 容器中，方法是修改 applicationContext.xml 文件，添加注册信息（加黑部分语句）如下：

```
<?xml version="1.0" encoding="UTF-8"?>
<beans
    …
    <bean id="dataSource"
        …
    </bean>
    <bean id="sessionFactory"
        class="org.springframework.orm.hibernate4.LocalSessionFactoryBean">
        …
</bean>
…
    <tx:annotation-driven transaction-manager="transactionManager" />
    <bean id="baseDAO" class="org.dao.BaseDAO">
        <property name="sessionFactory">
            <ref bean="sessionFactory"/>
        </property>
    </bean>
    <!-- 依赖注入 bookDao -->
    <bean id="bookDao" class="org.dao.impl.BookDaoImpl" parent="baseDAO"/>
</beans>
```

由此可见，Spring 的 Bean 很好地管理了以前在 hibernate.cfg.xml 文件中创建的 SessionFactory，使文件更易阅读，并对 Dao 进行了依赖注入，减弱了程序的耦合性。

6. 测试结果

准备工作完成后，就可以编写测试类对其进行测试了。在 src 文件夹下建立包 test，在该包下建立类 Test，代码如下：

```
package test;
import org.dao.BookDao;
import org.springframework.context.ApplicationContext;
```

```
import org.springframework.context.support.FileSystemXmlApplicationContext;
import org.vo.Book;
public class Test {
        public static void main(String args[]){
                //对 book 表的插入操作==========================
                Book book = new Book();
                book.setISBN("978-7-121-09727-0");
                book.setBookName("Java EE 实用教程");
                book.setAuthor("郑阿奇");
                book.setPublisher("电子工业出版社");
                book.setPrice(42.0f);
                book.setSnum(5);
                book.setCnum(5);
                book.setSummary("一本不错的书！");
                ApplicationContext ac= new FileSystemXmlApplicationContext("src/applicationContext.xml");
                BookDao bookDao = (BookDao) ac.getBean("bookDao");
                bookDao.save(book);
                //查询刚刚插入的书籍==========================
                Book book1 = bookDao.select("978-7-121-09727-0");
                System.out.println(book1.getISBN());
                System.out.println(book1.getBookName());
                System.out.println(book1.getAuthor());
                //修改书籍
                book1.setBookName("Java EE 实用教程（第 2 版）");
                bookDao.update(book1);
                //继续查询该书籍==========================
                Book book2 = bookDao.select("978-7-121-09727-0");
                System.out.println(book2.getISBN());
                System.out.println(book2.getBookName());
                System.out.println(book2.getAuthor());
                //删除该书籍==========================
                bookDao.delete("978-7-121-09727-0");
                Book book3 = bookDao.select("978-7-121-09727-0");
                System.out.println(book3 == null);        //判断取得对象是否为 null
        }
}
```

运行该测试类后，查看控制台信息，如图 16.13 所示。

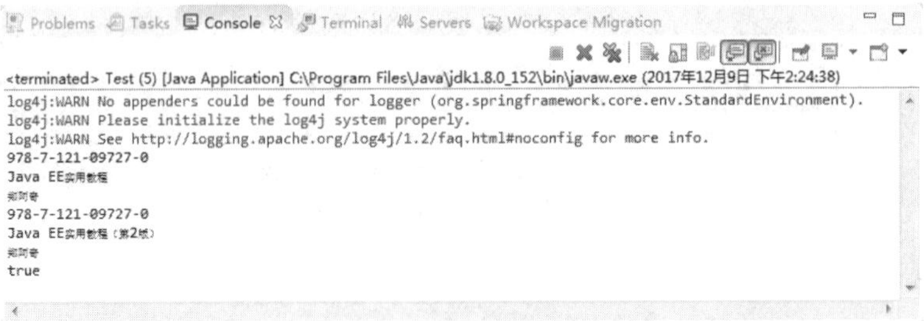

```
Problems  Tasks  Console  Terminal  Servers  Workspace Migration
<terminated> Test (5) [Java Application] C:\Program Files\Java\jdk1.8.0_152\bin\javaw.exe (2017年12月9日 下午2:24:38)
log4j:WARN No appenders could be found for logger (org.springframework.core.env.StandardEnvironment).
log4j:WARN Please initialize the log4j system properly.
log4j:WARN See http://logging.apache.org/log4j/1.2/faq.html#noconfig for more info.
978-7-121-09727-0
Java EE实用教程
郑阿奇
978-7-121-09727-0
Java EE实用教程（第2版）
郑阿奇
true
```

图 16.13　控制台输出结果

可以看出，Spring 与 Hibernate 有效地整合，为开发提供了很大的方便。

16.3　Spring 与 MyBatis 整合

上节讲解了 Spring 与 Hibernate 的整合，本节将介绍 Spring 是如何与 MyBatis 整合的。

16.3.1　整合原理

Java 程序同样是通过 DAO 接口操作数据库，如图 16.14 所示，DAO 实现类以及 MyBatis 本身都是构成软件持久层的组件，都交由 Spring 容器来管理。

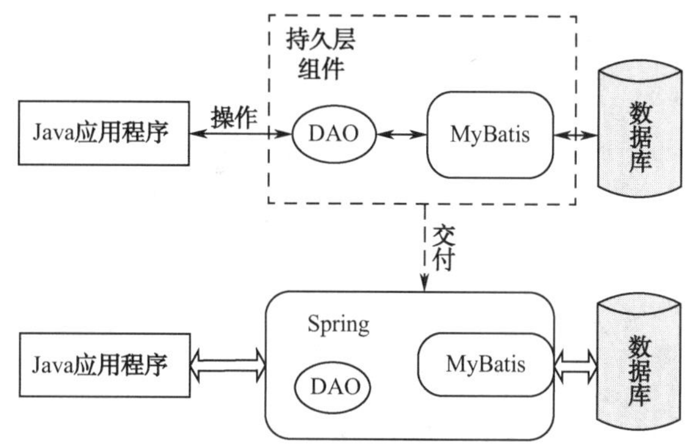

图 16.14　Spring 整合 MyBatis 原理

将该图与前图 16.4（Spring 与 Hibernate 整合原理图）相比较可以发现，两者的整合思路是完全一样的，仅仅是把与后台数据库交互的持久层框架由原来的 Hibernate 更换为 MyBatis，其余不变。

16.3.2　应用实例

还是以实例来说明 Spring 与 MyBatis 的整合操作，本例实现与前面【实例 16.2】完全相同的功能。

【实例 16.3】 用 Spring 整合 MyBatis 开发一个 Java 程序，实现对数据库中图书信息的增、删、改、查操作。

1. 创建项目

首先，创建 Java 项目，命名为 Spring_Mybatis。

2. 添加 Spring 开发能力

右击项目名，选择菜单【Configure Facets...】→【Install Spring Facet】菜单项，在弹出对话框中单击【Yes】按钮启动向导，操作细节同【实例 13.1】的第 1 步，略。本例 Spring 整合的是 MyBatis 持久化层，在选择 Spring 类库时也同样要补充勾选“Spring Persistence”。

3. 加载 MyBatis 框架

本例 Spring 整合 MyBatis 需要使用到两者的集成中间件 mybatis-spring-1.3.1.jar，连同 MyBatis 框架本身的包，再加上数据库驱动，一共是 15 个包。在项目下建立 lib 目录，将它们复制进去，然后发布到类路径中，具体操作见【实例 12.1】的第 2 步，略。

4. 配置 Spring

配置 applicationContext.xml，内容如下：

```
<?xml version="1.0" encoding="UTF-8"?>
```

```
<beans
    xmlns="http://www.springframework.org/schema/beans"
    xmlns:xsi="http://www.w3.org/2001/XMLSchema-instance"
    xmlns:p="http://www.springframework.org/schema/p"
    xsi:schemaLocation="http://www.springframework.org/schema/beans http://www.springframework.org/schema/beans/
spring-beans-4.1.xsd http://www.springframework.org/schema/tx http://www.springframework.org/schema/tx/spring- tx.xsd"
    xmlns:tx="http://www.springframework.org/schema/tx">
    <!-- 配置数据源 -->
    <bean id="dataSource"
        class="org.apache.commons.dbcp.BasicDataSource">
        <property name="driverClassName"
            value="com.microsoft.sqlserver.jdbc.SQLServerDriver">
        </property>
        <property name="url" value="jdbc:sqlserver://localhost:1433;databaseName=MBOOK"/>
        <property name="username" value="sa"/>
        <property name="password" value="njnu123456"/>
    </bean>
    <!-- 配置 Mybatis 工厂 -->
    <bean id="sqlSessionFactory"
        class="org.mybatis.spring.SqlSessionFactoryBean">
        <property name="dataSource" ref="dataSource" />
        <property name="configLocation" value="classpath:mybatis-config.xml"/>
    </bean>
    <!-- 事务管理器（依赖于数据源） -->
    <bean id="transactionManager"
        class="org.springframework.jdbc.datasource.DataSourceTransactionManager">
        <property name="dataSource" ref="dataSource" />
    </bean>
    <!-- 注册组件 -->
    <bean id="bookDao" class="org.dao.impl.BookDaoImpl">
        <property name="sqlSessionFactory" ref="sqlSessionFactory"/>
    </bean>
    <tx:annotation-driven transaction-manager="transactionManager"/>
</beans>
```

其中，MyBatis 工厂的作用是构建 SqlSessionFactory，它是通过 mybatis-spring-1.3.1.jar 包中提供的 org.mybatis.spring.SqlSessionFactoryBean 类来配置的，需要提供两个参数：一个是数据源 dataSource；另一个是 MyBatis 的配置文件 mybatis-config.xml 所在路径（以 classpath:类路径标识）。这样配置后，也就将 MyBatis 框架彻底交付给 Spring 容器管理了。

5. 编写 POJO 类和映射文件

将【实例 16.2】项目的 org 包整个复制到此项目 src 下，然后按照下面更改。

① Book.java 类去序列化，删掉“implements java.io.Serializable”语句。

② 映射文件改为 BookMapper.xml，内容如下：

```
<?xml version="1.0" encoding="utf-8"?>
<!DOCTYPE mapper PUBLIC "-//mybatis.org//DTD Mapper 3.0//EN"
"http://mybatis.org/dtd/mybatis-3-mapper.dtd">
<mapper namespace="org.vo.BookMapper">
    <select id="fromBook" parameterType="String" resultType="org.vo.Book">
```

```
            select * from book where ISBN = #{ISBN}
        </select>
        <insert id="intoBook" parameterType="org.vo.Book">
            insert into book(ISBN, bookName, author, publisher, price, cnum, snum, summary) values(#{ISBN},
#{bookName}, #{author}, #{publisher}, #{price}, #{cnum}, #{snum}, #{summary})
        </insert>
        <update id="updtBook" parameterType="org.vo.Book">
            update book set bookName=#{bookName} where ISBN = #{ISBN}
        </update>
        <delete id="deltBook" parameterType="String">
            delete from book where ISBN = #{ISBN}
        </delete>
    </mapper>
```

其中，以子元素的形式定义了对数据库中图书记录的增、删、改、查操作的 SQL 语句。

6. 创建 mybatis-config.xml 核心配置文件

在项目 src 下创建 MyBatis 框架的核心配置文件 mybatis-config.xml，内容为：

```
<?xml version="1.0" encoding="UTF-8"?>
<!DOCTYPE configuration PUBLIC "-//mybatis.org//DTD Config 3.0//EN"
"http://mybatis.org/dtd/mybatis-3-config.dtd">
<configuration>
    <typeAliases>
        <package name="org.vo"/>
    </typeAliases>
    <mappers>
        <mapper resource="org/vo/BookMapper.xml"/>
    </mappers>
</configuration>
```

因 Spring 配置文件中已经配置了数据源，此处不用再重复配置了。

7. 开发持久层

① 删除 BaseDAO.java。

因为该基类可由 MyBatis 与 Spring 集成中间件所提供的 SqlSessionDaoSupport 类来替代。

② 改写 BookDaoImpl.java，代码如下：

```
package org.dao.impl;
import org.dao.*;
import org.mybatis.spring.support.*;
import org.vo.*;
public class BookDaoImpl extends SqlSessionDaoSupport implements BookDao {
    public void delete(String ISBN) {
        try {
            Book b = this.select(ISBN);
            //删除图书
            this.getSqlSession().delete("org.vo.BookMapper.deltBook", ISBN);
        } catch(Exception e) {
            e.printStackTrace();
        }
    }
```

```
    public void save(Book book) {
        try {
            //添加图书
            this.getSqlSession().insert("org.vo.BookMapper.intoBook", book);
        } catch(Exception e) {
            e.printStackTrace();
        }
    }

    public Book select(String ISBN) {
        try {
            //查询图书
            return     this.getSqlSession().selectOne("org.vo.BookMapper.fromBook",
ISBN);
        } catch(Exception e) {
            e.printStackTrace();
            return null;
        }
    }

    public void update(Book book) {
        try {
            //修改图书
            this.getSqlSession().update("org.vo.BookMapper.updtBook", book);
        } catch(Exception e) {
            e.printStackTrace();
        }
    }
}
```

SqlSessionDaoSupport 类也是由 mybatis-spring-1.3.1.jar 包提供的，它是一个抽象支持类，继承了 DaoSupport 类，主要是作为 DAO 的基类来使用，用户程序通过继承 SqlSessionDaoSupport 类，就可以使用它内部的 getSqlSession()方法来获取所需的 SqlSession。

③ 注册 DAO 组件。

在 applicationContext.xml 中注册 DAO 组件，如下：

```
<?xml version="1.0" encoding="UTF-8"?>
<beans
    ...>
    ...
    <!-- 注册组件 -->
    <bean id="bookDao" class="org.dao.impl.BookDaoImpl">
        <property name="sqlSessionFactory" ref="sqlSessionFactory" />
    </bean>
    <tx:annotation-driven transaction-manager="transactionManager" />
</beans>
```

8. 测试结果

最后，编写测试类 Test.java，本例所用测试类同【实例 16.2】项目 test 包下的测试类，两者完全一样，直接复制过来后刷新项目即可。

最终程序的运行结果也与【实例 16.2】相同，见前图 16.13。

16.3.3 Mapper 接口简化实现

MyBatis 框架提供了 Mapper 接口编程方式，可以进一步简化程序开发。下面在【实例 16.3】的基础上改用这种新的方式来重新实现该程序功能。

对原来的项目进行修改，如下。

① 删除 org.dao.impl 包及其中的实现类。

② 将 BookDao.java 更名为 BookMapper.java 并复制到 org.vo 包下，原来的 org.dao 及其下的类删除。

③ 修改 BookMapper.xml 中的所有方法名与 BookMapper.java 中一致，如下加黑处：

```
<?xml version="1.0" encoding="utf-8"?>
<!DOCTYPE mapper PUBLIC "-//mybatis.org//DTD Mapper 3.0//EN"
"http://mybatis.org/dtd/mybatis-3-mapper.dtd">
<mapper namespace="org.vo.BookMapper">
        <select id="select" parameterType="String" resultType="org.vo.Book">
                select * from book where ISBN = #{ISBN}
        </select>
        <insert id="save" parameterType="org.vo.Book">
                insert into book(ISBN, bookName, author, publisher, price, cnum, snum, summary) values(#{ISBN},
#{bookName}, #{author}, #{publisher}, #{price}, #{cnum}, #{snum}, #{summary})
        </insert>
        <update id="update" parameterType="org.vo.Book">
                update book set bookName=#{bookName} where ISBN = #{ISBN}
        </update>
        <delete id="delete" parameterType="String">
                delete from book where ISBN = #{ISBN}
        </delete>
</mapper>
```

④ 在 applicationContext.xml 中注册 BookMapper.java，如下：

```
<?xml version="1.0" encoding="UTF-8"?>
<beans
        ...>
        ...
        <!-- 注册组件 -->
        <bean id="bookDao" class="org.mybatis.spring.mapper.MapperFactoryBean">
                <property name="mapperInterface" value="org.vo.BookMapper" />
                <property name="sqlSessionFactory" ref="sqlSessionFactory" />
        </bean>
        <tx:annotation-driven transaction-manager="transactionManager" />
</beans>
```

⑤ 修改测试类。

Test.java 代码如下：

```
package test;
import org.vo.BookMapper;
import org.springframework.context.ApplicationContext;
import org.springframework.context.support.FileSystemXmlApplicationContext;
import org.vo.Book;
public class Test {
        public static void main(String args[]){
```

```
            //对 book 表的插入操作==========================
            Book book = new Book();
            book.setISBN("978-7-121-09727-0");
            book.setBookName("Java EE 实用教程");
            book.setAuthor("郑阿奇");
            book.setPublisher("电子工业出版社");
            book.setPrice(42.0f);
            book.setSnum(5);
            book.setCnum(5);
            book.setSummary("一本不错的书！");
            ApplicationContext ac= new FileSystemXmlApplicationContext("src/applicationContext.xml");
            BookMapper bookDao = ac.getBean(BookMapper.class);
            bookDao.save(book);
            //查询刚刚插入的书籍==========================
            Book book1 = bookDao.select("978-7-121-09727-0");
            System.out.println(book1.getISBN());
            System.out.println(book1.getBookName());
            System.out.println(book1.getAuthor());
            //修改书籍
            book1.setBookName("Java EE 实用教程（第 2 版）");
            bookDao.update(book1);
            //继续查询该书籍==========================
            Book book2 = bookDao.select("978-7-121-09727-0");
            System.out.println(book2.getISBN());
            System.out.println(book2.getBookName());
            System.out.println(book2.getAuthor());
            //删除该书籍==========================
            bookDao.delete("978-7-121-09727-0");
            Book book3 = bookDao.select("978-7-121-09727-0");
            System.out.println(book3 == null);        //判断取得对象是否为 null
        }
    }
```

测试类代码与前例相比仅仅加黑处这一句不一样，为方便读者试做，这里将 Test.java 的代码再次完整列出。

最终程序的运行结果与【实例 16.2】也相同，见前图 16.13。

对比 Mapper 接口方式与传统 DAO 方式的编程，发现这里无须用户再实现 DAO 接口，即无须编写持久层实现类 BookDaoImpl，大幅度减少了开发工作量！它只需要程序员编写 Mapper 接口（本例中可直接复用原项目的 BookDao.java，改名为 BookMapper.java 即可），然后由 MyBatis 框架根据接口的定义创建接口的动态代理对象，作用上等效于 DAO 接口的实现类。

使用这种模式开发程序虽然大为简化，但在写程序时必须严格遵循下面的规范：

（1）Mapper 接口的名称和映射文件的名称必须完全一致，且放在同一个包下。本例中分别为 BookMapper.java 和 BookMapper.xml，都位于 org.vo 包。

（2）映射文件中每个子元素的方法名（即 id 属性）要与 Mapper 接口中的方法名相同，且参数完全一致。本例 BookMapper.java 中有 4 个方法：

```
public Book select(String ISBN);
public void save(Book book);
public void update(Book book);
public void delete(String ISBN);
```

而 BookMapper.xml 中配置的每个 SQL 语句子元素的 id 正是与这些方法一一对应的：

```
<select id="select" parameterType="String" resultType="org.vo.Book">
    select * from book where ISBN = #{ISBN}
</select>
<insert id="save" parameterType="org.vo.Book">
    insert into book(ISBN, bookName, author, publisher, price, cnum, snum, summary) values(#{ISBN},
#{bookName}, #{author}, #{publisher}, #{price}, #{cnum}, #{snum}, #{summary})
</insert>
<update id="update" parameterType="org.vo.Book">
    update book set bookName=#{bookName} where ISBN = #{ISBN}
</update>
<delete id="delete" parameterType="String">
    delete from book where ISBN = #{ISBN}
</delete>
```

只要在编程时遵守了以上两个规则，MyBatis 框架就能在运行时自动生成 Mapper 接口实现类的代理对象，不需要程序员再自己去编写持久层 DAO 实现类，从而简化我们的开发。

16.4 Spring 与 Struts 2、Hibernate 三者的整合

前面 16.1、16.2 两节讲解了 Spring 与 Struts 2 及 Spring 与 Hibernate 的整合，本节将以开发图书管理系统中的“图书管理”及“借书”两个功能为例，介绍 Spring 与 Struts 2、Hibernate 三者的整合（即 Java EE 领域通用的 SSH2 架构）应用。

16.4.1 整合原理

Struts 2/Spring/Hibernate 三者全整合（简称 SSH2）的基本思路是：Spring 作为一个统一的大容器来用，在它里面容纳（注册）Action、DAO 和 Hibernate 这些组件。结合图 16.1、图 16.4，很容易得出 SSH2 全整合的架构，如图 16.15 所示。

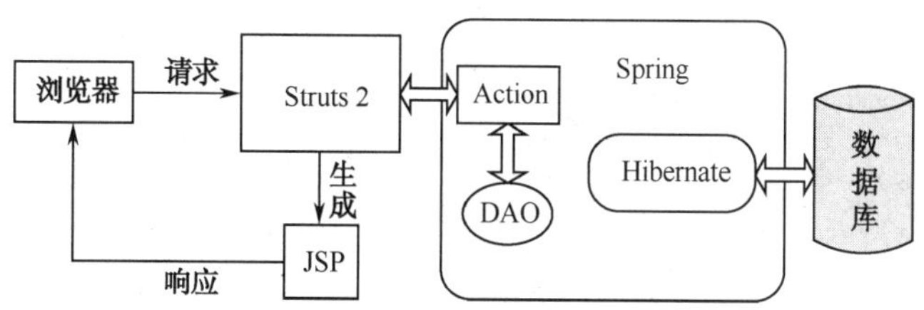

图 16.15　SSH2 全整合架构

Struts 2 将 JSP 中的控制分离出来，当它要执行控制逻辑的具体处理时就直接使用 Spring 中的 Action 组件；Action 组件在处理中若要访问数据库，则通过 DAO 组件提供的接口；而 Hibernate 才直接与数据库打交道。所有 Action 模块、DAO 类及 Hibernate 全都由 Spring 来统一管理，整个系统是以 Spring 为核心的。

下面就进入我们的开发之旅。

16.4.2 项目架构

本项目可充分利用第 11 章已经开发好的“图书管理系统”的源代码，但在这之前，必须先搭建好 Spring 与 Struts 2、Hibernate 三者整合的项目框架，步骤如下。

1. 创建 Java EE 项目

新建 Java EE 项目，命名为 bookManage。

2. 添加 Spring 核心容器

操作同【实例 13.1】的第 1 步，略。但这里要特别强调一点，因为本项目是 SSH2 全整合，要同时支持 Web 及 Hibernate 持久化两大功能，故在添加类库时必须同时增加勾选“Spring Web”、“Spring Persistence”这两个库。

3. 添加 Hibernate 框架

操作同【实例 16.2】第 3 步，略。

4. 添加 Struts 2 框架

操作同【实例 2.1】的第 1、2 步，略。

5. 集成 Spring 与 Struts 2

步骤同【实例 16.1】第 2 步，略。

经过以上 5 步，就完成了 Spring 与 Struts 2、Hibernate 三者整合项目框架的搭建。

6. 复用现成项目的源码

在第 11 章已经开发好了一个“图书管理系统”，那时使用的是 Struts 2 与 Hibernate 两者整合的结构，这里进一步升级成 SSH2 结构，虽然系统架构改变了，但原来项目的绝大部分源代码依然可以重复利用。

将原项目 src 下的 org 文件夹及 struts.xml 文件复制到本项目的 src 目录下，将原项目 WebRoot 下的 images 文件夹及全部的 JSP 文件复制到本项目 WebRoot 目录下，然后右击本项目名，从弹出菜单中单击【Refresh】按钮刷新，即可将原项目的所有源代码连同图片资源一并加载到当前项目中。由于原项目已经用反向工程生成了数据库表的 POJO 类及映射文件，所以需要重新在 Spring 配置文件中注册，才能为本项目所识别。

修改 applicationContext.xml 文件，添加注册信息，代码如下：

```
<?xml version="1.0" encoding="UTF-8"?>
<beans
    …
    <bean id="dataSource"
        …
    </bean>
    <bean id="sessionFactory"
        class="org.springframework.orm.hibernate4.LocalSessionFactoryBean">
        …
        <property name="hibernateProperties">
            …
        </property>
        <property name="mappingResources">
            <list>
                <value>org/vo/Book.hbm.xml</value>
                <value>org/vo/Lend.hbm.xml</value>
                <value>org/vo/Login.hbm.xml</value>
                <value>org/vo/Student.hbm.xml</value>
            </list>
```

```
            </property>
        </bean>
        …
</beans>
```

如此一来，原项目的源代码就都可以使用了，后面的开发只需在其基础上修改即可。

16.4.3 修改 DAO 实现类

由于“图书管理系统”功能不变，故原来所有的 DAO 接口定义及其中的方法均不用改变。但是本项目的 Hibernate 框架是交由 Spring 管理的，不像原来一样生成 HibernateSessionFactory 类，所以底层操作数据库的细节会有所不同，它是通过继承自定义基类的 sessionFactory 来获得操作数据库的 Session 对象。

在项目 org.dao 包下建立一个基类 BaseDAO。BaseDAO.java 的代码如下：

```
package org.dao;
import org.hibernate.*;
public class BaseDAO {
    private SessionFactory sessionFactory;
    public SessionFactory getSessionFactory(){
        return sessionFactory;
    }
    public void setSessionFactory(SessionFactory sessionFactory){
        this.sessionFactory=sessionFactory;
    }
    public Session getSession(){
        Session session=sessionFactory.openSession();
        return session;
    }
}
```

然后修改持久层中各功能的 DAO 实现类代码，以下列出代码中的加黑部分为修改内容。

① 登录功能的 DAO 实现类。

LoginDao 的实现类 LoginDaoImpl.java 代码如下：

```
package org.dao.impl;
import org.dao.*;
import org.hibernate.Query;
import org.hibernate.Session;
import org.hibernate.Transaction;
import org.vo.Login;
public class LoginDaoImpl extends BaseDAO implements LoginDao{
    public Login checkLogin(String name,String password) {
        Session session=null;
        Transaction tx=null;
        Login login=null;
        try{
            session=getSession();
            tx=session.beginTransaction();
            Query query=session.createQuery("from Login where name=? and password=?");
            query.setParameter(0, name);
            query.setParameter(1, password);
            login=(Login) query.uniqueResult();
```

```
                tx.commit();
            }catch(Exception e){
                if(tx!=null)tx.rollback();
                e.printStackTrace();
            }
            return login;
        }
    }
```

② 与“图书”相关操作的 DAO 实现类。

BookDao 的实现类 BookDaoImpl.java 的代码如下：

```
package org.dao.impl;
import org.dao.*;
import org.hibernate.Query;
import org.hibernate.Session;
import org.hibernate.Transaction;
import org.vo.Book;
public class BookDaoImpl extends BaseDAO implements BookDao{
    //保存图书信息
    public void addBook(Book book) {
        Session session=null;
        Transaction tx=null;
        try{
            session=getSession();
            tx=session.beginTransaction();
            session.save(book);
            tx.commit();
        }catch(Exception e){
            if(tx!=null)tx.rollback();
            e.printStackTrace();
        }finally{
            session.close();
        }
    }
    //删除图书信息
    public void deleteBook(String ISBN) {
        Session session=null;
        Transaction tx=null;
        try{
            Book book=this.selectBook(ISBN);
            session=getSession();
            tx=session.beginTransaction();
            session.delete(book);
            tx.commit();
        }catch(Exception e){
            if(tx!=null)tx.rollback();
            e.printStackTrace();
        }finally{
            session.close();
        }
    }
```

```
    //查询图书信息
    public Book selectBook(String ISBN) {
        Session session=null;
        Transaction tx=null;
        Book book=null;
        try{
            session=getSession();
            tx=session.beginTransaction();
            Query query=session.createQuery("from Book where ISBN=?");
            query.setParameter(0, ISBN);
            book=(Book) query.uniqueResult();
            tx.commit();
        }catch(Exception e){
            if(tx!=null)tx.rollback();
            e.printStackTrace();
        }finally{
            session.close();
        }
        return book;
    }
    //修改图书信息
    public void updateBook(Book book) {
        Session session=null;
        Transaction tx=null;
        try{
            session=getSession();
            tx=session.beginTransaction();
            session.update(book);
            tx.commit();
        }catch(Exception e){
            if(tx!=null)tx.rollback();
            e.printStackTrace();
        }finally{
            session.close();
        }
    }
}
```

③ 与“读者”相关的 DAO 实现类。

StudentDao 接口的实现类 StudentDaoImpl.java 代码如下：

```
package org.dao.impl;
import org.dao.*;
import org.hibernate.Session;
import org.hibernate.Transaction;
import org.vo.Student;
public class StudentDaoImpl extends BaseDAO implements StudentDao{
    public Student selectStudent(String readerId) {
        Session session=null;
        Transaction tx=null;
        Student stu=null;
        try{
```

```
            session=getSession();
            tx=session.beginTransaction();
            stu=(Student) session.get(Student.class, readerId);
            tx.commit();
        }catch(Exception e){
            if(tx!=null)tx.rollback();
            e.printStackTrace();
        }finally{
            session.close();
        }
        return stu;
    }
}
```

④ 与“借书”相关操作 DAO 的实现类。

LendDao 接口的实现类 LendDaoImpl.java 代码如下：

```
package org.dao.impl;
import java.util.List;
import org.dao.*;
import org.hibernate.Query;
import org.hibernate.Session;
import org.hibernate.Transaction;
import org.vo.Book;
import org.vo.Lend;
import org.vo.Student;
public class LendDaoImpl extends BaseDAO implements LendDao{
    public List selectBook(String readerId,int pageNow,int pageSize) {
        Session session=null;
        Transaction tx=null;
        List list=null;
        try{
            session=getSession();
            tx=session.beginTransaction();
            //查询指定的列的信息
            Query query=session.createQuery("select l.bookId,l.ISBN,b.bookName,b.publisher,b.price,l.ltime
from Lend as l,Book as b where l.readerId=? and b.ISBN=l.ISBN");
            query.setParameter(0, readerId);
            list=query.list();
            tx.commit();
        }catch(Exception e){
            if(tx!=null)tx.rollback();
            e.printStackTrace();
        }finally{
            session.close();
        }
        return list;
    }
    public int selectBookSize(String readerId) {
        Session session=null;
        Transaction tx=null;
        int size=0;
```

```
        try{
            session=getSession();
            tx=session.beginTransaction();
            Query query=session.createQuery("from Lend where readerId=?");
            query.setParameter(0, readerId);
            size=query.list().size();
            tx.commit();
        }catch(Exception e){
            if(tx!=null)tx.rollback();
            e.printStackTrace();
        }finally{
            session.close();
        }
        return size;
    }
    public void addLend(Lend lend,Book book,Student student) {
        Session session=null;
        Transaction tx=null;
        try{
            session=getSession();
            tx=session.beginTransaction();
            session.save(lend);                    //添加借书信息
            session.update(book);                  //修改图书信息，图书的库存量-1
            session.update(student);               //修改学生信息，学生的借书量+1
            tx.commit();
        }catch(Exception e){
            if(tx!=null)tx.rollback();
            e.printStackTrace();
        }finally{
            session.close();
        }
    }
    public Lend selectByBookId(String bookId) {
        Session session=null;
        Transaction tx=null;
        Lend lend=null;
        try{
            session=getSession();
            tx=session.beginTransaction();
            lend=(Lend)session.get(Lend.class, bookId);
            tx.commit();
        }catch(Exception e){
            if(tx!=null)tx.rollback();
            e.printStackTrace();
        }
        finally{ session.close();   }
        return lend;
    }
    public Lend selectByBookISBN(String ISBN) {
        Session session=null;
        Transaction tx=null;
```

```
            Lend lend=null;
            try{
                  session=getSession();
                  tx=session.beginTransaction();
                  Query query=session.createQuery("from Lend where ISBN=?");
                  query.setParameter(0, ISBN);
                  lend=(Lend) query.uniqueResult();
                  tx.commit();
            }catch(Exception e){
                  if(tx!=null)tx.rollback();
                  e.printStackTrace();
            }
            finally{ session.close();   }
            return lend;
      }
}
```

16.4.4 编写业务逻辑接口及实现类

在实际的 Java EE 项目开发中，往往还要使用业务逻辑接口将持久层的 DAO 进一步加以封装，以尽可能地提高软件系统的可维护性和消除耦合，本项目就将增加这一层开发。

“登录”的业务逻辑接口 LoginService.java 代码如下：

```
package org.service;
import org.vo.Login;
public interface LoginService {
      public Login checkLogin(String username,String password);
}
```

LoginService.java 的实现类 LoginServiceImpl.java 为：

```
package org.service.impl;
import org.dao.LoginDao;
import org.service.LoginService;
import org.vo.Login;
public class LoginServiceImpl implements LoginService{
      private LoginDao loginDao;
      public Login checkLogin(String username, String password) {
            return loginDao.checkLogin(username, password);
      }
      public LoginDao getLoginDao() {
            return loginDao;
      }
      public void setLoginDao(LoginDao loginDao) {
            this.loginDao = loginDao;
      }
}
```

“图书”的业务逻辑接口 BookService.java 代码如下：

```
package org.service;
import org.vo.Book;
public interface BookService {
      //查询图书信息
      public Book selectBook(String ISBN);
```

```
    //添加图书
    public void addBook(Book book);
    //删除图书
    public void deleteBook(String ISBN);
    //修改图书
    public void updateBook(Book book);
}
```

BookService.java 的实现类 BookServiceImpl.java 代码如下：

```
package org.service.impl;
import org.dao.BookDao;
import org.service.BookService;
import org.vo.Book;
public class BookServiceImpl implements BookService{
    private BookDao bookDao;
    public BookDao getBookDao() {
        return bookDao;
    }
    public void setBookDao(BookDao bookDao) {
        this.bookDao = bookDao;
    }
    public Book selectBook(String ISBN) {
        return bookDao.selectBook(ISBN);
    }
    public void addBook(Book book) {
        bookDao.addBook(book);
    }
    public void deleteBook(String ISBN) {
        bookDao.deleteBook(ISBN);
    }
    public void updateBook(Book book) {
        bookDao.updateBook(book);
    }
}
```

“读者”的业务逻辑接口 StudentService.java 代码如下：

```
package org.service;
import org.vo.Student;
public interface StudentService {
    //查询读者信息
    public Student selectStudent(String readerId);
}
```

StudentService.java 的实现类 StudentServiceImpl.java 为：

```
package org.service.impl;
import org.dao.StudentDao;
import org.service.StudentService;
import org.vo.Student;
public class StudentServiceImpl implements StudentService{
    private StudentDao studentDao;
    public Student selectStudent(String readerId) {
        return studentDao.selectStudent(readerId);
    }
```

```
    public StudentDao getStudentDao() {
        return studentDao;
    }
    public void setStudentDao(StudentDao studentDao) {
        this.studentDao = studentDao;
    }
}
```

“借书”的业务逻辑接口 LendService.java 代码如下：

```
package org.service;
import java.util.List;
import org.vo.Book;
import org.vo.Lend;
import org.vo.Student;
public interface LendService {
    public List selectBook(String readerId,int pageNow,int pageSize);
    public int selectBookSize(String readerId);
    public void addLend(Lend lend,Book book,Student student);
    public Lend selectByBookId(String bookId);
    public Lend selectByBookISBN(String ISBN);
}
```

LendService.java 的实现类 LendServiceImpl.java 代码如下：

```
package org.service.impl;
import java.util.List;
import org.dao.LendDao;
import org.service.LendService;
import org.vo.Book;
import org.vo.Lend;
import org.vo.Student;
public class LendServiceImpl implements LendService{
    private LendDao lendDao;
    public void addLend(Lend lend, Book book, Student student) {
        lendDao.addLend(lend, book, student);
    }
    public List selectBook(String readerId, int pageNow, int pageSize) {
        return lendDao.selectBook(readerId, pageNow, pageSize);
    }
    public int selectBookSize(String readerId) {
        return lendDao.selectBookSize(readerId);
    }
    public Lend selectByBookId(String bookId) {
        return lendDao.selectByBookId(bookId);
    }
    public LendDao getLendDao() {
        return lendDao;
    }
    public void setLendDao(LendDao lendDao) {
        this.lendDao = lendDao;
    }
    public Lend selectByBookISBN(String ISBN) {
        return lendDao.selectByBookISBN(ISBN);
    }
}
```

完成了 DAO 及业务逻辑的编写后，需要在 Spring 的配置文件中进行依赖注入，以便于应用，故 Spring 的配置文件 applicationContext.xml 文件修改代码如下：

```
<?xml version="1.0" encoding="UTF-8"?>
<beans
    …
    <bean id="dataSource"
        class="org.apache.commons.dbcp.BasicDataSource">
        …
    </bean>
    <bean id="sessionFactory"
        class="org.springframework.orm.hibernate4.LocalSessionFactoryBean">
        …
    </bean>
    <bean id="transactionManager"
        class="org.springframework.orm.hibernate4.HibernateTransactionManager">
        <property name="sessionFactory" ref="sessionFactory" />
    </bean>
    <tx:annotation-driven transaction-manager="transactionManager" />
    <bean id="baseDAO" class="org.dao.BaseDAO">
        <property name="sessionFactory" ref="sessionFactory"/>
    </bean>
    <!-- 通过继承 baseDAO 对各 Dao 进行依赖注入 -->
    <bean id="bookDao" class="org.dao.impl.BookDaoImpl" parent="baseDAO"/>
    <bean id="loginDao" class="org.dao.impl.LoginDaoImpl" parent="baseDAO"/>
    <bean id="studentDao" class="org.dao.impl.StudentDaoImpl" parent= "baseDAO"/>
    <bean id="lendDao" class="org.dao.impl.LendDaoImpl" parent="baseDAO"/>
    <!-- 对业务逻辑进行依赖注入 -->
    <bean id="bookservice" class="org.service.impl.BookServiceImpl">
        <property name="bookDao" ref="bookDao"></property>
    </bean>
    <bean id="loginservice" class="org.service.impl.LoginServiceImpl">
        <property name="loginDao" ref="loginDao"></property>
    </bean>
    <bean id="studentservice" class="org.service.impl.StudentServiceImpl">
        <property name="studentDao" ref="studentDao"></property>
    </bean>
    <bean id="lendservice" class="org.service.impl.LendServiceImpl">
        <property name="lendDao" ref="lendDao"></property>
    </bean>
</beans>
```

这里对所有的业务逻辑都进行了依赖注入，这样每个业务逻辑就都与特定的持久层 DAO 接口关联了起来，前台程序调用业务逻辑中的方法就可以间接地执行底层的 DAO 操作。下面进行开发功能的实现，由于本例还是继续开发“借书”及“图书管理”这两个功能，故页面代码没有改变，读者可以参考第 11 章案例中应用的页面，本节不再列举。

16.4.5 “登录”功能的实现

登录提交到“login.action”，因本项目所有的 Action 都交由 Spring 管理，故在 struts.xml 文件中只需指出其 id 属性名作为类名值即可，不用写出完整的包路径类名。配置修改如下：

```
<!-- 用户登录 -->
<action name="login" class="loginAction">
    <result name="admin">admin.jsp</result>
    <result name="student">student.jsp</result>
    <result name="error">error.jsp</result>
    <result name="input">login.jsp</result>
</action>
```

其中，加黑部分代码为修改内容，class 属性值“loginAction”是登录 Action 模块在 Spring 容器中作为一个 Bean 的 id 标识。

Action 类 LoginAction.java 代码修改如下：

```
package org.action;
import java.util.*;
import org.service.LoginService;
import org.vo.*;
import com.opensymphony.xwork2.*;
public class LoginAction extends ActionSupport{
    private Login login;
    private LoginService loginservice;
    private String message;
    //处理用户请求的 execute 方法
    public String execute() throws Exception{
        //直接使用业务接口中封装的方法
        //LoginDao loginDao = new LoginDaoImpl();
        Login l = loginservice.checkLogin(login.getName(), login.getPassword());
        if(l!=null){                                  //如果登录成功
            //获得会话，用来保存当前登录用户的信息
            Map session = ActionContext.getContext().getSession();
            session.put("login", l);                  //把获取的对象保存在 Session 中
            //登录成功，判断角色为管理员还是学生，true 表示管理员，false 表示学生
            if(l.getRole()){
                return "admin";                       //管理员身份登录
            }else{
                return "student";                     //学生身份登录
            }
        }else{
            return ERROR;                             //验证失败返回字符串 ERROR
        }
    }
    //验证登录名和密码是否为空
    public void validate() { … }
    //添加属性 loginservice 的 get/set 方法
    public LoginService getLoginservice() {
        return loginservice;
    }
    public void setLoginservice(LoginService loginservice) {
        this.loginservice = loginservice;
    }
    //省略其余属性的 get/set 方法
    …
}
```

在 Spring 配置文件中对 LoginAction 进行依赖注入，代码如下：

```
<bean id="loginAction" class="org.action.LoginAction">
        <property name="loginservice" ref="loginservice"/>
</bean>
```

这个功能是经常做的，比较简单，就不多做解释了。可以看出，实现功能的一般步骤为“页面提交*.action”→“struts.xml 配置该 action，并指定要处理请求的 Action 类”→“编写处理的 Action，接收数据，并调用业务逻辑中的方法来实现请求（业务逻辑对象的生成由 Spring 进行依赖注入），保存数据，返回”→“struts.xml 文件根据返回结果跳转页面”。后面每个功能都是按这样的步骤来实现的。

16.4.6 “查询已借图书”功能的实现

要“查询已借图书”，首先要进入“借书”功能的页面，如图 16.16 所示，界面实现的代码见 6.3.1 节的“lend.jsp”。

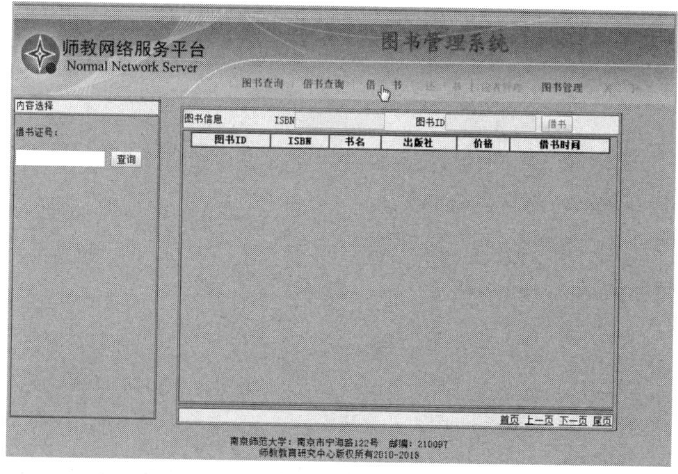

图 16.16　借书的主界面

在输入借书证号后，单击【查询】按钮，查询出该读者的所有借书信息，如输入“171101”，出现如图 16.17 所示的界面。

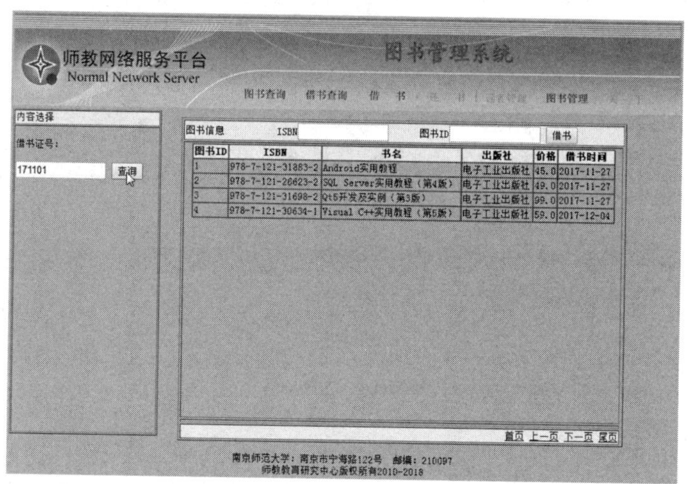

图 16.17　查询已借图书页面

该功能的页面提交借书证号代码如下（完整代码位于 search.jsp 中）：

```
<s:form action="selectBook" method="post" theme="simple">
        <table border="1" width="200" cellspacing=1 class="font1">
                <tr bgcolor="#E9EDF5">
                        <td>内容选择</td>
                </tr>
                <tr>
                <td align="left" valign="top" height="400">
                                <br>借书证号：<br><br>
                                <s:textfield name="lend.readerId" size="15"/>
                                <s:submit value="查询"/>
                        </td>
                </tr>
        </table>
</s:form>
```

提交到了“selectBook.action”，相应地，在 struts.xml 中的配置如下：

```
<!-- 查询已借图书 -->
<action name="selectBook" class="lendAction" method="selectAllLend">
        <result name="success">lend.jsp</result>
</action>
```

LendAction.java 中实现的方法代码修改如下：

```
package org.action;
import java.util.*;
import org.service.*;
import org.vo.*;
import org.tool.Pager;
import com.opensymphony.xwork2.*;
public class LendAction extends ActionSupport{
        private int pageNow=1;                                  //初始页面为第 1 页
        private int pageSize=4;                                 //每页显示 4 天记录
        private Lend lend;
        private LendService lendservice;
        private StudentService studentservice;
        private BookService bookservice;
        private String message;
        //上面各属性的 set 和 get 方法
        …
        //增加属性 lendservice 的 get/set 方法
        public LendService getLendservice() {
                return lendservice;
        }
        public void setLendservice(LendService lendservice) {
                this.lendservice = lendservice;
        }
        //增加属性 studentservice 的 get/set 方法
        public StudentService getStudentservice() {
                return studentservice;
        }
        public void setStudentservice(StudentService studentservice) {
                this.studentservice = studentservice;
```

```
	}
	//增加属性 bookservice 的 get/set 方法
	public BookService getBookservice() {
		return bookservice;
	}
	public void setBookservice(BookService bookservice) {
		this.bookservice = bookservice;
	}
	public String selectAllLend() throws Exception{
		//判断输入的借书证号是否为空，如果为空则设置信息，直接返回
		if(lend.getReaderId()==null||lend.getReaderId().equals("")){
			this.setMessage("请输入借书证号！");
			return SUCCESS;
			//改为直接使用业务接口封装的方法
		}else if(studentservice.selectStudent(lend.getReaderId())==null){
			//调用 StudentService 中的查询学生的方法，如果为 null 就表示输入的借书证号不存在
			this.setMessage("不存在该学生！");
			return SUCCESS;
		}
		//调用 LendService 的查询已借图书方法，查询，这里用到了分页查询
		List list=lendservice.selectBook(lend.getReaderId(),this.getPageNow(),this.getPageSize());
		//根据当前页及一共多少条记录创建分页的类 Pager 对象
		Pager page=new Pager(pageNow,lendservice.selectBookSize(lend.getReaderId()));
		Map request=(Map) ActionContext.getContext().get("request");
		request.put("list", list);                          //保存查询的记录
		request.put("page", page);                          //保存分页记录
		request.put("readerId", lend.getReaderId());        //保存借书证号
		return SUCCESS;
	}
}
```

在 Spring 配置文件中对 LendAction 进行依赖注入，代码如下：

```
<bean id="lendAction" name="" class="org.action.LendAction">
	<property name="lendservice" ref="lendservice"></property>
	<property name="bookservice" ref="bookservice"></property>
	<property name="studentservice" ref="studentservice"></property>
</bean>
```

16.4.7 “借书”功能的实现

在某读者查询过已借的图书信息后，就可以继续借书了，输入正确的 ISBN 及图书 ID 后，单击【借书】按钮，即可完成借书，如图 16.18 所示。

借书功能的页面代码如下（完整代码位于 lendbook.jsp 中）：

```
<s:form action="lendBook" method="post" theme="simple">
<tr bgcolor="#E9EDF5" class="font1">
	<s:if test="#request.readerId==null">
		<td colspan="2">
		图书信息          
		ISBN
		<s:textfield name="lend.ISBN" size="15" disabled="true"></s:textfield>
		     图书 ID
```

```
            <s:textfield name="lend.bookId" size="15" disabled="true"></s:textfield>
            <s:submit value="借书" disabled="true"/>
          </td>
      </s:if>
      <s:else>
          <td colspan="2">
            图书信息          
            ISBN
            <s:textfield name="lend.ISBN" size="15"></s:textfield>
                 图书 ID
            <s:textfield name="lend.bookId" size="15"></s:textfield>
            <input type="hidden" name="lend.readerId" value="<s:property ="#request.readerId"/>"/>
            <s:submit value="借书"/>
          </td>
      </s:else>
  </tr>
  </s:form>
```

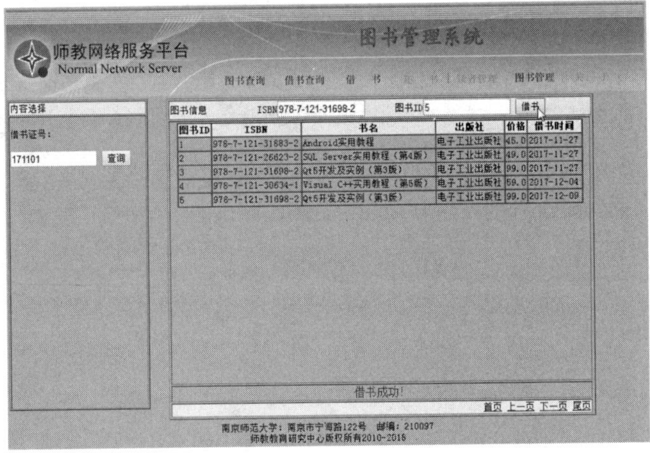

图 16.18　借书成功页面

这里进行了一个判断，前面也已经讲解，就是若“readerId”没有值就让输入框不可编辑，这是因为如果没有“readerId”就不知道谁要借书了。当输入了借书证号查询后，“readerId”就被传递到页面中，输入图书的 ISBN 及图书 ID，单击【借书】按钮，请求提交到“lendBook.action”，struts.xml 中相应的配置如下：

```
<!-- 借书 -->
<action name="lendBook" class="lendAction" method="lendBook">
    <result name="success">lend.jsp</result>
</action>
```

在 LendAction.java 中的方法实现如下：

```
public String lendBook()throws Exception{
    //如果 ISBN 为空或者不存在该 ISBN 的书，就返回到原来的情况，只是多了提示信息
    if(lend.getISBN()==null||lend.getISBN().equals("")||bookservice.selectBook(lend.getISBN())==null||
(bookservice.selectBook (lend.getISBN()).getSnum())<1){
        List list=lendservice.selectBook(lend.getReaderId(),this.getPageNow(),this.getPageSize());
        Pager page=new Pager(pageNow,lendservice.selectBookSize(lend.getReaderId()));
        Map request=(Map) ActionContext.getContext().get("request");
```

```
            request.put("list", list);
            request.put("page", page);
            request.put("readerId", lend.getReaderId());
            setMessage("ISBN 不能为空或者不存在该 ISBN 的图书或者该 ISBN 的图书没有库存量！");
            return SUCCESS;
        }else if(lend.getBookId()==null||lend.getBookId().equals("")||
                lendservice.selectByBookId(lend.getBookId())!=null){
            //如果输入的图书 ID 为空或该图书 ID 已经存在也返回到原来的情况，并给出提示信息
            List list=lendservice.selectBook(lend.getReaderId(),this.getPageNow(),this.getPageSize());
            Pager page=new Pager(pageNow,lendservice.selectBookSize(lend.getReaderId()));
            Map request=(Map) ActionContext.getContext().get("request");
            request.put("list", list);                                  //原来查出的已借图书
            request.put("page", page);                                  //分页
            request.put("readerId", lend.getReaderId());                //借书证号
            this.setMessage("该图书 ID 已经存在或图书 ID 为空！");
            return SUCCESS;
        }
        Lend l=new Lend();
        l.setBookId(lend.getBookId());                                  //设置图书 ID
        l.setISBN(lend.getISBN());                                      //设置图书 ISBN
        l.setReaderId(lend.getReaderId());                              //设置借书证号
        l.setLtime(new Date());                                         //设置借书时间为当前时间
        Book book=bookservice.selectBook(lend.getISBN());               //取得该 ISBN 的图书对象
        book.setSnum(book.getSnum()-1);                                 //设置库存量-1
        Student stu=studentservice.selectStudent(lend.getReaderId());
        stu.setNum(stu.getNum()+1);                                     //设置学生的借书量+1
        lendservice.addLend(l, book, stu);
        this.setMessage("借书成功！");
        List list=lendservice.selectBook(lend.getReaderId(),this.getPageNow(),this.getPageSize());
        Pager page=new Pager(pageNow,lendservice.selectBookSize(lend.getReaderId()));
        Map request=(Map) ActionContext.getContext().get("request");
        request.put("list", list);
        request.put("page", page);
        request.put("readerId", lend.getReaderId());
        return SUCCESS;
    }
```

由于前面已经对 LendAction 进行了依赖注入，这里就不用再配置了。

16.4.8 “图书管理”功能的实现

图书管理界面如图 16.19 所示，页面实现代码与 6.4.1 节中的“bookmanage.jsp”相同。

1. 图书追加

图书追加是向数据库中添加数据，页面的提交代码如下：

```
<s:submit value="图书追加" method="addBook"/>
```

在提交标签中定义了“method”属性，指定了该请求应用的 Action 类中的方法为“addBook”，故当 4 个按钮都提交给“book.action”时，在指定的 Action 类中就可以找到相应的方法进行处理。struts.xml 中的配置如下：

```
<!-- 图书管理 -->
<action name="book" class="bookAction">
```

```
        <result name="success">bookmanage.jsp</result>
        <result name="input">bookmanage.jsp</result>
        <interceptor-ref name="defaultStack">
            <param name="validation.excludeMethods">*</param>
            <param name="validation.includeMethods">addBook,updateBook</param>
        </interceptor-ref>
</action>
```

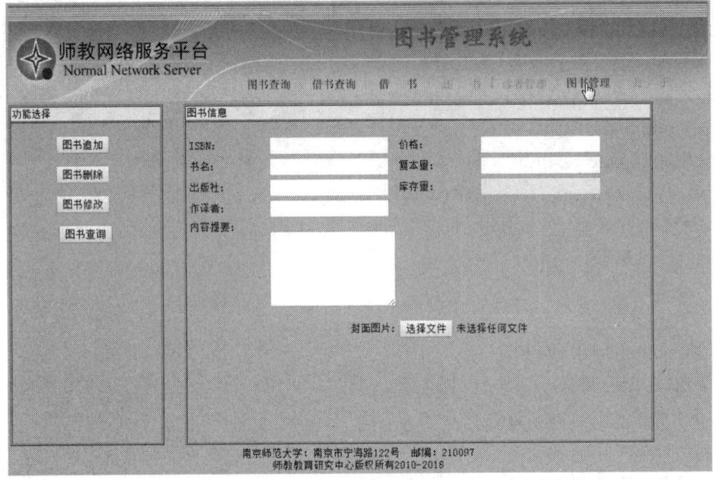

图 16.19　图书管理界面

BookActon.java 中相应的处理方法如下：

```
package org.action;
import java.io.*;
import java.util.Map;
import javax.servlet.ServletOutputStream;
import javax.servlet.http.HttpServletResponse;
import org.apache.struts2.ServletActionContext;
import org.service.*;
import org.service.impl.*;
import org.vo.*;
import com.opensymphony.xwork2.*;
public class BookAction extends ActionSupport{
        private String message;
        private File photo;
        private Book book;
        private BookService bookservice;
        private LendService lendservice;
        //上面各属性的 get 和 set 方法
        …
        //增加属性 bookservice 的 get/set 方法
        public BookService getBookservice() {
            return bookservice;
        }
        public void setBookservice(BookService bookservice) {
            this.bookservice = bookservice;
        }
```

```
        //增加属性 lendservice 的 get/set 方法
        public LendService getLendservice() {
            return lendservice;
        }
        public void setLendservice(LendService lendservice) {
            this.lendservice = lendservice;
        }
        public String addBook() throws Exception{
            Book bo=bookservice.selectBook(book.getISBN());
            if(bo!=null){                            //判断要添加的图书是否已经存在
                this.setMessage("ISBN 已经存在！");
                return SUCCESS;
            }
            Book b=new Book();
            b.setISBN(book.getISBN());
            b.setBookName(book.getBookName());
            b.setAuthor(book.getAuthor());
            b.setPublisher(book.getPublisher());
            b.setPrice(book.getPrice());
            b.setCnum(book.getCnum());
            b.setSnum(book.getCnum());
            b.setSummary(book.getSummary());
            if(this.getPhoto()!=null){
                FileInputStream fis=new FileInputStream(this.getPhoto());
                byte[] buffer=new byte[fis.available()];
                fis.read(buffer);
                b.setPhoto(buffer);
            }
            bookservice.addBook(b);
            this.setMessage("添加成功！");
            return SUCCESS;
        }
}
```

在 Spring 的配置文件中对 BookAction 进行依赖注入，代码如下：

```
<bean id="bookAction" class="org.action.BookAction">
    <property name="bookservice" ref="bookservice"></property>
    <property name="lendservice" ref="lendservice"></property>
</bean>
```

2. 图书删除

因为图书删除也是提交给了“book.action”，而且在提交标签中定义了使用的方法：

```
<s:submit value="图书删除" method="deleteBook"/>
```

所以，直接在 BookAction.java 中编写方法即可，代码如下：

```
public String deleteBook() throws Exception{
    //判断要删除的 ISBN 是否存在，即是否存在该书籍
    if(book.getISBN()==null||book.getISBN().equals("")){
        this.setMessage("请输入 ISBN 号");
        return SUCCESS;
    }
    Book bo=bookservice.selectBook(book.getISBN());
```

```
        if(bo==null){                    //首先判断是否存在该图书
            this.setMessage("要删除的图书不存在！");
            return SUCCESS;
        }else if(lendservice.selectByBookISBN(book.getISBN())!=null){
            this.setMessage("该图书已经被借出,故不能删除图书信息！");
            return SUCCESS;
        }
        bookservice.deleteBook(book.getISBN());
        this.setMessage("删除成功！");
        return SUCCESS;
    }
```

3. 图书查询

同样，图书查询也是提交到了“book.action”，提交标签中定义如下：

```
<s:submit value="图书查询" method="selectBook"/>
```

对应 BookAction.java 中的方法如下：

```
public String selectBook() throws Exception{
    Book onebook=bookservice.selectBook(book.getISBN());
    if(onebook==null){
        this.setMessage("不存在该图书！");
        return SUCCESS;
    }
    Map request=(Map) ActionContext.getContext().get("request");
    request.put("onebook", onebook);
    return SUCCESS;
}
```

同时，在查询时要对照片进行处理，将下面的代码配置在 struts.xml 文件中：

```
<action name="getImage" class="bookAction" method="getImage">
    <interceptor-ref name="defaultStack">
        <param name="validation.excludeMethods">*</param>
        <param name="validation.includeMethods">addBook,updateBook</param>
    </interceptor-ref>
</action>
```

当然，由于查询中要读取照片，所以在 BookAction 中还要定义读取照片的“getImage”方法，代码如下：

```
public String getImage() throws Exception{
    HttpServletResponse response = ServletActionContext.getResponse();
    String ISBN=book.getISBN();
    Book b=bookservice.selectBook(ISBN);
    byte[] photo = b.getPhoto();
    response.setContentType("image/jpeg");
    ServletOutputStream os = response.getOutputStream();
    if ( photo != null && photo.length != 0 ){
        for (int i = 0; i < photo.length; i++){
            os.write(photo[i]);
        }
        os.flush();
    }
    return NONE;
}
```

4. 图书修改

图书修改其实和图书添加差不多，区别在于图书修改一般要先根据 ISBN 查询出对应的图书信息，然后在其基础上进行修改，提交按钮的代码如下：

```
<s:submit value="图书修改" method="updateBook"/>
```

对应的 BookAction.java 中的方法如下：

```
public String updateBook() throws Exception{
        Book b=bookservice.selectBook(book.getISBN());
        if(b==null){
                this.setMessage("要修改的图书不存在,请先查看是否存在该图书！");
                return SUCCESS;
        }
        b.setBookName(book.getBookName());
        b.setAuthor(book.getAuthor());
        b.setPublisher(book.getPublisher());
        b.setPrice(book.getPrice());
        b.setCnum(book.getCnum());
        b.setSnum(book.getSnum());
        b.setSummary(book.getSummary());
        if(this.getPhoto()!=null){
                FileInputStream fis=new FileInputStream(this.getPhoto());
                byte[] buffer=new byte[fis.available()];
                fis.read(buffer);
                b.setPhoto(buffer);
        }
        bookservice.updateBook(b);
        this.setMessage("修改成功！");
        return SUCCESS;
}
```

在图书追加及图书修改时，为了防止提交空数据，应用了验证框架对其进行验证，“BookAction-validation.xml”文件代码同第 6 章原项目，略。

16.5 Spring 与 Spring MVC、MyBatis 三者的整合

前面 16.3 节讲解了 Spring 与 MyBatis 的整合，而第 14 章已经介绍过 Spring MVC 与 MyBatis 整合的应用。如果进一步将 Spring 与 Spring MVC、MyBatis 这三者整合起来，就得到目前在轻量级 Java EE 开发领域另一大通用的主流架构——SSM 架构。

16.5.1 整合原理

Spring MVC/Spring/MyBatis 三者全整合（简称 SSM）的基本思路是：在 Spring 与 MyBatis 整合应用的基础上，引入 Spring MVC 来承担原本由 Struts 2 完成的表示层控制功能。Spring 依然作为大容器用，在它里面容纳（注册）Spring MVC 的 Controller、DAO 和 MyBatis 组件。SSM 架构的原理如图 16.20 所示。

下面我们使用 SSM 架构来实现图书管理系统的登录功能，旨在让读者对这一当前最为流行的 Java EE 架构有个入门的了解，限于篇幅，本书不对其做过多地展开，若想深入理解 SSM 并用它开发出更为复杂的 Java EE 应用系统，可参考这方面的专业书籍。

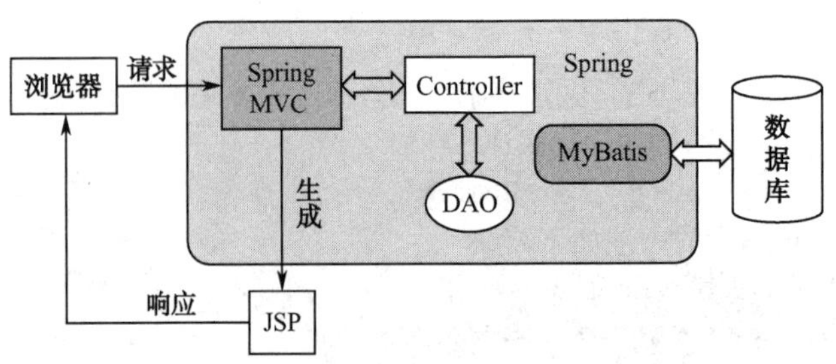

图 16.20 SSM 架构原理

16.5.2 应用实例

首先搭建好 Spring 与 Spring MVC、MyBatis 三者整合的项目框架，步骤如下。

1. 创建 Java EE 项目

新建 Java EE 项目，命名为 bookManage。

2. 添加 Spring 核心容器

操作同【实例 13.1】的第 1 步，略。本项目为 SSM 全整合，要同时支持 Web 及 MyBatis 持久化两大功能，故在添加类库时必须同时增加勾选“Spring Web”、“Spring Persistence”这两个库。

3. 加载 MyBatis 框架

同样地，Spring 与 MyBatis 集成需要使用中间件 mybatis-spring-1.3.1.jar，连同 MyBatis 框架本身的包，再加上数据库驱动，一共是 15 个包。将它们一起复制到项目的\WebRoot\WEB-INF\lib 路径下，刷新项目即可。

4. 配置 Spring

配置 applicationContext.xml，内容如下：

```
<?xml version="1.0" encoding="UTF-8"?>
<beans
    xmlns="http://www.springframework.org/schema/beans"
    xmlns:xsi="http://www.w3.org/2001/XMLSchema-instance"
    xmlns:p="http://www.springframework.org/schema/p"
    xsi:schemaLocation="http://www.springframework.org/schema/beans http://www.springframework.org/schema/beans/spring-beans-4.1.xsd http://www.springframework.org/schema/tx http://www.springframework.org/schema/tx/spring-tx.xsd"
    xmlns:tx="http://www.springframework.org/schema/tx">
    <!-- 配置数据源 -->
    <bean id="dataSource"
        class="org.apache.commons.dbcp.BasicDataSource">
        <property name="driverClassName"
            value="com.microsoft.sqlserver.jdbc.SQLServerDriver">
        </property>
        <property name="url" value="jdbc:sqlserver://localhost:1433;databaseName=MBOOK"/>
        <property name="username" value="sa"/>
        <property name="password" value="njnu123456"/>
    </bean>
    <!-- 配置 Mybatis 工厂 -->
```

```
    <bean id="sqlSessionFactory"
          class="org.mybatis.spring.SqlSessionFactoryBean">
          <property name="dataSource" ref="dataSource" />
          <property name="configLocation" value="classpath:mybatis-config.xml"/>
    </bean>
    <!-- 事务管理器（依赖于数据源） -->
    <bean id="transactionManager"
          class="org.springframework.jdbc.datasource.DataSourceTransactionManager">
          <property name="dataSource" ref="dataSource" />
    </bean>
    <!-- 注册组件 -->
    <bean id="loginDao" class="org.dao.impl.LoginDaoImpl">
          <property name="sqlSessionFactory" ref="sqlSessionFactory" />
    </bean>
    <tx:annotation-driven transaction-manager="transactionManager" />
</beans>
```

5. 创建 mybatis-config.xml 核心配置文件

在项目 src 下创建 MyBatis 框架的核心配置文件 mybatis-config.xml，内容为：

```
<?xml version="1.0" encoding="UTF-8"?>
<!DOCTYPE configuration PUBLIC "-//mybatis.org//DTD Config 3.0//EN"
"http://mybatis.org/dtd/mybatis-3-config.dtd">
<configuration>
    <typeAliases>
          <package name="org.model"/>
    </typeAliases>
    <mappers>
          <mapper resource="org/model/LoginMapper.xml"/>
    </mappers>
</configuration>
```

因 Spring 的配置文件中已有数据源，此处不用再重复配置了。

6. 配置 web.xml

Spring MVC 模块需要在项目 web.xml 文件中配置，代码如下：

```
<?xml version="1.0" encoding="UTF-8"?>
<web-app  xmlns:xsi="http://www.w3.org/2001/XMLSchema-instance"  xmlns="http://xmlns.jcp.org/xml/ns/javaee"
xsi:schemaLocation="http://xmlns.jcp.org/xml/ns/javaee   http://xmlns.jcp.org/xml/ns/javaee/web-app_3_1.xsd"   id="WebApp_
ID" version="3.1">
   <display-name>bookManage</display-name>
   <welcome-file-list>
     <welcome-file>login.jsp</welcome-file>
   </welcome-file-list>
   <listener>
     <listener-class>org.springframework.web.context.ContextLoaderListener</listener-class>
   </listener>
   <context-param>
     <param-name>contextConfigLocation</param-name>
     <param-value>classpath:applicationContext.xml</param-value>
   </context-param>
   <servlet>
      <servlet-name>springmvc</servlet-name>
      <servlet-class>
```

```
            org.springframework.web.servlet.DispatcherServlet
        </servlet-class>
        <init-param>
            <param-name>contextConfigLocation</param-name>
            <param-value>classpath:springmvc-config.xml</param-value>
        </init-param>
        <load-on-startup>1</load-on-startup>
    </servlet>
    <servlet-mapping>
        <servlet-name>springmvc</servlet-name>
        <url-pattern>/</url-pattern>
    </servlet-mapping>
</web-app>
```

7. 配置 springmvc-config.xml

在 src 下创建文件 springmvc-config.xml，输入如下的配置代码：

```
<?xml version="1.0" encoding="UTF-8"?>
<beans
        xmlns="http://www.springframework.org/schema/beans"
        xmlns:xsi="http://www.w3.org/2001/XMLSchema-instance"
        xmlns:context="http://www.springframework.org/schema/context"
        xmlns:p="http://www.springframework.org/schema/p"
        xsi:schemaLocation="http://www.springframework.org/schema/beans  http://www.springframework.org/schema/
beans/spring-beans-4.1.xsd  http://www.springframework.org/schema/context  http://www.springframework.org/schema/
context/spring-context-4.1.xsd">
        <context:component-scan base-package="org.controller"/>
        <bean id="viewResolver" class="org.springframework.web.servlet.view.InternalResourceViewResolver">
            <property name="prefix" value="/"/>
            <property name="suffix" value=".jsp"/>
        </bean>
</beans>
```

至此，项目 SSM 架构已经搭建好了，可见，有了前面各章的学习基础，整合 SSM 并不是一件难事。下面来正式开始开发过程。

8. 开发持久层

（1）POJO 类和映射文件

在项目 src 下建立包 org.model，用于放置 POJO 类及映射文件，其中 POJO 类直接使用【实例 1.1】的 Login.java（源文件复制过来刷新即可）。

映射文件 LoginMapper.xml 内容为：

```
<?xml version="1.0" encoding="utf-8"?>
<!DOCTYPE mapper PUBLIC "-//mybatis.org//DTD Mapper 3.0//EN"
"http://mybatis.org/dtd/mybatis-3-mapper.dtd">
<mapper namespace="org.model.LoginMapper">
    <select id="fromLoginbyName" parameterType="String" resultType="org.model.Login">
        select * from login where name = #{name}
    </select>
</mapper>
```

（2）DAO 及实现

在项目 src 下建立包 org.dao 及 org.dao.impl。

org.dao 包中放置 DAO 接口 LoginDao.java，代码如下：

```
package org.dao;
import org.model.*;
public interface LoginDao {
	public Login checkLogin(String name, String password);
}
```

org.dao.impl 包中是该接口所对应的实现类 LoginDaoImpl.java，代码如下：

```
package org.dao.impl;
import org.mybatis.spring.support.SqlSessionDaoSupport;
import org.model.*;
import org.dao.*;

public class LoginDaoImpl extends SqlSessionDaoSupport implements LoginDao {
	public Login checkLogin(String name, String password) {		//验证登录用户名和密码
		Login login = null;
		try {
			login = this.getSqlSession().selectOne("org.model.LoginMapper.fromLoginbyName", name);
			if(!login.getPassword().equals(password)) login = null; //无此用户，验证失败，返回 null
		}catch(Exception e) {
			e.printStackTrace();
		}
		return login;
	}
}
```

9. 开发控制器层

在项目 src 下建立包 org.controller，其中创建 Spring MVC 的控制器类 LoginController.java，代码如下：

```
package org.controller;
import org.model.*;
import org.dao.LoginDao;
import org.springframework.context.ApplicationContext;
import org.springframework.context.support.ClassPathXmlApplicationContext;
import javax.servlet.http.*;
import org.springframework.stereotype.*;
import org.springframework.ui.*;
import org.springframework.web.bind.annotation.*;
@Controller
public class LoginController {
	//处理用户请求的 handleRequest 方法
	@RequestMapping("/loginController")
	public String handleRequest(HttpServletRequest request, HttpServletResponse response, Model model) throws
Exception {
		request.setCharacterEncoding("gb2312");
		ApplicationContext ac = new ClassPathXmlApplicationContext("classpath:applicationContext.xml");
		LoginDao loginDao = (LoginDao) ac.getBean("loginDao");
		Login l = loginDao.checkLogin(request.getParameter("name"), request.getParameter("password"));
		if(l != null) {								//如果登录成功
```

```
                model.addAttribute("lgn", l.getName());
                return "main";
            }else {
                return "error";
            }
        }
}
```

10. 编写 JSP

login.jsp 代码如下：

```
<%@ page language="java" pageEncoding="gb2312"%>
<html>
<head>
    <title>图书管理系统</title>
</head>
<body bgcolor="#71CABF">
<form action="loginController" method="post">
    <table>
        <caption>用户登录</caption>
        <tr>
            <td>登录名</td>
            <td><input name="name" type="text" size="20"/></td>
        </tr>
        <tr>
            <td>密码</td>
            <td><input name="password" type="password" size="21"/></td>
        </tr>
    </table>
    <input type="submit" value="登录"/>
    <input type="reset" value="重置"/>
</form>
</body>
</html>
```

main.jsp 代码如下：

```
<%@ page language="java" pageEncoding="gb2312" import="org.model.Login"%>
<html>
<head>
    <title>欢迎使用</title>
</head>
<body>
    ${lgn}，您好！欢迎使用图书管理系统。
</body>
</html>
```

最后，部署运行程序，效果与【实例 1.1】完全一样，如图 1.53～图 1.55 所示。

目前，在 Java EE 商业应用中，传统企业项目使用 SSH2 架构的比较多，而对性能要求较高的互联网项目通常都是基于 SSM 架构开发的，所以对于有志于从事互联网 IT 行业的读者来说，学好 SSM 很重要。本书作为高校教材，对 SSM 的介绍仅仅是个入门，若要精通，建议读者多看这方面的专业书和资料，多动手实践几个功能复杂的大项目，才能快速成长为这方面的精英人才。

习　题　16

1．根据某一个功能说明 SSH2 整合的工作流程。

2．说明 Struts 2、Hibernate 及 Spring 在整合中各自完成的功能。

3．说明 Spring MVC、MyBatis 及 Spring 在整合中各自完成的功能。

4．比较 SSH2 和 SSM 这两种 Java EE 开发最主流的架构，说说两个体系中各框架在功能作用上对应的等效关系。

第2部分 实验指导

计算机学科是一门要求动手能力很强的学科，特别是语言编程方面，学习者要通过大量的实践才能从中体会到知识的典型应用。计算机应用能力的培养和提高，要靠大量的上机实验来完成。为配合本书的学习，这里汇集了 Java EE 的上机实验，读者可以根据前面各章节的学习，选择相应的实验进行练习，加深对 Java EE 的理解，培养实际的编程能力。

实验 1 Struts 2 基础应用

实验目的

① 通过实例开发，熟练掌握 Struts 2 的开发过程。
② 掌握 Struts 2 的工作流程及相关配置文件的配置。

实验内容

根据【实例 2.1】，完成简单的“登录系统”，运行程序，实现如图 T1.1 所示的用户登录界面。输入登录名和密码，得到如图 T1.2 所示的欢迎界面。

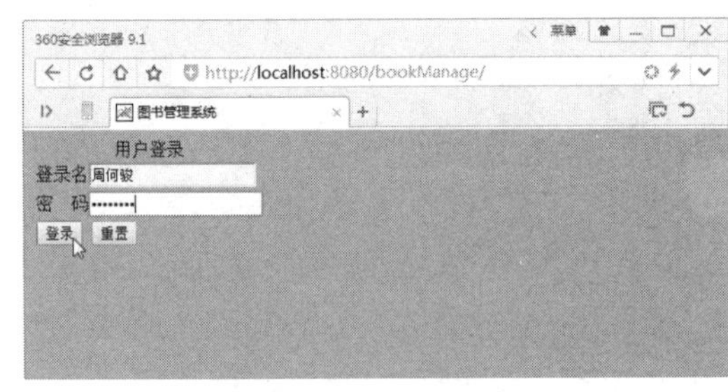

图 T1.1 用户登录界面

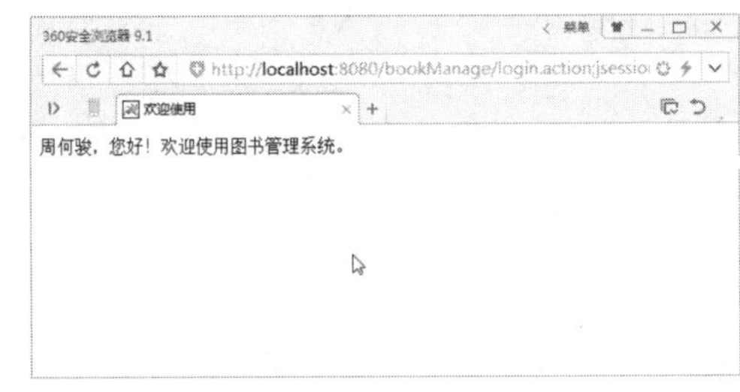

图 T1.2 欢迎界面

思考与练习

根据以前所学的 JDBC 知识，让本例通过数据库来检查登录名和密码的正确性，若输入正确的登录名和密码，则跳转到欢迎界面。（可以在 Action 类中连接数据库，并检验输入登录名和密码的正确性。）

实验 2 Struts 2 综合应用

实验目的

① 通过实例开发，熟练掌握 Struts 2 标签的应用。
② 掌握 Struts 2 的输入校验。
③ 掌握 Struts 2 拦截器、文件上传的简单应用。

实验内容

根据第 6 章实例的步骤，完成“图书管理系统”的“登录验证”、“借书”及“图书管理”功能，运行程序，输入正确的登录名和密码，得到如图 T2.1 所示的登录成功界面。

图 T2.1 登录成功界面

单击“借书”，出现如图 T2.2 所示的界面，在该界面中可以进行“查询某个读者已经借阅的图书”及“借书”两个操作。

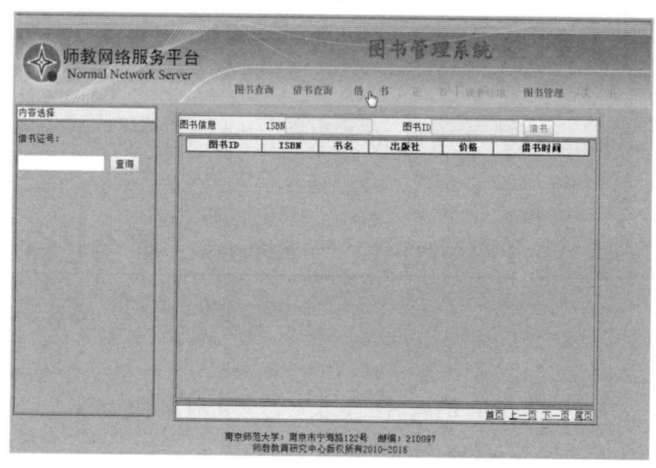

图 T2.2 “借书”界面

单击“图书管理”超链接，出现如图 T2.3 所示的界面，在该界面中可以对图书进行增、删、改、查操作。

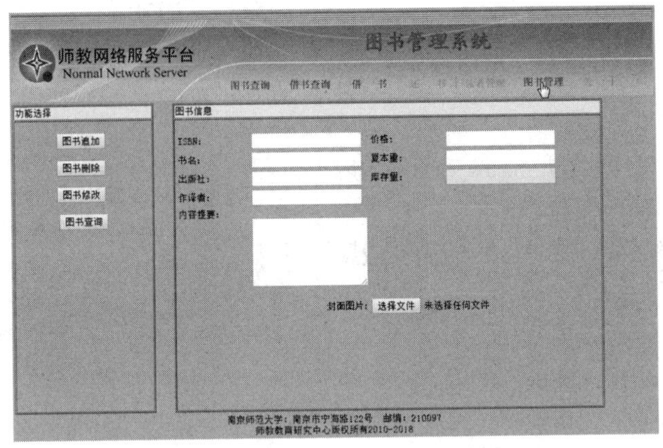

图 T2.3 “图书管理”界面

思考与练习

参考已做实例，模仿实现图书管理系统的其他功能。

实验 3 Hibernate 基础应用

实验目的

① 通过实例开发，熟练掌握 Hibernate 的开发过程。

② 掌握 Hibernate 对数据表的映射及相关配置文件的配置。

实验内容

根据【实例 7.1】，完成对数据库中“userTable”表的增、删、改、查操作。熟练掌握 Hibernate 持久层对数据表的映射关系。

思考与练习

自定义数据表，用 Hibernate 框架生成 POJO 类及相关映射文件，然后编写测试类，对该表进行增、删、改、查操作。

实验 4 Hibernate 与 Struts 2 整合应用

实验目的

① 通过实例开发，掌握 Hibernate 的映射机制及对持久化对象的操作。

② 掌握如何进行 Hibernate 与 Struts 2 的整合应用。

实验内容

根据第 11 章的实例，应用 Struts 2 与 Hibernate 的整合完成“图书管理系统”的“登录”、“查询已借图书”、“借书”及“图书管理”功能，运行程序，出现的界面同实验 2。

思考与练习

参考已做实例，应用 Struts 2 与 Hibernate 的整合实现图书管理系统的其他功能。

实验 5　MyBatis 基础应用

实验目的

① 通过实例开发，熟练掌握 MyBatis 的使用。
② 掌握 MyBatis 对数据库表的映射及相关配置文件的配置。

实验内容

根据【实例 12.1】，完成对数据库中“userTable”表的增、删、改、查操作，并与【实例 7.1】程序对比一下，看看 MyBatis 与 Hibernate 程序有什么相同点和不同的地方。

思考与练习

自定义数据表，编写符合 MyBatis 规范的 POJO 类及相关映射文件，然后编写测试类，对该表进行增、删、改、查操作。

实验 6　Spring 基础应用

实验目的

① 通过实例开发，基本了解 Spring 的应用。
② 掌握 Spring 依赖注入的应用及 Spring 配置文件的配置。

实验内容

试做【实例 13.2】，使用两种依赖注入方式，分别运行程序观察结果，深刻了解 Spring 的依赖注入应用。

思考与练习

参考前面做的程序，自己开发一个应用 Spring 的 set 注入的实例，运行查看结果，然后再修改成构造注入，运行查看结果。

实验 7　Spring MVC 基础应用

实验目的

① 通过实例开发，熟练掌握 Spring MVC 的开发过程。
② 掌握 Spring MVC 与两种不同的持久层框架 MyBatis、Hibernate 的整合应用。

实验内容

试做 14.2 节的 Spring MVC 程序，在理解 Spring MVC 内部工作原理的基础上熟悉相关配置文件的配置及注解的使用方法，并按照 14.5 节的指导将此程序的持久层分别替换为 MyBatis 和 Hibernate 实现。

思考与练习

将本实验的程序与实验 1 的由 Struts 2 开发的“登录系统”做个比较，说说两个程序在结构上有哪些相似之处，程序中各配置文件与源文件之间在功能和作用上存在着怎样的等效关系。

实验 8　Spring AOP 应用

实验目的

① 通过实例开发，熟悉 Spring 对 AOP 的基础支持。
② 掌握 Spring 对 AOP 的扩展支持。

实验内容

试做 15.2 节的所有关于 Spring AOP 的实例，比较 Spring 基础与扩展的 AOP 应用。

思考与练习

开发一个实例，其中包含前置通知、后置通知、环绕通知及异常通知。

实验 9　Spring 与 Struts 2 整合应用

实验目的

通过开发实例，掌握 Struts 2 与 Spring 的整合原理。

实验内容

试做【实例 16.1】，完成 Spring 与 Struts 2 的整合应用。

思考与练习

利用 Struts 2 与 Spring 的整合，在上面实例的基础上完成注册功能。

实验 10　Spring 与 Hibernate 整合应用

实验目的

通过开发实例，掌握 Spring 与 Hibernate 的整合原理。

实验内容

根据【实例 16.2】，完成 Spring 与 Hibernate 的整合。运行项目，观察运行结果，并掌握其实现方法。

思考与练习

模仿上面所做实例对图书表的增、删、改、查操作，完成对学生表的增、删、改、查操作。

实验 11　Spring 与 MyBatis 整合应用

实验目的

通过开发实例，掌握 Spring 与 MyBatis 的整合原理。

实验内容

根据【实例 16.3】，完成 Spring 与 MyBatis 的整合。运行项目，观察运行结果，并掌握其实现方法。

思考与练习

模仿上面所做实例完成对图书表的增、删、改、查操作，完成对学生表的增、删、改、查操作。

实验 12　SSH2 架构应用

实验目的

通过开发实例，掌握 Struts 2、Hibernate 与 Spring 的整合应用。

实验内容

根据 16.4 节内容，应用 Struts 2、Hibernate、Spring 三者的整合完成“图书管理系统”的“登录”、“查询已借图书”、“借书”及“图书管理”功能，运行程序，出现的界面同实验 2。

思考与练习

参考已做实例，应用 Struts 2、Hibernate 与 Spring 的整合实现图书管理系统的其他功能。

实验 13　SSM 架构应用

实验目的

通过开发实例，掌握 Spring MVC、Spring 与 MyBatis 的整合应用。

实验内容

根据 16.5 节的内容，应用 Spring MVC、Spring、MyBatis 三者的整合完成“图书管理系统”的“登录”、“查询已借图书”、“借书”及“图书管理”功能，运行程序，出现的界面同实验 2。

思考与练习

参考已做实例，应用 Spring MVC、Spring 与 MyBatis 的整合实现一个学生成绩管理系统的各项功能。

第 3 部分　综合应用实习

该实习设计了一个具有代表性的网上学生成绩管理系统，旨在通过该综合应用实例，使读者对 Java EE 的应用有一个比较熟练、深入的掌握，从而能够独立地开发出一个 Java EE 项目。

P1.1　数据库准备

该项目要实现学生、课程及成绩的增加、删除、修改、查找功能，需要 3 个表，即 XSB 表（表 P1.1）、KCB 表（表 P1.2）、CJB 表（表 P1.3）。其中，XSB 表中含有该学生所属专业的 ID，且作为外键，还应该有一个 ZYB 表（表 P1.4）。在登录学生成绩管理系统时，如果没有登录成功，就回到登录界面，登录成功后方可进行各种操作，所以还要有一个 DLB 表（表 P1.5）。具体的表结构如下：

表 P1.1　学生信息表（XSB）结构

项 目 名	列　名	数 据 类 型	可　空	默 认 值	说　明
学号	XH	定长字符串型（char6）	×	无	主键
姓名	XM	定长字符串型（char8）	×	无	
性别	XB	tinyint 型	×	无	值约束：1/0 1 表示男，0 表示女
出生时间	CSSJ	日期型（date）	√	无	
专业 Id	ZY_ID	int 型	×	无	
总学分	ZXF	整数型（int）	√	0	0≤总学分<160
备注	BZ	不定长字符串型（varchar500）	√	无	
照片	ZP	image	√	无	

表 P1.2　课程信息表（KCB）结构

项 目 名	列　名	数 据 类 型	可　空	默 认 值	说　明
课程号	KCH	定长字符型（char3）	×	无	主键
课程名	KCM	定长字符型（char12）	√	无	
开学学期	KXXQ	整数型（smallint）	√	无	只能为 1～8
学时	XS	整数型（int）	√	0	
学分	XF	整数型（int）	√	0	

表 P1.3　学生成绩表（CJB）结构

项 目 名	列　名	数 据 类 型	可　空	默 认 值	说　明
学号	XH	定长字符型（char6）	×	无	主键
课程号	KCH	定长字符型（char3）	×	无	主键
成绩	CJ	整型（int）	√	0	
学分	XF	整型（int）	√	无	

表 P1.4 专业信息表（ZYB）结构

项目名	列名	数据类型	可空	默认值	说明
Id	ID	int	×	增 1	主键
专业名	ZYM	定长字符型（char12）	×	无	
人数	RS	整型（int）	√	0	
辅导员	FDY	定长字符型（char8）	√	无	

表 P1.5 登录表（DLB）结构

项目名	列名	数据类型	可空	默认值	说明
标识	ID	整数型（int）	×	无	主键，是标识
登录号	XH	定长字符型（char6）	×	无	与 XSB 表学号关联
口令	KL	定长字符型（char20）	√	无	可以加密，长度为 8～20

P1.2 Java EE 系统分层架构

P1.2.1 分层模型

总结前述知识，轻量级的 Java EE 系统最适合采用分层架构，下面给出分层模型，如图 P1.1 所示。

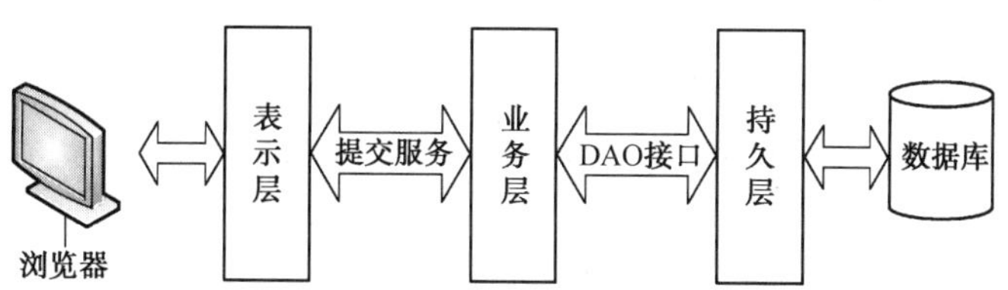

图 P1.1 轻量级 Java EE 系统的分层模型

这是一个通用的架构模型，由表示层、业务层和持久层构成。

● 表示层：这是 Java EE 系统与用户直接交互的层面，它实现 Web 前端界面及业务流程控制功能。表示层使用业务层提供的现成服务（Service）来满足用户多样的需求。

● 业务层：由一个个 Service 构成，每个 Service 作为一个程序模块（组件）完成一种特定的应用功能，而 Service 之间则相互独立。Service 调用 DAO 接口中公开的方法，经由持久层间接地操作后台数据库。

● 持久层：主要由 DAO 组件、持久化 POJO 类等构成，它屏蔽了底层 JDBC 连接和操作数据库的细节，为业务层 Service 提供了简洁、统一、面向对象的数据访问接口。

P1.2.2 多框架整合实施方案

在实际的 Java EE 开发中，往往采用多框架整合的方式来实现上述分层模型。最典型的就是使用本书所讲的 3 种主流开源框架的解决方案，如图 P1.2 所示。

在此方案中，表示层包括 Web 服务器上的 JSP 页（可含 CSS 样式）、Struts 2 控制器核心以及位于 Spring 容器中的 Action 模块；业务层是 Service 组件的集合，这些组件也都运行在 Spring 容器中；持久层以 DAO 为接口，包括 DAO 实现类（组件）、Hibernate 框架（包括其生成的 POJO 类及映射文件）。

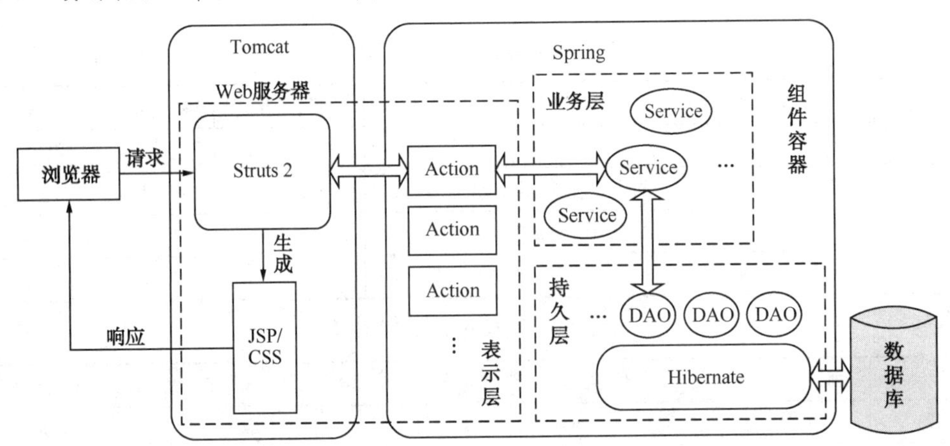

图 P1.2　轻量级 Java EE 架构实施方案

在表示层中，程序员只需编写 JSP 和开发 Action 代码块即可，控制逻辑由 Struts 2 自动承担（在 struts.xml 中配置）。

在业务层中，程序员需要编写各 Service 接口及其业务实现逻辑。

在持久层中，持久化 POJO 对象的生成依靠 Hibernate 的“反向工程”能力，程序员只要编写各 DAO 接口及其实现类即可。

整个系统的所有组件（Action、Service 和 DAO 等）全部交付给 Spring 统一管理。当用户要扩充系统功能时，只需将新功能做成组件“放入”Spring 容器，再适当修改前端 JSP 页面即可，丝毫不会影响到系统已有的结构和功能。

从上述实施方案可见，使用框架的最大好处不仅在于减少重复编程的工作量、缩短开发周期和降低成本，同时，还使系统架构更加明晰、合理，程序运行更加稳定、可靠。出于这些原因，基本上现在的企业级 Java EE 开发都会选择某些合适的框架，以达到快捷、高效的目的。

本实习接下来要做的“学生成绩管理系统”就是基于图 P1.2 所示的方案，整合三大框架开发而成的。

> **注意：**
>
> 此处，请特别注意 Java EE 三层架构与 MVC 三层结构的区别。MVC 是一切 Web 程序（不仅 Java EE）的通用开发模式，它的核心是控制器（C），通常由 Struts 2 担任。而上面所讲的 Java EE 三层架构则是以组件容器（Spring）为核心的，这里控制器 Struts 2 仅仅承担表示层的控制功能。在 Java EE 三层架构中，表示层囊括了 MVC 的 V（视图）和 C（控制）两层，而业务层和持久层的各组件实际上都是 MVC 广义所谓的 M（模型），只不过在 Java EE 这种更高级的软件系统中，将 MVC 模型又按不同用途加以细分了。

P1.3　搭建项目总体框架

一般来说，开发一个大型项目，都不会从一开始就急于编程写代码，而是首先要充分运用已有的成熟软件来搭建系统的主体框架，就像建造一座高楼大厦，有了主体架构，后期只要编写一个个特定功能的组件将它们集成到主框架内就可以了。接下来，就按照图 P1.2 所示的设计方案来搭建“学生成绩管理系统”的整体项目框架。

1. 创建 Java EE 项目

新建 Java EE 项目，命名为 xscjManage。

2. 添加 Spring 核心容器

操作同【实例 13.1】第 1 步，略。在添加类库时必须同时增加勾选“Spring Web”和“Spring Persistence”两个库。

3. 添加 Hibernate 框架

操作同【实例 16.2】第 3 步，略。

4. 添加 Struts 2 框架

操作同【实例 2.1】第 1、2 步，略。

5. 集成 Spring 与 Struts 2

操作同【实例 16.1】第 2 步，略。

经过以上 5 步，这个“学生成绩管理系统”的主体架构就搭好了，最终形成项目工程目录树，如图 P1.3 所示。

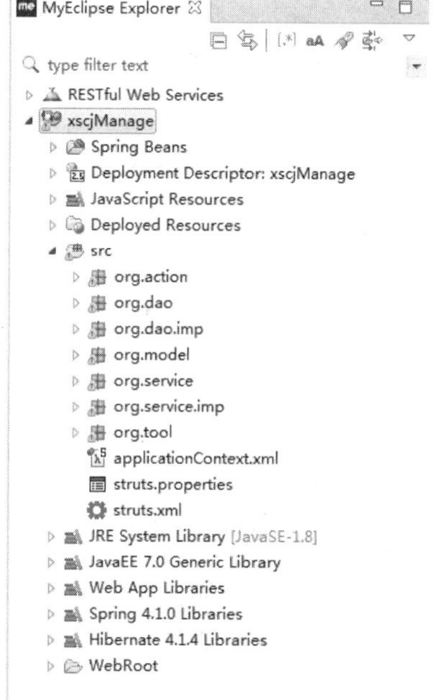

图 P1.3　项目工程目录树

为使项目结构更加清晰，一般都会在 src 目录下创建一个个的包，以便分门别类地存放各种组件的源代码文件，图 P1.3 中 src 下各子包放置的代码用途分别如下。

- org.action：放置对应的用户自定义的 Action 类。由 Action 类调用业务逻辑来处理用户请求，然后控制流程。
- org.dao：放置 DAO（数据访问对象）的接口，接口中的方法用来和数据库进行交互，这些方法由实现它们的类来实现。
- org.dao.imp：放置实现 DAO 接口的类。
- org.model：放置数据库表对应的 POJO 类及映射文件 *.hbm.xml。
- org.service：放置业务逻辑接口。接口中的方法用来处理用户请求，这些方法由实现接口的类来实现。
- org.service.imp：放置实现业务逻辑接口的类。
- org.tool：放置公用的工具类，如分页类等。

一个 Java EE 项目往往很大，需要一个团队而不是一个程序员来完成。这就需要整个团队协同工作，分工进行。所以面向接口编程给团队开发提供了很大的空间，只要有了这些接口，其他程序员就可以直接调用其中的方法，不管这个接口中的方法是如何实现的。开发一个大型项目，一般要先完成持久层数据连接、实现 DAO，接着是编写业务层的业务逻辑，最后才实现表示层页面及控制逻辑。下面就按这种分层的方式来开发“学生成绩管理系统”。

P1.4　持久层开发

P1.4.1　生成 POJO 类及映射

用 Hibernate 的“反向工程”法生成数据库表对应的 POJO 类及相应的映射文件，操作方法不再赘述。不过这里要重复操作，使本项目数据库的 5 个表全部生成对应文件，当然也可以一次选中所有表一起生成。最终生成的 POJO 类及映射文件都存于项目 org.model 包下，如图 P1.4 所示。

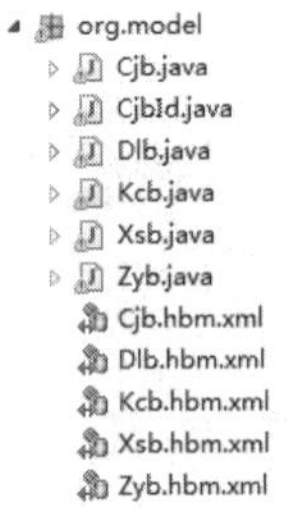

org.model
Cjb.java
CjbId.java
Dlb.java
Kcb.java
Xsb.java
Zyb.java
Cjb.hbm.xml
Dlb.hbm.xml
Kcb.hbm.xml
Xsb.hbm.xml
Zyb.hbm.xml

图 P1.4　生成的 POJO 类及映射

由于 CJB（成绩表）中用的是复合主键，所以会生成两个对应的 POJO，其中 CjbId 类包含两个主键，而 Cjb 类包含 CjbId 类对象及其他属性。

生成文件后还要对这些文件的某些部分稍做修改，以实现表之间的关联。本项目只需对 XSB 对应的类及映射进行修改即可。

Xsb.java 代码修改如下：

```
package org.model;
/**
 * Xsb entity. @author MyEclipse Persistence Tools
 */
public class Xsb implements java.io.Serializable {
	//Fields
	private String xh;				//学号
	private String xm;				//姓名
	private Short xb;				//性别
	private String cssj;				//出生时间
	//private Integer zyId;
	private Integer zxf;				//总学分
	private String bz;				//备注
	private byte[] zp;				//照片类型要转换成字节数组
	private Zyb zyb;				//这里是专业的对象

	//Constructors
	/** default constructor */
	public Xsb() {
	}
	/** minimal constructor */
	public Xsb(String xh, String xm, Short xb) {
		this.xh = xh;
		this.xm = xm;
		this.xb = xb;
		//this.zyId = zyId;
	}
	/** full constructor */
	public Xsb(String xh, String xm, Short xb, String cssj,
			Integer zxf, String bz, byte[ ] zp, Zyb zyb) {
		this.xh = xh;
		this.xm = xm;
		this.xb = xb;
		this.cssj = cssj;
		//this.zyId = zyId;
		this.zxf = zxf;
		this.bz = bz;
		this.zp = zp;
		this.zyb = zyb;
	}
```

```
    //Property accessors
    public String getXh() {
        return this.xh;
    }
    public void setXh(String xh) {
        this.xh = xh;
    }

    public String getXm() {
        return this.xm;
    }
    public void setXm(String xm) {
        this.xm = xm;
    }

    public Short getXb() {
        return this.xb;
    }
    public void setXb(Short xb) {
        this.xb = xb;
    }

    public String getCssj() {
        return this.cssj;
    }
    public void setCssj(String cssj) {
        this.cssj = cssj;
    }
/*  注销 zyId 属性的 getter/setter 方法
    public Integer getZyId() {
        return this.zyId;
    }
    public void setZyId(Integer zyId) {
        this.zyId = zyId;
    }
*/
    public Integer getZxf() {
        return this.zxf;
    }
    public void setZxf(Integer zxf) {
        this.zxf = zxf;
    }

    public String getBz() {
        return this.bz;
    }
    public void setBz(String bz) {
        this.bz = bz;
    }
```

```
        public byte[ ] getZp() {
            return this.zp;
        }
        public void setZp(byte[ ] zp) {
            this.zp = zp;
        }
        //增加 zyb 属性的 getter/setter 方法
        public Zyb getZyb(){
            return this.zyb;
        }
        public void setZyb(Zyb zyb){
            this.zyb = zyb;
        }
}
```

以上代码中加黑部分为需要改动的部分，主要是删除了原代码中的 zyId 属性及其 getter/setter 方法，增加了 Zyb 对象类属性 zyb 及其 getter/setter 方法。另外，把照片属性字段改为 byte[]型，即以字节数组的形式存储本项目学生的照片信息数据。

对应 Xsb.hbm.xml 文件代码修改如下：

```
<?xml version="1.0" encoding="utf-8"?>
<!DOCTYPE hibernate-mapping PUBLIC "-//Hibernate/Hibernate Mapping DTD 3.0//EN"
"http://www.hibernate.org/dtd/hibernate-mapping-3.0.dtd">
<!--
    Mapping file autogenerated by MyEclipse Persistence Tools
-->
<hibernate-mapping>
    <class name="org.model.Xsb" table="XSB" schema="dbo" catalog="TEST">
        <id name="xh" type="java.lang.String">
            <column name="XH" length="6" />
            <generator class="assigned" />
        </id>
        <property name="xm" type="java.lang.String">
            <column name="XM" length="8" not-null="true" />
        </property>
        <property name="xb" type="java.lang.Short">
            <column name="XB" not-null="true" />
        </property>
        <property name="cssj" type="java.lang.String">
            <column name="CSSJ" />
        </property>
        <property name="zxf" type="java.lang.Integer">
            <column name="ZXF" />
        </property>
        <property name="bz" type="java.lang.String">
            <column name="BZ" length="500" />
        </property>
        <property name="zp">
            <column name="ZP" />
        </property>
        <!-- 与专业表是多对一关系 -->
```

```
    <many-to-one name="zyb" class="org.model.Zyb" fetch="select" lazy="false">
            <column name="ZY_ID"/>
    </many-to-one>
    </class>
</hibernate-mapping>
```

其中，删除了原 zyId 字段属性配置的元素，删除了 zp 字段类型（type）值，并配置了学生表与专业表的多对一关系。

除 XSB 外，其余 4 个表的 POJO 类及映射文件代码均来自 Hibernate 框架的自动生成，不用做任何改动，故这里也不再一一列出。

P1.4.2　实现 DAO 接口组件

DAO 组件实现与数据库的交互，进行 CRUD 操作，完成对底层数据库的持久化访问。开发 DAO 包括定义 DAO 接口以及编写 DAO 接口的实现类（组件）两部分工作。

与之前例子的程序一样，本项目所有的 DAO 类都要继承 BaseDAO 基类，故先编写 BaseDAO 类，其代码与第 16 章 SSH2 整合项目的完全一样（不再重复列出），存放于 org.dao 包。

接下来编写本项目要用到的全部 DAO 接口及其实现类的代码，为清楚起见，下面按其应用功能逐一介绍。

（1）系统登录功能用 DAO

定义 DlDao.java 接口，代码如下：

```
package org.dao;
import org.model.*;
public interface DlDao {
        //方法：根据学号和口令查找
        public Dlb find(String xh, String kl);
}
```

其中定义了 find()方法，用于到数据库中查找和验证用户的身份。

对应实现类 DlDaoImp.java，代码如下：

```
package org.dao.imp;
import java.util.*;
import org.dao.*;
import org.model.*;
import org.hibernate.*;
public class DlDaoImp extends BaseDAO implements DlDao{
        //实现：根据学号和口令查找
        public Dlb find(String xh, String kl){
                //查询 DLB 表中的记录
                String hql="from Dlb u where u.xh=? and u.kl=?";
                Session session=getSession();
                Query query=session.createQuery(hql);
                query.setParameter(0, xh);
                query.setParameter(1, kl);
                List users=query.list();
                Iterator it=users.iterator();
                while(it.hasNext()){
                        if(users.size()!=0){
                                Dlb user=(Dlb)it.next();            //创建持久化的 JavaBean 对象 user
                                return user;
```

```
            }
        }
        session.close();
        return null;
    }
}
```

（2）学生信息管理功能用 DAO

学生信息管理功能包括所有学生信息的查询（用分页列表显示）、查看某学生的详细信息、删除某学生信息、修改某学生信息以及学生信息的录入等子功能。这些子功能在 XsDao 中都提供有对应的方法接口。

定义 XsDao.java 接口，代码如下：

```
package org.dao;
import java.util.*;
import org.model.*;
public interface XsDao {
    /* 方法：学生信息查询 */
    public List findAll(int pageNow, int pageSize);         //显示所有学生信息
    public int findXsSize();                                 //查询一共多少条学生记录

    /* 方法：查看某个学生的详细信息 */
    public Xsb find(String xh);                              //根据学号查询某学生信息

    /* 方法：删除某学生信息 */
    public void delete(String xh);                           //根据学号删除学生信息

    /* 方法：修改某学生信息 */
    public void update(Xsb xs);                              //修改学生信息

    /* 方法：学生信息录入 */
    public void save(Xsb xs);                                //插入学生信息
}
```

对应实现类 XsDaoImp.java，代码如下：

```
package org.dao.imp;
import java.util.*;
import org.dao.*;
import org.model.*;
import org.hibernate.*;
public class XsDaoImp extends BaseDAO implements XsDao{
    /* 实现：学生信息查询 */
    public List findAll(int pageNow, int pageSize){         //显示所有学生信息
        try{
            Session session=getSession();
            Transaction ts=session.beginTransaction();
            Query query=session.createQuery("from Xsb order by xh");
            List list=query.list();
            ts.commit();
            session.close();
            session=null;
            return list;
```

```
        }catch(Exception e){
                e.printStackTrace();
                return null;
        }
}
public int findXsSize(){                                        //查询一共有多少条学生记录
        try{
                Session session=getSession();
                Transaction ts=session.beginTransaction();
                return session.createQuery("from Xsb").list().size();
        }catch(Exception e){
                e.printStackTrace();
                return 0;
        }
}

/* 实现：查看某个学生的详细信息 */
public Xsb find(String xh){                                     //根据学号查询某学生信息
        try{
                Session session=getSession();
                Transaction ts=session.beginTransaction();
                Query query=session.createQuery("from Xsb where xh=?");
                query.setParameter(0, xh);
                Xsb xs=(Xsb)query.uniqueResult();
                ts.commit();
                session.clear();
                return xs;
        }catch(Exception e){
                e.printStackTrace();
                return null;
        }
}

/* 实现：删除某学生信息 */
public void delete(String xh){                                  //根据学号删除学生
        try{
                Session session=getSession();
                Transaction ts=session.beginTransaction();
                Xsb xs=find(xh);
                session.delete(xs);
                ts.commit();
                session.close();
        }catch(Exception e){
                e.printStackTrace();
        }
}

/* 实现：修改某学生信息 */
public void update(Xsb xs){                                     //修改学生信息
        try{
                Session session=getSession();
```

```
                Transaction ts=session.beginTransaction();
                session.update(xs);
                ts.commit();
                session.close();
            }catch(Exception e){
                e.printStackTrace();
            }
        }

        /* 实现：学生信息录入 */
        public void save(Xsb xs){                          //插入学生信息
            try{
                Session session=getSession();
                Transaction ts=session.beginTransaction();
                session.save(xs);
                ts.commit();
                session.close();
            }catch(Exception e){
                e.printStackTrace();
            }
        }
    }
```

因在页面上显示学生信息时必须同时显示该生所在的专业名，而修改（或录入）学生信息时系统也必须提供“专业”下拉列表栏以供用户选择，故还需要开发 ZYB（专业表）对应的 DAO 接口及其实现类。

定义 ZyDao.java 接口，代码如下：

```
package org.dao;
import org.model.*;
import java.util.*;
public interface ZyDao {
    /* 方法：学生信息查询 */
    public Zyb getOneZy(Integer zyId);          //根据专业 ID 查找专业信息

    /* 方法：修改某学生信息 */
    public List getAll();                       //查找所有专业信息（为加载专业下拉列表用）
}
```

注意：

/*…*/间的注释是为了标示该方法是在哪个学生信息管理子功能的实现中要用到的，而非该方法本身的功能（方法本身的功能在方法声明后以//注释）。例如，“/* 方法：学生信息查询 */”表示 getOneZy()方法在“学生信息查询”功能的实现中被调用，而该方法本身的功能则是“根据专业 ID 查找专业信息”。后面其他 DAO 的开发中，若无特别说明，皆是这样约定的。

对应实现类 ZyDaoImp.java，代码如下：

```
package org.dao.imp;
import java.util.*;
import org.dao.*;
import org.hibernate.*;
import org.model.*;
public class ZyDaoImp extends BaseDAO implements ZyDao{
```

```
    /* 实现：学生信息查询 */
    public Zyb getOneZy(Integer zyId){          //根据专业 ID 查找专业信息
        try{
            Session session=getSession();
            Transaction ts=session.beginTransaction();
            Query query=session.createQuery("from Zyb where id=?");
            query.setParameter(0, zyId);
            return (Zyb)query.uniqueResult();
        }catch(Exception e){
            e.printStackTrace();
            return null;
        }
    }

    /* 实现：修改某学生信息 */
    public List getAll(){                       //查找所有专业信息（为加载专业下拉列表用）
        try{
            Session session=getSession();
            Transaction ts=session.beginTransaction();
            List list=session.createQuery("from Zyb").list();
            ts.commit();
            session.close();
            return list;
        }catch(Exception e){
            e.printStackTrace();
            return null;
        }
    }
}
```

（3）学生成绩管理功能用 DAO

学生成绩管理功能包括成绩信息录入、学生成绩查询、查看某个学生的成绩表以及删除学生成绩等子功能。这些子功能在 CjDao 中都提供有对应的方法接口。

定义 CjDao.java 接口，代码如下：

```
package org.dao;
import java.util.*;
import org.model.*;
public interface CjDao {
    /* 方法：成绩信息录入 */
    public Cjb getXsCj(String xh, String kch);              //根据学号和课程号查询学生成绩
    public void saveorupdateCj(Cjb cj);                     //录入学生成绩

    /* 方法：学生成绩查询 */
    public List findAllCj(int pageNow, int pageSize);       //分页显示所有学生成绩
    public int findCjSize();                                //查询一共多少条成绩记录

    /* 方法：查看某个学生的成绩表 */
    public List getXsCjList(String xh);                     //获取某学生的成绩列表

    /* 方法：删除学生成绩 */
    public void deleteCj(String xh, String kch);            //根据学号和课程号删除学生成绩
```

```
    public void deleteOneXsCj(String xh);                    //删除某学生的成绩（在删除该生信息时对应删除）
}
```

对应实现类 CjDaoImp.java，代码如下：

```
package org.dao.imp;
import java.util.*;
import org.dao.*;
import org.hibernate.*;
import org.model.*;
public class CjDaoImp extends BaseDAO implements CjDao{
    /* 实现：成绩信息录入 */
    public Cjb getXsCj(String xh, String kch){              //根据学号和课程号查询学生成绩
        CjbId cjbId=new CjbId();
        cjbId.setXh(xh);
        cjbId.setKch(kch);
        Session session=getSession();
        Transaction ts=session.beginTransaction();
        return (Cjb)session.get(Cjb.class, cjbId);
    }
    public void saveorupdateCj(Cjb cj){                     //录入学生成绩
        Session session=getSession();
        Transaction ts=session.beginTransaction();
        session.saveOrUpdate(cj);
        ts.commit();
        session.close();
    }
    /* 实现：学生成绩查询 */
    public List findAllCj(int pageNow, int pageSize){       //分页显示所有学生成绩
        Session session=getSession();
        Transaction ts=session.beginTransaction();
        Query query=session.createQuery("SELECT c.id.xh,a.xm,b.kcm,c.cj,c.xf,c.id.kch FROM Xsb a,Kcb
b,Cjb c WHERE a.xh=c.id.xh AND b.kch=c.id.kch");
        List list=query.list();
        ts.commit();
        session.close();
        return list;
    }
    public int findCjSize(){                                //查询一共多少条成绩记录
        try{
            Session session=getSession();
            Transaction ts=session.beginTransaction();
            return session.createQuery("from Cjb").list().size();
        }catch(Exception e){
            e.printStackTrace();
            return 0;
        }
    }
    /* 实现：查看某个学生的成绩表 */
    public List getXsCjList(String xh){                     //获取某学生的成绩列表
        Session session=getSession();
        Transaction ts=session.beginTransaction();
        Query query=session.createQuery("SELECT c.id.xh,a.xm,b.kcm,c.cj,c.xf FROM Xsb a,Kcb b,Cjb c
```

```
WHERE c.id.xh=? AND a.xh=c.id.xh AND b.kch=c.id.kch");
            query.setParameter(0, xh);
            List list=query.list();
            ts.commit();
            session.close();
            return list;
        }
        /* 实现：删除学生成绩 */
        public void deleteCj(String xh, String kch){                //根据学号和课程号删除学生成绩
            try{
                Session session=getSession();
                Transaction ts=session.beginTransaction();
                session.delete(getXsCj(xh, kch));
                ts.commit();
                session.close();
            }catch(Exception e){
                e.printStackTrace();
            }
        }
        public void deleteOneXsCj(String xh){                //删除某学生的成绩（在删除该生信息时对应删除）
            try{
                Session session=getSession();
                Transaction ts=session.beginTransaction();
                session.delete(getXsCjList(xh));
                ts.commit();
                session.close();
            }catch(Exception e){
                e.printStackTrace();
            }
        }
    }
```

因在录入成绩时系统必须提供“课程”下拉列表栏以供用户选择，在页面上显示成绩表时必须同时显示对应的课程名，故还需要开发 KCB（课程表）对应的 DAO 接口及其实现类。

定义 KcDao.java 接口，代码如下：

```
package org.dao;
import java.util.*;
import org.model.*;
public interface KcDao {
    /* 方法：成绩信息录入 */
    public List findAll(int pageNow, int pageSize);                //查询所有课程信息
    public int findKcSize();                                        //查询一共多少条课程记录
    public Kcb find(String kch);                                    //根据课程号查找课程信息
}
```

对应实现类 KcDaoImp.java，代码如下：

```
package org.dao.imp;
import java.util.List;
import org.dao.*;
import org.hibernate.*;
import org.model.*;
public class KcDaoImp extends BaseDAO implements KcDao{
```

```
    /* 实现：成绩信息录入 */
    public List findAll(int pageNow, int pageSize){                    //查询所有课程信息
        Session session=getSession();
        Transaction ts=session.beginTransaction();
        Query query=session.createQuery("from Kcb");
        List list=query.list();
        ts.commit();
        session.close();
        session=null;
        return list;
    }
    public int findKcSize(){                                           //查询一共多少条课程记录
        Session session=getSession();
        Transaction ts=session.beginTransaction();
        return session.createQuery("from Kcb").list().size();
    }
    public Kcb find(String kch){                                       //根据课程号查找课程信息
        try{
            Session session=getSession();
            Transaction ts=session.beginTransaction();
            Query query=session.createQuery("from Kcb where kch=?");
            query.setParameter(0, kch);
            Kcb kc=(Kcb)query.uniqueResult();
            ts.commit();
            session.clear();                                           //清除缓存
            return kc;
        }catch(Exception e){
            e.printStackTrace();
            return null;
        }
    }
}
```

至此，持久层开发完成。

P1.5 业务层开发

业务层（又叫业务逻辑层），是由一个个业务逻辑接口及组件（Service）构成的。业务逻辑组件直接为控制器（Action）提供服务，它依赖于持久层的DAO组件，是对DAO的进一步封装，通过这种封装，让控制器无须访问下层DAO的方法，而是调用面向应用的业务逻辑方法，彻底地屏蔽了下层的数据操作，使得其上层（表示层）开发人员可以把主要精力放在编程解决实际的应用问题上。

下面按功能列举本项目用到的业务逻辑接口及实现类。

P1.5.1 系统登录功能用 Service

定义 DlService.java 接口，代码如下：

```
package org.service;
import org.model.*;
public interface DlService {
    //服务：根据学号和口令查找
```

```
        public Dlb find(String xh, String kl);
}
```

对应实现类 DlServiceManage.java，代码如下：

```
package org.service.imp;
import org.dao.*;
import org.service.*;
import org.model.*;
public class DlServiceManage implements DlService{
        private DlDao dlDao;                                        //对 DlDao 进行依赖注入
        //业务实现：根据学号和口令查找
        public Dlb find(String xh, String kl){
                return dlDao.find(xh, kl);
        }
        //DlDao 的 getter/setter 方法
        public DlDao getDlDao(){
                return dlDao;
        }
        public void setDlDao(DlDao dlDao){
                this.dlDao = dlDao;
        }
}
```

由于登录功能比较简单，这里只是对前面 DAO（DlDao 接口）中的 find()方法进行了简单包装。

P1.5.2　学生信息管理功能用 Service

定义 XsService.java 接口，代码如下：

```
package org.service;
import java.util.*;
import org.model.*;
public interface XsService {
        /* 服务：学生信息查询 */
        public List findAll(int pageNow, int pageSize);             //显示所有学生信息
        public int findXsSize();                                    //查询一共多少条学生记录

        /* 服务：查看某个学生的详细信息 */
        public Xsb find(String xh);                                 //根据学号查询某学生信息

        /* 服务：删除某学生信息 */
        public void delete(String xh);                              //根据学号删除学生信息

        /* 服务：修改某学生信息 */
        public void update(Xsb xs);                                 //修改学生信息

        /* 服务：学生信息录入 */
        public void save(Xsb xs);                                   //插入学生信息
}
```

比照前面 DAO（XsDao 接口）中的诸方法，可以发现它们是相对应的，在这里被包装为一个个“服务”。

对应实现类 XsServiceManage.java，代码如下：

```
package org.service.imp;
```

```
import java.util.*;
import org.dao.*;
import org.service.*;
import org.model.*;
public class XsServiceManage implements XsService{
	//对 XsDao 和 CjDao 进行依赖注入
	private XsDao xsDao;
	private CjDao cjDao;
	/* 业务实现：学生信息查询 */
	public List findAll(int pageNow, int pageSize){			//显示所有学生信息
		return xsDao.findAll(pageNow, pageSize);
	}
	public int findXsSize(){					//查询一共多少条学生记录
		return xsDao.findXsSize();
	}

	/* 业务实现：查看某个学生的详细信息 */
	public Xsb find(String xh){					//根据学号查询某学生信息
		return xsDao.find(xh);
	}

	/* 业务实现：删除某学生信息 */
	public void delete(String xh){					//根据学号删除学生信息
		xsDao.delete(xh);
		cjDao.deleteOneXsCj(xh);				//删除学生的同时要删除该生对应的成绩
	}

	/* 业务实现：修改某学生信息 */
	public void update(Xsb xs){					//修改学生信息
		xsDao.update(xs);
	}

	/* 业务实现：学生信息录入 */
	public void save(Xsb xs){					//插入学生信息
		xsDao.save(xs);
	}
	//XsDao 和 CjDao 的 getter/setter 方法
	public XsDao getXsDao(){
		return xsDao;
	}
	public void setXsDao(XsDao xsDao){
		this.xsDao = xsDao;
	}

	public CjDao getCjDao(){
		return cjDao;
	}
	public void setCjDao(CjDao cjDao){
		this.cjDao = cjDao;
	}
}
```

可见，由于之前开发好了 DAO 持久层，业务实现基本上只要直接调用 DAO（XsDao 和 CjDao 接口）里定义好了的方法即可，非常方便。

因在页面上显示、修改和录入学生信息时，系统需要调用 ZYB（专业表）对应 DAO 接口中的方法，故这里也要将 ZyDao 接口及实现类包装为业务逻辑。

定义 ZyService.java 接口，代码如下：

```
package org.service;
import java.util.*;
import org.model.*;
public interface ZyService {
    /* 服务：学生信息查询 */
    public Zyb getOneZy(Integer zyId);          //根据专业 ID 查找专业信息

    /* 服务：修改某学生信息 */
    public List getAll();                       //查找所有专业信息（为加载专业下拉列表用）
}
```

这里，注释“/* 服务：…*/”同样也是标示该服务对应在哪个学生信息管理子功能的实现中要用到，而非该服务本身的功能（服务本身的功能在后面以//注释）。

对应实现类 ZyServiceManage.java，代码如下：

```
package org.service.imp;
import java.util.*;
import org.dao.*;
import org.service.*;
import org.model.*;
public class ZyServiceManage implements ZyService{
    private ZyDao zyDao;                        //对 ZyDao 进行依赖注入
    /* 业务实现：学生信息查询 */
    public Zyb getOneZy(Integer zyId){          //根据专业 ID 查找专业信息
        return zyDao.getOneZy(zyId);
    }

    /* 业务实现：修改某学生信息 */
    public List getAll(){                       //查找所有专业信息（为加载专业下拉列表用）
        return zyDao.getAll();
    }
    //ZyDao 的 getter/setter 方法
    public ZyDao getZyDao(){
        return zyDao;
    }
    public void setZyDao(ZyDao zyDao){
        this.zyDao = zyDao;
    }
}
```

P1.5.3　学生成绩管理功能用 Service

成绩管理功能主要调用 CjDao 中提供的方法接口，将它们包装成对应的业务逻辑即可。

定义 CjService.java 接口，代码如下：

```
package org.service;
import java.util.*;
```

```
import org.model.*;
public interface CjService {
    /* 服务：成绩信息录入 */
    public Cjb getXsCj(String xh, String kch);                //根据学号和课程号查询学生成绩
    public void saveorupdateCj(Cjb cj);                        //录入学生成绩

    /* 服务：学生成绩查询 */
    public List findAllCj(int pageNow, int pageSize);          //分页显示所有学生成绩
    public int findCjSize();                                   //查询一共多少条成绩记录

    /* 服务：查看某个学生的成绩表 */
    public List getXsCjList(String xh);                        //获取某学生的成绩列表

    /* 服务：删除学生成绩 */
    public void deleteCj(String xh, String kch);               //根据学号和课程号删除学生成绩
    public void deleteOneXsCj(String xh);                      //删除某学生的成绩（在删除该生信息时对应删除）
}
```

对应实现类 CjServiceManage.java，代码如下：

```
package org.service.imp;
import java.util.*;
import org.dao.*;
import org.service.*;
import org.model.*;
public class CjServiceManage implements CjService{
    private CjDao cjDao;                                       //对 CjDao 进行依赖注入
    /* 业务实现：成绩信息录入 */
    public Cjb getXsCj(String xh, String kch){                 //根据学号和课程号查询学生成绩
        return cjDao.getXsCj(xh, kch);
    }
    public void saveorupdateCj(Cjb cj){                        //录入学生成绩
        cjDao.saveorupdateCj(cj);
    }

    /* 业务实现：学生成绩查询 */
    public List findAllCj(int pageNow, int pageSize){          //分页显示所有学生成绩
        return cjDao.findAllCj(pageNow, pageSize);
    }
    public int findCjSize(){                                   //查询一共多少条成绩记录
        return cjDao.findCjSize();
    }

    /* 业务实现：查看某个学生的成绩表 */
    public List getXsCjList(String xh){                        //获取某学生的成绩列表
        return cjDao.getXsCjList(xh);
    }

    /* 业务实现：删除学生成绩 */
    public void deleteCj(String xh, String kch){               //根据学号和课程号删除学生成绩
        cjDao.deleteCj(xh, kch);
    }
    public void deleteOneXsCj(String xh){                      //删除某学生的成绩（在删除该生信息时对应删除）
```

```
            cjDao.deleteOneXsCj(xh);
        }
        //CjDao 的 getter/setter 方法
        public CjDao getCjDao(){
            return cjDao;
        }
        public void setCjDao(CjDao cjDao){
            this.cjDao = cjDao;
        }
}
```

因在录入成绩、显示成绩表时，系统需要调用 KCB（课程表）对应 DAO 接口中的方法，故这里也要将 KcDao 接口及实现类包装为业务逻辑。

定义 KcService.java 接口，代码如下：

```
package org.service;
import java.util.*;
import org.model.*;
public interface KcService {
        /* 服务：成绩信息录入 */
        public List findAll(int pageNow, int pageSize);            //查询所有课程信息
        public int findKcSize();                                   //查询一共多少条课程记录
        public Kcb find(String kch);                               //根据课程号查找课程信息
}
```

对应实现类 KcServiceManage.java，代码如下：

```
package org.service.imp;
import java.util.*;
import org.dao.*;
import org.service.*;
import org.model.*;
public class KcServiceManage implements KcService{
        private KcDao kcDao;                                       //对 KcDao 进行依赖注入
        /* 业务实现：成绩信息录入 */
        public List findAll(int pageNow, int pageSize){            //查询所有课程信息
            return kcDao.findAll(pageNow, pageSize);
        }
        public int findKcSize(){                                   //查询一共多少条课程记录
            return kcDao.findKcSize();
        }
        public Kcb find(String kch){                               //根据课程号查找课程信息
            return kcDao.find(kch);
        }
        //KcDao 的 getter/setter 方法
        public KcDao getKcDao(){
            return kcDao;
        }
        public void setKcDao(KcDao kcDao){
            this.kcDao = kcDao;
        }
}
```

到此为止，业务层开发基本完成了。下面将开发表示层。

P1.6 表示层开发

表示层是 Java EE 应用的最上层，也是最贴近用户使用体验的一层。表示层开发人员直接使用后台程序员开发好了的业务层服务和持久层接口，实现面向特定应用的功能。

P1.6.1 通用功能实现

1. 分页实现

从前面的方法可以看出，本项目在显示所有学生信息及成绩表时都运用了分页技术，在查询结果中，一般要有首页、前一页、下一页及尾页。所以这里要先写一个 Pager.java 类，实现页面分页操作。代码设计如下：

```
package org.tool;                              //该文件放在这个包中
public class Pager {
    private int pageNow;                       //当前页数
    private int pageSize = 8;                  //每页显示多少条记录
    private int totalPage;                     //共有多少页
    private int totalSize;                     //一共多少记录
    private boolean hasFirst;                  //是否有首页
    private boolean hasPre;                    //是否有前一页
    private boolean hasNext;                   //是否有下一页
    private boolean hasLast;                   //是否有最后一页

    public Pager(int pageNow, int totalSize){
        //利用构造方法为变量赋值
        this.pageNow = pageNow;
        this.totalSize = totalSize;
    }

    public int getPageNow() {
        return pageNow;
    }
    public void setPageNow(int pageNow) {
        this.pageNow = pageNow;
    }

    public int getPageSize() {
        return pageSize;
    }
    public void setPageSize(int pageSize) {
        this.pageSize = pageSize;
    }

    public int getTotalPage() {                      //一共多少页的算法
        totalPage=getTotalSize()/getPageSize();
        if(totalSize%pageSize!=0)
            totalPage++;
        return totalPage;
    }
```

```
    public void setTotalPage(int totalPage) {
        this.totalPage = totalPage;
    }

    public int getTotalSize() {
        return totalSize;
    }
    public void setTotalSize(int totalSize) {
        this.totalSize = totalSize;
    }

    public boolean isHasFirst() {
        if(pageNow==1)                          //如果当前为第 1 页就没有首页
            return false;
        else
            return true;
    }
    public void setHasFirst(boolean hasFirst) {
        this.hasFirst = hasFirst;
    }

    public boolean isHasPre() {
        if(this.isHasFirst())                   //如果有首页就有前一页，因为有首页表明其不是第 1 页
            return true;
        else
            return false;
    }
    public void setHasPre(boolean hasPre) {
        this.hasPre = hasPre;
    }

    public boolean isHasNext() {
        if(isHasLast())                         //如果有尾页就有下一页，因为有尾页表明其不是最后一页
            return true;
        else
            return false;
    }
    public void setHasNext(boolean hasNext) {
        this.hasNext = hasNext;
    }

    public boolean isHasLast() {
        if(pageNow==this.getTotalPage())    //如果不是最后一页就有尾页
            return false;
        else
            return true;
    }
    public void setHasLast(boolean hasLast) {
        this.hasLast = hasLast;
    }
}
```

2. 主界面设计

学生成绩管理系统运行后，首先出现的是如图 P1.5 所示的主界面。

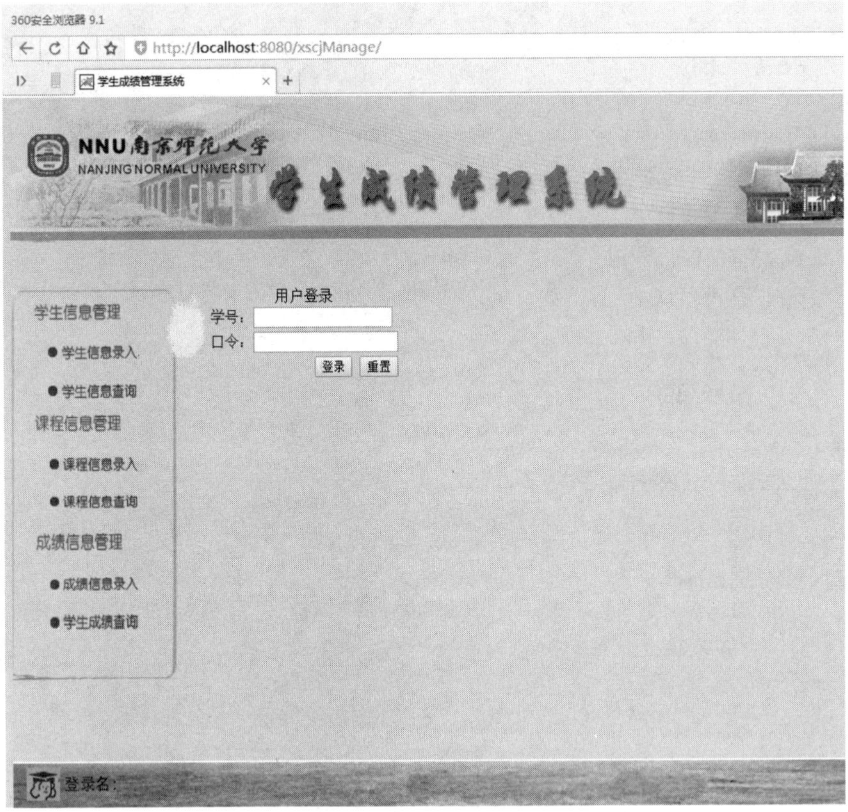

图 P1.5　系统初始运行的主界面

它分为 4 部分：头部（head.jsp）、左边部分（left.jsp）、右边部分（待载入）和尾部（foot.jsp），用 main.jsp 把它们整合在一起。其中，头部和尾部为固定图片；左边部分的实现是用图片做的超链接，读者可以到本书指定的网站下载源代码，里面包含了这些图片（在项目 WebRoot 的 images 文件夹下）；而右边部分则在系统运行时根据实际情况载入特定的网页（初始为登录页 login.jsp）。

（1）页面头部

头部 head.jsp 代码如下：

```
<%@ page language="java" pageEncoding="UTF-8"%>
<html>
<head>
    <title>学生成绩管理系统</title>
</head>
<body bgcolor="#D9DFAA">
    <img src="images/head.gif"/>
</body>
</html>
```

其中，head.gif 为网站标头图片文件名，在项目 WebRoot 下创建 images 文件夹，将图片资源放进去、刷新项目即可，注意文件名要与 JSP 源码中的一致，下同。

（2）页面左部

左边部分 left.jsp 代码如下：

```
<%@ page language="java" pageEncoding="UTF-8"%>
<html>
<head>
	<title>学生成绩管理系统</title>
</head>
<body bgcolor="#D9DFAA" link="#D9DFAA" vlink="#D9DFAA">
	<table border="0" cellpadding="0" cellspacing="0">
		<tr>
			<td>
				<img src="images/xsInfo.gif" width="184" height="47" />
			</td>
		</tr>
		<tr>
			<td>
				<a href="addXsView.action" target="right">
					<img src="images/addXs.gif" width="184" height="40" />
				</a>
			</td>
		</tr>
		<tr>
			<td>
				<a href="xsInfo.action" target="right">
					<img src="images/findXs.gif" width="184" height="40"/>
				</a>
			</td>
		</tr>
		<tr>
			<td>
				<img src="images/kcInfo.gif" width="184" height="40" />
			</td>
		</tr>
		<tr>
			<td>
				<a href="#" target="right">
					<img src="images/addKc.gif" width="184" height="39" />
				</a>
			</td>
		</tr>
		<tr>
			<td>
				<a href="#" target="right">
					<img src="images/findKc.gif" width="184" height="47" />
				</a>
			</td>
		</tr>
		<tr>
			<td>
				<img src="images/cjInfo.gif" width="184" height="40"/>
```

```
                </td>
            </tr>
            <tr>
                <td>
                    <a href="addXscjView.action" target="right">
                        <img src="images/addCj.gif" width="184" height="40" />
                    </a>
                </td>
            </tr>
            <tr>
                <td>
                    <a href="xscjInfo.action" target="right">
                        <img src="images/findCj.gif" width="184" height="40"/>
                    </a>
                </td>
            </tr>
            <tr>
                <td>
                    <img src="images/bottom.gif" width="184" height="40"/>
                </td>
            </tr>
        </table>
</body>
</html>
```

上段代码中加黑部分为图片超链接所指向的 Action，其实现代码在稍后的功能开发中会给出。

（3）页面尾部

尾部 foot.jsp 代码如下：

```
<%@ page language="java" pageEncoding="UTF-8"%>
<html>
<head>
    <title>学生成绩管理系统</title>
</head>
<body bgcolor="#D9DFAA">
    <img src="images/foot.gif"/>
</body>
</html>
```

（4）主页框架

主页框架 main.jsp 代码如下：

```
<%@ page language="java" pageEncoding="UTF-8"%>
<html>
<head>
    <title>学生成绩管理系统</title>
</head>
<frameset rows="25.5%,65.5%,*" border="0">
    <frame src="head.jsp">
    <frameset cols="15%,*">
        <frame src="left.jsp">
        <frame src="login.jsp" name="right">
    </frameset>
    <frame src="foot.jsp">
```

```
</frameset>
<body></body>
</html>
```

加黑部分 login.jsp 为登录页，作为系统主界面右边部分的初始载入页，用户必须先登录才能使用系统的其他功能。

3. 登录功能

（1）登录首页

下面是登录首页 login.jsp 的代码：

```
<%@ page language="java" pageEncoding="UTF-8"%>
<%@ taglib prefix="s" uri="/struts-tags"%>
<html>
<head>
	<title>学生成绩管理系统</title>
</head>
<body bgcolor="#D9DFAA">
<s:form action="login" method="post" theme="simple">
<table>
	<caption>用户登录</caption>
	<tr>
		<td>
			学号：<s:textfield name="dl.xh" size="20"/>
		</td>
	</tr>
	<tr>
		<td>
			口令：<s:password name="dl.kl" size="21"/>
		</td>
	</tr>
	<tr>
		<td align="right">
			<s:submit value="登录"/>
			<s:reset value="重置"/>
		</td>
	</tr>
</table>
</s:form>
</body>
</html>
```

（2）编写、配置 Action 模块

登录首页提交给了一个名为 login 的 Action，下面就来实现这个 Action 程序模块，在 src 下的 org.action 包中创建 DlAction 类，编写 DlAction.java 代码如下：

```
package org.action;
import java.util.*;
import org.model.*;
import org.service.*;
import com.opensymphony.xwork2.*;
public class DlAction extends ActionSupport{
	private Dlb dl;
```

```
        protected DlService dlService;
        //处理用户请求的 execute 方法
        public String execute() throws Exception{
            boolean validated=false;                              //验证成功标识
            Map session=ActionContext.getContext().getSession();  //获得会话对象，用来保存当前
                                                                  //登录用户的信息
            Dlb dl1=null;
            //先获得 Dlb 对象，如果是第一次访问该页，用户对象肯定为空，但如果是第二次甚至是
            //第三次，就直接登录主页而无须再次重复验证该用户的信息
            dl1=(Dlb)session.get("dl");
            //如果用户是第一次进入，会话中尚未存储 dl1 持久化对象，故为 null
            if(dl1==null){
                dl1=dlService.find(dl.getXh(), dl.getKl());
                if(dl1!=null){
                    session.put("dl", dl1);                       //把 dl1 对象存储在会话中
                    validated=true;                               //标识为 true 表示验证成功通过
            }
            }
          else{
            validated=true;   //该用户在之前已登录过并成功验证，故标识为 true 表示无须再验了
          }
          if(validated){
            //验证成功返回字符串“success”
            return SUCCESS;
          }
          else{
            //验证失败返回字符串“error”
            return ERROR;
          }
        }

        public Dlb getDl(){
            return dl;
        }
        public void setDl(Dlb dl){
            this.dl = dl;
        }

        public DlService getDlService(){
            return dlService;
        }
        public void setDlService(DlService dlService){
            this.dlService = dlService;
        }
}
```

可见，这个 Action 的实现原理与本书贯穿各章节的登录实例程序的基本原理是完全一样的。

在 src 下创建 struts.xml 文件，在其中配置：

```
<?xml version="1.0" encoding="UTF-8" ?>
<!DOCTYPE struts PUBLIC
    "-//Apache Software Foundation//DTD Struts Configuration 2.5//EN"
```

```
        "http://struts.apache.org/dtds/struts-2.5.dtd">
<!-- START SNIPPET: xworkSample -->
<struts>
    <package name="default" extends="struts-default">
        <!-- 用户登录 -->
        <action name="login" class="dl">
            <result name="success">welcome.jsp</result>
            <result name="error">error.jsp</result>
        </action>
    </package>
</struts>
<!-- END SNIPPET: xworkSample -->
```

（3）编写 JSP

登录成功后的欢迎界面 welcome.jsp，代码如下：

```
<%@ page language="java" pageEncoding="UTF-8"%>
<%@ taglib prefix="s" uri="/struts-tags"%>
<html>
<head></head>
<body bgcolor="#D9DFAA">
    <s:set var="dl" value="#session['dl']"/>
    学号<s:property value="#dl.xh"/>登录成功！欢迎使用学生成绩管理系统。
</body>
</html>
```

若登录失败则转到出错页 error.jsp，代码如下：

```
<%@ page language="java" pageEncoding="UTF-8"%>
<html>
<head></head>
<body bgcolor="#D9DFAA">
    登录失败！单击<a href="login.jsp">这里</a>返回
</body>
</html>
```

用户可单击此页上“这里”链接返回登录页重新登录。

至此，登录功能代码编写完成，但还需要对该功能所涉及的各个组件进行注册。

（4）注册组件

在 applicationContext.xml 文件中加入注册信息，代码如下：

```
<bean id="baseDAO" class="org.dao.BaseDAO">
    <property name="sessionFactory" ref="sessionFactory"/>
</bean>
<bean id="dlDao" class="org.dao.imp.DlDaoImp" parent="baseDAO"/>
<bean id="dlService" class="org.service.imp.DlServiceManage">
    <property name="dlDao" ref="dlDao"/>
</bean>
<bean id="dl" class="org.action.DlAction">
    <property name="dlService" ref="dlService"/>
</bean>
```

这样登录功能就完成了。

（5）测试功能

部署运行程序，在页面上输入学号和口令，单击【登录】按钮，出现欢迎页面，如图 P1.6 所示。

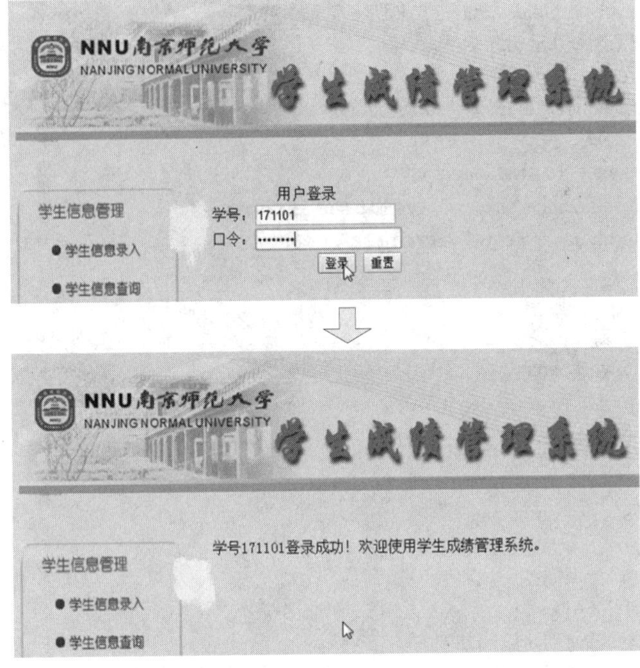

图 P1.6　登录功能演示

P1.6.2　“学生信息管理”功能实现

1. 显示所有学生信息

（1）编写、配置 Action 模块

在 left.jsp 中有一个“学生信息查询”超链接，如果登录后单击它，就会提交给 xsInfo.action 去处理，下面就来实现这个 Action。

在 src 下的 org.action 包中创建 XsAction 类，编写 XsAction.java 代码如下：

```
package org.action;
import java.util.*;
import java.io.*;
import org.model.*;
import org.service.*;
import org.tool.*;
import com.opensymphony.xwork2.*;
import javax.servlet.*;
import javax.servlet.http.*;
import org.apache.struts2.*;
public class XsAction extends ActionSupport{
        private int pageNow = 1;
        private int pageSize = 8;
        private Xsb xs;
        private XsService xsService;
        /* Action 模块：修改某学生信息 */
        private ZyService zyService;                    //用于查找所有专业信息以加载专业下拉列表
        private File zpFile;                            //用于获取照片文件
        /* Action 模块：学生信息录入 */
```

```
private List list;                                          //存放专业集合
/* Action 模块：学生信息查询 */
public String execute() throws Exception{          //显示所有学生信息
        List list=xsService.findAll(pageNow,pageSize);
        Map request=(Map)ActionContext.getContext().get("request");
        Pager page=new Pager(getPageNow(),xsService.findXsSize());
        request.put("list", list);
        request.put("page", page);
        return SUCCESS;
}

public Xsb getXs(){
        return xs;
}
public void setXs(Xsb xs){
        this.xs = xs;
}

public XsService getXsService(){
        return xsService;
}
public void setXsService(XsService xsService){
        this.xsService = xsService;
}

/* Action 模块：修改某学生信息 */
public ZyService getZyService(){
        return zyService;
}
public void setZyService(ZyService zyService){
        this.zyService = zyService;
}

public File getZpFile(){
        return zpFile;
}
public void setZpFile(File zpFile){
        this.zpFile = zpFile;
}
//
/* Action 模块：学生信息录入 */
public List getList(){
        return zyService.getAll();                         //返回专业的集合
}
public void setList(List list){
        this.list = list;
}
//
public int getPageNow(){
        return pageNow;
}
```

```
        public void setPageNow(int pageNow){
                this.pageNow = pageNow;
        }

        public int getPageSize(){
                return pageSize;
        }
        public void setPageSize(int pageSize){
                this.pageSize = pageSize;
        }
}
```

说明：因本项目所有与学生信息有关的操作（查询、删除、修改、录入等）都是统一由 XsAction 类中的方法来实现的，而在实现不同功能模块时，有的需要在 Action 中再增加定义一些属性及 getter/setter 方法。为了方便读者照书编程练习，以上 XsAction 类代码将整个项目要用到的全部属性及 getter/setter 方法一次性地全部给出，并用形如“/* Action 模块：…*/”的注释清楚地说明这个属性是在后面的哪一个功能模块中用到的，于是后面我们在介绍相应功能模块的实现代码时，只给出其主方法的源代码，不再罗列 Action 中新加入的属性代码语句。

在 struts.xml 文件中配置：

```
<!-- 显示所有学生信息 -->
<action name="xsInfo" class="xs">
        <result name="success">xsInfo.jsp</result>
</action>
```

（2）编写 JSP

成功后跳转到 xsInfo.jsp，分页显示所有学生信息，代码如下：

```
<%@ page language="java" pageEncoding="UTF-8"%>
<%@ taglib uri="/struts-tags" prefix="s"%>
<html>
<head></head>
<body bgcolor="#D9DFAA">
        <table border="1" cellspacing="1" cellpadding="8" width="700">
                <tr align="center" bgcolor="silver">
                        <th>学号</th><th>姓名</th><th>性别</th><th>专业</th><th>出生时间</th><th>总学分
</th><th>详细信息</th><th>操作</th><th>操作</th>
                </tr>
                <s:iterator value="#request.list" var="xs">
                <tr>
                        <td><s:property value="#xs.xh"/></td>
                        <td><s:property value="#xs.xm"/></td>
                        <td>
                                <s:if test="#xs.xb==1">男</s:if>
                                <s:else>女</s:else>
                        </td>
                        <td><s:property value="#xs.zyb.zym"/></td>
                        <td><s:property value="#xs.cssj"/></td>
                        <td><s:property value="#xs.zxf"/></td>
                        <td>
                                <a href="findXs.action?xs.xh=<s:property value="#xs.xh"/>">详细信息</a>
                        </td>
                        <td>
```

```
                <a href="deleteXs.action?xs.xh=<s:property value="#xs.xh"/>" onClick="if(!confirm
('确定删除该生信息吗？'))return false;else return true;">删除</a>
            </td>
            <td>
                <a href="updateXsView.action?xs.xh=<s:property value="#xs.xh"/>">修改</a>
            </td>
        </tr>
        </s:iterator>
        <tr>
            <s:set var="page" value="#request.page"></s:set>
            <s:if test="#page.hasFirst">
                <s:a href="xsInfo.action?pageNow=1">首页</s:a>
            </s:if>
            <s:if test="#page.hasPre">
                <a href="xsInfo.action?pageNow=<s:property value="#page.pageNow-1"/>">上一页</a>
            </s:if>
            <s:if test="#page.hasNext">
                <a href="xsInfo.action?pageNow=<s:property value="#page.pageNow+1"/>">下一页</a>
            </s:if>
            <s:if test="#page.hasLast">
                <a href="xsInfo.action?pageNow=<s:property value="#page.totalPage"/>">尾页</a>
            </s:if>
        </tr>
    </table>
</body>
</html>
```

（3）注册组件

XsAction 类也是由 Spring 管理的，在 applicationContext.xml 文件中加入如下注册信息：

```
<bean id="xsDao" class="org.dao.imp.XsDaoImp" parent="baseDAO"/>
<bean id="zyDao" class="org.dao.imp.ZyDaoImp" parent="baseDAO"/>
<bean id="xsService" class="org.service.imp.XsServiceManage">
    <property name="xsDao" ref="xsDao"/>
</bean>
<bean id="zyService" class="org.service.imp.ZyServiceManage">
    <property name="zyDao" ref="zyDao"/>
</bean>
<bean id="xs" class="org.action.XsAction">
    <property name="xsService" ref="xsService"/>
    <property name="zyService" ref="zyService"/>
</bean>
```

在 XsAction 类中，实现修改、录入学生信息功能时用到了专业信息的业务逻辑，所以这里先列出，后面用到时就不必列举了。

（4）测试功能

部署运行程序，登录后单击页面左部"学生信息查询"超链接，则会分页列举出所有学生的信息，如图 P1.7 所示。

2. 查看某学生详细信息

（1）编写、配置 Action 模块

在 XsAction 类中加入 findXs()方法，用于从数据库中查找某个学生的详细信息，其实现代码如下：

图 P1.7　所有学生的信息

```
public String findXs() throws Exception{
        String xh=xs.getXh();
        Xsb stu=xsService.find(xh);                    //直接使用 XsService 业务逻辑接口中的 find()方法
        Map request=(Map)ActionContext.getContext().get("request");
        request.put("xs", stu);
        return SUCCESS;
}
```

因学生详细信息中包含对照片的读取，故还要在 XsAction 类中加入一个 getImage()方法，用于从数据库中读取学生照片，代码如下：

```
public String getImage() throws Exception{
        HttpServletResponse response=ServletActionContext.getResponse();
        String xh=xs.getXh();
        Xsb stu=xsService.find(xh);                    //直接使用 XsService 业务逻辑接口中的 find()方法
        byte[] img=stu.getZp();
        response.setContentType("image/jpeg");
        ServletOutputStream os=response.getOutputStream();
        if(img!=null&&img.length!=0){
                for(int i=0; i<img.length; i++){
                        os.write(img[i]);
                }
                os.flush();
        }
        return NONE;
}
```

以上编写的两个方法在 struts.xml 中配置如下：

```
<!-- 查看某学生详细信息 -->
<action name="findXs" class="xs" method="findXs">
        <result name="success">moretail.jsp</result>
</action>
<action name="getImage" class="xs" method="getImage"></action>
```

（2）编写 JSP

编写用于显示学生个人详细信息的 moretail.jsp 页面，代码如下：

```
<%@ page language="java" import="java.util.*" pageEncoding="UTF-8"%>
<%@ taglib uri="/struts-tags" prefix="s"%>
<html>
<head></head>
<body bgcolor="#D9DFAA">
	<h3>该学生信息如下：</h3>
	<s:set var="xs" value="#request.xs"></s:set>
	<s:form action="xsInfo" method="post">
		<table border="0" cellpadding="5">
			<tr>
				<td>学号：</td>
				<td width="100">
					<s:property value="#xs.xh"/>
				</td>
				<td rowspan="7">
					<img src="getImage.action?xs.xh=<s:property value="#xs.xh"/>" width="120"
height="150">
				</td>
			</tr>
			<tr>
				<td>姓名：</td>
				<td width="100">
					<s:property value="#xs.xm"/>
				</td>
			</tr>
			<tr>
				<td>性别：</td>
				<td width="100">
					<s:if test="#xs.xb==1">男</s:if>
					<s:else>女</s:else>
				</td>
			</tr>
			<tr>
				<td>专业：</td>
				<td width="100">
					<s:property value="#xs.zyb.zym"/>
				</td>
			</tr>
			<tr>
				<td>出生时间：</td>
				<td width="100">
					<s:property value="#xs.cssj"/>
				</td>
			</tr>
			<tr>
				<td>总学分</td>
				<td width="100">
					<s:property value="#xs.zxf"/>
```

```
                    </td>
                </tr>
                <tr>
                    <td>备注</td>
                    <td width="100">
                        <s:property value="#xs.bz"/>
                    </td>
                </tr>
                <tr>
                    <td align="right">
                        <s:submit value="返回"/>
                    </td>
                </tr>
            </table>
        </s:form>
    </body>
</html>
```

在该页面中单击【返回】按钮，提交到 xsInfo.action 显示所有学生信息。这里的 Action 及用到的其他相关组件在之前已经注册，无须再重复注册了。

（3）测试功能

部署运行程序，在如图 P1.7 所示页面中每个学生记录的后面都有“详细信息”超链接，单击它就会显示该学生的详细信息（含照片），如图 P1.8 所示。

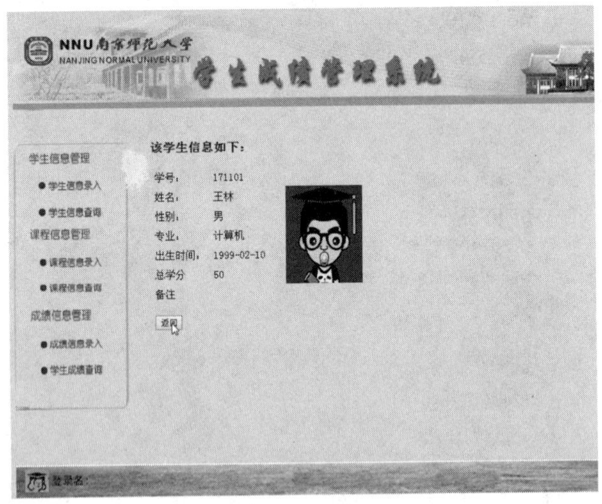

图 P1.8　查看某学生的详细信息

3. 删除学生信息

（1）编写、配置 Action 模块

删除功能对应 XsAction 类中的 deleteXs()，实现的代码如下：

```
public String deleteXs() throws Exception{
    String xh=xs.getXh();
    xsService.delete(xh);           //直接使用 XsService 业务逻辑接口中的 delete()方法
    return SUCCESS;
}
```

在 struts.xml 中配置如下：

```
<!-- 删除某学生信息 -->
<action name="deleteXs" class="xs" method="deleteXs">
    <result name="success">success.jsp</result>
</action>
```

（2）编写 JSP

操作成功后会跳转到成功界面 success.jsp，代码如下：

```
<%@ page language="java" pageEncoding="UTF-8"%>
<html>
<head></head>
<body bgcolor="#D9DFAA">
    恭喜你，操作成功！
</body>
</html>
```

同样，删除功能用到的组件之前也都注册过，无须再注册。

（3）测试功能

在所有学生信息的显示页 xsInfo.jsp 中，有下面的代码：

```
<td>
    <a href="deleteXs.action?xs.xh=<s:property value="#xs.xh"/>"
        onClick="if(!confirm('确定删除该生信息吗？'))return false;else return true;">删除</a>
</td>
```

这是为了防止操作人员无意中单击“删除”超链接误删有用的学生信息，故加入了上面的确定消息框。部署运行程序，当用户单击“删除”超链接时，会出现如图 P1.9 所示的界面。

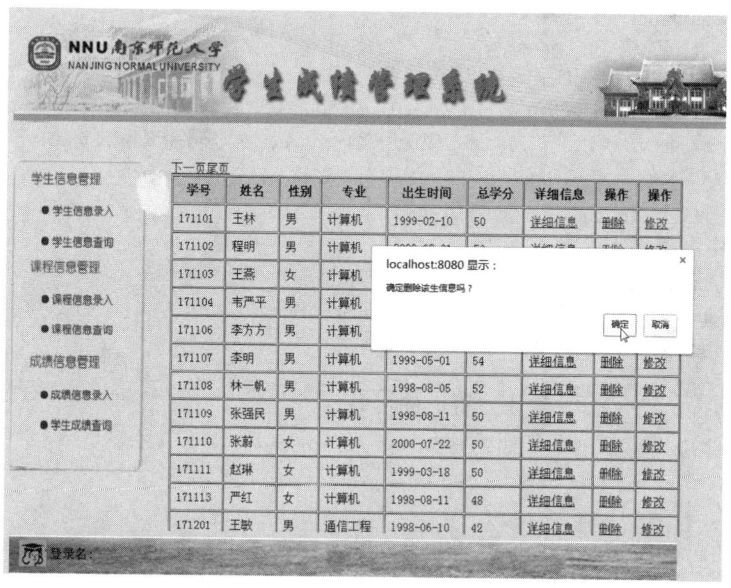

图 P1.9　删除学生信息时弹出“确认”对话框

若单击【确定】按钮，则提交到 deleteXs.action 去执行删除操作。

4. 修改学生信息

（1）编写、配置 Action 模块

修改学生信息分两步：首先要显示修改页面，由用户在其上表单中修改内容、提交，然后才是执行修改操作。故相应地也要在 XsAction 类中加入两个方法，代码如下：

```
/* Action 模块：修改某学生信息 */
//显示修改页面
public String updateXsView() throws Exception{
        String xh=xs.getXh();
        Xsb xsInfo=xsService.find(xh);        //直接使用 XsService 业务逻辑接口中的 find()方法
        List zys=zyService.getAll();          //直接使用 ZyService 业务逻辑接口中的 getAll()方法
        Map request=(Map)ActionContext.getContext().get("request");
        request.put("xsInfo", xsInfo);
        request.put("zys", zys);
        return SUCCESS;
}
//执行修改操作
public String updateXs() throws Exception{
        Xsb xs1=xsService.find(xs.getXh());//直接使用 XsService 业务逻辑接口中的 find()方法
        xs1.setXm(xs.getXm());
        xs1.setXb(xs.getXb());
        //直接使用 ZyService 业务逻辑接口中的 getOneZy()方法
        xs1.setZyb(zyService.getOneZy(xs.getZyb().getId()));
        xs1.setCssj(xs.getCssj());
        xs1.setZxf(xs.getZxf());
        xs1.setBz(xs.getBz());
        if(this.getZpFile()!=null){
                FileInputStream fis=new FileInputStream(this.getZpFile());
                byte[] buffer=new byte[fis.available()];
                fis.read(buffer);
                xs1.setZp(buffer);
        }
        Map request=(Map)ActionContext.getContext().get("request");
        xsService.update(xs1);                //直接使用 XsService 业务逻辑接口中的 update()方法
        return SUCCESS;
}
```

在 struts.xml 中配置如下：

```
<!-- 修改某学生信息 -->
<action name="updateXsView" class="xs" method="updateXsView">
        <result name="success">updateXsView.jsp</result>
</action>
<action name="updateXs" class="xs" method="updateXs">
        <result name="success">success.jsp</result>
</action>
```

（2）编写 JSP

编写修改页面 updateXsView.jsp，代码如下：

```
<%@ page language="java" pageEncoding="UTF-8"%>
<%@ taglib uri="/struts-tags" prefix="s"%>
<html>
<head></head>
<body bgcolor="#D9DFAA">
        <s:set var="xs" value="#request.xsInfo"></s:set>
        <s:form action="updateXs" method="post" enctype="multipart/form-data">
                <table border="0" cellspacing="1" cellpadding="8" width="500">
```

```
<tr>
    <td width="80">学号：</td>
    <td>
        <input type="text" name="xs.xh" value="<s:property value="#xs.xh"/>" readonly/>
    </td>
</tr>
<tr>
    <td width="80">姓名：</td>
    <td>
        <input type="text" name="xs.xm"    value="<s:property value="#xs.xm"/>"/>
    </td>
</tr>
<tr>
    <td width="80">
        <s:radio list="#{1:'男',0:'女'}" value="#xs.xb"  label="性别" name="xs.xb"> </s:radio>
    </td>
</tr>
<tr>
    <td width="80">专业：</td>
    <td>
        <select name="xs.zyb.id">
            <s:iterator value="#request.zys" var="zy">
                <option value="<s:property value="#zy.id"/>">
                    <s:property value="#zy.zym"/>
                </option>
            </s:iterator>
        </select>
    </td>
</tr>
<tr>
    <td width="80">出生时间：</td>
    <td>
        <input type="text" name="xs.cssj" value="<s:property value="#xs.cssj"/>"/>
    </td>
</tr>
<tr>
    <td width="80">总学分：</td>
    <td>
        <input type="text" name="xs.zxf" value="<s:property value="#xs.zxf"/>"/>
    </td>
</tr>
<tr>
    <td width="80">备注：</td>
    <td>
        <input type="text" name="xs.bz" value="<s:property value="#xs.bz"/>"/>
    </td>
</tr>
<tr>
    <td>照片</td>
    <td>
        <input type="file" name="zpFile"/>
```

```
                    </td>
                </tr>
            </table>
            <input type="submit" value="修改"/>
            <!-- 返回上一界面 -->
            <input type="button" value="返回" onclick="javascript:history.back();"/>
        </s:form>
        <!-- 这里用 JavaScript 来实现根据该学生的专业 ID 来显示专业名 -->
        <script type="text/javascript">
            document.getElementById("xs.zyb.id").value'=<s:property value="#xs.zyb.id"/>'
        </script>
    </body>
</html>
```

本功能用到的组件也都注册过，无须再注册。

（3）测试功能

部署运行程序，在所有学生信息显示页单击要修改的学生记录后的“修改”超链接，进入该生的信息修改页面，页面表单里已经自动获得了该学生的原信息，如图 P1.10 所示。

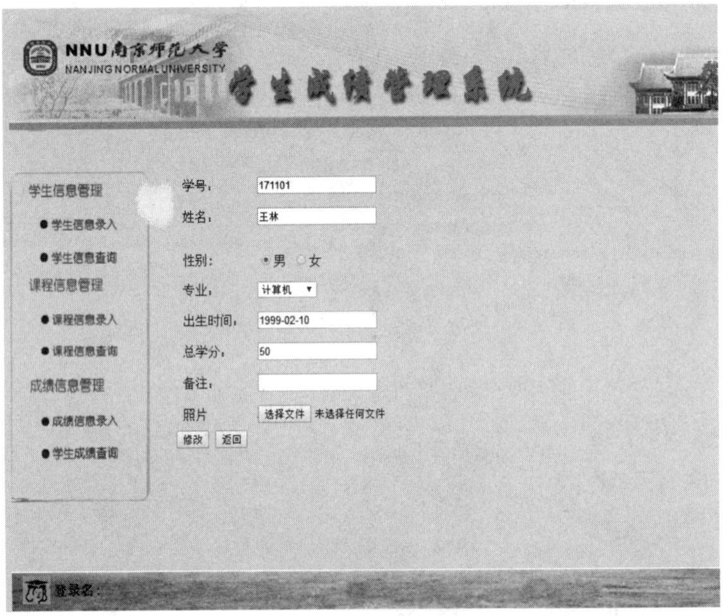

图 P1.10　修改学生信息界面

由于学号是不可修改的，所以设为只读；而专业要用到下拉列表，以便于选择（当前显示的是该学生的专业）；出生时间必须输入正确的格式（yyyy-mm-dd）。当填写好要修改的内容后，单击【修改】按钮，提交到 updateXs.action 处理。修改成功后，会跳转到 success.jsp，显示操作成功！

5. 学生信息录入

（1）编写、配置 Action 模块

这个功能与“修改学生信息”的功能类似，也分两步：首先要显示录入页面，由用户在其上表单中填写新生信息、提交，然后再执行录入操作。相应地在 XsAction 类中加入两个方法，代码如下：

```
/* Action 模块：学生信息录入 */
//显示录入页面
```

```
public String addXsView() throws Exception{
        return SUCCESS;
}
//执行录入操作
public String addXs() throws Exception{
        Xsb stu=new Xsb();
        String xh1=xs.getXh();
        //学号已存在，不可重复录入
        if(xsService.find(xh1)!=null){ //使用 XsService 业务逻辑接口中的 find()方法判断
                return ERROR;
        }
        stu.setXh(xs.getXh());
        stu.setXm(xs.getXm());
        stu.setXb(xs.getXb());
        stu.setCssj(xs.getCssj());
        stu.setZxf(xs.getZxf());
        stu.setBz(xs.getBz());
        //直接使用 ZyService 业务逻辑接口中的 getOneZy()方法
        stu.setZyb(zyService.getOneZy(xs.getZyb().getId()));
        if(this.getZpFile()!=null){
                FileInputStream fis=new FileInputStream(this.getZpFile());
                byte[] buffer=new byte[fis.available()];
                fis.read(buffer);
                stu.setZp(buffer);
        }
        xsService.save(stu);
        return SUCCESS;
}
```

然后在 struts.xml 中配置这两个方法，代码如下：

```
<!-- 录入学生信息 -->
<action name="addXsView" class="xs" method="addXsView">
        <result name="success">addXsInfo.jsp</result>
</action>
<action name="addXs" class="xs" method="addXs">
        <result name="success">success.jsp</result>
        <result name="error">existXs.jsp</result>
</action>
```

（2）编写 JSP

编写录入页面 addXsInfo.jsp，代码如下：

```
<%@ page language="java" pageEncoding="UTF-8"%>
<%@ taglib uri="/struts-tags" prefix="s"%>
<html>
<head></head>
<body bgcolor="#D9DFAA">
        <h3>请填写学生信息</h3>
        <hr width="700" align="left">
        <s:form action="addXs" method="post" enctype="multipart/form-data">
                <table border="0" cellspacing="0" cellpadding="1">
                        <tr>
                                <td>
```

```
                        <s:textfield name="xs.xh" label="学号" value=""></s:textfield>
                    </td>
                </tr>
                <tr>
                    <td>
                        <s:textfield name="xs.xm" label="姓名" value=""></s:textfield>
                    </td>
                </tr>
                <tr>
                    <td>
                        <s:radio name="xs.xb" value="1" list="#{1:'男',0:'女'}" label="性别"/>
                    </td>
                </tr>
                <tr>
                    <s:select name="xs.zyb.id" list="list" listKey="id" listValue="zym" headerKey="0"
headerValue="--请选择专业--" label="专业"></s:select>
                </tr>
                <tr>
                    <s:textfield name="xs.cssj" label="出生时间" value=""></s:textfield>
                </tr>
                <tr>
                    <td>
                        <s:textfield name="xs.zxf" label="总学分" value=""></s:textfield>
                    </td>
                </tr>
                <tr>
                    <td>
                        <s:textfield name="xs.bz" label="备注" value=""></s:textfield>
                    </td>
                </tr>
                <tr>
                    <td>
                        <s:file name="zpFile" label="照片" value=""></s:file>
                    </td>
                </tr>
            </table>
            <p>
            <input type="submit" value="添加"/>
            <input type="reset" value="重置"/>
        </s:form>
    </body>
    </html>
```

在 addXs()方法的 Action 配置中可以看出，如果 Action 类返回 ERROR，就会跳转到 existXs.jsp，它是通知该学生已经存在的页面，代码如下：

```
<%@ page language="java" pageEncoding="UTF-8"%>
<html>
<head></head>
<body bgcolor="#D9DFAA">
    学号已经存在！
</body>
```

```
</html>
```

学生信息录入功能所用到的组件也已经注册过了，无须再注册。

（3）测试功能

部署运行程序，登录后单击页面左部“学生信息录入”超链接，出现如图 P1.11 所示界面。

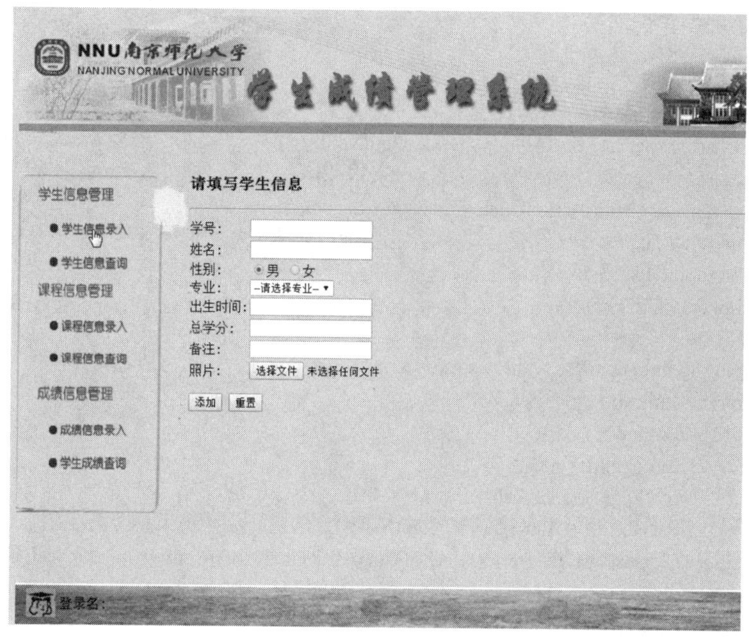

图 P1.11　学生信息录入界面

在各栏中录入新生的信息，然后单击【添加】按钮，提交给 addXs.action 处理，执行录入操作。到此为止，学生信息的基本管理功能就全部开发完成了，下面接着开发成绩管理的各功能。

P1.6.3　“学生成绩管理”功能实现

1. 成绩信息录入

（1）编写、配置 Action 模块

学生成绩录入，要先进入成绩录入界面，选择学生姓名、课程名及输入成绩。由于在录入成绩时，学生名和课程名是不能随意填写的，不允许用户填写一个不存在的学生和课程名，所以要从数据库中查询出学生及课程名。可在成绩录入页面中将它们设计成下拉列表，供选择使用，故在一开始就要从数据库中读取所有学生和课程信息加载到页面下拉列表中，这个功能由 CjAction 类实现，程序模块位于 src 下的 org.action 包中。

编写 CjAction.java，为方便读者照书编程练习，这里同样也将该 Action 之后要用到的全部属性及 getter/setter 方法一次性地全部给出，代码如下：

```
package org.action;
import java.util.*;
import org.model.*;
import org.service.*;
import com.opensymphony.xwork2.*;
import org.tool.*;
public class CjAction extends ActionSupport{
```

```
private Cjb cj;
private XsService xsService;
private KcService kcService;
private CjService cjService;
/* Action 模块：学生成绩查询 */
private int pageNow = 1;                                    //默认第 1 页
private int pageSize = 8;                                   //每页显示 8 条记录
/* Action 模块：成绩信息录入 */
public String execute() throws Exception{                   //获取已有的所有学生和课程名列表
    List list1=xsService.findAll(1, xsService.findXsSize());  //通过 XsService 接口获取已有学生名
    List list2=kcService.findAll(1, kcService.findKcSize());  //通过 KcService 接口获取已有课程名
    Map request=(Map)ActionContext.getContext().get("request");
    request.put("list1", list1);                            //把所有学生名列表存入请求中返回
    request.put("list2", list2);                            //把所有课程名列表存入请求中返回
    return SUCCESS;
}
public String addorupdateXscj() throws Exception{           //执行成绩录入操作
    Cjb cj1 = null;
    CjbId cjId1=new CjbId();
    cjId1.setXh(cj.getId().getXh());
    cjId1.setKch(cj.getId().getKch());
    //通过 CjService 业务逻辑接口中的 getXsCj()方法判断成绩记录是否已存在
    if(cjService.getXsCj(cj.getId().getXh(), cj.getId().getKch())==null){   //成绩记录不存在
        cj1 = new Cjb();
        cj1.setId(cjId1);
    }else{      //成绩记录已经存在
        cj1 = cjService.getXsCj(cj.getId().getXh(), cj.getId().getKch());
    }
    Kcb kc1=kcService.find(cj.getId().getKch());        //通过 KcService 接口获取相应课程的学分值
    cj1.setCj(cj.getCj());
    if(cj.getCj()>60||cj.getCj()==60){                  //判断成绩及格，才赋给学分
        cj1.setXf(kc1.getXf());
    }else
        cj1.setXf(0);                                   //不及格的没有学分
    cjService.saveorupdateCj(cj1);                      //通过 CjService 业务逻辑接口保存或更新成绩
    return SUCCESS;
}

public Cjb getCj(){
    return cj;
}
public void setCj(Cjb cj){
    this.cj = cj;
}

public XsService getXsService(){
    return xsService;
}
public void setXsService(XsService xsService){
    this.xsService = xsService;
}
```

```
        public KcService getKcService(){
                return kcService;
        }
        public void setKcService(KcService kcService){
                this.kcService = kcService;
        }

        public CjService getCjService(){
                return cjService;
        }
        public void setCjService(CjService cjService){
                this.cjService = cjService;
        }

        /* Action  模块：学生成绩查询  */
        public int getPageNow(){
                return pageNow;
        }
        public void setPageNow(int pageNow){
                this.pageNow = pageNow;
        }

        public int getPageSize(){
                return pageSize;
        }
        public void setPageSize(int pageSize){
                this.pageSize = pageSize;
        }
}
```

本例先用 CjService 业务接口中的 getXsCj()方法判断成绩记录是否已存在，如果用户选择的学生及课程都是存在的，并且有成绩，这样就会有冲突，所以这里把录入操作设计成“保存”或“更新”操作，这从业务方法 saveorupdateCj()在持久层中所对应的最终实现方法（位于 DAO 实现类 CjDaoImp 中）可以清楚地看出来：

```
public void saveorupdateCj(Cjb cj){
        Session session=getSession();
        Transaction ts=session.beginTransaction();
        session.saveOrUpdate(cj);                //“保存”或“更新”的复合操作能确保不冲突
        ts.commit();
        session.close();
}
```

用户选择好学生及课程后，就可以填写成绩信息了。读者可以发现，成绩表（CJB）中有学号、课程号、成绩及学分，而在成绩录入时并没有让用户填写学分，原来在实现插入时经过了处理：通过 KcService 业务接口获取相应课程的学分值，当判断成绩大于或等于 60 时，就从课程表中查询出该课程学分，然后赋值；如果成绩小于 60，学分就为 0。

最后，还要在 struts.xml 文件中配置：

```
<!-- 录入学生成绩 -->
<action name="addXscjView" class="cj">
        <result name="success">addCj.jsp</result>
```

```
</action>
<action name="addorupdateXscj" class="cj" method="addorupdateXscj">
        <result name="success">success.jsp</result>
</action>
```

（2）编写 JSP

编写成绩录入页面 addCj.jsp，代码如下：

```
<%@ page language="java" pageEncoding="UTF-8"%>
<%@ taglib uri="/struts-tags" prefix="s"%>
<html>
<body bgcolor="#D9DFAA">
        <h3>请录入学生成绩</h3>
        <hr>
        <s:form action="addorupdateXscj" method="post">
                <table border="1" cellspacing="1" cellpadding="8" width="400">
                        <tr>
                                <td width="100">
                                        学生：
                                </td>
                                <td>
                                        <select name="cj.id.xh">
                                                <s:iterator var="xs" value="#request.list1">
                                                        <option value="<s:property value="#xs.xh"/>">
                                                                <s:property value="#xs.xm"/>
                                                        </option>
                                                </s:iterator>
                                        </select>
                                </td>
                        </tr>
                        <tr>
                                <td width="100">
                                        课程：
                                </td>
                                <td>
                                        <select name="cj.id.kch">
                                                <s:iterator var="kc" value="#request.list2">
                                                        <option value="<s:property value="#kc.kch"/>">
                                                                <s:property value="#kc.kcm"/>
                                                        </option>
                                                </s:iterator>
                                        </select>
                                </td>
                        </tr>
                        <tr>
                                <s:textfield label="成绩" name="cj.cj" size="15"></s:textfield>
                        </tr>
                </table>
                <input type="submit" value="确定"/>
                <input type="reset" value="重置"/>
        </s:form>
</body>
```

```
</html>
```

页面上下拉列表里所加载的学生和课程名信息，就是从请求 Action 的 request 列表中获得的。录入成绩后，单击【确定】按钮，交给 addorupdateXscj.action 处理，执行录入（“保存”或“更新”）操作。

（3）注册组件

CjAction 类也是由 Spring 管理的，在 applicationContext.xml 文件中加入如下注册信息：

```
<bean id="kcDao" class="org.dao.imp.KcDaoImp" parent="baseDAO"/>
<bean id="cjDao" class="org.dao.imp.CjDaoImp" parent="baseDAO"/>
<bean id="kcService" class="org.service.imp.KcServiceManage">
    <property name="kcDao" ref="kcDao"/>
</bean>
<bean id="cjService" class="org.service.imp.CjServiceManage">
    <property name="cjDao" ref="cjDao"/>
</bean>
<bean id="cj" class="org.action.CjAction">
    <property name="xsService" ref="xsService"/>
    <property name="kcService" ref="kcService"/>
    <property name="cjService" ref="cjService"/>
</bean>
```

同样的，这里也将“学生成绩管理”各子功能要用到的全部组件一次性地都注册进去，后面用到时就不必再一一注册了。

（4）测试功能

部署运行程序，登录后单击页面左部“成绩信息录入”超链接，转到如图 P1.12 所示的界面。

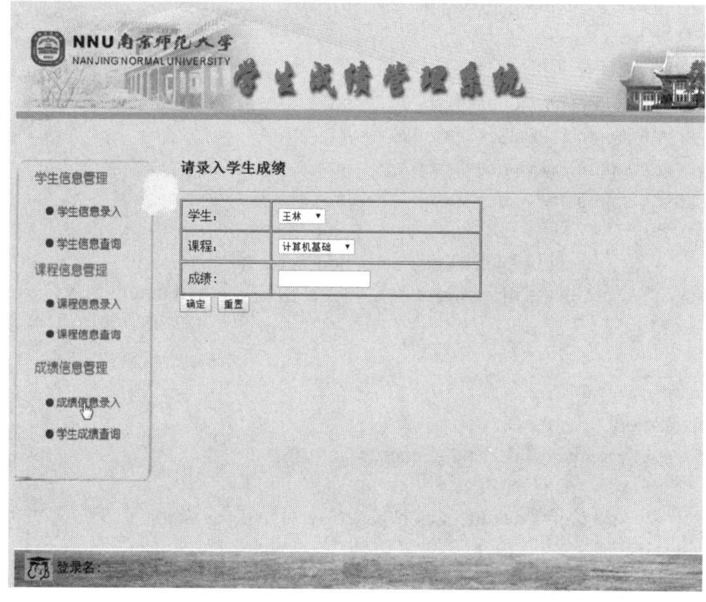

图 P1.12　成绩录入界面

填写完成绩后，单击【确定】按钮，如果操作成功就会跳转到成功界面（即 success.jsp 页面）。

2. 显示所有学生成绩

（1）编写、配置 Action 模块

在 CjAction 类中加入 xscjInfo()方法，代码如下：

```
public String xscjInfo() throws Exception{
        //直接使用 CjService 业务逻辑接口中的 findAllCj()方法
        List list=cjService.findAllCj(this.getPageNow(), this.getPageSize());
        Map request=(Map)ActionContext.getContext().get("request");
        request.put("list",list);
        Pager page=new Pager(this.getPageNow(), cjService.findCjSize());
        request.put("page", page);
        return SUCCESS;
}
```

（2）编写 JSP

编写成绩显示页面 xscjInfo.jsp，代码如下：

```
<%@ page language="java" pageEncoding="UTF-8"%>
<%@ taglib uri="/struts-tags" prefix="s"%>
<html>
<body bgcolor="#D9DFAA">
        <table border="1" cellspacing="1" cellpadding="8" width="700">
                <tr bgcolor="silver">
                        <th>学号</th><th>姓名</th><th>课程名</th><th>成绩</th><th>学分</th><th>删除</th>
                </tr>
                <s:iterator value="#request.list" var="xscj">
                <tr>
                        <td>
                                <a href="findXscj.action?cj.id.xh=<s:property value="#xscj[0]"/>">
                                        <s:property value="#xscj[0]"/>
                                </a>
                        </td>
                        <td><s:property value="#xscj[1]"/></td>
                        <td><s:property value="#xscj[2]"/></td>
                        <td><s:property value="#xscj[3]"/></td>
                        <td><s:property value="#xscj[4]"/></td>
                        <td>
                                <a      href="deleteOneXscj.action?cj.id.xh=<s:property       value="#xscj[0]"/>&cj.id.kch=
<s:property value="#xscj[5]"/>" onClick="if(!confirm('确定删除该信息吗？')) return false;else return true;">删除</a>
                        </td>
                </tr>
                </s:iterator>
                <tr align="left">
                        <s:set var="page" value="#request.page"></s:set>
                        <s:if test="#page.hasFirst">
                                <s:a href="xscjInfo.action?pageNow=1">首页</s:a>
                        </s:if>
                        <s:if test="#page.hasPre">
                                <a href="xscjInfo.action?pageNow=<s:property value="#page.pageNow-1"/>">上一页</a>
                        </s:if>
                        <s:if test="#page.hasNext">
                                <a href="xscjInfo.action?pageNow=<s:property value="#page.pageNow+1"/>">下一页</a>
```

```
            </s:if>
            <s:if test="#page.hasLast">
                <a href="xscjInfo.action?pageNow=<s:property value="#page.totalPage"/>">尾页</a>
            </s:if>
        </tr>
    </table>
</body>
</html>
```

（3）测试功能

部署运行程序，登录后单击页面左部“学生成绩查询”超链接，就会分页显示所有学生的成绩，如图 P1.13 所示。

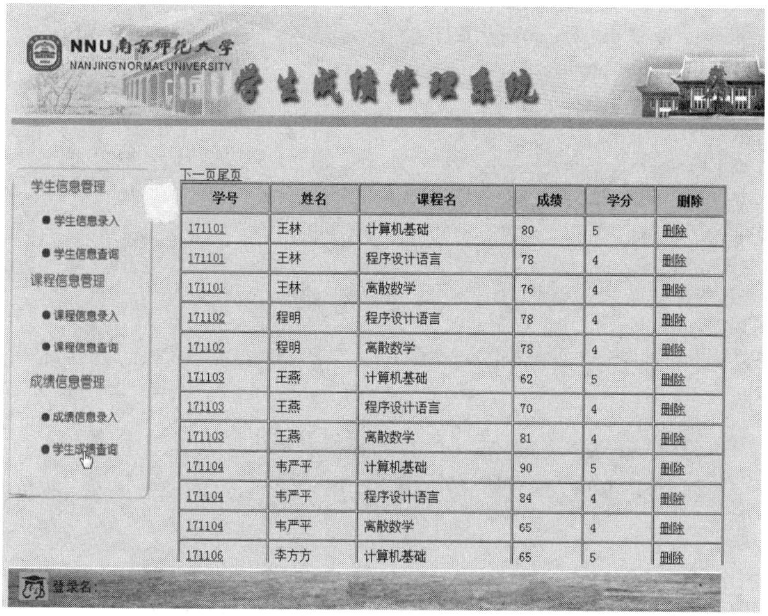

图 P1.13　学生成绩查询界面

3. 查询学生成绩

（1）编写、配置 Action 模块

在显示所有学生成绩的页面 xscjInfo.jsp 中，有如下代码：

```
<td>
    <a href="findXscj.action?cj.id.xh=<s:property value="#xscj[0]"/>">
        <s:property value="#xscj[0]"/>
    </a>
</td>
```

从中不难发现，单击“17****（学号）”超链接，提交给 findXscj.action，对应 CjAction 类的实现方法 findXscj()，代码如下：

```
public String findXscj() throws Exception{
    //使用 CjService 业务逻辑接口中的 getXsCjList()方法获取某学生的成绩列表
    List list=cjService.getXsCjList(cj.getId().getXh());
    if(list.size()>0){          //存在该生的成绩记录
        Map request=(Map)ActionContext.getContext().get("request");
        request.put("list", list);
```

```
            return SUCCESS;
        }else
            return ERROR;
}
```

在 struts.xml 中配置：

```
<!-- 查看某个学生的成绩表 -->
<action name="findXscj" class="cj" method="findXscj">
    <result name="success">oneXscj.jsp</result>
    <result name="error">noXscj.jsp</result>
</action>
```

（2）编写 JSP

获取成绩表成功后返回页面 oneXscj.jsp，代码如下：

```
<%@ page language="java" pageEncoding="UTF-8"%>
<%@ taglib uri="/struts-tags" prefix="s"%>
<html>
<body bgcolor="#D9DFAA">
    <h3>该学生成绩如下：</h3>
    <hr width="700" align="left">
    <table border="1" cellspacing="1" cellpadding="8" width="700">
        <tr>
            <th>课程名</th><th>成绩</th><th>学分</th>
        </tr>
        <s:iterator value="#request.list" var="xscj">
        <tr>
            <td><s:property value="#xscj[2]"/></td>
            <td><s:property value="#xscj[3]"/></td>
            <td><s:property value="#xscj[4]"/></td>
        </tr>
        </s:iterator>
    </table>
    <input type="button" value="返回" onClick="javaScript:history.back()"/>
</body>
</html>
```

如果失败，则跳转到 noXscj.jsp 页面，代码如下：

```
<%@ page language="java" pageEncoding="UTF-8"%>
<html>
<body bgcolor="#D9DFAA">
    对不起，不存在该学生成绩！
</body>
</html>
```

（3）测试功能

在显示所有学生成绩页面中，将学号设计成超链接，单击学号超链接，就会显示该学生所有课程的成绩。如单击学号“171101”，显示该学生成绩表如图 P1.14 所示。

单击【返回】按钮，又回到显示所有学生成绩的页面。

4. 删除学生成绩

与删除学生信息相同，单击图 P1.13 学生成绩记录后的“删除”超链接，提示用户确认，只有用户确定删除才会提交请求。

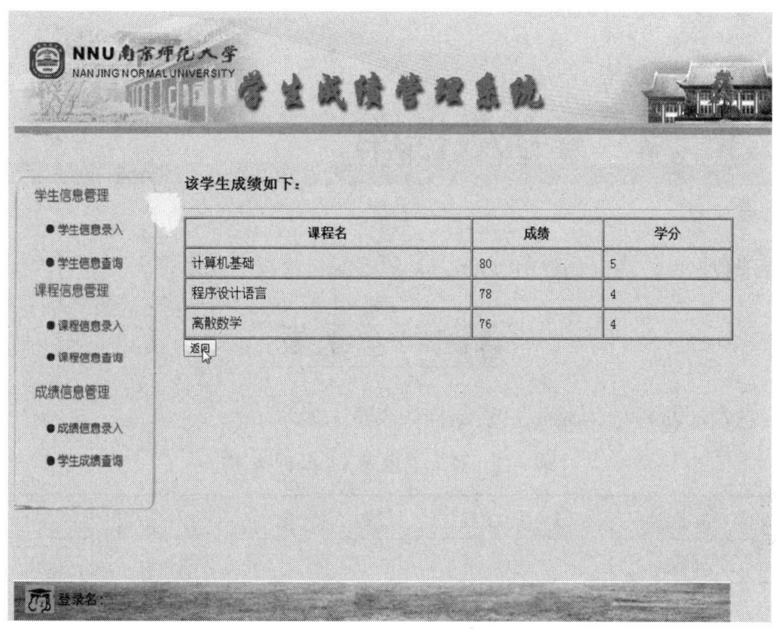

图 P1.14　显示某学生的成绩表

对应的 CjAction 类中的实现方法如下：

```
public String deleteOneXscj() throws Exception{
    String xh=cj.getId().getXh();
    String kch=cj.getId().getKch();
    cjService.deleteCj(xh, kch);            //通过 CjService 业务逻辑接口中的 deleteCj()方法执行删除
    return SUCCESS;
}
```

在 struts.xml 中配置：

```
<!-- 删除学生成绩 -->
<action name="deleteOneXscj" class="cj" method="deleteOneXscj">
    <result name="success">success.jsp</result>
</action>
```

在 Action 配置中可以看出，删除成功后也会跳转到成功页面。

到此为止，整个“学生成绩管理系统”开发完成，通过这个案例，大家可以很深刻地体会到 Java EE 程序分层架构思想的精髓所在，以及框架在现代大型软件项目开发中所起的举足轻重的作用！

附录 A 系统数据库

创建图书管理数据库，命名为“MBOOK”。数据库包含以下基本表。

A.1 登录表

创建登录信息表，表名为“login”，表结构如表 A.1 所示。

表 A.1 登录信息表（login）结构

项 目	字 段 名	类型与宽度	是 否 主 键	是否允许空值	说 明
ID	id	int	√	×	增 1
用户名	name	varchar(20)	×	×	
密码	password	varchar(20)	×	×	
角色	role	bit	×	×	true：管理员，false：读者

A.2 读者信息表

创建读者信息表，表名为“student”，表结构如表 A.2 所示。

表 A.2 读者信息表（student）结构

项 目	字 段 名	类型与宽度	是 否 主 键	是否允许空值	说 明
借书证号	readerId	varchar(8)	√	×	
姓名	name	varchar(8)	×	×	
性别	sex	bit	×	×	1：男；0：女
出生时间	born	datetime	×	×	
专业	spec	varchar(20)	×	×	
借书量	num	int	×	×	默认为 0
照片	photo	varbinary(MAX)	×	√	

A.3 图书信息表

创建图书信息表，表名为“book”，表结构如表 A.3 所示。

表 A.3 图书信息表（book）结构

项 目	字 段 名	类型与宽度	是 否 主 键	是否允许空值	说 明
ISBN	ISBN	varchar(20)	√	×	出版物的代码
书名	bookName	varchar(40)	×	×	

续表

项目	字段名	类型与宽度	是否主键	是否允许空值	说明
作译者	author	varchar(8)	×	×	
出版社	publisher	varchar(20)	×	×	
价格	price	float	×	×	
复本量	cnum	int	×	×	复本量=库存量+已经借阅的统计。当借一本书时，book的库存量应减1；当还一本书时，book的库存量应加1
库存量	snum	int	×	×	
内容提要	summary	varchar(200)	×	√	
封面照片	photo	varbinary(MAX)	×	√	

A.4 借阅信息表

创建借阅信息表，表名为“lend”，表结构如表A.4所示。

表A.4 借阅表（lend）结构

项目	字段名	类型与宽度	是否主键	是否允许空值	说明
图书ID	bookId	varchar(10)	√	×	
借书证号	readerId	varchar(8)	×	×	
ISBN	ISBN	varchar(20)	×	×	
借书时间	LTime	datetime	×	×	

反侵权盗版声明

电子工业出版社依法对本作品享有专有出版权。任何未经权利人书面许可，复制、销售或通过信息网络传播本作品的行为，歪曲、篡改、剽窃本作品的行为，均违反《中华人民共和国著作权法》，其行为人应承担相应的民事责任和行政责任，构成犯罪的，将被依法追究刑事责任。

为了维护市场秩序，保护权利人的合法权益，我社将依法查处和打击侵权盗版的单位和个人。欢迎社会各界人士积极举报侵权盗版行为，本社将奖励举报有功人员，并保证举报人的信息不被泄露。

举报电话：（010）88254396；（010）88258888
传　　真：（010）88254397
E-mail：　dbqq@phei.com.cn
通信地址：北京市海淀区万寿路 173 信箱
　　　　　电子工业出版社总编办公室
邮　　编：100036